普通高等学校“十三五”规划教材

# 系统工程概论


吴翠花　主　编

薛耀文　副主编

张生太　主　审

中国铁道出版社有限公司

CHINA RAILWAY PUBLISHING HOUSE CO., LTD.

## 内容简介

本书是在编者数十年的“系统工程”课程教学、研究基础上编写而成的。全书共分十章，主要内容包括：绪论、系统与系统工程概述、系统工程方法论、系统模型化技术、系统分析、系统综合与评价、系统仿真与预测、信息系统工程、质量管理系统工程及系统工程管理。

本书力求简洁实用，注重理论方法和建模技术的实用性和可操作性，便于读者理解和掌握，适合作为管理类各专业的本科生、研究生的学习用书，也可作为企事业单位有关人员系统学习系统理论和方法的培训教材和自学参考用书。


**图书在版编目(CIP)数据**

系统工程概论/吴翠花主编. —北京:中国铁道出版社有限公司,2019.8(2022.8 重印)
普通高等学校“十三五”规划教材
ISBN 978-7-113-25949-5

Ⅰ.①系… Ⅱ.①吴… Ⅲ.①系统工程-高等学校-教材
Ⅳ.①N945

中国版本图书馆 CIP 数据核字(2019)第 180386 号

**书　　名**：系统工程概论
**作　　者**：吴翠花

**策　　划**：魏　娜　　　　**编辑部电话**：(010) 63549508
**责任编辑**：陆慧萍　贾淑媛
**封面设计**：刘　颖
**责任校对**：张玉华
**责任印制**：樊启鹏

**出版发行**：中国铁道出版社有限公司（100054，北京市西城区右安门西街 8 号）
**网　　址**：http://www.tdpress.com/51eds/
**印　　刷**：北京富资园科技发展有限公司
**版　　次**：2019 年 8 月第 1 版　2022 年 8 月第 3 次印刷
**开　　本**：787 mm×1 092 mm 1/16　**印张**：18.75　**字数**：419 千
**书　　号**：ISBN 978-7-113-25949-5
**定　　价**：50.00 元

# 序

系统工程是20世纪中叶兴起的一门交叉学科，是研究和分析大规模复杂系统所需的思想、理论、方法论、建模方法和技术的集成，属于综合性的工程技术。

我国开展系统工程研究工作已经60余年。但是，伴随着互联网技术的快速发展，社会、经济和管理环境正在发生着翻天覆地的变化，各类系统性问题及其系统化管理的要求更为凸显，并且呈多样化和复杂化的态势，需要按照系统的观点，采用系统分析的方法与技术来认识、研究和解决。本书正是为了适应这一需求，同时强化系统思维和方法论的教学而做的尝试与努力。

系统工程是管理类专业一门重要的专业基础课程，也是目前管理类专业的平台课程。然而，就目前系统工程课程教学的实际情况来看，国外教材脱离我国系统工程研究与实践的实际，国内教材虽然经过中国广大系统工程工作者30多年的努力，已经形成了系统工程的中国学派，但是也存在更新的必要。基于此，本书在广泛阅读和参考国内教材的基础上，根据近年来教学与研究的实践而编写。本书集编写组成员数十年"系统工程"教学、科研所积累的丰富的学术经验和资料所得，其特色在于"系统全面、简单易懂、重在应用"。

本书编写的目的与目标：

（1）从教学实践的需要出发。针对管理类专业本科生的培养要求，本书尝试以较为简洁易懂的思路介绍系统建模的原理、方法和工具，以便有利于学生学习、理解和掌握新的系统工程方法论和建模技术。同时，也为研究生继续学习和研究系统问题提供方法论和工具的支持。

（2）从管理研究的实际需要出发。从管理研究的趋势来看，研究方法论和模型化技术已经成为科学研究的重要工具之一，本书从管理研究的实际需要出发，基于研究者的角度，较为详尽地介绍系统方法论以及当前较为主流的模型化方法，为管理研究工作者提供工具支持。

本书的目标在于：为本科生、研究生提供一本能够较为全面系统地介绍系统工程方法论和系统理论的教材，为从事管理问题研究的学者提供一本较为全面、方便实用的关于系统哲学思想及其模型化方法论的书籍，也为广大读者提供一本全面系统介绍在管理科学研究方面广泛使用的、得到一致认可的方法论及其模型化方法，以指导管理问题研究的实际。

张生太

北京邮电大学经济与管理学院

2019年7月2日

2019年7月2日

# 前言

在中国，系统工程已经走过了60余个春秋，以其多学科性、交叉性、创新性、实用性，在国家经济建设和社会可持续发展中发挥着越来越关键的作用。作为管理类专业一门重要的基础课程，系统工程对于培养学生全面而系统的思维能力、战略眼光、分析问题的洞察力具有重要的意义。

2021年，国家统计局数据显示，国内生产总值为114.37万亿元，比上年增长8.1%，稳居全球第二大经济体。然而同时，伴随着中国经济的持续高速增长，生态环境问题、能源安全问题、“三农”问题、民生问题、教育问题等经济和社会问题也日益突出，都需要决策者从全新的战略高度加以解决，因此，普及和深化系统哲学、系统方法的教育势在必行。为了进一步深化系统科学及全局思维教育，推动系统科学的应用和推广，增强广大企事业单位的系统意识和全局思维，推动可持续发展，提高社会运行效率，建设和谐社会，实现中国梦，我们特编写本书。

本书编者均为长期从事系统工程、管理科学教学与科学研究的学者，对系统工程有着较为丰富的教学和研究经验，全书比较系统地介绍了系统工程必备的思想、理论、方法论、建模方法与技术，鉴于某些较新的系统建模技术在近年来管理科学研究中得到了广泛的应用但缺乏系统性学习和普及资料的局限，本书特别增加了解释结构模型、结构方程模型和状态空间模型的相关介绍。全书共分十章。第一章（绪论）主要简述系统思想的演变，系统科学的理论体系，系统工程的产生、发展过程等。第二章（系统与系统工程概述）主要概述系统和系统工程的基本概念、类型、主旨和特点及其发展历程等。第三章（系统工程方法论）主要介绍几种有代表性的现代系统工程方法论，建立本课程内容体系的方法论基础和逻辑框架。第四章（系统模型化技术）围绕系统模型和模型化问题，重点介绍系统模型的定义、作用、类型、原则方法，解释结构模型和结构方程模型。第五章（系统分析）主要介绍系统分析的基本概念，几种常见的系统分析方法，包括技术经济分析、成本效益分析、量本利分析、可行性分析等。第六章（系统综合评价）介绍系统综合评价的基本概念、特性，系统综合评价的几种主要方法，包括指标数量化方法、评价指标的主要综合方法、层次分析法、模糊综合评判方法等。第七章（系统仿真与预测）介绍系统仿真的基本概念、分类及其方法，状态空间模型、系统动力学及其仿真技术等。第八章（信息系统工程）主要介绍了信息系统工程的基本概念、特点、作用，企业信息系统工程ERP、SCM、CRM的集成应用、知识管理等。第九章（质量管理系统工程）主要介绍了质量管理系统化的背景、系统化的方法及其应用案例。第十章（系统工程管理）主要介绍系统工程与系统化管理、创新管理的系统化方法以及系统工程中主要的管理技术等。

本书由天津工业大学吴翠花任主编，薛耀文任副主编。编写分工如下：天津工业大学吴翠花负责编写第一章、第三章、第四章、第五章、第九章，柴春锋负责编写第二章，刘凤英负责编写第六章，黄玉杰负责编写第七章，任利成负责编写第八章，薛耀文负责编写第十章，全书由吴翠花负责统稿。

本书由北京邮电大学经济管理学院张生太教授主审，张教授对全书进行了认真细致地审阅，提出了许多宝贵意见。在本书编写过程中，西安交通大学博士生导师万威武教授对本书的编写大纲和书稿进行了审纲和审稿工作，并对本书的编写给予了大力支持、鼓励和鞭策。在本书成书过程中，还得到了西安科技大学教授王新平博士的大力支持，他为本书的完成提供了丰富而宝贵的资料。本书的内容策划受到了西安交通大学汪应洛院士、袁治平教授富有激情和创见的授课环节的启发，以及上海交通大学顾基发教授、陈宏民教授，暨南大学孙东川教授，南京航空航天大学周德群教授和众多系统工程专家真知灼见的影响，在此向他们表示深深的谢意。

本书部分章节的编写参阅了众多学者的著作和文献，限于篇幅，在此一并致谢，特将主要参考文献列示于书后。

由于编者学识水平所限，书中不足之处在所难免，在此恳请广大读者和专家批评指正。

为了便于读者学习和掌握，本书配备了完善的课后思考练习题，并配套提供完整的授课课件以及相关多媒体资料，努力为广大读者学习和掌握系统工程哲学方法论及建模技术提供全面支持。需要以上资料的读者，请发电子邮件到 34616086@ qq. com。

编 者

2022 年 8 月

# 目　录

# 第一章 绪 论

【学习目标】

- 了解系统思想的演变历程。
- 把握系统科学理论体系。
- 了解系统工程的发展过程。
- 深入理解系统工程的作用和意义。

系统科学在现代科学领域的重要性日益突出。本章将对系统思想的演变过程、系统科学的理论体系、系统工程的发展历程及其作用和意义等内容进行阐述，为较为全面地学习和了解系统工程的哲学思想、方法论，在实践中应用系统工程的思想和方法解决复杂的系统问题奠定理论基础。

## 第一节 系统思想的演变

从人类认识世界的实践活动看，是从对客观世界直观的、笼统的认识开始的。随着实践活动的扩大化、丰富化、多样化，对客观世界的整体性和系统性就逐步反映到人类的认识当中来，就如同工匠，要制作精美的器具，需要在头脑中对器具的构成有完整的勾画、认识，从而自发地产生了朴素的系统思想。然而对器具的构成部分如何制作、打磨和组装才能完成作品的实践过程，促使人类开始对客观世界的组成部分进行分门别类地观察、解剖和分析，从而引发了人类从总体出发，把分析和综合结合起来，形成对物质世界的整体化、系统化的认识，即整体—部分—整体（系统），或综合—分析—综合（在新的基础上的综合）。反映到哲学层面上，就是主张客观世界的统一性和整体性。总体而言，系统思想的演变可以分为以下三个阶段。

### 一、古代朴素的系统思想

#### （一）中国古代朴素的系统思想及其实践

最早对系统的认识来源于古代人类的社会实践，人类在各种实践活动过程中，要同自然界的各种事物和对象打交道，在长期的实践活动中逐渐积累起了认识系统问题、处理系统问题的教训与经验，产生了智慧，形成了整体的概念，这是人类系统思想萌芽和发展的早期阶段。中国古代在农业、天文、军事、医药、工程等方面的知识积累中，就不同程度地反映了对系统概念的自发应用。

**案例1-1**

**都江堰水利工程**

成都平原位于四川省的北部，自古以来，这里的几百万亩农田主要依靠岷江水灌溉。但是，在利用岷江水源时遇到了几个迫切需要解决的难题：①没有灌溉网络，水资源利用率不高。②由于岷江水源的很大部分来自于雪山上的冰雪融合，水量的季节分布很不均匀。③每年春天，伴随着雪水的融化，有大量山上的沙石冲击而下，如果直接用带有大量沙石的河水进行灌溉，农田的土壤会受到很大损害。④如果要建设水利工程，不能影响岷江的通航功能。

为了解决上述诸多问题，战国时代（公元前256年）秦国太守李冰父子主持修建了著名的都江堰水利工程。整个工程的构思与设计非常巧妙，在古代社会堪称一绝。都江堰水利工程包括三个主要部分："鱼嘴"、"飞沙堰"和"宝瓶口"。首先，在岷江的一个拐角处设置"鱼嘴"，把岷江分为内江和外江，外江保持通航而内江作为灌溉的水源。根据现代水利工程者的测试，"鱼嘴"的拐角位置选择得非常合适，它能够做到：当岷江水量很大时，大部分水量通过拐角的反弹流向外江；而当水量很小时，大部分江水会流入内江，以用于灌溉。

其次，在"鱼嘴"下游内江侧一两千米处劈山开凿了引水口——"宝瓶口"。这是一项引水工程，把内江的水通过"宝瓶口"引向成都平原的数百万亩农田，用于灌溉。

最后，为了进一步调节水位和减少岷江的沙石随江水进入农田，又在距"宝瓶口"不远的下游处修建了"飞沙堰"分洪排沙工程。"飞沙堰"是一条岷江内江通向外江的几乎与水面齐平的堤堰。当内江水流量较大时，一部分江水可以通过"飞沙堰"从内江回到外江，以进一步调控用于灌溉的水量，同时根据江流特点，大块的沙石都漂浮在江水的上层，容易从堤堰上溢过而回流到外江（"飞沙"因此而命名），以减少对农田灌溉的负面效应。

这样，"鱼嘴"、"宝瓶口"和"飞沙堰"三个部分巧妙地结合形成一个工程整体。根据今天的试验，该工程在排沙、引水、防洪等方面都做了精确的数量分析，使工程兼有防洪、灌溉、漂木、行舟等多种功能。由于在渠道上设置了水尺测量水位，合理控制分水流量，使工程不仅分导了汹涌湍急的岷江，而且化害为利，利用分洪工程，有节制地灌溉了14个县的几百万亩农田，使成都平原成为沃野千里的天府之国。

**1. 农业中的系统思想与实践**

在《管子·地员篇》、《诗经》农事诗《七月》等古籍中，对农作物与种子、地形、土壤、水分、肥料、季节、气候等诸因素之间的关系，都有整体、辩证的论述。

二十四节气的产生就是系统思想的具体应用。二十四节气反映了宇宙天象的结构、变化及发展，揭示天体运行与季节变化之间的关系。它是根据太阳在黄道（即地球绕太阳公转的轨道）上的位置来划分的。是太阳从春分点（黄经零度，此刻太阳垂直照射赤道）出发，每前进15°为一个节气；运行一周又回到春分点，为一回归年，计360°，分为24个节气。节气的日期在阳历中是相对固定的，如立春总是在阳历的2月3日至5日之间。但在农历中，节气的日期却不大好确定，再以立春为例，它最早可在上一年的农历12月15日，最晚可在正月15日。

从二十四节气的命名可以看出，节气的划分充分考虑了季节、气候、物候等自然现象的变化。春分、秋分、夏至、冬至是从天文角度来划分的，反映了太阳高度变化的转折点。而立春、立夏、立秋、立冬则反映了四季的开始。由于中国地域辽阔，具有非常明显的季风性和大陆性气候，各地天气气候差异巨大，所以不同地区的四季变化也迥然不同。

因此，人们就可以依据季节的不同，在春季播种，种子通过吸收、储存养分，经历了夏季秧苗的孕育、生长开花结果，秋季果实丰收，收获入仓，冬季储备果实，来年继续春播、秋收，这一实践过程充分体现了系统的思想。

**2. 医药中的系统思想与实践**

战国时期齐国名医扁鹊，主张按病人气色、声音、形貌等综合辩证，用针灸、汤液、按摩、熨帖、砭法等多种疗法治病。周秦至西汉初年的古代医学总集《黄帝内经》，强调人体各器官的有机联系、生理现象和心理现象的联系、身体健康与自然环境的联系，等等，都体现出了系统的理念。

中国传统中医运用系统的理念将中药按照“君、臣、佐、使”划分药性。君臣本是政治术语，古代天子、诸侯都称为君，辅佐君者称为臣，君臣有着严格的等级之分。古代中医药学家将它引入药物配伍组方中，成为方剂组成的基本原则。

早在西汉初年成书的《素问·至真要大论》中，岐伯回答黄帝关于“方制君臣”时说：“主病之谓君，佐君之谓臣，应臣之谓使”。《神农本草经》中也提出了君、臣、佐、使的组方原则。明代的何伯斋更进一步阐释说：“大抵药之治病，各有所主；主治者，君也；辅治者，臣也；与君药相反而相助者，佐也；引经使治病之药至病所者，使也。”十分清楚地讲明了君、臣、佐、使之药的功能。

详尽一点说，君药是针对主病或主证，是起主要作用的药物，按需要可用一味或几味；臣药是辅助君药加强治疗主病或主证作用的，或者是对兼病或兼证起主要治疗作用的药物；佐药是辅助君臣药起治疗作用，或治疗次要症状，或消除（减轻）君、臣药的毒性，或用于反佐药，使药起引经或调和作用的药物。

**3. 军事中的系统思想与实践**

《孙子兵法》是中国古代著名的军事著作，其“经五事”为：道（政治）、天（天时）、地（地利）、将（将帅）、法（法制）。即战争应该从五个方面去对敌我双方进行全面比较和权衡，以分析胜负。这些观点即使在今天的商界得到极高的评价。

道——内修德政，战争是否有理，有道之国，有道之兵，才能得到人民的支持；此为胜利之本。

天——天时，泛指天气、气候。

地——地利，泛指地理、地势。

将——将军的才智、威信状况。

法——士兵是否训练有素，纪律是否赏罚严明，粮道是否通畅。

**4. 工程中的系统思想与实践**

中国古代系统工程的杰作之一就是案例1－1中的都江堰水利工程，该工程是李冰父子主持完成的，他创建的都江堰，巧妙地利用成都平原及岷江水源的特点，将分水、引水、排沙问题统筹规划，设置“鱼嘴”分水堤、“飞沙堰”泄洪道、“宝瓶口”引水口等主体工程，使其相互依赖，功能互补，巧妙配合，浑然一体，形成布局合理的系统工程，联合发挥分流分沙、泄洪排沙、引水疏沙的重要作用，使其枯水不缺、洪水不淹。都江堰的三大主体工程部分，科学地解决了江水自动分流、自动排沙、控制进水流量等问题，消除了水患，有效地解决了成都平原的灌溉问题，使成都平原享有“天府之国”的美誉。

**5.《道德经》中的系统思想**

中国古代的系统思想在老子的《道德经》中得到了高度概括和提炼。《道德经》中的“道”或“一”超越了时空界限，“独立而不改，周行而不殆，可以为天下母”。老子认为，只有按照“道”的原则，才能实现既定的目标，“天得一以清，地得一以宁，神得一以灵，谷得一以盈，万物得一以生，侯王得一以为天下正”。这里的“道”或“一”在某种意义上可以和今天讲的“系统”画等号。

### （二）古希腊朴素的系统思想及其实践

**1. 德谟克利特“原子论”观**

德谟克利特（公元前460—前370年）是古希腊阿布德拉人，古希腊伟大的唯物主义哲学家，原子论的创始人之一。他率先提出原子论（万物由原子构成），著有《宇宙大系统》和《宇宙小系统》，古希腊伟大的哲学家留基伯（约公元前500—前440年）是他的导师。德谟克利特在其著作《宇宙大系统》中，最早采用了“系统”一词，并认为世界是由原子构成的大系统，他的学说奠定了系统论的理论基础。

**2. 亚里士多德的“整体与部分”观**

亚里士多德（公元前384—前322年）是古希腊斯吉塔拉人，世界古代史上最伟大的哲学家、科学家和教育家之一，他是柏拉图的学生、亚历山大的老师。他是现代系统思想的先驱之一。他提出了“整体大于它的各部分的总和”的论断，因此“整体和部分的总和并不是一回事”。认为地上的世界由土、水、气、火四大元素组成，其中每种元素都代表四种基本特性（干、湿、冷、热）中两种特性的组合。土＝干＋冷；水＝湿＋冷；气＝湿＋热；火＝干＋热，并认为天上的世界由以太组成（行星等）。

总体而言，人类先哲是从总体联系的角度把握现象的，并以此为出发点来认识周围世界。古代中国和古希腊的唯物主义思想家都承认物质的统一性，把自然界看作一个统一体。这是一种原始的“整体式”研究方式，虽然强调对自然界整体性、统一性的认识，但古代社会的生产和认识水平有其局限性，这种“整体式”的认识尚处于“混沌状态”，缺乏对这一整体各个细节的认知，因而对整体性和统一性的认识是不完整、不深刻的。并且这种整体观是一种在感觉、直观的基础上所得出的一种朦胧的意识，它还不能科学地、具体地说明自然界。严格意义上说来，还不能算作科学的知识。由于当时的生产和科学技术的局限性，人类改造世界的能力很弱，规模也小，对客观世界的微弱干预当然不可能使事物之间复杂的依赖关系和制约关系充分地显露出来。在这种情况下，人类对系统的感觉自然是相当薄弱的，对整体的成因、功能等都还无法正确理解，缺乏认识细节的工具和手段。在这种基础上所形成的系统观念的认识自然也是朴素和粗浅的。人类在强调对自然界整体性、统一性认识的时候忽视了（实际上也缺乏能力）对各个局部、各个细节和各个侧面进行深入地认识。因而当时对整体性和统一性的认识是不完整的，难以用实践加以检验，与真正的系统观尚存在很大的距离。因此，古代朴素的整体思想是粗糙的、简陋的、直觉的，然而却包含了正确的整体观的因素。用自发的系统概念考察自然现象，是古代中国和古希腊唯物主义哲学思想的一个特征。古代辩证唯物的哲学思想包含了系统思想的萌芽，具有“只见树木不见森林”和较为抽象的特点。

## 二、 机械论的整体观

机械论的整体观发展阶段大致为15世纪下半叶至19世纪上半叶。

15世纪下半叶，近代科学开始兴起，力学、天文学、物理学、化学、生物学等科目相继从哲学的统一体中分离出来，并获得日益快速的发展，形成了自然科学。从近代自然科学的发展中形成了研究自然界的独特的分析方法，包括实验、解剖和观察，把自然界的部分、个体从总体中“抽”出来，分门别类地加以研究。这种研究自然界的方法在300多年的发展历史中，对科学、技术、文化的蓬勃发展起到了不可磨灭的重要推动作用。

学者们利用各种手段把事物分门别类地加以研究，科技水平的大幅度提升使得人们对细节的深刻认识成为可能。例如：在力学系统中，人们习惯于把研究对象隔离出来进行研究；在生物系统中，人们习惯于采用解剖的手段，单独研究生物体某个器官的功能；并顺理成章地认为，各部分功能（性质）的加总就是待研究对象整体的功能（性质）。在物理、化学、天文等学科中，尤其是这样。科学不断地把研究对象还原为更深层次的元素，知识领域不断分化为更多更专门化的分支，使得人们对客观世界的了解越来越深入、越精细。这种对自然界的研究，把个别的事物作为现实的对象置于认识的中心，对象在主体面前表现为简单的经验事实。人们只是从个别现象本身的存在出发，撇开了包含这个现象的系统整体，也撇开了产生这个现象的条件。似乎作为认识对象的个体实物，它的质和量本来就是如此的，而且永远也是如此的。这种对待对象的方法是有其历史必然性的、是合理的，因为必须先研究事物，而后才能研究过程，必须先知道一个事物是什么，而后才能觉察这个事物中所发生的变化。在这样的研究方法下必然形成一幅机械的、分析的、线性的、被组织的世界图景。按照这样的时代科学提供的见解，天地及其之间的万事万物固定不变，一切自然现象都是互不联系、各自孤立的东西，它们只能是在空间中彼此无关地无组织地并列着，复杂性只是表面的而非实质的，而且它们也没有时间上的发展变化的历史，仅仅是存在着的而非演化着的东西。

笛卡儿断言“动物是机器”，拉美特利声称“人是机器”，拉普拉斯设想的全能全知的妖精，被认为是最为明确、最为彻底地表述了机械决定论的理想。经典力学所描述的机械系统图景统治了人类达三个世纪之久。它构造了一个封闭的、简单的宇宙模式，其中所有事物都精确地有规律地运动着。一个系统只要知道了它的初始状态，就可以根据普遍适用的动力学规律推演出它随时间变化经历的一切状态。科学唯一的目的就是对客体进行精确地解剖，从部分直接引出整体的性质，而受整体内相互作用所制约的那些性质、层次之间的联系和转化，都在研究者的视野之外。

在对客观世界的了解越来越深入、越精细的同时，人们也形成了撇开总体联系来单独考察事物和过程的形而上学的思维方式，堵塞了从了解部分到了解整体、洞察普遍联系的认识客观世界的道路。在知识领域迅速向纵深扩展的同时，忽略了横向的沟通。在对局部的了解越来越精细的同时，对总体的了解越来越零碎、模糊。尽管少数卓越思想家（如莱布尼兹）表现出很高的系统思想认识，但总的说来，近代的系统思想水平低于古代学者。自从形而上学的思想占据主导地位以后，人类的科学思维便长期停留在主要以“实物为中心”的“机械论”水平上。

一方面，这种方法为人们更加清楚地认识局部提供了丰富的方法，也为19世纪上半叶以前人类科技水平的发展和物质文明的提升做出了巨大贡献；另一方面，人们自觉不自觉地撇开了事物的整体联系，往往只看到局部。可以称之为“只看见局部的机械论整体观”。这个时期的系统思想具有“只见树木”和具体化的特点。

## 三、辩证的系统思想

19世纪中叶开始，随着自然科学取得的巨大成就，尤其是能量转化、细胞学说和进化论三大发现陆续出现，使人类对自然过程相互联系的认识有了质的飞跃。德国哲学家康德通过对太阳系的起源和发展的研究，首先给这个机械自然观打开了一个缺口。人们为了证明物质世界的客观规律性，在获得关于事物和现象的直接知识的同时，也开始认识到它们之间的联系和统一。19世纪下半叶，自然科学的研究中关于复杂事物的整体性、有序性及其组成的各个部分的联系和转化规律等，又有了许多重要的发现，如化学元素周期表、电磁理论、热力学中的熵理论等。一些科学家和哲学家力图借助数学、天文学和物理学的成果，建立一个统一的、有机的、综合的、非线性的、自组织的系统世界图景。19世纪社会的发展，科学技术的发展、哲学社会科学的发展，各门学科各个领域，都表现出由分析进入综合的趋势、由部分发展到整体的趋势，人们不但能指出各个领域内的过程之间的联系，而且还能指出领域与领域之间的普遍联系以及整体性的观点。正如恩格斯所说，自然辩证法哲学使得我们不仅能够指出自然界中各个领域内的过程之间的联系，而且总的说来也能指出各个领域之间的联系了，这样，我们就能够依靠自然科学本身所提供的事实，以近乎系统的形式描绘出一幅自然界联系的清晰图画。

20世纪以来，科学在宏观、微观两方面都在继续不断向纵深发展，科学研究的对象扩大到各种极为复杂的系统客体，科学所要解决的问题具有跨学科的性质，因而科学研究的任务和性质发生了相应的变化，许多问题超出了一门传统科学所能胜任的范围，譬如环境保护、能源开发、自然资源的综合利用、国民经济计划和管理、人类健康、社会的可持续发展等诸多问题都是一些变量多、计算量大、随机性强、复杂的大系统，这类问题涉及工程技术、自然科学和社会科学的各个领域，解决这类问题必须采取跨学科的方式和方法。从20世纪中叶起，国际上涌现出一系列与系统研究相关的新兴学科。它们或产生于自然科学（如一般系统论、生命系统论等），或产生于社会科学（如管理科学、决策理论等），或产生于工程技术（如信息论、网络理论等），或产生于多学科交叉领域（如运筹学、控制论等）。其中，有的以一般系统为对象，有的以某类广泛存在的系统（如事理系统、通信系统等）为对象，有的侧重于系统方法的应用研究（如系统分析、系统设计等），有的侧重于系统问题的理论研究，有的从哲学高度来概括系统研究（如拉兹洛、邦格、鲍勒等人代表的研究领域）。系统研究如此繁荣兴盛的局面表明，系统思想实现了从哲学思辨到定性再到定量，科学技术的快速发展使得新的理论不断产生出来，如模糊系统理论、突变理论、大系统理论、耗散结构理论、超循环理论、协同学、混沌理论等。

这一阶段，人类的科技水平取得了突飞猛进的发展。蒸汽机（1804年）推动了整个工业革命的发展，电话（1876年）掀开人类通信史的新篇章，汽车工业（1885年）载着时代向前奔驶，第一台真正清晰的电视开播（1939年）带给人们新的视觉感受，世界上第一台计算机“ENIAC”的诞生（1946年）提高了人类的计算能力，基因的发现（1953年）破解人类生命的千古密码，可传输视频节目的地球同步卫星（1964年）开启了人类新的视野，阿波罗登月（1969年）实现了人类航天史上迈出地球的梦想，国际互联网的出现（1972年）为人类提供了加强联系的纽带。这个阶段系统思想具有“先见森林，后见树木”的特点。

总体而言，系统思想的发展经历了三个阶段，即：“只见森林”（15世纪中叶以前，朴素的系统思想）阶段→“只见树木”（15世纪下半叶到近代科学兴起，机械论的整体观）阶段→“先见森林，后见树木”（19世纪上半叶至今，科学的系统思想）阶段。在朴素的系统思想形成阶段，古代中国和古希腊在系统思想的产生与早期发展中具有突出的地位和贡献。

## 第二节 系统科学理论体系

系统科学的理论体系，一般包括四部分：一般系统论，系统理论，系统工程方法论，系统工程方法论的应用。

### 一、一般系统论

一般系统论（General System Theory，1940—1960年）又称普通系统论，是研究复杂系统的一般规律的学科，是奥地利理论生物学家L. V. 贝塔朗菲（L. Von. Bertalanff，1910—

1972年）提出的。贝塔朗菲把哲学中的协调、联系、秩序和目的性等概念用于对有机体的研究上，主张把有机体作为一个整体或系统，从生物与环境相互关系的观点来说明生物现象的本质，并于1937年提出“一般系统论”思想，1945年出版《关于一般系统论》一书，标志着一般系统论的正式形成。现代科学按所研究的对象系统的不同划分成各门学科，如物理学、化学、生物学、经济学和社会学等。按研究方法划分成两大类，即简单系统理论和复杂系统理论。一般系统论是研究复杂系统理论的学科，着重研究复杂系统的潜在的一般规律。

一般系统论主要观点：

**1. 整体性**

整体性是系统最本质的属性。贝塔朗菲认为：“一般系统论是对整体和完整性的科学探索。”系统的整体性概括为以下几个方面：①要素和系统不可分割，系统是由要素按一定的秩序和结构组合而成的整体。因此在处理系统问题时要注意系统要素、整体与部分之间的有机性。②系统的整体性能不等于各组成要素（或各部分）的性能之和。因此在处理系统问题时要注意研究系统的结构与功能的关系，重视提高系统的整体功能。任何要素一旦离开系统整体，就不再具有它在系统中所能发挥的功能。③系统整体具有不同于各组成要素（或各部分）的新功能。因此在处理系统问题时要注意研究系统整体性质或功能的改善和提高。

**2. 开放性**

贝塔朗菲认为，一切有机体之所以都有组织地处于活动状态并保持其活的生命运动，是因为系统与环境在不断进行物质、能量和信息的交换，这就是所谓的开放系统。开放的系统可以保持自身的稳定结构和有序状态，或增加其既有秩序，这是系统目的性的表现形式，系统的开放性、有序性、结构稳定性和目的性的有机结合正是贝塔朗菲一般系统论的核心和重要成果所在。

**3. 动态相关性**

系统的动态性是指任何系统都处于不断发展变化之中，生物体就是一种动态结构，以组成物质的不断代谢、变化为其生存条件，与其说是存在，不如说是发生和发展着的。系统的相关性是指系统的要素之间、要素与系统整体之间、系统与环境之间的有机关联性。生物体不是被动系统，生物体受系统的制约和影响，同时也可以能动地影响系统，它们存在着不可分割的有机联系。动态相关性揭示了要素、系统和环境三者之间的关系及其对系统状态的影响。

**4. 组织等级性**

一个系统总是由若干子系统组成的，该系统本身又可看做更大系统的一个子系统，这就构成了系统的等级性和层次性。生命的本质是个组织问题，而生物体的组织是有层次的、有序的。在研究复杂系统问题时要从较大的系统出发，考虑到系统所处的上下左右各个层面的关系，不能仅仅停留在对某一层面认识的基础上。

**5. 有序性**

系统的有序性可以从两个方面加以理解：①系统结构的有序性。系统结构合理，则有序程度就高，就有利于系统整体功能的发挥。②系统发展的有序性。系统在变化发展中不断从低级结构向高级结构的转变，是系统不断改造自身、适应环境的结果。系统发展的有序性体现的是系统时间的有序性，系统变化的有序性则体现的是系统空间的有序性，两者共同决定了系统时空的有序性。

1972 年，贝塔朗菲在临终的前一年，发表了《一般系统论的历史和现状》一文，试图将系统论思想推广应用到其他方面，并对“一般系统论”重新定义。贝塔朗菲明确指出：“虽然起源有所不同，一般系统论的原理和辩证唯物主义的类同是显而易见的。”

总之，贝塔朗菲所创立的一般系统论，从理论生物学的角度总结了人类的系统思想，运用类比法和同构法，建立了开放系统的一般系统理论。他创立的一般系统论属于类比型一般系统论，对系统的有序性和目的性并没有做出满意的解答。

在贝塔朗菲之后，苏联学者 A. H. 乌耶莫夫提出了参量型一般系统论。他认为贝塔朗菲的一般系统论是用同构和同态等类比形式创立的，在实际运用中受到一定的限制。参量型一般系统论是用系统参量来表达系统的原始信息，再用电子计算机建立系统参量之间的联系，从而确定系统的一般规律的。

一般系统论发展中出现的另一个重要领域是数学系统论或一般系统的数学理论。其代表人物有 M. D. 梅萨罗维茨、A. W. 怀莫尔和 G. J. 克利尔。

我国学者林福永教授 1988 年提出和发表了一种新的一般系统论，称为一般系统结构理论。一般系统结构理论从数学上提出了一个新的一般系统概念体系，特别是揭示系统组成部分之间的关联的新概念，如关系、关系环、系统结构等。在此基础上，抓住了系统环境、系统结构和系统行为以及它们之间的关系及其规律这些一切系统都具有的共性问题，从数学上证明了：系统环境、系统结构和系统行为之间存在固有的关系及规律，在给定的系统环境中，系统行为由系统基础层次上的系统结构决定和支配。这一结论为系统研究提供了精确的理论基础。在这一结论的基础上，一般系统结构理论从理论上揭示了一系列的一般系统原理与规律，解决了一系列的一般系统问题，如系统基础层次的存在性及特性问题，是否存在从简单到复杂的自然法则的问题，以及什么是复杂性根源的问题等，从而把一般系统论发展到了具有精确的理论内容并且能够有效解决实际系统问题的理论高度。

## 二、 系统理论

钱学森教授说：“我认为把运筹学、控制论和信息论同贝塔朗菲（一般系统论）、普利高津（耗散结构理论）、哈肯（协同学）、弗洛里希、艾肯等人的工作融会贯通，加以整理，就可以写成《系统学》这本书。”由此可见，系统论、信息论、控制论和运筹学等是系统科学的基础理论。系统（基础）理论是指针对系统对象某方面的特点，研究系统结构、功能、行为等的专门学科。以下简要介绍 14 个方面的系统基础理论。

**1. 运筹学**（Operational Research，OR）

运筹学以定量化最优方法为核心，为系统工程理论的定量化提供了分析工具和基础。

**2. 控制论**（Cybernetics）

控制论是美国的维纳（N. Wiener，1894—1964）创立，是一门研究系统控制的学科，

“是关于动物和机器中控制和通信过程的科学”，并突破动物和机器、控制工程和通信工程的界限，成为研究机器、生物体和社会、经济、管理、环境等系统中控制和通信过程的科学，它经历了经典控制、现代控制和大系统控制三个发展时期，处理的是系统的动态问题。进入20世纪70年代以来，控制论着重于研究复杂大系统最优控制理论和方法。

**3. 信息论**（Information Theory）

信息论产生于20世纪40年代末，是由美国的数学家香农创立的，是一门研究信息的采集、度量、传输、识别和处理的一般规律的学科，它不局限于人造通信系统，而且渗透到物理学、化学、生物学、心理学、经济学、哲学、语言学和社会科学等领域。以信息为主要研究对象，以信息的运动规律和应用方法为其主要研究内容，以计算机、光导纤维为主要研究工具，以互联网为应用平台，以扩展人类信息功能为主要研究目标的信息科学正在迅速发展之中。

**4. 耗散结构理论**（Dissipative Structure Theory）

耗散结构理论是由比利时统计物理学家普里高津（I. Prigogine）在1969年提出的。耗散结构理论是研究远离平衡态（平衡态时熵最大）的开放系统（无论是力学的、物理化学的，还是生命的）从无序到有序的演化规律的一种理论，认为远离平衡态的开放系统必须不断地与周围环境发生物质、能量、信息的传递与交换，以转化、增强或调整自身的结构，才能保持系统的动态平衡并向上进化。事物的这种在非平衡态下新的稳定有序结构称为耗散结构（Dissipative Structure）。耗散结构理论比一般系统论的前进之处在于它揭示了系统稳定的具体机制，统一了非生命系统与生命系统之间的联系。

**5. 协同学**（Synergetics）

协同学由联邦德国理论物理学家哈肯（H. Haken，1927— ）于1969年提出的，是一门研究各种不同系统在一定外部条件下，系统内部各子系统之间通过非线性相互作用产生协同效应，使系统从无序状态向有序状态转化的机理和演化规律的新兴综合性学科。哈肯发现激光是一种典型的远离平衡态时由无序状态转化为有序状态的现象，但他发现即使在平衡态时也有类似现象，如超导和铁磁现象。这说明一个系统从无序状态转化为有序状态的关键并不在于系统是平衡或非平衡，也不在于离平衡态有多远，而是通过系统内部各子系统之间的非线性相互作用，在一定条件下，能自发产生在时间、空间和功能上稳定的有序结构，这就是自组织（Self - organization）。

协同是有序的原因，有序是协同的结果。它比耗散结构理论的前进之处在于进一步揭示了系统动态演化的过程，揭示了系统有目的性的原因，因而在自然科学和社会科学领域具有广阔的应用前景。“耗散结构理论”和“协同学”被合称为自组织理论。

**6. 超循环理论**（Hypercycle Theory）

超循环理论是1971年德国生物物理学家M. 艾根（M. Eigen）在吸收了进化论和自组织理论的基础上，于1979年发表了超循环理论，把生命起源解释为自组织现象，提出了自然界演化的自组织原理——超循环。这是研究分子自组织的一种理论。

**7. 微分动力系统**（Differential Dynamical Systems）

微分动力系统是20世纪60年代初美国著名数学家S. 斯梅尔、北大数学教授廖山涛共同开创的新领域，是系统科学的一个数学分支，主要研究随时间演变的动力系统的整体性质及其在扰动中的变化。微分动力系统的研究始于20世纪60年代初，其前身为常微分方程定性理论和动力系统理论。随着对非线性力学问题研究的深入和系统科学各分支的形成，微分动力系统越来越成为有关学者关注的新兴学科领域。

**8. 突变论**（Catastrophe Theory）

1972年，R. 托姆于发表了《结构稳定性与形态发生学》是突变论创立的标志。突变论是研究不连续现象的一个新兴数学分支，也是一般形态学的一种理论，能为自然界中形态的发生和演化提供数学模型。主要讨论自然界各种形态结构和社会活动中的非连续性突然变化的现象，并从系统运行的机制上，广义地回答了为什么有的事物不变、有的渐变、有的突变的问题，它从另一方面深化了量变质变的思想。

突变论将耗散结构理论、协同论与系统论联系起来，并推动了系统论的进一步深化与发展。

**9. 非线性科学和复杂性研究**

非线性科学和复杂性研究的兴起对系统科学的发展起到了很大的推动作用。系统科学特别关心的一个问题就是系统的性能怎样随时间而变化，有没有稳定的终态（Finality），这在非线性动力学中就是有没有稳定的定常状态（Stable Steady State，稳定定态，稳态）和分岔（Bifurcation）的问题。分岔理论（Bifurcation Theory）是20世纪50年代，由苏联学者A. A. 安德罗诺夫等提出。主要研究分岔现象的特性和产生机理的数学理论。值得注意的是，早在19世纪，C. 雅可比，H. 庞加莱等人就已引进“分岔”概念。

**10. 卡姆定理**（KAM Theorem）

卡姆定理在20世纪50年代中期至60年代初期，先后由A. H 柯尔莫戈罗夫、B. H. 阿诺德、J. 莫泽提出和证明，是关于哈密顿力学系统运动稳定性的一种论断，它反映“弱”不可积（或接近可积）系统的运动规律，该定理是牛顿力学在20世纪的重大进展。

**11. 泛系统理论**（Pansystems Theory）

泛系统理论1976年由中科院武汉数理所研究员吴学谋提出，是一种研究广义系统、关系的理论和方法，又称泛系方法或泛系方法论。

**12. 灰色系统理论**（Gray Systems Theory）

灰色系统理论于1979年由华中科技大学邓聚龙教授提出，是关于信息不完全或不确定系统的控制理论，主要应用在系统预测等方面。

灰色系统理论将系统分为两类：①本征灰色系统。这类系统没有物理原型，运行机制不明确，例如人文、经济、生态、农业、市场等系统。②一般灰色系统。这类系统有物理原型，但信息不完全，如工业控制系统。灰色系统理论强调信息的处理、生成和利用。基于信息利用和不断补充的思想，灰色系统可以白化（明确）；基于信息生成的思想，对众多的白化客体可以作为认识论层次上的升华，即白情况也可以灰化。基于信息的可补充性和认识的可深化性，灰色系统的任何结果都带有阶段性、局部性。阶段性和局部性必然导致解的非唯一性、集类的开放性、结果的拓扑性和可构造性。将原始数据累加生成可获得灰指数（区间性的）函数。基于这类函数可定义微分方程的背景值和平射性、有限与无限的相对性，并可定义指标拓扑空间的导数（即灰导数），从而可建立功能较强的微分方程模型。其研究内容包括：系统分析、数据生成、建模、预测、决策和控制，已应用到军事、经济、工业、农业、生态、气象、地震、教育等方面。

**13. 复杂适应系统理论**（Complex Systems Theory）

复杂适应系统理论是以非线性自组织理论为核心的系统理论（被称为欧洲学派）。1984年，在美国新泽西州成立了以研究复杂性为宗旨的圣菲研究所（Santa Fe Institute，SFI），这是由三位诺贝尔奖获得者 M. Gell Mann，K. J. Arrow，P. W. Anderson 为首的一批不同学科领域的著名科学家组织和建立的，宗旨是开展跨学科、跨领域的研究，他们称之为“复杂性研究”。

以圣菲研究所为代表的理论框架，其代表性理论是 1994 年霍兰提出的 CAS（复杂适应系统）理论（被称为美国学派）。

**14. 开放的复杂巨系统理论**

1990 年，钱学森、于景元、戴汝为三人在《自然杂志》上发表了《一个科学新领域——开放的复杂巨系统及其方法论》，阐述了这一科学领域及其基本观点：①系统本身与系统周围的环境有物质的交换、能量的交换和信息的交换，因为有了这些交换，所以系统是“开放的”；②系统包含的子系统很多，所以是“巨系统”；③子系统的种类繁多，所以是“复杂的”，复杂巨系统的方法论是“从定性到定量综合集成方法”。复杂巨系统理论一经提出，在国际系统科学方面就产生了巨大影响。以开放的复杂巨系统理论（Open Complex Giant Systems，OCGS）为核心的理论体系被称为中国学派的研究。

总之，系统工程学的创立，发展了系统理论的应用研究，它为组织管理系统的规划、研究、设计、制造、试验和使用提供了一种有效的科学方法。

## 三、 系统工程方法论

方法论（Methodology）是关于认识世界和改造世界的方法的理论。按其不同层次有哲学方法论、一般科学方法论、具体科学方法论之分。一般指两个方面：①系统思路或思维方法、工作程序、逻辑步骤（在本书中通常用框图来表达）；②基本方法、常用或通用方法。

以下是本书后续章节拟向读者详细介绍的几种主流的建模方法。

（1）解释结构模型（Interpretative Structure Model，ISM）。

（2）结构方程模型（Structure Equation Model，SEM）。

（3）层次分析法（Analytic Hierarchy Process，AHP）。

（4）模糊综合评判法（Fuzzy Colligation Judgment，FCJ）。

（5）状态空间模型（Status Space Model，SSM）。

（6）系统动力学（System Dynamics，SD）。

（7）投入产出分析（Input and Output Ananlysis，IOA）。

（8）价值工程（Value Engineering，VE）。

（9）网络优化技术（Network Optimization Technology，NOT）。

（10）冲突分析（Conflict Analysis，CA）。

需要说明的是，鉴于各高校的具体情况以及课程学时安排的差异，此处所列的系统工程建模方法可以根据各自的具体情况进行讲解和学习。但是建议，对于管理专业的本科生而言，ISM、AHP、FCJ、SD等几种方法应当作为必修内容。SEM、SSM、IOA、VE、NOT和CA一般是针对管理专业的硕士研究生、博士研究生为了开展管理研究和进行定量化建模而学习的建模方法，对本科生教育可以不做要求。

### 四、系统工程方法论的应用

社会生活是复杂的，自然世界也是复杂的，而随着社会及科学技术水平的进一步发展，未来的不确定性正在增加。为了处理日益复杂的问题，系统工程方法论正在日益受到社会各界的重视。目前，系统工程方法论已经广泛运用于各个领域，用来解决使用任何一门独立的学科知识及技术所不能解决的问题，特别是比较复杂的社会、经济问题，甚至是全球性的大系统问题，例如：全球能源资源问题、世界性的环境问题、全球气候变化问题、城市和地区性的能源规划、城市和地区交通规划、国家人才和教育规划、农业系统工程、区域经济发展战略、投入产出分析、军事系统工程、水资源的开发利用等。

在后续章节的学习过程中，本书将向读者陆续展示一些系统工程方法论应用的实际案例。

## 第三节　系统工程的发展历程

### 一、系统工程的产生与发展

“系统工程”一词最早起源于工程技术专家运用综合技术手段处理一些复杂的系统问题。“系统工程”这个名称，经过各个领域的专家学者几十年的不断探索、发展和完善，已经成为研究、分析和处理复杂的系统问题的最有效的理论、方法和工具。

**案例1-2**

**汾河开发治理系统**

汾河，位于山西省，古称“汾”，又称汾水，是黄河的第二大支流，汾者，大也，汾河因此而得名。汾河流经山西省6个市的29县（区），全长713千米，流域面积39 721平方千米。

1. 水旱灾害

据史料记载，汾河中游地区1464—1980年的517年间，共发生旱灾306次；下游地区1912—1979年的68年间发生过较大旱灾22次。1949—1995年的47年间中，全流域干旱有

41年次，平均一年多一次。而中游地区几乎年年有旱情，时有春旱连夏旱，夏旱又延至秋旱。据载，1877年洪洞县连续349天无雨，“树根草皮皆尽，人相食”，灵石、祁县“寸草不收”，徐沟“赤地千里”，忻州“饿殍盈途”。

汾河流域的洪水灾害大部分发生在汛期中下游河段。据史载，自明洪武十四年（1381年）到1948年的568年间，流域内先后发生过132次洪灾。1949年后，汾河中游地区先后于1954年、1959年、1977年、1988年和1996年发生过较大规模的水灾。1954年8月下旬，支流潇河、文峪河同时发生山洪暴发，致使太原市以及晋中19个县受灾，淹没农田80余万亩，倒塌房屋25 000间，死亡近百人。此次洪水下泄，波及下游临汾、运城河段，使沿河9县35个乡镇受灾。1977年8月5日，以平遥为中心降了一场特大暴雨，40小时产生地面径流7亿立方米，使晋中、吕梁、临汾3地15个县严重受灾，冲垮平遥尹回水库等16座小水库，30余千米同蒲铁路路基被冲，中断运行10天，死亡70人，洪涝面积达120万亩。

2. 河道治理

山西省在1954年、1956年、1986年、1972年分别编制并补充修订了《汾河流域规划报告》和《汾河流域治理规划》。随后又陆续制定了中游、下游和上游河道治理的多项规划和相应的设计。

汾河干流河道治理以固堤、疏浚、通路、绿化、治污和综合开发为内容，包括旧堤拆除、加固、新堤建设、险工处理、控导护岸、中水槽治理、河道清障和河势顺导等措施。在提高河道行洪标准的同时，基本理顺和控制主河槽，保证行洪通畅和河势稳定。确保沿河城市、村镇、农田及人民生命财产的安全。经历次整治，汾河700多千米长的河道，防洪能力完全达到了国家水利部规定的设防标准。

3. 社会经济

经过多年对汾河河道的治理，到20世纪末，汾河流域内有耕地面积129.6万公顷（1 944.7万亩），占山西省总耕地面积的30%。有效水浇地面积47.6万公顷（714万亩），为山西省有效水浇地总面积的43%。流域内共有人口1 266.2万，为山西省总人口的39%，人口密度321人/平方千米。农业人口人均占有耕地2.25亩，人均占有水浇地0.9亩。粮食总产量283.5万吨。2000年全流域国内生产总值（GDP）为山西全省的44.4%，人均国内GDP高出全省12%。全流域农业产值为全省的40%，而工业产值占全省的51.50%。

从案例1-2可知，系统工程要解决的主要问题是既要满足人民日益提高的物质和精神生活水平的需要，又要确保生态环境的可持续发展；既要考虑当代人的现实需要，又要兼顾未来子孙后代的长远的需要。因此，系统工程解决的问题是复杂的社会经济问题，涉及多方面的知识，诸如经济学、社会学、管理学、工程技术等，单靠任何一门学科、一门技术都难以解决全部问题。所以，汾河流域的治理问题是一个典型的复杂的社会经济问题，涉及社会、经济、生态等诸多方面的问题，需要运用系统工程的方法加以解决。

系统工程的产生和发展经历了以下几个阶段。

第一阶段：20世纪30、40年代。1930年，美国电信工业部门在发展和研究美国广播电视系统工程中，正式提出系统方法（Systems Approach）的概念，开始完成复杂的工程和科学研究任务。1940 年，美国采用系统方法，实施彩电开发计划，获得巨大的成功。1940 年，美国贝尔电话公司在发展微波通信网络系统时，正式使用系统工程（Systems Engineering）一词，将研制工作分为规划、研究、开发、应用和通用工程等五个阶段，提出了排队论原理。

第二阶段：第二次世界大战期间。第二次世界大战期间，英国和美国两国在军事部门的任务中也运用系统的观点和方法，系统方法开始应用于军事领域，英国建立了基于雷达系统的用系统工程方法分析与研究作战实用问题小组，研究如何抵御德国的轰炸。英、美将系统工程方法应用于反潜、商船护航、水雷布置等军事行动中，并由此诞生了军事运筹学（Military Operational Reasearch），即军事系统工程。美国运用系统工程方法进行项目计划、组织、研发和生产等工作，研制原子弹的“曼哈顿计划”，推动了系统工程方法的发展。1945 年，美国空军建立了研究与开发（RAND）机构，即兰德（RAND）公司的前身，兰德公司提出系统分析（Systems）的概念，特别强调了其重要性。20 世纪 40 年代后期 50 年代初期，随着运筹学的广泛运用和发展、控制论的创立与应用、电子计算机的出现，为系统工程的进一步发展奠定了重要的学科基础。

第三阶段：20 世纪 50、60 年代。进入 20 世纪 50 年代，随着工程实践的发展，许多领域的研究中都出现了“系统方法”和“系统工程”的字眼，理论研究也有所进展。1957 年，H. Good 和 R. E. Machol 发表了第一部以“系统工程”命名的著作，丰富了系统和系统工程的概念，标志着系统工程学科的形成。20 世纪 50 年代后期 60 年代初期，美国在研制北极星导弹、核潜艇和阿波罗登月计划中，创造了“计划评审技术”（PERT）和“随机网络技术”（GERT），并把计算机应用于计划工作，推动了整个系统研究工作的进展，这是较早的系统工程技术，标志着系统工程方法的应用达到了更高的水平。1965 年，美国自动控制学家 L. A. Zedeh 提出了“模糊集合”的概念，为现代系统工程奠定了重要的数学基础。

第四阶段：20 世纪 60、70 年代。20 世纪 60 年代以后，对于复杂的大系统问题，研究人员开始采用分解和协调的工作步骤，将整体控制问题分解成若干子系统，形成多级递阶控制系统，按照整体控制目标，协调各个子系统的运行，以实现整个系统的最优运行。1969 年，美国使用多种系统工程方法，成功实施了“阿波罗登月计划”，极大地体现了系统工程的价值。1972 年，国际应用系统分析研究所（IIASA）成立，系统工程的应用重点开始从工程领域进入社会经济领域，并发展到了一个新的重要阶段，这个时期系统工程的研究继续向大系统方向发展，产生了大系统理论，根据通信、交通、城市、生态、能源、环境等社会经济系统的特点，发展了分层管理、多级分层控制、分散控制的方法，特别是 IIASA 应用系统工程方法研究南北问题、地球问题、环境问题取得的非凡成果，使得系统工程在国际上的广泛应用达到高潮。

第五阶段：20 世纪 80 年代，1984 年，以 3 位诺贝尔奖获得者盖尔曼（M. Gell Mann）、阿罗（K. J. Arrow）、安德森（P. W. Anderson）为首的一批不同学科领域的著名科学家组织和建立了圣塔菲研究所，开展跨学科、跨领域的研究，称之为复杂性研究，开创了复杂、非线性系统研究以及人机系统研究，系统工程在国际上继续稳定发展。

第六阶段：20 世纪 90 年代。1994 年，在圣塔菲研究所成立 10 周年之际，霍兰（John H. Holland）正式提出复杂适应系统（Complex Adaptive System，CAS）理论，该理论采用具有适应能力的个体（adaptive agent）作为核心概念，强调个体的主体性，拥有自己的目标、内部结构和生存能力，围绕这一核心概念，霍兰提出 7 个有关概念，即聚集（aggregation）、非线性（nonlinearity）、流（flow）、多样性（diversity）、标示（tagging）、内部模型（internal models）、积木（building blocks），以研究复杂系统的适应和演化的过程。

## 二、 系统工程在中国的发展及应用

20 世纪 50 年代至 60 年代，我国的一些研究机构和著名学者为系统工程的研究与应用进行理论上的探讨、应用上的尝试和技术方法上的准备。其中的主要标志和重要代表是钱学森的《工程控制论》、华罗庚的《统筹法》、许国志的《运筹学》。

从 20 世纪 70 年代末到 80 年代初，中国开始大规模研究与应用系统工程，1978 年 9 月 27 日，钱学森、许国志、王寿云在《文汇报》发表题为“组织管理的技术——系统工程”一文，普及推广系统工程知识。从 1978 年开始，我国一些著名的高等学府如西安交通大学、天津大学、清华大学、华中科技大学、大连理工大学等陆续招收系统工程专业硕士研究生，培养系统工程研究人员和工作者。1980 年 11 月，中国系统工程学会在北京成立等，标志着中国的系统工程研究与应用达到高潮。

20 世纪 70 年代末到 80 年代以来，开始应用系统工程理论和方法对中国当时所面临的重大现实问题——人口问题、能源问题、人才和教育问题、农业问题、军事问题、水资源问题、区域经济发展问题等一系列问题进行分析、研究和应用，并取得了较好的效果。国外学者对中国系统工程在工业、农业、军事、人口、能源、资源、社会经济等领域的应用及其成果给予了极高的评价，系统工程在中国的应用达到了新的高潮。

20 世纪 90 年代以来，系统工程在国内外的发展与应用也呈现出一些新的特点和趋势，主要有：

（1）系统工程研究与应用的范围或者对象系统继续向“巨系统”方向发展。

（2）系统工程的应用领域继续拓展，并形成各类专门的系统工程，如现代工业工程就是系统工程在企业生产系统与产业经济系统中运用的结果。

（3）系统工程的特色逐渐形成，如特有的方法论、模型体系以及专用的计算机软件等。

（4）相同工程与计算机系统的结合更加紧密，出现了系统工程软件包、决策支持系统及政策模拟实验室的开发与建立等。

（5）系统方法论也获得新的发展，通过集成化途径，不断形成新的技术应用综合体。

（6）各行各业更加注重对系统工程工作成果的有效和真正的实施。

进入 21 世纪以来，系统工程在与社会经济转型、国际化发展、企业改革发展相结合，与新一代的信息技术如人工智能的开发和应用结合，与互联网技术的结合，与国家可持续发展战略的结合，与思维科学结合等方面，必将会有新的发展和良好的前景。同时，系统工程会立足现实，着眼未来，更加注意追踪国内外的“热点”问题，在新的互联网智能化时代继续大放光彩。

总之，系统工程所取得的积极成果，为系统理论的进一步发展提供了实践材料和广阔的应用天地。

## 小 结

本章是全书的基础。深入正确地理解系统思想的演变以及系统工程的发展历程，能够从系统哲学的视角去看待“系统与系统工程”的基本问题，是学习本课程的基本前提，因而，本章的学习对于后续课程的理解和掌握至关重要。系统思想的演变和系统科学理论体系的学习，有利于理解现代系统工程思想及其方法论；系统工程的发展与应用学习，有利于从一个全新的高度来看待系统工程学科。

## 习 题

1. 比较古代系统思想实践与古希腊系统思想实践的异同，对当今社会经济问题的解决有何启发？

2. 系统科学理论体系包括哪些内容？学习系统科学有什么重要意义？

3. 《道德经》是中国古代一部系统哲学的经典之作，是先秦诸子分家前的一部著作，为其时诸子所共仰。其中第四十二章中有一句“道生一，一生二，二生三，三生万物。万物负阴而抱阳，冲气以为和”，试讨论这句话中蕴含的系统工程思想。

4. 与一般的管理技术相比，系统工程在管理中有哪些优点和长处？

5. 结合系统工程的应用和发展的历程，谈谈系统工程在我国社会经济发展中的作用。

6. 从系统工程产生的过程，你认为系统工程主要适用于分析处理哪些问题？这些问题都有何特征？

# 第二章

# 系统与系统工程概述

【学习目标】

- 理解系统的定义及其属性。
- 掌握系统的要点与特性。
- 了解系统工程的概念及发展历程。
- 深入理解系统工程的内容及特点。
- 深入理解系统工程的价值。

系统和系统工程的基本概念是学习和了解系统工程理论与方法的出发点。本章将对系统的定义及其属性，系统的分类，系统的要点与特性，系统工程的定义、内容和特点以及系统工程的理论基础等基本理论进行讲解，为我们进一步学习系统工程的思想和方法提供理论基础。本章的学习重点集中在以下三个方面：①系统的概念与特性；②系统工程的概念内容及特点；③系统工程的价值。

## 第一节　系统的概念

### 一、系统的定义

系统是系统理论、系统工程和整个系统科学的基本研究对象，也是贯穿本学科整个学习过程的最为重要的概念。

关于系统的定义，国内外学者分别从不同方面给出了各自的定义：

(1) 许国志等学者在《系统科学》一书中认为：系统具有整体性、多元性、内在相关性。具体表现在：是由它的组分构成的统一整体；系统是多样性、差异性的统一；系统中不存在与其他元素无关的孤立元素或组分，即不存在数学意义上的孤立元。

(2) 从系统功能的角度：汪应洛认为，系统是由有特定功能的、相互间具有联系的许多要素所构成的一个整体；王众托认为，系统就是由相互作用和相互依赖的若干组成部分结合而成的具有特定功能的有机整体。

(3) 台北大学的学者定义：系统是由一群相关元件（Elements）所组成的一种组织体，借由这个组织体的运作，以达成特定之目的。

(4) 美国学者阿柯夫认为：系统是由两个或两个以上相互联系的任何类的要素所构成的集合。

(5) 美籍奥地利理论生物学家冯·贝塔朗菲认为：系统是相互作用着的诸要素综合体。

(6) 日本工业标准（JIS）认为：系统就是许多构成要素保持有机的秩序，向同一目的行动的事物。

(7) 韦氏（Webster）大辞典定义：系统是有组织的或组织化了的总体，是构成总体的各种概念、原理的综合，是以有规律的相互作用、相互依赖的形式结合起来的对象的集合。

(8)《中华大词典》中，对系统有两种解释。其一：同类事物按一定的关系组成的整体，例如，组织系统、灌溉系统。其二：有条有理的，例如，系统学习、系统研究。详细解释如下：①有条理，有顺序，如系统知识、如系统研究；②同类事物按一定的秩序和内部联系组合而成的整体，如循环系统，商业系统，组织系统，系统工程；③由要素组成的有机整体，与要素相互依存相互转化，一个系统相对较高一级系统时，是一个要素（或子系统），而该要素通常又是较低一级的系统，系统最基本的特性是整体性，其功能是各组成要素在孤立状态时所没有的，它具有结构和功能在涨落作用下的稳定性，具有随环境变化而改变其结构和功能的适应性，以及历时性；④多细胞生物体内由几种器官按一定顺序完成一种或几种生理功能的联合体，如高等动物的呼吸系统包括鼻、咽、喉、气管、支气管和肺，能进行气体交换。

综上所述，上述定义都各有侧重，不同的人由于研究所涉及的系统目的、特征的不同往往赋予系统不同的内涵，对系统的定义及其特征的描述尚无统一规范的定论。

本书在分析梳理国内外学者对系统定义的基础上，对系统的一般定义如下：系统是由两个或两个以上相互联系、相互作用、相互影响和相互制约的要素（或单元、组成部分）有机结合起来的具有特定功能、结构和环境的有机整体。

一般地，可以从四个方面理解系统的概念。

(1) 系统是由若干要素（单元或部分）组成的。构成系统要素的可以是单个事物（要素），如个体、元件、零件，也可以是一群事物组成的分系统、子系统，如运算器、控制器、存储器、输入/输出设备组成了计算机的硬件系统，而硬件系统又是计算机系统的一个子系统。系统与其构成要素是一组相对的概念，取决于所研究的具体对象及其范围。

(2) 系统具有一定的结构。一个系统是其构成要素的集合，这些要素存在着一定的有机联系，它们相互作用、相互影响、相互制约，在系统内部形成一定的结构和秩序。结构就是组成系统的诸要素之间相互关联的方式，例如：钟表是由齿轮、发条、指针等零部件按一定的方式装配而成的，但一堆齿轮、发条、指针随意放在一起却不能构成钟表。

(3) 系统具有一定的功能，或者说系统要有一定的目的性。系统的功能是指系统与外部环境相互联系和相互作用中表现出来的性质、能力、功能和价值。例如信息系统的功能是进行信息的收集、传递、储存、加工、维护和使用，辅助决策者进行决策，帮助组织实现目标。

(4) 系统与环境。任何一个系统又是它所从属的一个更大系统（环境或超系统）的组成部分，并与其相互作用，保持较为密切的输入与输出关系。系统与其环境或超系统一起形成系统总体。系统与环境也是一对相对的概念。

与此同时，还要从以下几个方面对系统进行理解：系统由部件组成，部件处于运动之中；部件间存在着相互联系；系统各部分构成整体的贡献大于各部分贡献之和，即常说的1+1>2；系统的状态是可以转换、可以控制的。

“系统”在实际应用中总是以特定的系统出现的，如消化系统、生物系统、教育系统等，其前面的修饰词描述了研究对象的物质特点，即“物性”，而“系统”一词则表征所述对象的整体性。对某一具体对象的研究，既离不开对其物性的描述，也离不开对其系统性的描述。系统科学研究的是将所有实体作为整体对象的特征，如整体与部分、结构与功能、稳定与演化等。案例2-1是从系统的角度介绍大学，大学就是个典型的特定功能的系统。

**案例2-1**

**大 学**

一所大学就是一个复杂的系统。它由学校的校级党政机关和各个院（所）系、部处以及工会、共青团、学生会等组织机构所组成，所有这些机关、院（所）系、部处和其他组织都可以看作大学系统的元素或者子系统。大学的特定功能是为社会培养有用人才，同时创造新知识和新思想。学校党政机构与这些院（所）系、部处和其他组织之间存在着委托、授权、监督、管理等关系，不同的院（所）系之间、部处之间，以及各院（所）系与部处之间也存在诸多的横向关系，这些关系表现为相互促进、相互支持和相互制约。这些机构、院（所）系和部处以及它们之间的所有关系构成了学校这个整体。学校为了更好地培养社会有用之才，创造新知识、新思想，不仅要重视各院（所）系、各部处的建设，更要理顺它们之间的关系，发挥各院（所）系、部处的协同效应和集成效应，在校党政机关统一领导下，使这些院（所）系、部处构成一个有机的整体。

说大学中的一个院（所）系、部处或者学生会组织是一个子系统，是因为它一方面是大学整体中的一个有机组成部分，另一方面，它本身也具有相同的特点。比如学校的学生会组织下面还有各个学院或者系的学生会组织，再往下面还有各个班级的班委会。这些组织之间显然存在着各种各样的关系，有的学校校级学生会是各个系组织的联盟，也有的学校的系学生会与校学生会之间有明显的隶属关系。对于复杂系统而言，其内部子系统的层次数是刻画其复杂性的一个重要标志。

## 二、系统的基本属性

### （一）整体性

整体性是系统最基本、最核心的属性，是系统性最集中的体现。

任何一个系统都是由具有相对独立功能的系统要素以及要素间的相互关联所构成的，

是根据系统功能依存性和逻辑统一性的要求，协调存在于系统整体之中。系统的构成要素和要素的机能、要素的相互联系和作用要服从系统整体的目的和功能，在整体功能的基础上展开各要素及相互之间的活动，这种活动的总和形成了系统整体的有机行为。在一个系统整体中，即使每个要素并不都很完善，但它们也可以协调、综合成为具有良好功能的系统；反之，即使每个要素都是良好的，但作为整体却不具备某种良好的功能，也就不能称之为完善的系统。任何一个要素不能离开整体去研究，要素间的联系和作用也不能脱离整体的协调去考虑。

集合的概念就是把具有某种属性的一些对象作为一个整体而形成的结果，因而系统集合性是整体性的具体体现（见图2－1）。例如，人体是由消化系统、神经系统、呼吸系统、循环系统、运动系统、内分泌系统、泌尿系统和生殖系统八大器官组成的，任何一个单个器官简单拼凑在一起不能称其为一个有行为能力的人。只有这八大器官协调一致，才能发挥出一个完整的人的能力。

图2－1 系统的整体性

### （二）层次性

任何一个构成系统的要素，相互之间都具有层次之分，并不是处于同一层次上的。而一个大系统，也可以依照层次划分为若干个子系统（也可称为分系统），直至系统研究的最小单元——系统的要素。其层次划分结构如图2－2所示。

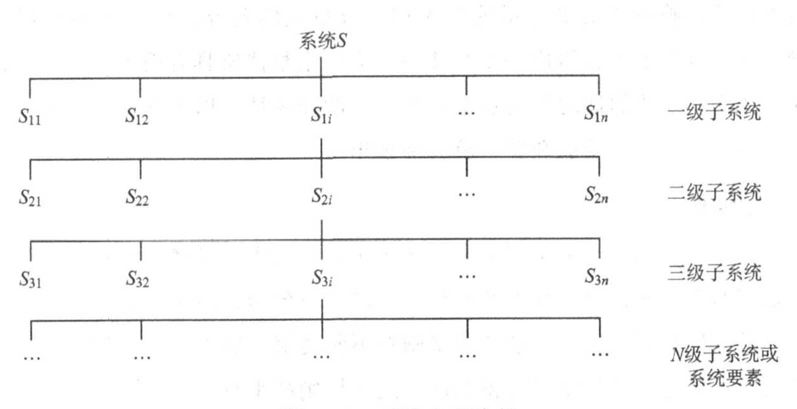


图2－2 系统的层次性

### （三）关联性

任何构成系统的要素都是相互联系、相互作用的。同时，所有要素均隶属于系统整体，并具有互动关系。关联性表明这些联系或关系的特性，并且形成了系统结构问题的基础（见图2－3）。

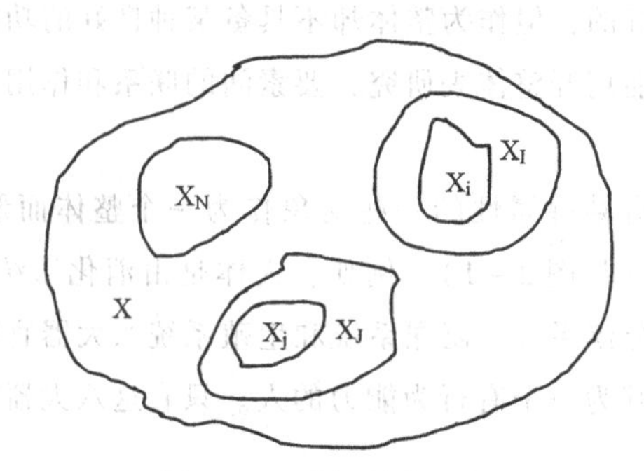


图2－3 系统的关联性

### （四）环境适应性

系统的开放性及环境影响的重要性是当今系统问题的新特征，日益引起人们的广泛关注。任何一个系统都存在于一定的环境之中，并与环境之间产生物质、能量和信息的交流。环境的变化必然会引起系统功能及结构的变化。系统必须首先适应环境的变化，并在此基础上使环境得到持续改善。管理系统的环境适应性要求更高，通常应区分不同的环境类（技术环境、经济环境、社会环境等）和不同的环境域（外部环境、内部环境等）。

### （五）目的性

目的性是典型的人造系统所具有的属性。任何一个人类建设和运行的某个系统总是具有某种目的的。实际上，几乎所有的人造系统都是为了达成某种目的而建造的，或者说当人们利用自然系统去达成自身的目的时，该自然系统才具有目的性。

### （六）涌现性

系统的整体性反映系统要素与系统整体功能数量上的差异，而系统的涌现性则表现出质上的差异，即系统各个部分组成一个整体后，会产生整体所具有而各个部分所没有的某些功能、性质、要素。系统的涌现性还包括系统层次的涌现性，即当低层次的几个部分组成上一层次时，一些新的性质、功能和要素就会涌现出来。

### （七）成长性

任何系统都是从无到有、从小到大，经历了孕育、诞生、发展、成熟、衰老和更新的生命周期。在系统的上升期，要素在不断增长，层次性更分明，结构性更稳定，系统与环境的联系更密切，适应性更好。反之，系统要素则在不断萎缩，层次性越来越模糊，系统结构的稳定性在减弱，系统与环境的联系变得松散，适应性则越来越差。

### 三、系统的数学表示

许国志在《系统科学》一书中，令 $A$ 为系统 $S$ 中全部要素构成的集合，把所有元素关联在一起的那些特有方式用数学中关系概念来表述，以 $r$ 表示元素之间的关系，$R$ 为所有这些关系的集合，$A$ 中不存在相对于 $R$ 的孤立元，那么系统 $S$ 可以形式化地表示为 $S=<r,R>$。由于系统的复杂性，有时系统的层次性并不明显，采用《系统科学》一书中形式化表示方式比较合适。

### 四、大规模复杂系统的特点

系统工程的研究对象是大规模复杂系统，其复杂性主要体现如下：

（1）系统的功能和属性多样化，由此而带来的多重目标间经常会出现相互此消彼长或矛盾冲突的关系。

（2）系统通常由多维而不同质的要素所构成。

（3）一般为人—机系统，而人及其组织或群体表现出固有的易变性、复杂性。

（4）由要素间相互作用关系所形成的系统结构具有复杂化和动态化。

此外，大规模复杂系统还具有规模庞大、经济性突出等特点。

## 第二节　系统的分类

认识系统的类型，有助于在实际工作中对系统的性质进行进一步的分析和研究。系统的分类有很多，分类的标准不同，系统的类型也就有所不同。

### 一、自然系统、人造系统与复合系统

自然系统（Natural System）主要是由自然物（动物、植物、矿物、水资源等）所自然形成的系统，像海洋系统、矿藏系统等。人造系统（Artificial System）则是根据特定的目标，通过人的主观努力所建成的系统，如生产系统、管理系统等。复合系统是指由人介入自然系统并且发挥主导作用而形成的各种系统，如农业系统、工业系统等。实际上，大多数系统是自然系统与人造系统的复合系统。近年来，系统工程愈来愈注意从自然系统的关系中，探讨和研究人造系统、复合系统。

### 二、实体系统与概念系统

凡是以矿物、生物、机械和人群等实体为基本要素所组成的系统称之为实体系统（Physical System），它主要是由物质实体组成，也称之为“硬系统”。凡是由概念、原理、原则、方法、制度、程序等概念性的非物质要素所构成的系统称为概念系统（Conceptual

System)，它主要由软件组成。在实际生活中，实体系统和概念系统在多数情况下是结合的，实体系统是概念系统的物质基础，而概念系统往往是实体系统的中枢神经，指导实体系统的行动或为之服务。系统工程通常也研究的是这两类系统的复合系统。

## 三、静态系统和动态系统

静态系统（Static System）是系统内部结构的状态参数不随时间而变化的系统，而动态系统（Dynamic System）就是系统内部结构的状态参数随时间变化而变化的系统，如生产系统、服务系统、人体系统等都是动态系统。静态系统可视作动态系统的一种特殊情况，即状态处于稳定的系统。实际上，大多数系统都是动态系统，但由于动态系统中各种参数之间的相互关系非常复杂，要找出其中的规律性有时非常困难，这时为了简化起见而假设系统是静态的，或是系统中的各种参数随时间变化的幅度很小，而视同稳态的。也可以说，系统工程研究的是在一定时期、一定范围内和一定条件下具有某种程度稳定性的动态系统。

## 四、封闭系统与开放系统

封闭系统（Closed System）是指该系统与环境之间没有物质、能量和信息的交换，因而呈现一种封闭状态的系统。开放系统（Open System）是指系统与环境之间具有物质、能量与信息交换的系统。这类系统通过系统内部各子系统的不断调整，来适应环境变化，以保持相对稳定状态，并谋求发展。开放系统一般具有自适应和自调节的功能。系统工程研究的是有特定输入、输出的相对孤立的系统。

## 五、闭环系统与开环系统

开环系统（Open Loop System）是指不具有反馈功能的系统。闭环系统（Closed System）是指具有反馈功能的系统。所谓反馈是指在开放系统中，系统的输出反过来影响系统的输入的现象。一般反馈主要是信息的反馈，增强了原输入作用的反馈称之为正反馈，正反馈会使系统的行为发散；削弱了原输入作用的反馈称之为负反馈，负反馈会使系统的行为收敛。

## 六、确定系统与概率系统

确定系统（Deterministic System）指系统的作用是可以预测的，并且系统现状和系统输入可以完全决定系统的输出和下一个状态的系统。概率系统（Probability System）指系统的状态只能依靠概率分布进行大致估计的系统。在系统工程研究工作中，人类往往要面对大量的情况未知或者不太确知的系统问题，此类问题实际上也是系统工程学科的重点研究对象。正是通过系统工程的理论和方法论进行研究、预测、模拟、控制等工作，以强化对不确定性的认识和控制能力。这也就是系统工程学科近年来得到普遍重视和迅猛发展的原因。

此外，按照系统的规模大小可以分为大系统（Large System）、小系统（Little System）、巨系统（Giant System）三类，按照系统结构简单与否可以分为简单系统（Simple System）、复杂系统（Complex System）两种，而复杂系统又可以分为一般复杂巨系统和特殊复杂巨系统两种。

为了学习和研究的方便，在这里给出系统的大致判断标准：

**1. 简单系统**（Simple System）

基本特征：满足叠加原理，其原理和运动规律可以用牛顿力学来加以研究的系统就是简单系统。例如：几乎所有的中观物质系统都是简单系统。

**2. 简单巨系统**（Simple Giant System）

基本特征：系统要素间存在自组织（熵），并且有层次，有“涌现”（Emergence）。例如：星系、简单粒子的运动系统等。“涌现”指的是系统要素作为单独个体不具有，而只有作为系统整体才能体现出来的性质或特征，例如：气体的温度，单个气体分子无所谓“温度”，只有大量气体分子聚集在一起，分子之间相互碰撞的剧烈程度才对外体现为一定的“温度”；事实上，气体的“温度”就是气体分子相互之间碰撞剧烈程度的一种度量。

**3. 复杂巨系统**（Complex Giant System）

基本特征：系统元素数量大，具有层次结构，元素间关联方式复杂。例如：宇宙天体系统。

**4. 开放的/（特殊）复杂巨系统**（Open Complex Giant System，OCGS）

基本特征：元素间关系错综复杂，非线性关系，包含人的因素。例如：社会系统、经济管理系统、人体、人脑等。开放的复杂巨系统是钱学森等提出的，它是指与环境具有物质、能量和信息交换的，由成千上万个子系统构成，子系统种类和系统层次繁多的一类系统，该类系统的解决方法是由定性到定量的综合集成方法与综合集成研讨厅所构成的体系。

## 第三节 系统的要点与特性

这里，系统的要点与特性主要指与系统有关的核心概念，包括：系统的要素（Element）、结构（Structure）、功能（Function）、行为（Behavior）、环境（Environment）、境界（Boundary）、目的（Objective）等。这些概念是深入理解和领会系统思想非常重要的基础。

**1. 要素**

要素是构成系统的基本单元或部分。在本书的学习中，我们规定，系统的要素是最小的研究单位，不再细分。即：本书只研究要素之间的相互联系以及对系统整体的作用，而不关注要素本身的构成及其细分的问题——除非把它作为一个新的系统去研究。形象地表示为图 2-4 中的“点”。

**2. 结构**

结构是指系统内部各组成部分或要素之间在时间、空间等方面的有机联系、相互作用的组织机构、方式和秩序。可以形象地表示为图 2-4 中要素之间的“线”。

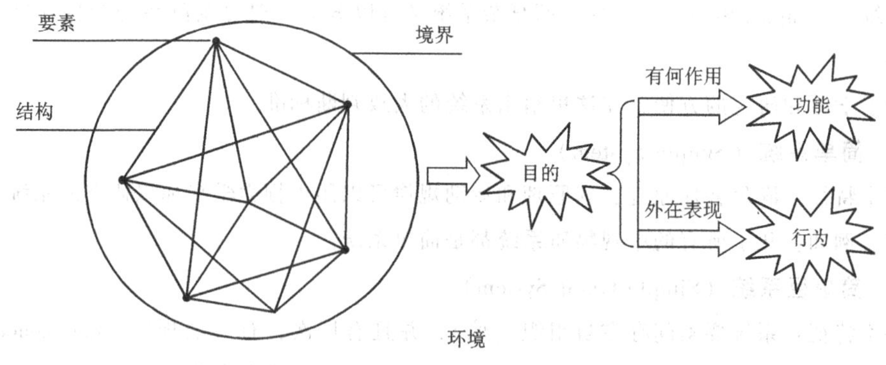


图 2-4　系统的核心概念示意图

**3. 功能**

功能是指系统诸要素在一定的系统结构下形成的效应。功能由结构所规定，并通过系统整体的运动表现出来。功能是结构的外在体现，而结构则是功能的内在动因。

系统结构是系统内部诸要素相互关系的总和。系统结构的概念起源于19世纪马克思的社会经济结构概念以及布特列洛夫的化学结构概念。系统功能与行为这个概念有关，行为原是心理学名词，控制论将其引入系统研究之中。一般系统论认为系统相对于外部事物的变化就是其行为，而这个行为对外部事物的作用就是其功能（见图2-5）。在辩证法看来，系统是结构与功能的统一体。结构是系统内部各要素相互作用的秩序，功能是系统对外部作用的秩序；结构是功能的内在基础，功能是结构的外在表现。也就是说，系统的结构决定系统的功能。

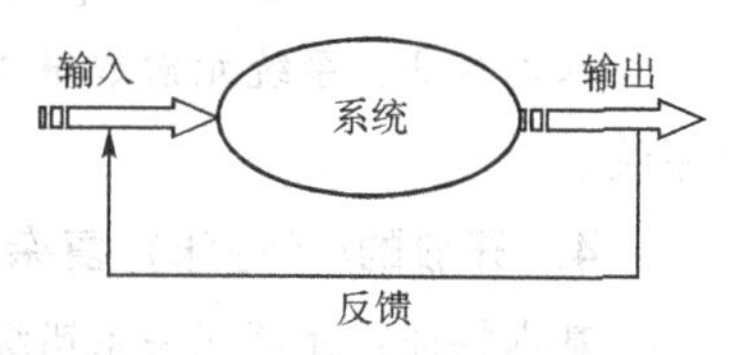


图 2-5　系统功能示意图

**4. 行为**

行为是指实现系统目标所进行的活动，也是系统功能的外部表现。

**5. 环境**

环境是指系统以外的其他与之有关的事物的集合的总称。“环境”并不仅仅指的是有形的物质状态的环境，事实上，特别是对于典型的管理问题而言，“环境”一词往往还包括社会的、政治的、经济的、历史的、文化的、民族的、宗教的等成分，都可能构成“环境”的一部分。

**6. 境界**

系统与环境之间的边界称之为境界。尽管在图2-4中用一条明确标出的“境界线”来表示“境界”，但是需要指出的是，大多数系统事实上并不具有明确而严格的“境界”，而是由系统研究人员根据具体问题进行识别，哪些是境界之外的，哪些是境界之内的。

**7. 目的**

目的是指系统（尤其是，但并不特指人造系统）运行趋向的目标。

具体的，可以用图2-4来形象地表示系统有关的核心概念。

对于系统结构与功能的关系，需要做出如下强调：人类的社会组织都是系统，系统的结构决定系统的功能是最基本的系统原理。但是现实中存在着大量的相同组织结构具有不同功能的事实，却似乎与这个基本原理相矛盾。对此，学者杨建梅认为系统的功能既然是系统对外部的作用，当然也与外部环境有关，所以结构决定功能的原理是针对环境不是变数的情况下来说的。并进一步提出“组织结构的系统悖论”——即相同的组织部门结构有着不同组织功能的现象——的解释：在不否认系统结构决定系统功能这个原理的情况下，只要将组织看成人类活动的系统，而将人类活动系统的要素，定义为人的活动，这个悖论就可以迎刃而解了。

**案例 2－2**

### 大学系统的研究

2016 年，国务院印发了《统筹推进世界一流大学和一流学科建设总体方案》。根据该《总体方案》，到 2020 年，我国若干大学和一批学科进入世界一流行列，若干学科进入世界一流学科前列；到 2030 年，更多的大学和学科进入世界一流行列，若干所大学进入世界一流大学前列，一批学科进入世界一流学科前列，高等教育整体实力显著提升；到 21 世纪中叶，一流大学和一流学科的数量和实力进入世界前列，基本建成高等教育强国。

因此，为了提高大学“双一流”的建设的效率和效果，需要对大学系统的目标、功能等进行研究。

（1）系统目标的研究。系统的目标是多样的，不是单一的，大学系统也不例外。对整个系统而言，大学系统既要实现人才培养的目标、学术研究的原创和前沿，又要保证学科建设的进步与领先，还要保证对社会经济的发展提供服务等。这些目标和子目标构成系统的目标体系，并且各个子目标之间的权重也是不一样的，实现系统目标的方向也不一样。例如，注重对创新人才的培养，为学术研究提供人才储备，满足了科学研究的需要，但是可能会难以满足对社会经济服务的需要等。

（2）系统功能的研究。大学系统的功能是为国家建设培养大批合格人才，所以人才培养的质量、数量，人才所拥有的各种能力以及培养的过程就成为衡量大学系统的重要因素。

（3）系统行为的研究。系统行为主要是指系统输入所引起的系统响应和输出，对于大学系统而言，其系统行为与系统结构和系统输入有关。如人才培养的输入经过大学系统的“课程学习（能力培养）—课程考核（能力测试）—用人单位使用—用人单位反馈”的过程，构成了系统的传输行为，达到了系统的功能。

（4）系统结构的研究。对于大学系统而言，学校的校级党政机关和各个院（所）系、部处以及工会、共青团、学生会等都是系统结构分析的重要内容，是提高和改进的关键所在。

（5）系统法则的研究。系统法则包括自然法则和人为法则。大学系统的自然法则受高等教育规律的影响和制约，这些基本规律是：人才培养中的无限性规律 、教育教学中的职业性规律、应用科学发展中的开放性规律等。人为法则是：随着国家社会经济的不断发展和人民群众对高等教育要求的提高，社会对于高等教育质量要求越来越高，《国家中长期教育改革与发展规划纲要（2010—2020 年）》明确指出：“提高质量是高等教育发展的核心任务，是建设高等教育强国的基本要求。”因此，我国高等教育的发展不仅要满足国家建设的需要、满足人类不断探索未知世界的需要，还要满足人民群众享受高等教育、提高素质的需要。

(6) 系统环境的研究。处在社会人文和地理自然环境中的大学系统，既要适应社会、人文的环境要求，也要适应自然的、物理的环境要求，又要符合国家法律要求，考虑国家利益、产业政策、社会消费水平等，还要纵观整个世界高等教育发展的阶段和我国高等教育的整体实力乃至在国际上的水平和地位，切实可行地推进“双一流”建设的步伐。

# 第四节　系统工程的概念及其说明

## 一、系统工程的概念

系统工程（Systems Engineering，SE）作为一门正处于发展过程中的新学科，经过半个多世纪的发展取得了丰硕的成果，但是至今尚没有统一的定义。

(1) 美国学者切斯纳（1967）认为，虽然每个系统都是由许多不同的特殊功能部分所组成的，而这些功能部分之间又存在着相互关系，但是每一个系统都是完整的整体，每一个系统都有一定数量的目标。系统工程则是按照各个目标进行权衡，全面求得最优解的方法，并使各组成部分能够最大限度地相互适应和相互协调。

(2) 美国学者莫顿（1967）认为，系统工程是用来研究具有自动调整能力的生产机械，以及像通信机械那样的信息传输装置、服务性机械和计算机械等的方法，是研究、设计、制造和运用这些机械的基础工程学。

(3) 日本学者寺野寿郎（1971）认为，系统工程是为了合理进行开发、设计和运用系统而采用的思想、步骤、组织和方法等的总称。

(4) 日本学者三浦武雄（1977）认为，系统工程与其他工程的不同之处在于它是跨越许多学科的科学，而且是填补这些学科边界空白的一种边缘科学。因为系统工程的目的是研制系统，而系统不仅涉及工程学的领域，还涉及社会学、经济学和政治学等领域，为了恰当解决这些领域的问题，除了需要某些纵向技术以外，还要有一种技术从横向把它们组织起来，这种横向技术就是系统工程。

(5) 我国著名科学家钱学森（1978）认为，系统工程是组织管理的技术。把极其复杂的研制对象称为系统，即由相互作用和相互依赖的若干组成部分结合成具有特定功能的有机整体，而且这个系统本身又是它所从属的一个更大系统的组成部分……系统工程则是组织管理这种系统的规划、研究、设计、制造、试验和使用的科学方法，是一种对所有系统都具有普遍意义的科学方法。

(6) 我国学者汪应洛（1998）认为，所谓系统工程，是用来开发、运行和革新一个大规模复杂系统所需的理论、方法论、方法的总和（总称）。

(7) 我国学者王慧炯（1979）认为，系统工程是一门综合性科学技术，研究对象是大型复杂系统的设计与运行（一般偏重于设计），以达到总体最佳的效果为目标。系统工程既是一门跨各学科专业的总体工程学，又是一种思想方法论与工作方法论。

（8）美国质量管理学会系统委员会（1969）对系统工程的定义是，应用科学知识设计和制造系统的一门特殊工程学。

（9）日本工业标准 JIS 8121（1967）认为系统工程是为了更好地达到系统目的，对系统的构成要素、组织结构、信息流动和控制机构等进行分析与设计的技术。

（10）大英百科全书（1974）界定系统工程是一门把已有学科分支中的知识有效地组合起来用以解决综合化的工程技术。

（11）苏联大百科全书（1976）定义系统工程是一门研究复杂系统的设计、建立、试验和运行的科学技术。

综合以上观点，本书认为，系统工程是从总体出发，合理开发、运行和革新大规模复杂系统所需要的理论、方法论、方法与技术的总和（总称），是复杂系统实施组织与管理的综合技术，通常以达到总体最优为目的。

## 二、 系统工程的主要内容与特点

从本节指出的系统工程定义可以看出，就主要研究内容而言，系统工程是一门跨学科的边缘性交叉学科，运用包括自然、社会及工程技术等方面的知识，是由一般系统论、大系统理论、经济控制论、运筹学、自然科学、社会科学、工程技术等学科相互渗透、交叉发展而形成的学科。任何一种物质系统，并且不仅限于物质系统，诸如自然系统、社会经济系统、经济管理系统、军事指挥系统等都能成为它的研究对象，研究的内容包括这些系统的目的、功能、结构、行为、法则、环境等。系统工程是系统科学的应用部分，系统科学是用统一的系统方法研究任何控制论系统的行为和控制的学科领域。它主要研究有组织的大系统或一般系统的运动和量变规律，因而系统工程就成为系统科学中与社会经济决策和工程管理关系最密切的一部分。

系统工程在自然科学和社会科学之间架设了沟通的桥梁，它根据总体协调的需要，综合应用自然科学和社会科学中的有关思想、理论和方法，利用电子计算机作为工具，对系统的结构、要素、信息和反馈等进行分析，以达到最优规划、最优设计、最优管理和最优控制的目的。

系统工程的基本特点是：把研究对象作为整体看待，要求对任一对象的研究都必须从它的组成、结构、功能、相互联系方式、历史发展和外部环境等方面进行综合的考察，做到分析与综合的统一。一般而言，系统工程强调以下基本观点：

（1）整体性和系统化观点（系统工程的前提）。

（2）总体最优或平衡协调观点（系统工程的目的）。

（3）多种方法综合运用的观点（系统工程的手段）。

（4）问题导向及反馈控制观点（系统工程的保障）。

读者可以从以下几个方面去综合理解系统工程这门学科。

• 系统工程是一门工程技术，但它又与机械工程、电子工程、水利工程等其他工程学科的性质不完全相同。

• 系统工程所处理的主要对象是信息，基于此，有些学者认为系统工程是一门“软科学”。

• 系统工程在自然科学与社会科学之间架设了一座相互沟通的桥梁。

• 系统工程是一门艺术——综合的艺术，综合运用各种各样的理论、技术、方法和工具，来解决用任何一门学科知识所不能解决的问题——复杂巨系统。

• 系统工程意味着“整体最优”。

## 三、系统工程的理论基础

总体来说，系统科学的结构层次如图 2－6 所示。系统工程的理论基础指的是系统科学界常说的所谓“三大论”——运筹学、控制论、信息论。

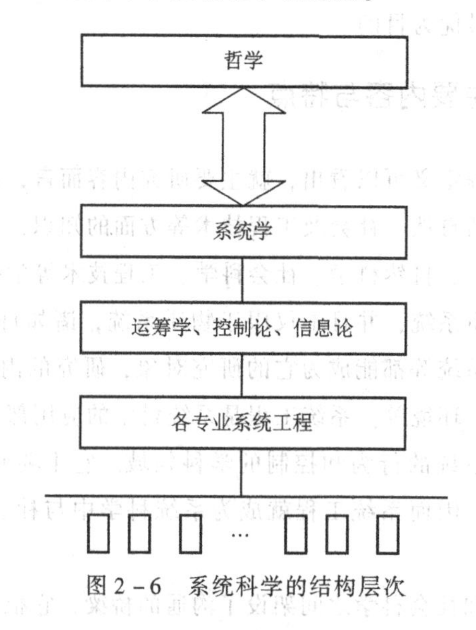


图 2－6　系统科学的结构层次

### （一）运筹学

运筹学（Operational Research）是一门以定量基础上的优化为核心，研究如何有效地组织和管理人机系统的科学。主要研究内容涉及线性规划（对偶问题、整数规划、运输问题、目标规划、动态规划）、非线性规划、图与网络、存储论（库存论）、对策论（博弈论、矩阵对策论）、排队论、决策论（含多目标决策）、系统仿真等。

运筹学的研究假定，理论上，任何问题都存在最优解，而且至少可以求得一个最优解。

### （二）控制论

控制论是 20 世纪 40 年代末开始形成的一门新兴科学。第二次世界大战期间，由于自动化技术、导弹和电子计算机的发展，要求自然科学在理论上进行系统研究和科学总结。1948 年，美国数学家维纳（Norbert Wiener）总结了前人的经验，创立了控制论这门学科。

控制论的定义曾有多种表达方式，但各种定义的内涵相差无几。维纳指出：信息就是信息，不是精神也不是物质。一切系统都是信息系统，一切系统都是控制系统。维纳把控制论定义为“关于在动物和机器中控制和通讯的科学”。钱学森给出的定义为“控制论的对象是系统”；“为了实现系统自身的稳定和功能，系统需要取得、使用和传递能量、材料和信息，需要对系统的各个组成部分进行组织”；“控制论研究系统各个部分如何进行组织，以实现系统的稳定和有目的的行为”。

可见，控制论是研究系统调节与控制一般规律的科学，是自动控制、无线电通信、神经生理学、生物学、心理学、电子学、数学、医学和数理逻辑等多种学科互相渗透的产物。

### （三）信息论

信息论源于通信理论，是一门研究信息传输和信息处理系统中一般规律的学科；于1948年由美国科学家香农所提出。

信息论包括狭义信息论和广义信息论。狭义信息论研究通信控制系统中信息传递的规律，以及如何提高信息传递的有效性和可靠性。广义信息论则是利用狭义信息论观点研究一切问题的理论。研究机器、生物、人类对信息的获取、交换、传输、存储、处理、利用和控制的规律。以设计制造各种信息处理和控制器，以部分模拟和代替人的功能，从而提高人类改造世界的能力。

信息论的基本思想和特有方法完全撇开了物质与能量的形态，而把任何通信和控制系统看作一个信息的传输和加工处理的系统，把系统的有目的的运动抽象为一个信息变换的过程，通过系统内部的信息交流才使系统维持正常的有目的的运动。任何实践活动都可以简化为多股流，即：人流、物流、资金流、信息流等，其中，信息流起着支配作用，它调节着其他流的数量、方向、速度、目标，并控制着人和物进行有目的、有规律的活动。因此，信息论可以说是控制论的基础。

信息论已经进入其他学科，特别是进入大系统和复杂系统领域的信息研究。需要从更一般的意义上探求信息的一般规律，因此形成了信息科学。信息科学基于信息论，综合了计算机技术、自动化技术、生物学、数理科学、物理学等新兴科学，研究领域与信息论相比更加广泛。

运筹学、控制论、信息论之间的相互关系可以做这样的表述：信息论反馈系统信息，控制论进行控制调节，而运筹学达到整体优化，如图2-7所示。

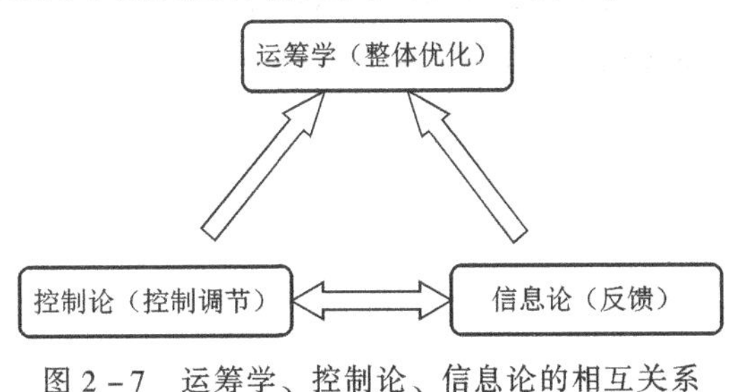


图2-7　运筹学、控制论、信息论的相互关系

## 小　结

本章是对系统与系统工程概念、特点和内容的了解和学习。系统与系统工程概念的学习，可以为系统建模内容的学习和实践应用提供良好的理念基础；系统的类型、要点和特性的学习，为系统基本构成的关系和系统分析方法提供了基础；系统工程的内容与特点的学习，可以为分析复杂系统问题提供方法和工具；系统工程理论基础的学习，可以加深对解决巨系统问题方法的理解。

## 习　题

1. 专家们对系统的定义有不同的看法，你认为组成一个系统应有哪些要点？其特性是什么？试举例说明。

2. 叙述一般系统与人造系统的区别与联系，并举例说明。

3. 系统有许多特性，请举例说明这些特性的差别。

4. 在实际的社会经济系统中如何区分系统与环境？为什么要重视系统的环境？

5. 什么是开环系统和闭环系统？二者有何区别？

6. 结合一个实际的管理系统问题，讨论以下四个问题：

(1) 系统的功能及要素；

(2) 系统的环境影响及输入、输出要素；

(3) 系统的结构（尽可能具体化，最好能用框图表达）；

(4) 系统功能与结构和环境的关系。

7. 叙述系统工程的内容及特点。

8. 由于系统工程研究者所从事的是不同领域的研究工作，因此对系统工程的定义相差较大，你是如何理解系统工程的？

9. 为什么说建设世界一流大学是个系统工程问题？

10. 为什么说互联网是个开放的复杂巨系统？

11. 什么是科学发展观？它与系统工程有什么关系？

12. 结合实例分析系统工程在社会经济中的价值。

# 第三章 系统工程方法论

【学习目标】

- 掌握霍尔三维结构方法论。
- 了解切克兰德方法论。
- 把握物理—事理—人理系统方法论。
- 理解综合集成系统方法论。

系统工程的出现逐渐改变了人们的思维方式，“以系统为中心”的思维方式渐渐取代了“以实物为中心”的思维方式，开启了现代系统工程的先河，由此也奠定了现代系统思想的基础。系统工程方法论是一种从整体系统角度分析、研究、处理、解决复杂问题所运用的基本思想和具体技术方法的统称。

随着现代系统思想的兴起和发展，学术界将系统工程实践中应用的基本思想和具体方法提升到方法论的高度。具有代表性的现代系统工程方法论主要有：霍尔三维结构方法论、切克兰德方法论、物理—事理—人理系统方法论、综合集成系统方法论。

## 第一节　霍尔三维结构方法论

霍尔三维结构是1969年由美国贝尔电话公司电气工程师和系统工程专家霍尔（A. D. Hall）提出的一种系统工程方法论。该方法最初用于解决结构清晰、容易量化的工程系统问题。这种思维方式适应了20世纪60年代系统工程的应用需求，对于解决大多数硬性或偏硬性的工程项目问题效果显著，随着工程实践的不断拓展，为世界各国广为应用，为解决大型复杂系统的规划、组织、管理问题奠定了统一的思想方法基础。霍尔三维结构的基本内容可以直观反映在三维坐标图中，具体如图3－1所示。它集中体现了系统工程方法的系统化、综合化、最优化、程序化和标准化等特点，是系统工程方法论的重要基础之一。霍尔三维结构又称霍尔系统工程，它主要针对的是硬系统，例如工程系统、人造系统和人为系统，适用于良性结构系统，这类系统具有结构清晰、概念明确、容易量化、模型化的特点。后人与软系统方法论（Soft System Methodology，SSM）进行对比，将之称为硬系统方法论

(Hard System Methodology, HSM)。

霍尔三维结构将系统工程整个活动过程分为前后紧密衔接的七个阶段和七个步骤，同时还考虑了为完成这些阶段和步骤所需要的各种专业知识和技能。这样，就形成了由时间维(Time)、逻辑维（Logic）和知识维（Knowledge）所组成的三维空间结构。其中，时间维T表示系统工程活动从开始到结束按时间顺序排列的全过程，分为规划、拟订方案、研制、生产、安装、运行、更新7个时间阶段。T-L-K三维结构体系形象地描述了系统工程研究的框架，对其中任一阶段和每一个步骤，又可进一步展开，形成了分层次的树状体系。下面将逻辑维的7个步骤逐项展开讨论，可以看出，这些内容几乎覆盖了系统工程理论方法的各个方面。

如图3-1所示，霍尔三维结构是由时间维、逻辑维和知识维所组成的立体空间结构。

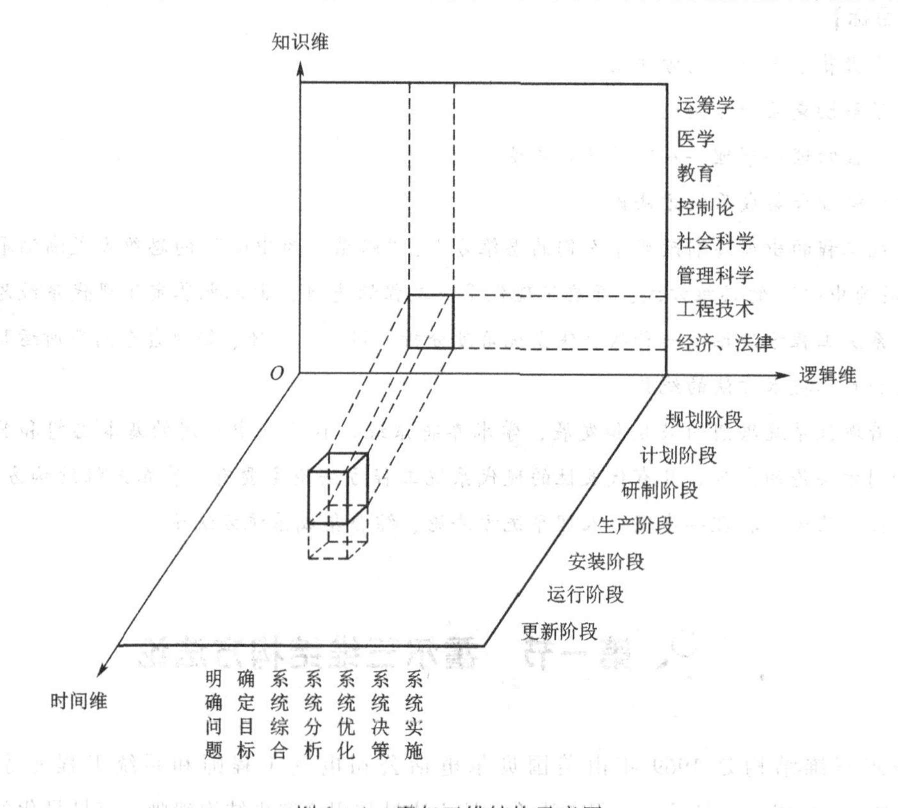


图3-1 霍尔三维结构示意图

## 一、时间维

时间维表示系统工程的工作阶段或进程。系统工程工作从系统规划到系统更新的整个过程或生命周期可分为以下7个阶段，每一阶段都有其对应的研究任务。

(1) 规划阶段。明确系统目标，制定系统工程活动的总体方针和发展战略规划。

(2) 计划阶段。根据总体方针和发展战略规划，提出具体的设计思想和初步方案，选择最满意的方案。

(3) 研制阶段。实现系统的研制方案，分析、制定出较为详细而具体的执行计划。

(4) 生产阶段。组织筹划生产系统所需资源及全部“零部件”，并提出具体的实施和“安装”计划。

(5) 安装阶段。安装和调试系统，制定出具体的运行计划。

(6) 运行阶段。投入运行系统，为预定目标服务。

(7) 更新阶段。评价、革新、改进或取消旧系统，建立新系统，为系统进入下一个研制周期奠定基础。

上述7个阶段是按系统工程活动的时间先后顺序而排列的，要求人们在开展系统工程活动时必须遵循规划、计划、研制、生产、运营、更新的顺序，才能达到预期的目标和理想的效果。其中：规划阶段、计划阶段和研制阶段共同构成系统的开发阶段；生产阶段、安装阶段、运行阶段构成系统的实施阶段；更新阶段构成系统的重构阶段。然而，在实际工作中，并非所有的系统工程活动都是从规划阶段开始的，有的活动可能需要某一阶段或某几个阶段的工作，换言之，并不要求所有的工作都要按部就班地从规划阶段开始，一步步进行，而是根据研究工作的需要，从解决问题的起始阶段开始。

## 二、 逻辑维

逻辑维是指系统工程活动每一阶段工作所应遵循的逻辑顺序和工作步骤，由以下7个步骤组成。

### 1. 明确问题

明确问题是研究工作的基础和出发点。明确问题，把握研究方向，为系统工程研究和取得成效奠定基础。由于系统工程是面向大型、复杂系统问题的研究，其研究对象包含自然界和社会经济活动的各个领域，要求研究者千方百计全面收集解决问题的资料、数据和信息，了解和明确决策者意图，明确问题的性质，尤其是在问题形成和规划阶段，首要的任务就是要清楚研究的是什么性质的问题，以便正确地设定问题，否则，一切无从谈起。国内外学者在问题的设定方面提出了许多行之有效的方法，主要有以下几种。

(1) 直观的经验方法。这类方法中，比较知名的有头脑风暴法（Brain Storming）、5W1H法、KJ法等，日本人将这类方法称为创造工程法。其特点是总结人们的经验，集思广益，通过分散讨论和集中归纳，整理出系统所要解决的问题。

(2) 预测法。系统要分析的问题常常与技术发展趋势和外部环境的变化有关，其中有许多未知因素，这些因素可用打分的办法或主观概率法来处理。预测法主要有德尔菲法、情景分析法、交叉影响法、时间序列法等。

(3) 结构模型法。复杂问题可用分解的方法，形成若干相关联的相对简单的子问题，然后用网络图方法将问题直观地表达出来。常用的方法有解释结构模型法（ISM）、决策实验室法（DEMATEL法）、图论法等。

(4) 多变量统计分析法。用统计理论方法所得到的多变量模型一般是非物理模型，对象也常是非结构化的或半结构化的。统计分析法中比较常用的有因子分析法、主成分分析法等，成组分析和相关分析也属此类。

**2. 确定目标**

系统目标是系统工程活动的重点，也是设计和建立系统价值指标体系或评价指标体系的过程。系统问题往往具有多目标（指标）的属性。在明确问题的基础上，应提出系统目标或目标体系，确定达到目标的基准，设计和建立系统具体的评价指标体系，以衡量方案的优劣。设计和制定评价指标体系要回答以下一些问题：评价指标如何定量化，评价中的主观成分和客观成分如何分离，如何进行综合评价，如何确定价值观问题等。行之有效的评价体系方法主要有效用理论、费用/效益分析法、风险估计、价值工程等几种方法。

**3. 系统综合**

系统综合是一个创造性的过程，需要系统决策者、分析者和相关人员根据问题的性质、目标、环境、条件等，在给定条件下，运用各种创造性方法，提出若干可能的方案，找出达到预期目标的手段或系统结构。系统综合的过程常常需要人的参与，以及计算机辅助设计（CAD）和系统仿真等技术手段的有机结合，通过人机交互，利用多人的经验和知识，使系统具有推理和联想的功能。近年来，知识工程和模糊理论已成为系统综合的有力工具。

**4. 系统分析**

系统分析是应用系统工程技术，对每一个系统方案进行比较、分析、计算，为了更好地分析各因素对系统目标的影响，系统分析首先要对所研究的对象进行描述，掌握系统内部要素之间、内外部要素之间的相互联系，在此基础上建立相应的系统模型。建模的方法和仿真技术是最常采用的方法，对难以用数学模型表达的社会系统和生物系统，也常用定性和定量相结合的方法来描述。系统分析的主要内容涉及以下几个方面。

(1) 系统变量的选择。用于描述系统主要状态及其演变过程的是一组状态变量和决策变量，因此，系统分析首先要选择出能反映问题本质的变量，并区分内生变量和外生变量，用灵敏度分析法可区别各个变量对系统问题的影响程度，并对变量进行筛选。

(2) 建模和仿真。在状态变量选定后，要根据客观事物的具体特点确定变量间的相互依存和制约关系，即构造状态平衡方程式，得出描述系统特征的数学模型。在系统内部结构不清楚的情况下，可用输入/输出的统计数据得出关系式，构造出系统模型。系统对象抽象成模型后，就可进行仿真，找出更普遍、更集中和更深刻的反映系统本质的特征和演变趋势。现已有若干实用的大系统仿真软件，如用于随机服务系统的 GPSS 软件、用于复杂社会经济系统仿真的系统动力学（SD）软件等。

(3) 可靠性工程。系统可靠性工程是研究系统中元素的可靠性和由多个元素组成的系统整体可靠性之间的关系。一般讲，可靠的元件是组成可靠系统的基础，然而，局部的可靠性和整体可靠性间并非简单的对应关系，系统工程强调从整体上来看问题。在 20 世纪 40 年代，冯·诺依曼（von Neumann）开始研究用重复的不那么可靠的元件组成高度可靠系统的问题，并进行了可靠性理论探讨。钱学森教授也提出，现在大规模集成电路的发展使得元器件的成本大大降低，如何用可靠性较低的元器件组成可靠性高的系统，是个很有现实意义的问题。近年来，已采用的可靠性和安全性评价方法有 FTA（Failure Tree Analysis，故障树分析）或 ETA（Event Tree Analysis，事件树分析）等树状图形方法。

**5. 系统优化**

系统优化就是在约束条件规定的可行域内，从多种可行方案或替代方案中得出最优解或满意解的过程。在系统的数学模型和目标函数已经建立的情况下，可用最优化方法选择使目标值最优的控制变量值或系统参数。实践中，要根据问题的特点选用适当的最优化方法，目前应用最广的仍是线性规划和动态规划，非线性规划的实用性尚有待改进，大系统优化已开发了分解协调的算法。组合优化适用于离散变量，整数规划中的分支定界法、逐次逼近法等的应用也很广泛。多目标优化问题的最优解处于目标空间的非劣解集上，可采用人机交互的方法处理所得的解，最终得到满意解。

**6. 系统决策**

管理大师西蒙认为，“决策就是管理”。在系统综合和系统分析基础上，人们可根据主观偏好、主观效用和主观概率做决策。决策的本质反映了人的主观认识能力，因此，就必然受到人的主观认识能力的限制。近年来，决策支持系统受到人们的重视，系统分析者将各种数据、条件、模型和算法放在决策支持系统中，该系统甚至包含了有推理演绎功能的知识库，以便决策者在做出主观决策后，力图从决策支持系统中尽快得到效果反应，以达成主观判断和客观效果的一致性。但是，在真实的决策中，被决策对象往往包含许多不确定因素和难以描述的现象，群决策有利于克服某些个人决策中主观判断的失误，但决策过程较长。

**7. 系统实施**

系统实施是实现系统目标，使决策付诸实践的重要环节。系统实施要依靠严格而有效的计划。一项大的系统工程活动的开展，涉及设计、开发、研究和施工等许多环节，每个环节又涉及大量的人、财、物的组织和运筹。在系统工程中常用的计划评审技术（PERT）和关键路线法（CPM）在制订和实施计划方面起了重要作用。

在实际工作中，系统综合、系统分析和系统优化是一个不断循环和递进的过程，这一过程不断产生新的系统方案，或者获得对模型的改进或修正，如图 3－2 所示。

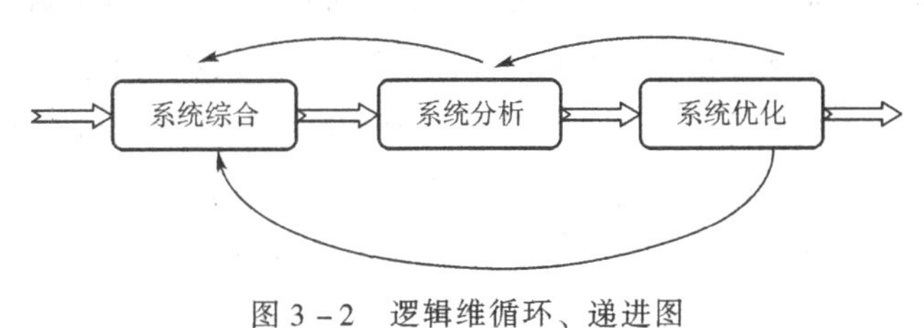


图 3－2　逻辑维循环、递进图

## 三、知识维

知识维是从事系统工程活动所需要的各类专业知识（如社会科学、运筹学、控制论、管理科学、工程技术、经济、法律知识等），也包括可反映系统工程专门应用领域的知识（如企业管理系统工程、社会经济系统工程、工程系统工程等）。例如进行社会经济系统的规划研究，除了需要研究者掌握系统工程理论方法，还需要具有宏观经济学、微观经济学、社会学、心理学、环境科学、管理科学、法律、工程技术等学科知识，才能有效地分析和处理该问题。

霍尔三维结构强调明确目标，核心内容是最优化，并认为现实问题基本上都可归纳为工程系统问题，应用定量分析手段，求得最优解答。该方法论具有研究方法上的整体性（三维）、技术应用上的综合性（知识维）、组织管理上的科学性（时间维与逻辑维）和系统工程工作的问题导向性（逻辑维）等突出特点。

由于知识维的具体内容不可能完全加以枚举，而且不同的问题需要不同的知识支撑，因此一般也把未列出知识维的时间—逻辑矩阵（TL 矩阵）称为系统工程活动矩阵。下面案例中的问题采用霍尔三维结构方法，取得了较好的效果。

**案例 3－1**

### 岳阳市第二人民医院供热工程项目

某工程设计院承接了湖南省岳阳市第二人民医院的供热工程项目。技术人员按照霍尔系统工程方法，从霍尔三维结构角度去考虑如何开展工作。在时间维上，供热工程首要任务是项目建设的规划研究，而后是项目计划、建设、维护和更新，而确定采用什么方式的能源供热是其重要课题。换言之，是采用传统的能源供热还是分布式能源供热，这将影响以后的所有环节。在专业知识维上，参加该供热工程项目的工程技术人员，首先应当具备方案比较、评价、选择等方面的技术能力，同时还需要了解两种能源供热方式的特性、技术参数，以及不同的地形地貌、气候条件对不同能源供热造价的影响，了解不同类型能源供热对生态环境的影响，了解国内外能源供热的发展趋势以及国家的相关法律、宏观经济形势、地区发展状况等，因此，工程技术人员需要了解有关经济学、社会学、工程学、心理学、管理学、法学和环境科学等方面的知识，有了这些专业知识，工程技术人员才可能较好地完成“岳阳市第二人民医院供热工程项目”的建设工作，并顺利交付使用。为了快速了解上述专业知识，项目组邀请相关专家给工程技术人员进行课程培训、座谈，实地调查和查阅相关研究成果和技术资料，并遵照逻辑维的要求展开具体工作，具体过程如下：

（1）明确问题。工程技术人员首先需要明确的是我国作为能源消费大国，积极开发和利用新能源以及合理使用能源、提高能源使用效率将是未来较长时期我国各级各类企事业单位和部门应对能源短缺和能源消耗以及所带来的环境污染问题和所引发的其他社会经济问题的战略任务。在这样的战略背景下，岳阳市第二人民医院建设天然气分布式能源站，为解决医院的采暖、生活热水和医疗器械消毒工作提供持续的供热条件。

（2）确定目标。工程技术人员从院方期望入手，构造了一套衡量标准，如希望所提出的天然气分布式能源站有较好的安全性、经济性、节能性、环保性、通用性，所提出的指标对于其他的能源供热方式具有可比性，且各指标可以测量以便于指标标准进行比较。

（3）形成系统方案（系统综合）。根据岳阳市第二人民医院的建筑分布状况和气候特点，利用简单枚举法，可构造出满足院方热能需求的方案，即系统方案，剔除有明显缺陷的方案，并对每一个方案进行必要的说明。

(4) 系统分析。根据系统指标设计所提出的指标和衡量标准，调查每种方案的数据资料，对每一方案的各个属性进行测度，比较、分析方案每一条指标的优劣。为了比较不同方案的差异，建立方案评价模型，所建立的模型应能较好地反映方案的综合价值或效用，并计算、比较不同方案的综合价值。

(5) 系统优化。根据系统方案对于系统目标满足的程度和不同方案的综合效用，同时考虑不同方案实施的难易程度，以及地区经济发展状况、决策者偏好、所需投资满足程度等，对每一个备选方案进行综合排序，从中选出最优方案、次优方案、满意方案。

工程技术人员根据上述研究内容，撰写可行性报告，为院方提出可供选择的一组方案和相应的资料。

(6) 系统决策。决策者（岳阳市第二人民医院）可根据自身实际情况和当地环保部门对该项目建设的具体要求，运用系统决策方法，确定该项目的满意方案，将满意方案作为院方建设天然气分布式能源站的成果。

(7) 系统实施。将天然气分布式能源站建设方案交给相应的工程建设公司并付诸实施，在规定的工期内完成项目并交付院方使用。

对于那些研究问题的目标、边界比较清楚，变量可以度量，可以用模型进行计算的问题，运用霍尔系统工程方法研究会收到很好的效果。

在上述案例中，由于较好地应用了霍尔三维结构模型，确保了该项目的顺利施工。目前，该项目已经顺利通过验收并交付使用。

## 第二节 切克兰德方法论

切克兰德方法论是英国兰切斯特大学（Lancaster University）切克兰德（P. Checkland）教授于1981年首次提出的。其背景是自20世纪60年代开始，针对良性结构系统（硬系统）的定量方法难以解决社会经济系统中那类半定量、半定性的问题，这类问题的解决需要综合考虑环境因素与人为因素，因此需要对系统方法进行改造，切克兰德方法应运而生，切克兰德方法论以硬系统方法论为基础。

### 一、切克兰德方法论的介绍

系统工程实践的发展，推动着系统方法应用领域的不断扩大。20世纪40～60年代期间，系统工程方法主要应用于寻求大型工程项目、社会、经济问题和管理问题的最优策略。进入20世纪70年代以后，社会经济系统开始出现了从重视硬技术转向软技术的变化，一些富有远见的学者意识到“过分定量化”“过分数学化”会给运筹学和系统工程的应用带来副作用，造成对问题本身的忽视。到了20世纪80年代，在美、英出现了一批新的系统方法论，这类方法的特点是偏软，大多数没有数学模型，强调思考方法、工程过程和人的参与等。其中典型的代表是切克兰德软系统方法论。

切克兰德软系统方法论认为，人类活动系统中的问题不像人造系统中的问题那样是“公众的知识”，“什么是问题”本身构成了问题。因此，硬系统方法论的第一个阶段——明确问题，变成了相关人员对问题情境进行感知；第二个阶段——确定目标，变成了定义相关系统；运用系统方法论的过程也由寻优过程变成了学习过程，结果是所有相关的人员感到问题情境有所改进，而不是问题的解决。切克兰德认为软系统方法论的这些特点是由于人的“维特沙”（德文，世界观、价值观之意）的普遍存在且不相统一造成的。因此在人类活动系统中存在的问题大多是边界模糊、难于定义、结构不良的软问题，这些问题更应该用软系统方法论来处理，而传统的解决工程问题的 HSM（Hard Systems Methodology，硬系统方法论）思想就难以发挥其作用了。

相对于提供优化解决方案的 HSM 而言，切克兰德的 SSM（Soft Systems Methodology，软系统方法论）思想是全新的，其基本思想是通过试错法，反复对系统理论构思与现实世界问题情境进行比较，以不断改善系统。软系统方法论使用四种智力活动：感知—判断—比较—决策，构成了各个阶段联系在一起的学习系统。切克兰德教授认为，完全按照解决工程技术问题的思路来解决社会问题或“软科学”问题，会碰到很多问题。和专家调查法（德尔菲法）、情景分析法、冲突分析法等其他软方法相比，切克兰德软系统方法论更具有概括性，其核心是通过不断对现状的“调查”和模型的“比较”或者“学习”中，学习改善现存系统的途经，而不是追求系统的“最优化”，因此，切克兰德软系统方法论就构成系统工程方法论中解决软系统问题的重要的方法论之一。

切克兰德软系统方法论的思路和步骤如图 3－3 所示。

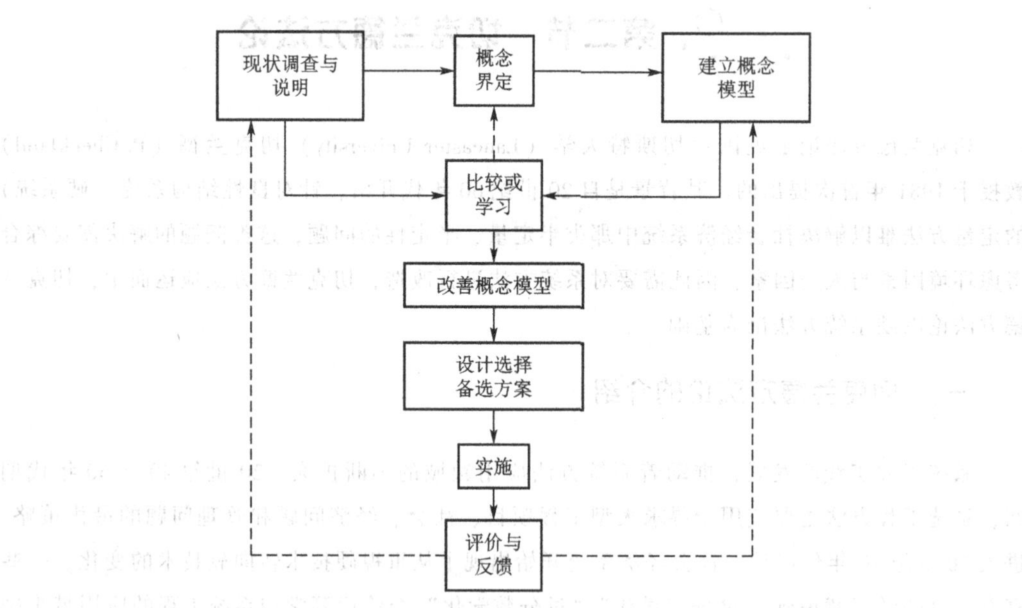


图 3－3　切克兰德软系统方法论的思路和步骤

**1. 现状调查与说明**

这一步骤是了解和认识系统，归纳系统问题的基础。通过调查研究，收集与现存不良结构系统现状有关的信息，分析并表达系统的现状，运用根底定义法提炼现存系统存在的问题。根底定义是该方法中较具特色的阶段，其目的是弄清系统问题的关键要素，为系统的发展及其研究确立各种基本的看法，并尽可能选择出最合适的基本观点。根底定义所确立的观点要能经得起实际问题的检验。根底定义英文写作 Root Definition，可译作“基本定义”，但“根底定义”更适合切克兰德的意图。作者试图用该术语来强调它在该方法论中的生发作用。

**2. 确定关联因素**

通过根底定义，明确存在的问题，分析并寻找现存系统的构成或影响因素及其关系，以便明确系统问题的结构、现存过程及其相互之间的不适应之处，确定有关的行为主体和利益主体。

**3. 建立概念模型**

概念模型是来自于现存系统根底定义基础上的关联因素的明确，在不能建立数学模型的情况下，用结构模型或语言模型来描述系统的现状，通过系统化语言对问题抽象描述的结果，其结构及要素必须符合根底定义的思想，并能实现其要求。

**4. 改善概念模型**

随着对系统分析的不断深入和学习过程的深化，将第一步所明确的现实问题（主要是归纳的结果）和所建立的概念模型（主要是演绎的结果）进行反复的比较和对比，通过反复比较，对根底定义的结果进行适当修正，用更适合的模型或方法对概念模型进行改善，寻求改善的途径。

**5. 设计选择备选方案**

将概念模型与系统现状进行比较，针对比较的结果，考虑环境及相关人员的态度等因素，设计并选择出符合决策者意图并且现实可行的改革途经或者改善的备选方案。

**6. 实施**

根据已经确定的备选方案，形成详尽、具体而有针对性的、可操作性的方案并加以实施，并使得有关人员乐于接受和愿意为方案的实现而竭尽全力。

**7. 评价与反馈**

对所实施的方案效果进行评价，在此基础上，根据在实施过程中获得的新的认识，修正问题描述、根底定义及概念模型等，为下一轮的循环奠定基础。

切克兰德方法论的核心是“调查学习”，通过“比较”与“探寻”，在对“理想”模式（概念模型）与现实状况的比较中，探寻改善现状的途径，使决策者满意，提高决策的满意度。通过认识与概念化、比较与学习、实施与再认识等过程，对社会经济系统问题进行分析研究。这是一般软系统工程方法论的共同特征。

## 二、“软”“硬”系统工程方法论的比较

### （一）“软”“硬”系统的特点

在系统工程一类软科学中，所研究的系统对象，往往可以分为“硬系统”和“软系统”两类。所谓“硬系统”，一般是指偏工程、物理型的，它们的工作机理比较明显，较易用数学模型来表达，有较好的定量方法计算系统的行为和求得最优解。所谓“软系统”，一般是指偏社会、经济型的，它们的过程机理往往不清楚，较难完全用数学模型来表达，需要用定量和定性相结合的方法来处理。

**1.“硬系统”的特点**

（1）系统目标明确，结构清晰，是良性结构。

（2）追求最优解，强调结果的最优化。

（3）与理性认识、定量模型密切联系。

（4）可以用数学语言加以描述和表达。

（5）随着定量方法和计算机技术的广泛应用，人工智能技术的发展为“硬系统”问题的解决提供了更多的工具和方法。

**2.“软系统”的特点**

（1）系统目标不明，是不良性结构。

（2）强调过程，与学习和决策过程有关。

（3）与人类的感性认识、世界观及客观环境相联系。

（4）是非数量型的，无法用数学语言表述。

（5）需要通过对问题情景的理解来改进它。

（6）依赖于解释社会理论。

（7）与对统治人类社会的规则的理解有关。

### （二）“软”“硬”系统方法论的处理过程

**1.“硬”系统方法论的处理过程**

硬系统方法论是解决良性结构系统问题的方法，它偏向于系统工程项目问题，系统工程是实现系统目标和功能的过程，系统工程过程是系统工程的核心。系统工程过程是建立在系统历史信息和对系统需求自上而下、层层分解的基础上，它需要在整个系统研制过程中不断进行功能分解、功能配置以及功能集成。系统工程过程如图 3－4 所示。

图 3－4 左边表示从系统需求出发，自上而下地从系统、部分、子系统、配件、子配件以及组分和零件，层层定义和分解活动，右边代表从零件、组分、子配件、配件、子系统、部分、系统的自下而上地集成，最后通过验证得到系统。因此，系统工程是自上而下分解和自下而上集成两个环节的有机结合的过程，也可以理解为是一个结构化方法的应用过程，它将系统需求逐步转换为一套规范和一个相应的体系结构。具体而言，系统工程过程图是包含系统需求分析、系统功能分析和分配、系统设计、系统集成和验证以及相应的管理活动。

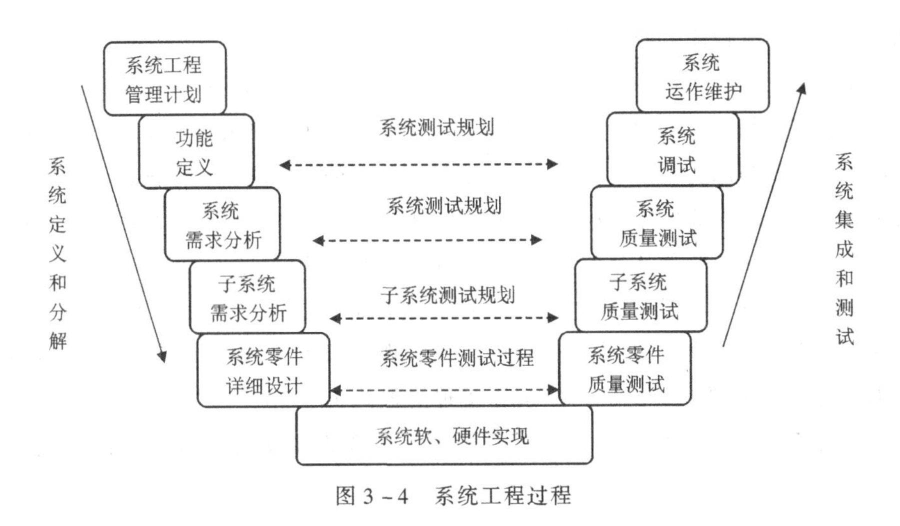


图 3-4　系统工程过程

第一步：系统需求分析和系统方案的评估，其目的在于澄清和明确系统需求、系统目标和系统的约束条件，对系统功能和性能提出明确要求。在此基础上，对系统关键技术、设备和备份系统发展方案做出评估，定义系统需求，细化系统需求，其中系统需求包含系统运作、系统维护和支撑方面的需求分析，系统技术层面的需求以及系统功能方面的需求，并且系统需求必须在整个系统一切项目开始之前进行，分析得到的所有信息必须加以记录和保存。系统需求分析如图 3-5 所示。

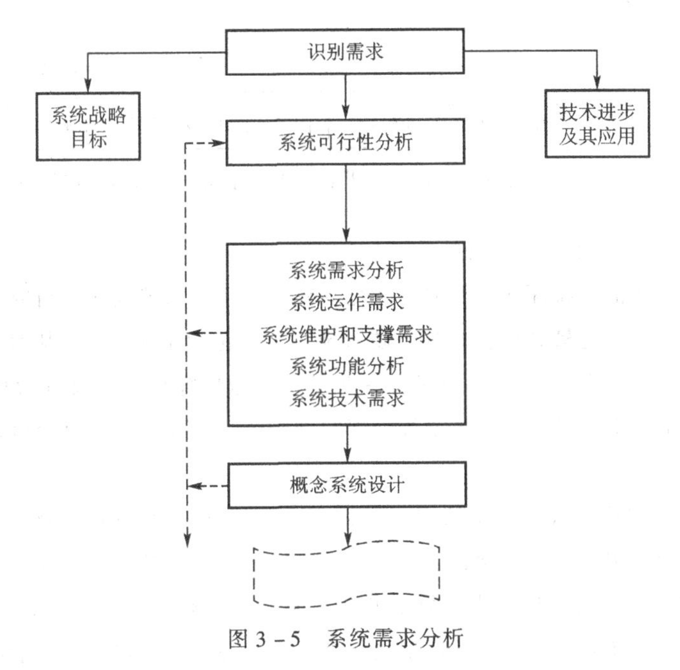


图 3-5　系统需求分析

第二步：系统功能分析和分配活动，这是整个系统工程承上启下的关键环节，它是依据系统需求分析得到的报告确定系统功能，对系统功能细化成低层次的系统功能，最终得到系统功能的全面描述，即系统的功能结构。系统功能结构描述了系统需要具备的所有功能，反映了系统功能和系统性能之间的逻辑关系。

第三步：系统设计，它是按照从功能分析与分配过程中得到的系统功能和性能描述，在综合考虑各种相关技术影响的基础上，研制出一个能够满足要求的、优化的系统物理结构。

第四步：系统测试，其目的在于确认所设计和实现的各个层次的系统物理结构是否满足系统需求，能否实现系统目标和功能。系统测试不是系统工程的结束，而是系统工程的循环往复过程的开始，它需要在系统工程开发和实施中重复使用。

系统工程各个阶段产生的成本、对专业知识的需求以及易变性都不相同，其中，在系统需求定义阶段产生的成本最低，而在系统实现阶段产生的成本最高。在系统需求定义阶段对专业知识的要求最少，而在系统实现阶段对专业知识的要求最高。对于系统易变性而言，在系统需求阶段系统的易变性最大，而在系统实现阶段系统的易变性最小，如图 3－6 所示。

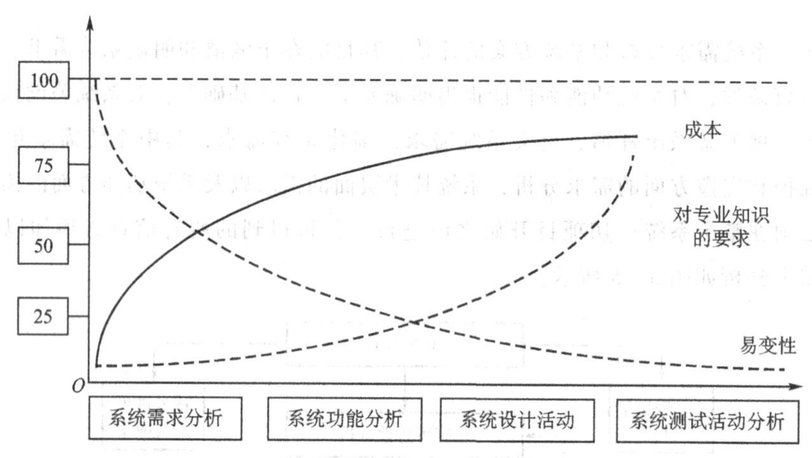


图 3－6　易变性、对专业知识的要求和成本在系统工程过程各阶段的变化

**2．“硬”系统方法论的局限性**

随着全球化趋势的日益深化，面向国际化的社会、经济系统问题的研究，涉及的因素更加错综复杂，很难进行定量分析，此时“硬系统”方法论力不从心，局限性越来越凸显：

（1）硬系统方法论认为在问题研究起始点定义目标是容易的，没有为目标定义提供行之有效的方法。事实上，对于大多数系统管理问题而言，目标定义本身恰恰是最需要解决的首要问题。

（2）硬系统方法论没有考虑系统中人的因素，将系统中人与其他物质因素等同起来，忽视了人对现实的主观认识和影响，认为系统的发展是由系统外的非人为控制因素决定的。

（3）硬系统方法论认为只有建立数学模型才能科学地解决问题，但是对于错综复杂的社会经济系统而言，建立精确的数学模型往往是不现实的，即使建立了数学模型，也会因为建模者对问题认识上的不足而不能很好地反映其特性。因此，通过模型求解得到的方案往往并不能解决实际问题。

**3．“软”系统方法论的处理过程**

软系统方法论是针对不良结构问题而提出的，目的在于发展一种能够使用系统观点来处理软的、不良结构问题的方法。这个程序假定人类活动系统的概念与这类问题有关，它的目的也包括要找到更多关于这类问题的描述。其方法所要处理的是现实世界的管理者所面临的实际问题；其成功的标准是有关人员感到问题已经被“解决”，或问题情景已经得到改善或者获得了洞察力。

对于典型的不良结构问题，可以用如下软系统方法论加以处理。

根底定义应当是一种从某一特定角度对人类活动系统的简要描述。这种描述包括阐明（可以在某些约束的条件下）由某种输入条件，得到某种输出结果的系统。根底定义描述了系统是什么，概念系统则描述系统必须做什么才是根底定义所规定的系统。从根底定义到概念模型是整个方法论最严密、最接近“技术”的阶段。当构架模型的工作开始以后，一种显著的倾向是把这项工作变成对已知的现实活动的描述，这是需要防止的，因为这违背了我们建立概念模型的目的：通过选择关于某一问题情景的观点，产生一些与改善问题情景有关的基本思想。如果只是对现实进行描述，就很难获得改进。另外，如果概念模型是从根底定义适当地导出的，但仍然不能够导致富有新意的比较，那么问题就在于根底定义不够基本，应该尝试另一种表述。不良结构软系统方法论示意图如图 3－7 所示。

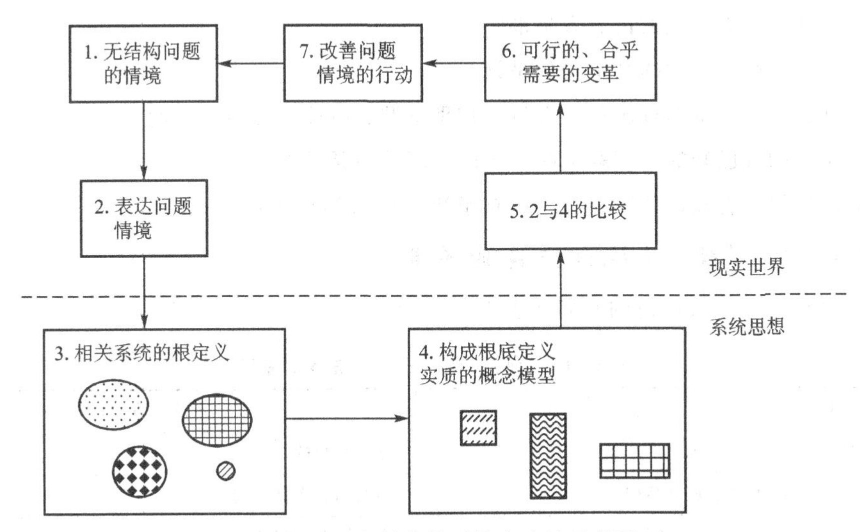


图 3－7　不良结构软系统方法论示意图

### 4.“软”系统方法论的操作手册

1）识别问题情境

对于典型的管理问题而言，问题及其情境的识别非常重要。把研究情境当作这样一个情境：其中一个委托人已委托了这项分析，用一个已有问题求解系统（包括分析者）的解决方案来影响问题内容系统（包括问题拥有者和决策执行人等这些可以重合的角色）。需要明确的问题有两个方面：

（1）委托人是谁？

（2）他的愿望是什么？

2）问题的内容系统

问题的内容系统就是需要明确该问题究竟由哪些方面、哪些因素所构成。一般包括以下内容：

（1）问题拥有者和决策执行人这两个角色的占据者是谁？

（2）问题拥有者和决策执行人对问题本质的看法是什么？

（3）问题拥有者和决策执行人把“这个问题”看作一个问题的理由是什么？

（4）问题拥有者和决策执行人对问题求解系统的期望是什么？

（5）问题拥有者和决策执行人对哪些事务持有高度评价？

（6）在初步描写问题内容系统时，有哪些可能相关的要素？

（7）问题内容系统的一些可能名称是什么？

（8）问题内容系统的环境约束是什么？

3）问题的求解系统

问题的求解系统就是指解决该问题需要的人员、各种资源等多方面的支持。一般包括以下内容：

（1）问题解决者角色的占有人是谁？

（2）问题求解系统中的其他角色是谁？

（3）问题求解系统的资源是：人员、物理资源、技能、资金、时间。

（4）可能的或已知的对问题求解系统的环境约束是什么？

（5）问题解决者知道此问题已经“被解决”的时候是何时？

### （三）“软”“硬”系统方法论的差异

“软”“硬”系统方法论的差异如表 3-1 所示。

表 3-1 “软”“硬”系统方法论的差异

| 比较项目 | “硬”系统工程方法论 | “软”系统工程方法论 |
|---|---|---|
| 处理对象 | 技术系统、人造系统 | 有人参与的系统 |
| 处理问题 | 明确、良性结构 | 不明确、不良结构 |
| 处理方法 | 定量模型、定量方法 | 概念模型，定性方法 |
| 价值观 | 一元的，要求优化，有明确的好结果（系统）出现 | 多元的，满意解，系统有好的变化或者从中学到了某些东西 |

## 第三节 物理—事理—人理方法论

### 一、物理—事理—人理方法论模型

在中国科学家钱学森、许国志及美国华裔专家李耀滋等人的工作基础上，中国系统工程专家顾基发和英国华裔专家朱志昌于20世纪90年代中期提出了物理—事理—人理（简称

WSR）系统方法论。

物理包括物质及其组织结构，阐述自然客观现象和客观存在的定律、规则。物理是指物质运动及其作用的一般规律，主要涉及物质运动的机理及其作用方式，是一种客观存在，不以人的意志为转移，通常要用到自然科学知识，主要回答这个“物”是什么，它需要的是客观性和真实性。如果不明物理，不懂客观物质世界，不了解系统的功能、结构、作用方式，就难以对研究对象进行科学分析，所以系统工程工作者要熟悉研究对象，深入细致地分析研究对象，了解研究对象的自然属性，向自然科学工作者学习，了解研究对象所涉及的专业知识背景。

事理是人们做事应当遵循的道理、规律，主要是指人们做事的方法，帮助人们在遵循客观规律的基础上正确有效地处理事务的方法。事理也是指管理者运用和组织管理事务的规律和方式，包括感知、认识、思考、描述和组织管理对象和管理过程，具体而言主要是解决如何在既遵守客观规律又合理安排和处理事务的前提下，获得有效的结果，通常要用到管理科学和系统科学方面的知识，主要回答怎样去做。因此，要求系统工程研究者和实践者，运用管理科学知识和系统科学知识研究如何开展工作，把握各种处理研究对象的方法，选择最适合、最恰当的方法处理研究对象。

人理是结合人们的文化、传统、价值、观念等，根据心理学、社会学、组织行为学等现代人文社科知识，把人们组织在一起有效地开展工作的方法，人理主要研究管理过程中管理主体之间如何运用相互沟通、学习、模仿、调整、谈判等技巧，协调组织之间、组织内部的各种主观关系，包括顾客、管理当局、组织者、专家、潜在业主、使用者、操作者、受益者和受损者等。通常要用到人文社会科学的知识，主要回答应当如何。所以，要求系统工程工作者要掌握人文知识、行为科学知识，通晓问题处理过程中人们之间的相关关系及其变化过程，善于理顺和协调这种关系，并按照人们可接受的事理实现预定目标。

WSR 作为一个统一的工作过程，是由一个核心（协调关系）、六个步骤（理解意图、调查分析、形成目标、建立模型、提出建议、实施方案）构成，如图 3－8 所示。

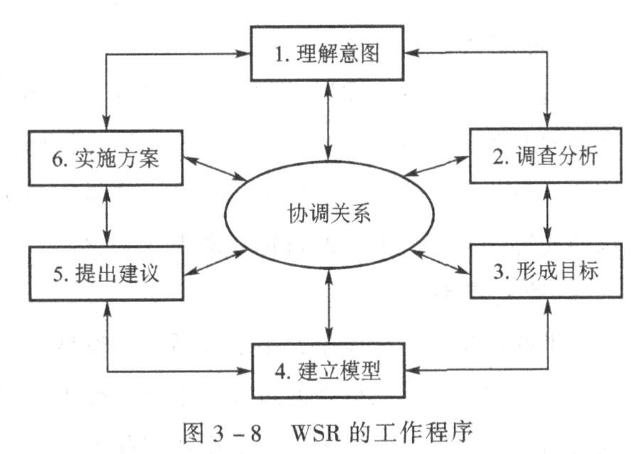

图 3－8 WSR 的工作程序

## 二、构成要素

### （一）一个核心（协调关系）

系统工程工作者在处理复杂系统问题时，不仅要明物理，懂自然科学，明白客观物质世界是什么样子的，了解自然科学知识；还应该通事理，通晓各种科学方法，掌握各种可硬可软的解决问题的具体方法，选择科学合理的方法处理事务；更应该通晓人理，掌握人际交往艺术，充分认识系统内外部的价值取向、利益关系，综合考虑协调处理系统各方利益，尽可能达到各方满意。其中，协调关系是其核心，在整个系统工程实践活动中，由于不同的人拥有的知识、价值观、认知、观点和利益各不相同，对同一问题、同一目标、同一方案往往持有不同的看法和感受，因此只有通过协调关系，充分利用人的理性思维的逻辑性和形象思维的综合性和创造性，处理好相关主体的各种关系，实现物理—事理—人理三方面的有机结合，才能有效地组织系统工程的实践活动，才能产生最大的效益和效率。

### （二）六个步骤

#### 1. 理解决策者意图

明确问题，理解决策者意图是解决问题的出发点和基础。这与霍尔系统工程方法论中的明确问题的意义接近。在多数情况下，决策者对要解决的问题或者系统的愿望可能是清晰的，也可能是模糊的，因为决策者站在不同角度，持有的不同观点，对问题、系统愿望的理解也不同，所以就需要系统工程工作者和决策者之间进行沟通和协调，了解决策者的意图，甚或相关人员的意图，才能有效地开展系统工程活动，达成活动目标。

#### 2. 调查分析

“没有调查就没有发言权”。调查分析是系统工程活动的重要组成部分，其程度的大小直接关系着系统工程活动的有效开展和持续进行。调查分析是一个物理过程，可以采用调查分析的工作方法和工作步骤，对研究对象的内外部各种关联因素进行深入细致的调查分析，才能得出有效的结论。需要注意的是，在开展调查分析过程中，要协调好与被调查者之间的关系，最大程度上争取被调查者（专家、相关人员、群众等）的积极配合，最大限度地获得较为丰富的研究资料，并做好对研究资料中有效信息的萃取和处理。

#### 3. 形成目标

通过领会决策者意图以及深入的调查分析，在对所取得的相关资料进行有效信息萃取和处理的基础上，进行系统目标的确定，形成目标。所形成的目标可能与最初决策者的意图不完全一致，并可能会在以后工作中进一步做大量分析，多次考虑后，可能还会有所变化，所以需要协调，使所形成的目标逐渐得到共识。

#### 4. 建立模型

这里的模型是广义模型，不仅包括数学模型，还可以包括物理模型、概念模型、运作程序、运行规则等。建立模型的过程是系统工程工作人员和相关领域专家、人员等共同讨论、协商的结果，在这一阶段主要是运用物理和事理，进行设计、选择相应的方法、模型、步骤和规则，以对目标进行分析处理。

#### 5. 提出建议

运用模型、分析、比较、计算各种条件、环境和方案之后，可以得到解决问题的初步建议。这一阶段协调工作尤为重要，因为要使建议可行，需要协调相关主体的关系和利益诉求，尽可能使各方满意。所以系统工程工作者在模型分析基础上，要协调、综合决策者和相关利益者对初步建议的看法，让决策者从更高层次上去综合和权衡，以决定是否采用。注意此处“建议”一词，若从项目性质和目标设定的程度看，还包含实施的内容。

### 6. 实施方案

将上述建议付诸实施，在实施过程中也需要与相关主体进行沟通和协调，以取得满意的效果。

在应用WSR方法论时通常还需要遵循参与、综合集成、人—机结合且以人为主、迭代和学习等主要原则。WSR系统方法论的主要内容如表3－2所示。该方法论已在水资源管理、商业标准体系制定、商业综合自动化评价、海军武器系统评价、地区经济可持续发展、高技术开发区评价、飞行器安全性、劳动力市场评估、科研周转金评价等系统分析问题中得到应用。

表3－2　WSR系统方法论的主要内容

| 项目＼类别 | 物理W | 事理S | 人理R |
|---|---|---|---|
| 道理 | 物质世界法则、规则的理论 | 管理和做事的理论 | 人、纪律、规范的理论 |
| 对象 | 客观物质世界 | 组织、系统 | 人、群体、关系、智慧 |
| 着重点 | 是什么？（功能分析） | 怎样做？（逻辑分析） | 应当怎样做？（人文分析） |
| 原则 | 诚实、追求真理，尽可能正确 | 协调、有效率，尽可能平滑 | 人性、有效果，尽可能灵活 |
| 需要的知识 | 自然科学 | 管理科学、系统科学 | 人文知识、行为科学 |

## 第四节　综合集成方法论

20世纪90年代，日本系统科学学者提出西那雅卡那系统方法论，吸取了切克兰德等思想，针对日本文化特点形成了一种软硬结合、刚柔相济的系统方法论。中国系统工程专家则提出了旋进原则方法论，强调在系统工程工作中，系统分析、系统策划、系统实施具有旋进式三角循环关系。近年来，全球化背景使得各国的社会、经济、科技和管理处于相互融合、互为借鉴的新的环境之中。新环境的最大特征就是各种新变化不断涌现，新问题错综复杂，东方文化与西方文明不断融合，为了解决新环境下的各种具体而复杂的问题，系统工程方法论以霍尔、切克兰德等方法论以及系统分析方法为基础，在研究、开发及应用等方面不断创新与发展，取得了不少新的成果，并将继续朝着特色化及实用化的方向发展。

20世纪90年代初，钱学森在研究、解决开放复杂巨系统问题时，提出了从定性到定量的综合集成系统方法论。该方法论以对社会系统、人体系统、地理系统等三类复杂巨系统的研究实践为基础，形成一个整体，其实质是专家经验、统计数据和信息资料、计算机三者有机结合，构成一个以人为主的高度智能化的人—机结合系统，发挥这个系统的整体优势，解决复杂巨系统的决策问题。综合集成系统方法论包含方法论层次上的集成和工程技术层次上的集成。

方法论层次上的集成步骤和要点如下：

（1）根据开放的复杂巨系统的复杂机制和变量众多的特点，直接诉诸实践经验，特别是专家的经验、感受和判断力，把这些经验、知识和现代科学提供的理论知识结合起来，而专家的经验往往是局部的，并且多半是定性的，要通过建模、计算把这些知识和各种观测数据、统计资料结合起来，使局部定性的知识达到整体定量的认识，实现定性研究与定量研究有机结合，从多方面的定性认识上升到定量认识。

(2) 按照人—机结合的特点，充分利用知识工程、专家系统和计算机的优点，同时发挥人脑的洞察力和形象思维能力，将专家群体（各种相关专家）、数据和各种信息与计算机技术有机结合起来，取长补短，产生更高的智慧。

(3) 由于系统的复杂性，把科学理论与经验知识结合起来，把人对客观事物零零散散的知识综合集中起来，力求有效地解决复杂的系统问题。

(4) 根据系统思想，把多种学科结合起来进行研究。

(5) 根据复杂巨系统的层次结构，把宏观研究与微观研究统一起来。

(6) 强调对知识工程及数据挖掘技术等的应用。该方法论在社会经济系统工程等领域已得到了成功应用。

工程技术层次上的集成步骤和要点如下：

(1) 实际问题提出之后，系统工程研究人员（研究小组）首先是尽可能充分地收集相关信息资料，获取统计数据，这些信息资料和统计数据，既包含定性的，也包含定量的，为系统局部定性认识经过综合集成上升到整体定量认识奠定基础。

(2) 系统工程研究者邀请各有关专家对系统的状态、特性、构成、运行机制、作用机理等进行分析研究，明确问题所在，对系统可能行为走向和解决问题的途径做出定性判断，形成经验假设，明确系统的状态变量、环境变量、控制变量和输出变量，确定系统的建模思想。

(3) 以经验假设为前提，充分运用现有的理论知识，把系统结构、功能、行为、特性、输入输出关系定量地表示出来，作为系统的数学模型，以使用模型研究部分代替对实际系统的研究。

(4) 依据数学模型把有关数据、信息录入计算机，对系统行为做仿真模拟实验，通过实验，获得关于系统特性和行为走向的定量数据资料。

(5) 组织专家群体对计算机仿真实验结果进行分析评价，对系统模型进行检验，并进一步挖掘和收集专家经验、直觉、判断，甚至“触景生情”式的见解，即被仿真实验结果所诱导出来的见解。

(6) 依照专家们的新见解、新判断，调整系统模型的有关参数，修正模型，之后再做仿真实验，再将新的实验结果交给专家群体进行分析与评价，根据新一轮专家群体的意见和判断再次修正模型，继续做仿真实验，继续邀请专家群体分析与评价，如此循环往复，直到仿真实验结果与专家群体意见基本吻合。最终所得到的数学模型就是符合实际系统的理论描述，从这种模型中得出的结论的可信度是较高的。

**案例 3-2**

### 宏观经济发展总任务结构的综合集成

某个研究小组要采用综合集成的方法对某市“十三五”期间宏观经济发展目标进行决策研讨，这是一个较大的决策问题，其中包括总任务结构、目标、准则、约束条件、问题描述、方案设计、方案选择等多个方面。此处以总任务结构确定的问题来说明综合集成方法的实施过程和步骤。

首先，研究小组充分收集有关信息和资料，为开展研究工作奠定基础。一般而言，宏观经济目标可能包括财政、货币、投资、就业、需求、通货膨胀、价格等方面。

其次，研究小组邀请有关方面专家对该宏观经济发展总任务结构目标进行分析研究后，提出经验性假设的目标体系。

再次，以经验性假设目标体系为前提，组织专家对该目标体系进行分组研讨。在具体研讨过程中，可能采用多种方法相结合的手段，如网下研讨与网上研讨相结合，同步研讨与异步研讨相结合，德尔菲专家咨询与头脑风暴法相结合等，挖掘和收集专家的经验、直觉、判断，甚至“触景生情”“有感而发”式的见解和灵感等。

例如，对于本案例中的宏观经济发展总任务指标，就收集到如下一些信息：专家王××发言说：货币应该详细一些。要细分为：$M_0$（现金）、$M_1$（狭义货币）和 $M_2$（广义货币），消费也要细分为：日常消费、耐用品消费和高档品消费，还有娱乐消费等；专家吴××发言说：“就业保障”是目标或约束，不是任务，建议删除；专家李××建议：“通货膨胀”是约束条件，不是任务，建议删除；专家刘××发言：就业保障是一项非常重要的任务，不能删除……

然后研究小组及时对专家意见进行收集和整理，依据专家们的新见解、新判断，对任务模型做出修改，同时将新的任务模型交给专家群体进行分析评价，根据新一轮的专家意见和判断再次修改模型，直到专家意见基本上趋向一致为止。

最后研究小组将专家群体的最终意见整理成任务的收敛模型。

至此，总任务结构这个问题已经成功运用综合集成方法得到了解决。对于接下来的子任务结构、目标、准则、约束条件等，都可以继续采用此方法进行确定。

## 小　结

方法论是系统工程的核心内容。方法论的正确掌握，有助于确立正确的学习、工作和研究方向。本章按照系统工程方法论研究和提出的大致时间顺序，先后介绍了霍尔三维结构方法论、切克兰德方法论、软系统思想方法论，再到以钱学森为主要代表的中国学者提出的物理－事理－人理方法论、综合集成方法论等。这几种方法论的学习和掌握，可以使读者逐步了解“硬系统”、“软系统”问题的最大区别以及处理“硬系统”、“软系统”问题所采用方法论的不同。

## 习　题

1. 什么是霍尔三维结构？它有何特点？
2. 什么是切克兰德方法论？它有何特点？

3. 霍尔三维结构与切克兰德方法论有何异同点？

4. 什么是物理—事理—人理方法论？它有何特点？

5. 什么是综合集成系统方法论？它有何特点？请举例说明如何应用工程技术层次的综合集成方法去解决实际问题。

6. 什么是软系统方法论？什么是硬系统方法论？二者处理的过程有何异同？

7. 请通过一实例，说明软系统方法论的应用。

8. 请通过一实例，说明硬系统方法论的应用。

9. 请总结近年来系统工程方法论的新发展及其特点。

10. 为什么要研究方法论？它对人们研究、思考、处理问题有什么作用？

# 第四章 系统模型化技术

【学习目标】

- 了解系统建模的定义、本质、作用。
- 了解系统模型的分类。
- 掌握结构化模型技术（ISM）。
- 掌握结构模型方程方法（SEM）。

随着社会经济的快速发展，决策问题越来越呈现出交叉化、复杂化、多变化的特征，解析复杂系统问题的难度与日俱增，系统模型化技术对于解决这类问题的优越性不断凸显。本章拟在系统建模的定义、本质、作用和分类等内容的基础上，重点讲解系统模型化技术：解释结构模型和结构方程模型的原理和方法，为解决这类复杂的系统问题提供实用化的方法。

## 第一节 系统模型定义和作用

### 一、 系统模型及系统模型化的定义

系统模型可以说是现实系统的替代物。系统模型应能反映出系统的主要构成部分、各部分的相互联系和相互作用，以及在运用条件下的因果作用。利用系统模型可以用较少的时间和费用来对现实系统做研究和实验，可以重复演示和研究，因此更易于洞察系统的活动过程和行为结果。建立模型是科学与艺术的结合，不仅需要科学理论和工程技术知识，也需要实践经验和技艺。因此，系统模型是现实系统的理想化抽象或简洁式的表达，它描绘了现实系统的某些主要特点，揭示了现实系统某方面的本质属性，是为客观地研究系统而发展起来的。

系统模型有三个特征：①它是对现实世界的部分抽象或模仿；②它是由那些与分析问题有关的因素构成的；③它表明了有关因素间的相互关系。

系统模型是对现实世界的抽象描述。它描述现实世界，必须反映实际；它是现实世界的抽象特征，又应高于实际。在构造模型时，要兼顾到它的现实性和易处理性。考虑到现实

性，模型必须包含现实系统中的主要因素。考虑到易处理性，模型要采取一些理想化的办法，即去掉一些外在的影响并对一些过程做合理的简化。当然，这样会使模型的现实性有所牺牲。一个好的模型是要兼顾到现实性和易处理性的。如果偏重哪一方面，都不是一个好的模型。

系统模型化就是为描述系统的构成和行为，对实体系统的各种因素进行适当筛选后，用一定的方式和手段（数学、图像等）表达系统实体的方法。简言之就是构造模型的过程。

## 二、系统模型化的本质、作用及地位

### 1. 系统模型化的本质

利用模型与原型之间某方面的相似关系，在研究过程中用模型来代替原型，通过对模型的研究得到关于原型的一些信息。这里的相似关系是指两个事物不论其自身结构如何不同，其某些属性具有相似性。

### 2. 系统模型化的作用

(1) 模型本身是人们对客体系统一定程度研究结果的表达。这种表达是简洁的、形式化的。

(2) 模型提供了脱离具体内容的逻辑演绎和计算的基础，这会导致对科学规律、原理和理论的发现。

(3) 利用模型可以进行“思想”试验。

总之，模型研究具有经济、方便、快速和可重复的特点，它使得人们可以对某些不允许进行试验的系统（如社会、经济、军事、文化等）进行模拟试验研究，快速显示其在各种条件下漫长的反应过程，而且非常经济，可以多次重复进行。

### 3. 系统模型化的地位

模型的本质决定了它的作用的局限性。它不能代替对客观系统内容的研究，只有在与客体系统内容研究相匹配时，模型的作用才能充分发挥。模型是对客体的抽象，由它所得到的结果，必须再回到现实中去检验、提升，如此螺旋上升才能不断获得对系统问题的认识和解决。

系统模型（化）的作用与地位如图 4－1 所示。

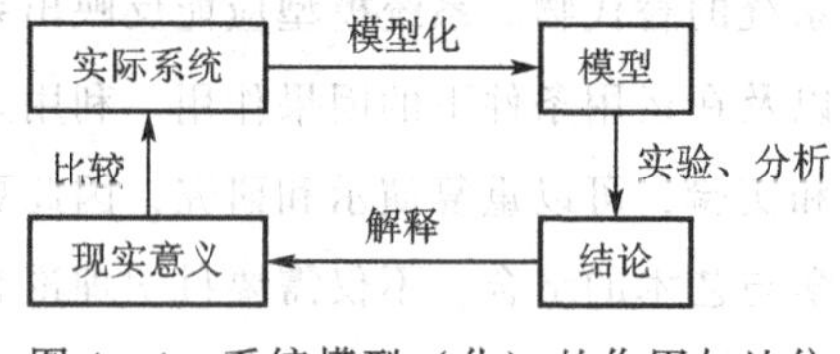


图 4－1 系统模型（化）的作用与地位

**案例 4－1**

**罗马俱乐部与社会经济发展模型**

罗马俱乐部（Club of Rome）成立于1968 年，是一家关于未来学研究的国际性民间学术团体，也是一个研讨全球问题的全球智囊组织。其主要创始人是意大利的著名实业家、学者

A. 佩切伊和英国科学家 A. 金。1967 年，佩切伊和金第一次会晤，交流了对全球性问题的看法，并商议召开一次会议，以研究如何着手从世界体系的角度探讨人类社会面临的一些重大问题。1968 年 4 月，在阿涅尔利基金会的资助下，他们从欧洲 10 个国家中挑选了大约 30 名科学家、社会学家、经济学家和计划专家，在罗马林奇科学院召开了会议，探讨什么是全球性问题和如何开展全球性问题研究。会后组建了一个“持续委员会”，以便与观点相同的人保持联系，并以“罗马俱乐部”作为委员会及其联络网的名称。罗马俱乐部把全球看成是一个整体，对人口、粮食、工业化、污染、资源、贫困、教育等全球性问题进行系统研究，提出了各种全球性问题相互影响、相互作用的全球系统观点。它极力倡导从全球入手解决人类重大问题的思想方法，应用世界动态模型从事复杂的定量研究。这些新观点、新思想和新方法，表明了人类已经开始站在新的、全球的角度来认识人、社会和自然的相互关系。它所提出的全球性问题和它所开辟的全球问题研究领域，标志着人类已经开始综合地运用各种科学知识，来解决那些最复杂并属于最高层次的问题。罗马俱乐部成立近 40 多年来，研究者们以执着的科学精神，不断深化研究内容，取得了十分丰硕的原创性研究成果。

罗马俱乐部的研究成果集中体现在其成员以及研究小组陆续发表的多个研究报告中。这些研究报告围绕社会经济发展问题进行了广泛而深入的研究，形成了罗马俱乐部系统的社会发展观和经济增长观。1972 年罗马俱乐部发布了第一个研究报告——《增长的极限》，该报告选取了人口、粮食生产、工业经济、不可再生资源以及环境污染五个参数，编制成数据模型，其预测结论是：“如果世界人口、工业化、污染、粮食生产以及资源消耗按现在的增长趋势继续下去，这个星球上增长的极限将在今后一百年中发生。最可能的结果是人口和工业生产力有相当突然的和不可控制的衰退。”设计了“零增长”的对策性方案。接着，罗马俱乐部又陆续发表了较著名的研究报告有：《人类处在转折点》（1974）、《重建国际秩序》（1976）、《超越浪费的时代》（1978）、《人类的目标》（1978）、《学无止境》（1979）、《微电子学和社会》（1982）等。特别是 1974 年发表的《人类处在转折点》研究报告认为，《增长的极限》中的“增长”是一种只考虑了数量增加的“无变异增长”。今天人类社会已发展成各部分相互联系的有机整体，某一部分的增长必然与其他部分息息相关。报告建立的模型把世界分为 10 个地区和自然、技术、人口、经济、社会 5 个层次。其研究结论认为，要让增长更持久，就必须实现由“无变异增长”向“有机增长”的转变。“人类社会面临的紧迫问题的核心是无变异增长，而解决难题的关键在于转向有组织的增长。”这就要求提高公众的全球意识，并采取必要的社会和政治行动，以改善全球管理，使人类摆脱所面临的困境。

在继续深化研究的基础上，罗马俱乐部的研究者们发现经济增长与社会全面发展之间的区别，并指出，经济增长并非是衡量社会进步的唯一尺度，人与社会的全面发展才是人类追求的目标。在发展问题上，罗马俱乐部的研究者们还特别强调人的发展的意义和重要性。佩切伊在研究报告《人类的素质》一书中指出，唯有人类素质和能力的发展“才是取得任何新成就的基础，才是通常所说的‘发展’的基础”。波特金主持的项目小组于 1979 年向罗马俱乐部提交了题为《学无止境》的研究报告，研究报告认为要保持发展就必须不断学习，不但要进行“维持性学习”，更要进行“创新性学习”，“创新性学习”具有预期性和参与性，是“为解决未曾出现而可能出现的问题所进行的学习，学习的目的是参与解决问题”。罗马俱乐部的研究者也萌发了可持续发展的思想。米萨诺维奇在研究报告《人类处在转折点》中就提到了人类社会发展的代际公平问题。《关于财富与福利的对话》和《微电子学和社会》等研究报告，分析了分享和保存生态平衡与自然资源才是增加福利的途径，发展教育和善于驾驭科技力量是维持可持续发展的重要基础。从“人类困境”到“增长极限”，从“无变异增长”到“有机增长”，从经济增长到全面发展，从发展到保持发展的可持续性，从社会发展到人本身的发展，从国家、地区发展到发展的全球联系性，罗马俱乐部经历了一个持续演进的过程，具有鲜明的发展性、涌现性和开放性的特点。

从上例可知，社会经济系统发展的实际需要人们运用模型来反映实际系统的运行，同时还促使人们不断深化和精确地描述现实系统。这样的系统只有借助系统建模的方式才能得以实现，并最终得到大家想要的结果。

## 第二节　系统模型的分类、原则及方法

### 一、系统模型的分类

一般说来，模型可按图 4－2 所示进行分类。

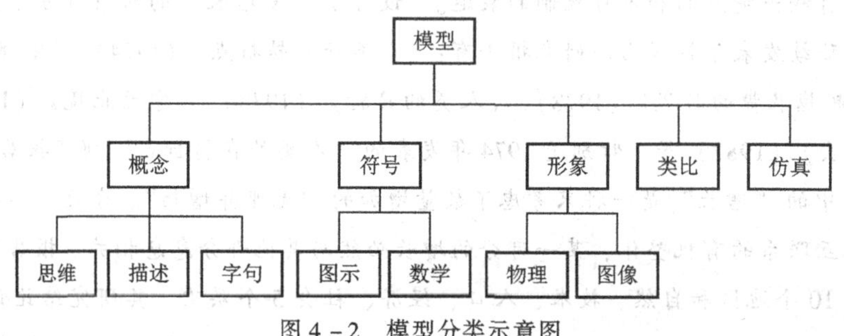


图 4－2　模型分类示意图

概念模型是通过人们的经验、知识和直觉形成的。它们在形式上可以是思维的、字句的或描述的。当人们试图系统地想象某一系统时，就用到这种模型。思维模型通常不好定义、不容易交流（传递）。字句模型在结构上比前者要好些，但仍难于传递。描述模型表示了高度的概念化，并可以传递。

符号模型用符号来代表系统的各种因素和它们之间的相互关系。这种模型是抽象模型。一般分为结构模型和数学模型。结构模型多采用图（如有向图）、表（如矩阵表）等形式，其优点是比较直观、清晰。数学模型使用数学表达式的形式，其优点是准确、简洁和易于操作。

类比模型和实际系统的作用相同。这种模型是利用一组参数来表示实际系统的另一组

参数。

仿真模型是用计算机对系统进行仿真时所应用的模型。

形象模型是把现实事物的尺寸进行改变（如放大或缩小）后的表示。这种模型有物理模型和图像模型。物理模型是以具体的、明确的材料构成的。图像模型是客体的图像。这些模型是描述的而不是解释的。

当然，模型分类的方式很多，可按它们的不同特征（如用途、变量的性质等）加以分类，这里不再一一列举。

## 二、构造系统模型的一般原则

### （一）建立框图

一个系统是由许多子系统组成的。建立框图的目的是简化对系统内部各子系统之间相互作用的说明。用一个方框代表一个子系统。系统作为一个整体，可用子系统的连接来表示。这样，系统的结构就很清晰。图 4 – 3 所示的工厂生产系统，就是用方框图表示的一个例子。图中将每个车间（子系统）用一个方框来表示，每个方框有自己的输入和输出，清楚地表明了工厂系统的各个子系统之间的相互关系。

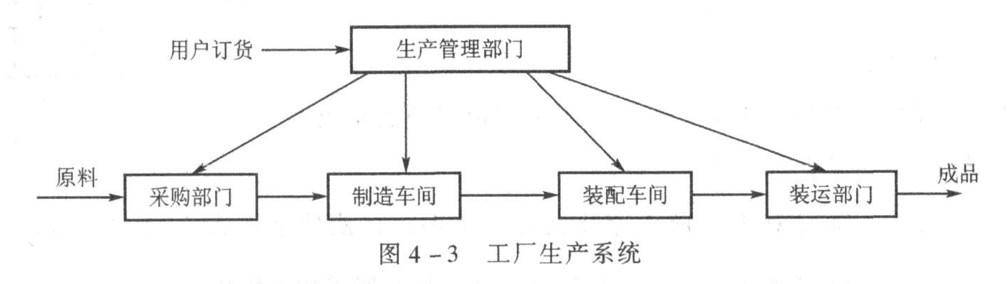


图 4 – 3　工厂生产系统

### （二）考虑信息相关性

模型中只应包括系统中与研究目的有关的那些信息。例如，在工业管理中，研究工艺流程对生产效率的影响时，就不需要考虑工人的工资。虽然，与研究目的无关的信息包括在模型中不会有什么害处，但它会增加模型的复杂性。所以，模型中只应包括有关的信息。

### （三）考虑准确性

建模时，对所收集到的用以建模的信息应考虑其准确性。例如，在飞机系统中，飞行的精度是靠机身运动的表达式来描述的。建模时，可以充分地认为机身是刚体，而且在结构上，机身的挠度也要在许可的振动范围内。这样，就可在控制翼面运动和飞行方向之间推导出很简单的关系，也可利用它估算燃料的消耗量。如果要考虑乘客舒适性的要求，就需要考虑机身的振动，需要对机身作详细的描述。

### （四）考虑结集性

建模时需要进一步考虑的因素是把一些个别的实体组成更大实体的程度。例如，在工厂系统中，图 4 – 3 所示的描述形式能满足厂长的工作需要。但是，不能满足车间管理人员的需要，因为车间管理人员是把车间的每个工段作为一个单独的实体的。因此对于活动的表示，也应考虑到结集性。例如，在导弹防护系统的研究中，有的项目并不需要对每次导弹发射进行详细计算，只要用概率函数表示多次发射所得到的结果就够了。

## 三、 构造系统模型的基本方法和步骤

### （一）构造系统模型的基本方法

模型化是一种艺术性很强的工作。归纳和演绎虽然有助于建模，但还必须靠创新性的思考和观察才能完成。

**1. 分析方法**

分析解剖问题，深入研究客体系统内部细节（如结构形式、函数关系等）。利用逻辑演绎方法，从公理、定律导出系统模型。

**【例4-1】** 如图4-4所示力学装置，研究某物体运动规律：

$$\begin{cases} f = ma \\ f = -(Bv + kx) + F(t) \end{cases}$$

整理得：

$$m\frac{d^2x}{dt^2} + B\frac{dx}{dt} + kx = F \qquad (4-1)$$

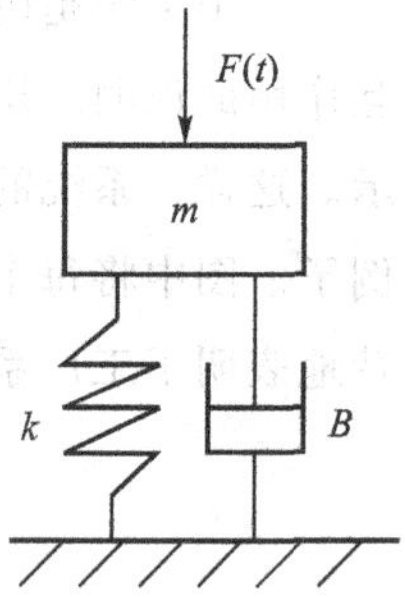

图4-4 力学装置

**2. 实验方法**

通过对于实验结果的观察、分析，利用逻辑归纳法导出系统模型。数理模型方法就是其中的典型代表。

**【例4-2】** 通过对于大量统计数据分析表明，核武器杀伤力（$k$）与其命中精度（$c$）、威力（$Y$）的关系为 $k = Y^{\frac{2}{3}}/c^2$，这样就构造了核武器杀伤力模型。

实验方法基本上包括三类：①模拟法；②统计数据分析法；③试验分析法。

**3. 综合法**

综合法既重视实验数据又承认理论价值，将实验数据与理论推导统一于建模之中。实验数据与理论不可分。没有实验就建立不了理论；没有理论指导也难以得到有用的数据。

在实际工作中，综合方法是最常用的方法。通常是利用演绎方法从已知定理导出模型，对于某些不详之处，则利用实验方法来补充，利用归纳法从实验数据中搞清关系、建立模型。

**【例4-3】** 从经济理论得知，由劳动力 $A$ 和资本投入 $P$ 得出产值 $Y$,因此可知：

$$Y = f(A,P) \qquad (4-2)$$

这一步即是由理论推出模型结构。假设是相加（广义）关系，则：

$$Y = cA^{\alpha}P^{\beta} \qquad (4-3)$$

这里 $c,\alpha,\beta$ 都是未知系数，利用统计数据就可以得出 $c,\alpha,\beta$ 值，可以得到 Cobb - Douglas 生产函数模型。

**4. 老手法**

老手法中主要有 Delphi 法。Delphi 是古希腊的一个地名，在这个地方人们常祈求太阳神的神谕以解决自己的困难。

对于复杂的系统，特别是人—机系统，使用以上方法建模是十分困难的。原因在于人们对于这样的系统认识不足，因此必须采用 Delphi 等方法。通过专家们之间相互启发式地讨论，逐步完善对系统地认识，构造出模型来。这在社会系统规划、决策中是常用的方法。这种方法的本质在于集中了专家们对于系统的认识（包括直觉、印象等不确定因素）及经验。通过实验修正，往往可以得到较好的效果。

**5. 辩证法**

辩证法的基本观点是：系统是个对立统一体，是由矛盾的两方面构成的。矛盾双方相互转化与统一乃是真实情景。同时现象不一定是本质，形式不一定就是内容。因此必须构成两个相反的分析模型。相同数据可以通过两个模型来解释。这样关于系统未来的描述和预测就是两个对立模型解释的辩证发展的结果。因此可以防止片面性，最终结果优于单方面的结果。

### （二）构造系统模型的基本步骤

对于建模，很难给出一个严格的步骤。建模主要取决于对问题的理解、洞察力、训练和技巧。下面列出建模的基本步骤：

（1）明确建模的目的和要求，以便使模型满足实际要求，不致产生太大偏差。

（2）对系统进行一般性语言描述。因为系统的语言描述是进一步确定模型结构的基础。

（3）弄清系统中的主要因素（变量）及其相互关系（结构关系和函数关系），以便使模型准确地表示现实系统。

（4）确定模型的结构。这一步决定了模型定量方面的内容。

（5）估计模型的参数。用数量来表示系统中的因果关系。

（6）实验研究。对模型进行实验研究，进行真实性检验，以检验模型与实际系统的符合性。

（7）必要修改。根据实验结果，对模型作必要的修改。

### （三）系统模型的简化方法

（1）减少变量，减去次要变量。例如在物理中对碰撞的研究，假设物体是刚体的，忽略了形变损失的力。

（2）改变变量性质。如变常数、连续变量离散化、离散变量连续化等变换方法。

（3）合并变量（集结）。如，在做投入产出分析时，把各行业合并成第一产业、第二产业、第三产业等产业部门。

（4）改变函数关系。如去掉影响不显著的函数关系（去耦、分解），将非线性化转化成线性化或用其他函数关系代替。

(5) 改变约束条件。通过增加、修改或减少约束来简化模型。

**案例 4-2**

## 马尔萨斯人口模型

英国人口统计学家马尔萨斯(1766 年 2 月 13 日—1834 年 12 月 23 日)在担任牧师期间,查看了其所在教堂 100 多年人口出生统计资料,发现人口出生率是一个常数。于是他在 1798 年出版的《人口原理》一书中提出了著名的马尔萨斯人口模型。他的基本假设是:在人口自然增长过程中,净相对增长率(出生率与死亡率之差)是常数,即单位时间内人口的增长量与人口成正比。设$N(t)$为第 $t$ 年时人口数,$N(t+\Delta t)$就表示第 $t+\Delta t$ 年时的人口数,$r$ 为人口增长率。把$N(t)$当作连续、可微函数处理(因人口总数很大,可近似地这样处理,此乃离散变量连续化处理)。根据马尔萨斯的假设,在 $t$ 到 $t+\Delta t$ 时间段内,人口的增长量为:

$$N(t+\Delta t)-N(t)=rN(t)\Delta t$$

并设 $t=t_0$时刻的人口数为 $N_0$,于是,当 $\Delta t \to 0$ 时:

$$\begin{cases}\dfrac{dN(t)}{dt}=rN(t)\\[2ex] N(t_0)=N_0\end{cases}$$

上式就是用微分方程表达的马尔萨斯人口模型。用分离变量法很容易求出其解为:

$$N(t)=N_0e^{r(t-t_0)}$$

此式即为马尔萨斯人口发展方程,它表明人口以几何级数的方式随时间无限增长。

另一方面,马尔萨斯认为,在第 $t$ 年可提供的粮食数量 $F(t)$ 只能通过在有限土地上的耕作而增加,充其量是:

$$F(t+t_0)=F(t)+c\Delta t$$

式中,$c$ 是常数。

这样粮食的产量为:

$$F(t)=F(0)+ct$$

只是按算术级数增长。因此,从长期来看,人口增长速度将远大于粮食产量增长速度,从而使人口的增速在粮食增速的迫使下相应下降。

在现实社会经济系统中,每个模型都是在一定程度下反映事物的本来面目的,当外界环境发生改变时,其解释性、说明性就不存在了。因此,在建模和采用别人建立的模型时,一定要仔细思考其建模的环境和假设条件。只有在符合现实情况下,才可以去建模和采用别人的模型。

# 第三节 结构模型技术

## 一、解释结构模型的基本原理

### （一）结构分析的概念和意义

#### 1. 解释结构模型的概念及背景

任何系统都是由两个以上有机联系、相互作用的要素所组成的，是具有特定功能与结构的整体。结构即组成系统诸要素之间相互关联的方式。包括现代企业在内的大规模复杂系统具有的要素及其层次众多、结构复杂和社会性突出等特点。在研究和解决这类系统问题时，往往要通过建立系统的结构模型，进行系统的结构分析，以求得对问题全面和本质的认识。

结构分析是系统分析的重要内容，是系统优化分析、设计与管理的基础。尤其是在分析与解决社会经济系统问题时，对系统结构的正确认识与描述更具有数学模型和定量分析所无法替代的作用。

结构模型是定性表示系统构成要素以及它们之间存在着的本质上相互依赖、相互制约和关联情况的模型。结构模型化即建立系统结构模型的过程，它是应用有向图来描述系统各要素间的关系，以表示一个作为要素集合体的系统的模型，如图 4 - 5 所示。该过程注重表现系统要素之间相互作用的性质，是认识系统、准确把握复杂问题，并对问题建立数学模型、进行定量分析的基础。阶层性是大规模复杂系统的基本特性，在结构模型化过程中，对递阶结构的研究是一项重要工作。

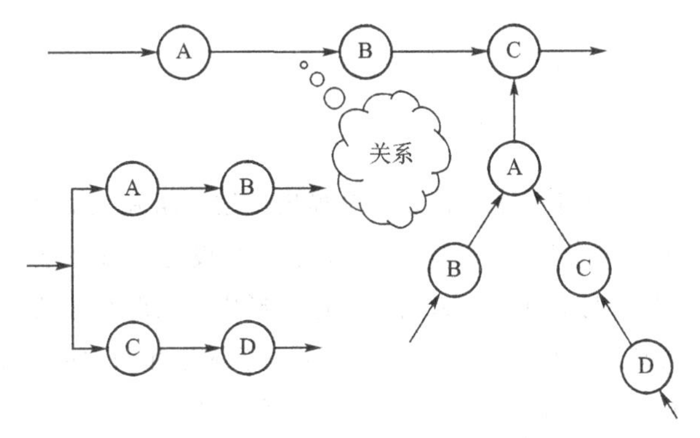


图 4 - 5 要素、结构、功能之关系

解释结构模型（Interpretive Structure Model，ISM）是结构化模型技术的一种方法。ISM 技术是美国沃菲尔德教授于 1973 年作为分析复杂社会经济系统结构问题的一种方法而开发的。其基本思想是：通过各种创造性技术，提取问题的构成要素，利用有向图、矩阵等工具和计算机技术，对要素及其相互关系等信息进行处理，最后用文字加以解释说明，明确问题的层次性和整体结构，提高对问题的认识和理解程度。该技术由于具有不需高深的数学知识、模型直观且有启发性、可吸收各种有关人员参加等特点，因而广泛适用于认识和处理各类社会经济系统的问题。

2. ISM 建模基本原理

（1）应用有向图描述系统各要素间的关系。

（2）可用矩阵形式描述有向连接图所描述的关系，以便通过逻辑演算用数学方法进行处理，进一步研究各要素间的关系。

（3）使用邻接矩阵来描述各节点两两之间的关系，例如 $S_i$ 与 $S_j$ 有关系用 1 表示，没有关系用 0 表示。

使用可达矩阵来描述有向连接图各节点之间，经过一定长度的通路后可能到达的程度。ISM 的基本工作原理如图 4－6 所示。

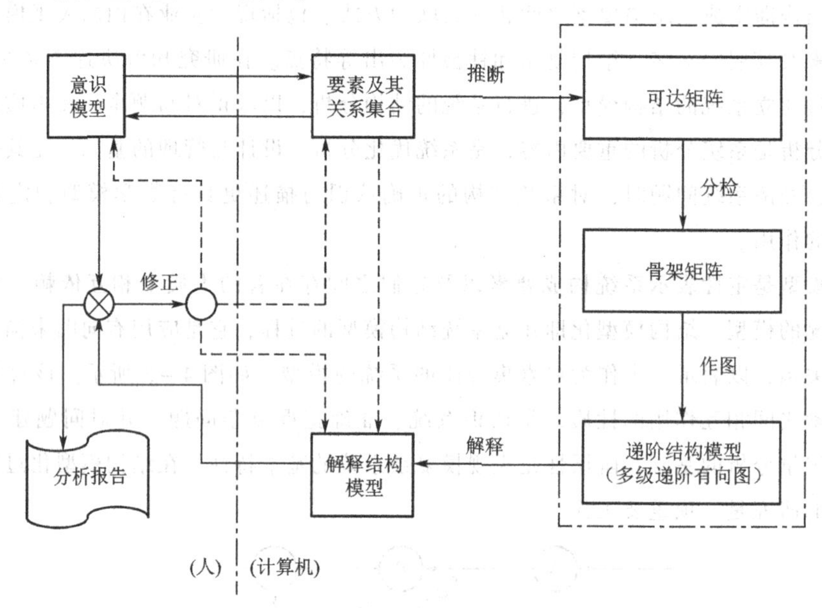


图 4－6　ISM 工作原理图

由图 4－6 可知，实施 ISM 技术，首先，是提出问题，组建 ISM 实施小组；其次，采用集体创造性技术，搜集和初步整理问题的构成要素，并设定某种必须考虑的二元关系（如因果关系），经小组成员及与其他有关人员的讨论，形成对问题初步认识的意识（构思）模型。在此基础上，实现意识模型的具体化、规范化、系统化和结构模型化，即进一步明确定义各要素，通过人机对话，判断各要素之间的二元关系情况，形成某种形式的“信息库”；再次，根据要素间关系的传递性，通过对邻接矩阵的计算或逻辑推断，得到可达矩阵；第四，将可达矩阵进行分解、缩减和简化处理，得到反映系统递阶结构的骨架矩阵，据此绘制要素间多级递阶有向图，形成递阶结构模型；第五，通过对要素的解释说明，建立起反映系统问题某种二元关系的解释结构模型；最后，将解释结构模型与人们已有的意识模型进行比较，如不符合，一方面可对有关要素及其二元关系和解释结构模型的建立进行修正，更重要的是，人们通过对解释结构模型的研究和学习，可对原有的意识模型有所启发和修正，经过反馈、比较、修正、学习，最终得到一个令人满意、具有启发性和指导意义的结构分析结果。

通过对可达矩阵的处理，建立系统问题的递阶结构模型，这是ISM技术的核心内容。根据问题的规模和分析条件，可在掌握基本原理及其规范方法的基础上，采用多种手段、选择不同方法来完成此项工作。

### 3. ISM的工作程序

ISM方法的作用是把任意包含许多离散的、无序的静态系统，利用系统要素之间已知但凌乱的关系揭示出系统的内部结构，如图4－7所示。

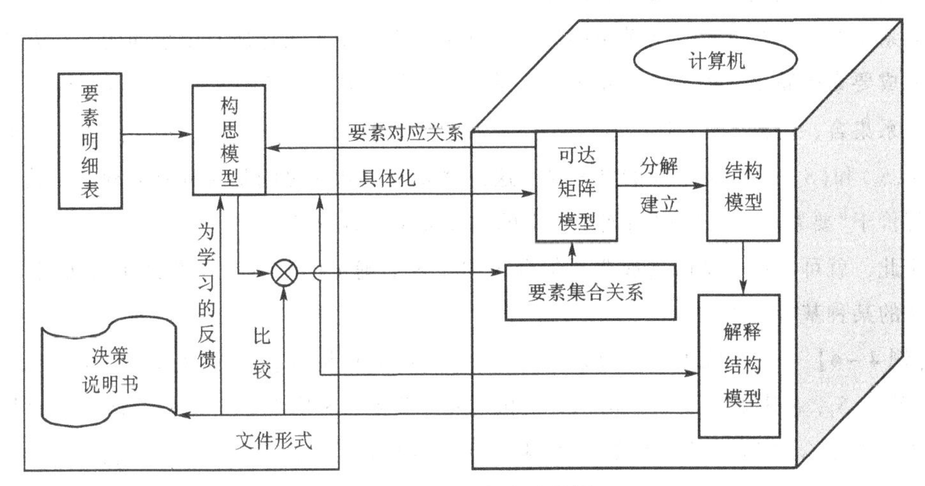


图4－7 ISM方法示意图

ISM的基本方法步骤：

（1）组织实施ISM的小组。

（2）设定问题。

（3）选择构成系统的要素。

（4）根据要素明细表作构思模型，并建立邻接矩阵和可达矩阵。

（5）对可达矩阵进行分解后建立结构模型。

（6）根据结构模型建立解释结构模型。

## （二）系统结构的基本表达方式

系统的要素及其关系形成系统的特定结构。在通常情况下，可采用集合、有向图和矩阵等三种相互对应的方式来表达系统的某种结构。

### 1. 系统结构的集合表达

设某一系统由 $n$（$n\geqslant2$）个要素（$S_1,S_2,\cdots,S_n$）所组成，其集合为 $S$，则有 $S=\{S_1,S_2,\cdots,S_n\}$ 系统的诸多要素有机地联系在一起，并且一般都是以两个要素之间的二元关系为基础的。所谓二元关系是根据系统的性质和研究的目的所约定的一种需要讨论的、存在于系统中的两个要素（$S_i$、$S_j$）之间的关系 $R_{ij}$（简记为 $R$）。通常有影响关系、因果关系、包含关系、隶属关系以及各种可以比较的关系（如大小、先后、轻重、优劣等）。二元关系是结构分析中所要讨论的系统构成要素间的基本关系，一般有以下三种情形：

（1）$S_i$ 与 $S_j$ 间有某种二元关系 $R$，即 $S_iRS_j$；

(2) $S_i$与$S_j$间无某种二元关系$R$，即$S_i\bar{R}S_j$；

(3) $S_i$与$S_j$间的某种二元关系$R$不明，即$S_i\tilde{R}S_j$。

通常情况下，二元关系具有传递性，即若$S_iRS_j$、$S_jRS_k$，则有$S_iRS_k$。传递性二元关系反映两个要素的间接联系，可记作$R^t$（$t$为传递次数），如可将$S_iRS_k$记作$S_iR^2S_k$。有时，对系统的任意构成要素$S_i$和$S_j$来说，既有$S_iRS_j$，又有$S_jRS_i$，这种相互关联的二元关系叫强连接关系。具有强连接关系的各要素之间存在替换性。

以系统要素集合$S$及二元关系的概念为基础，为了便于表达所有要素间的关联方式，把系统构成要素中满足其中二元关系$R$的要素$S_i$、$S_j$的要素对（$S_i$，$S_j$）的集合，称为$S$上的二元关系集合，记作$R_b$，即有$R_b=\{(S_i,S_j)|S_i、S_j\in S,S_iRS_j,i、j=1,2,\cdots,n\}$，且在一般情况下，$(S_i,S_j)$和$(S_j,S_i)$表示不同的要素对。这样，"要素$S_i$和$S_j$之间是否具有某种二元关系$R$"，也就等价于"要素对$(S_i,S_j)$是否属于$S$上的二元关系集合$R_b$"。

至此，就可以用系统的构成要素集合$S$和在$S$上确定的某种二元关系集合$R_b$来共同表示系统的某种基本结构。

**【例4-4】** 某系统由八个要素（$S_1$，$S_2$，…，$S_8$）组成。经过两两判断认为：$S_2$影响$S_1$，$S_3$影响$S_4$，$S_4$影响$S_5$，$S_7$影响$S_2$，$S_4$和$S_6$相互影响，$S_8$影响$S_7$。这样，该系统的基本结构可用要素集合$S$和二元关系集合$R_b$来表达，其中：$S=\{S_1,S_2,S_3,S_4,S_5,S_6,S_7\}$，$R_b=\{(S_2,S_1),(S_3,S_4),(S_4,S_5),(S_7,S_2),(S_4,S_6),(S_6,S_4)\}$。

### 2. 系统结构的有向图表达

有向图（$D$）是系统中各要素之间联系情况的一种模型化描述方法，是由节点和连接各节点的有向弧（箭线）所组成，可用来表达系统的结构。它由节点和边两部分组成：

- 节点——利用一个圆圈代表系统中的一个要素，圆圈标有该要素的符号。
- 边——用带有箭头的线段表示要素之间所存在的影响关系。箭头代表影响关系的方向，可理解为"影响""取决于""先于""需要""导致"或其他含义。

有向图（$D$）具体方法是：用节点表示系统的各构成要素，用有向弧表示要素之间的二元关系。从节点$i$（$S_i$）到$j$（$S_j$）的最小（少）的有向弧数称为$D$中节点间通路长度（路长），也即要素$S_i$与$S_j$间二元关系的传递次数。在$D$中，从某节点出发，沿着有向弧通过其他某些节点各一次可回到该节点时，在$D$中形成回路。呈强连接关系的要素节点间具有双向回路。

表达例4-4给出的系统要素及其二元关系的有向图如图4-8所示。其中$S_3$到$S_5$、$S_3$到$S_6$、$S_7$到$S_1$和$S_8$到$S_2$的路长均为2。另外，$S_4$和$S_6$间具有强连接关系，$S_4$和$S_6$相互到达，在其间形成双向回路。

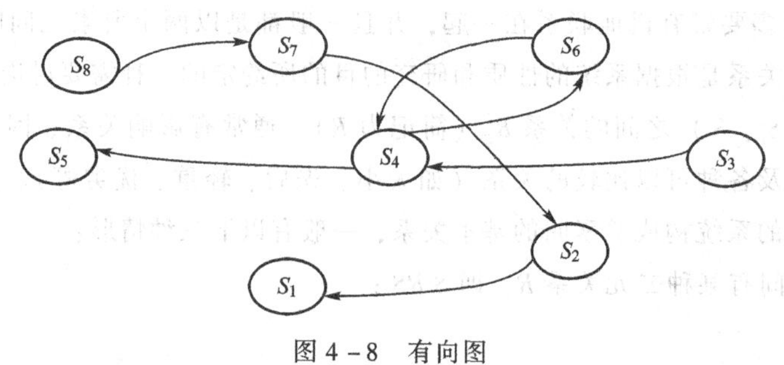


图4-8 有向图

【例 4-5】 在教育技术应用中的计算机辅助教学（CAI）其过程可以简单表示为：教师设计 CAI 课件提供给学生自主学习，CAI 课件通过计算机向学生显示教学内容，并对学生提问，学生根据计算机的提问做出反应回答。这样一类 CAI 活动过程，可以用图 4-9 表示。

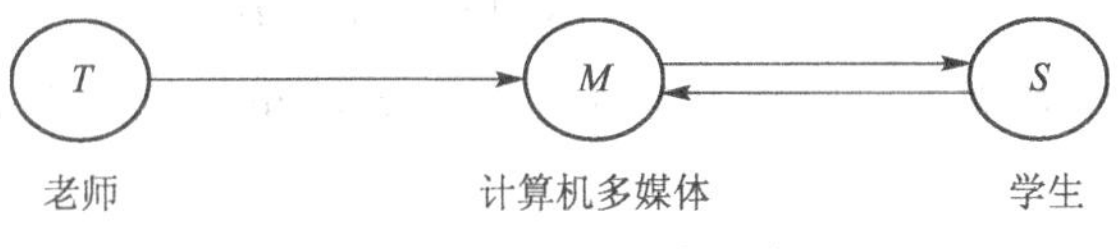


图 4-9 CAI 系统结构模型

### 3. 系统结构的矩阵表达

对于一个有向图，可以用一个 $m \times m$ 方形矩阵来表示。$m$ 为系统要素的个数。矩阵的每一行和每一列对应图中一个节点（系统要素）。矩阵表达法规定，要素 $S_i$ 对 $S_j$ 有影响时，矩阵元素 $a_{ij}$ 为 1，要素 $S_i$ 对 $S_j$ 无影响时，矩阵元素 $a_{ij}$ 为 0，即：

$$a_{ij}=\begin{cases}1 & 当\ S_i\ 对\ S_j\ 有影响时\\ 0 & 当\ S_i\ 对\ S_j\ 无影响时\end{cases} \tag{4-4}$$

在图 4-8 中，$m=8$ 即可构成一个 $8\times 8$ 的方阵，表示为：

$$\boldsymbol{A}=\begin{bmatrix} a_{11} & a_{12} & a_{13} & a_{14} & a_{15} & a_{16} & a_{17} & a_{18}\\ a_{21} & a_{22} & a_{23} & a_{24} & a_{25} & a_{26} & a_{27} & a_{28}\\ a_{31} & a_{32} & a_{33} & a_{34} & a_{35} & a_{36} & a_{37} & a_{38}\\ a_{41} & a_{42} & a_{43} & a_{44} & a_{45} & a_{46} & a_{47} & a_{48}\\ a_{51} & a_{52} & a_{53} & a_{54} & a_{55} & a_{56} & a_{57} & a_{58}\\ a_{61} & a_{62} & a_{63} & a_{64} & a_{65} & a_{66} & a_{67} & a_{68}\\ a_{71} & a_{72} & a_{73} & a_{74} & a_{75} & a_{76} & a_{77} & a_{78}\\ a_{81} & a_{82} & a_{83} & a_{84} & a_{85} & a_{86} & a_{87} & a_{88} \end{bmatrix}$$

根据式（4-4）则用矩阵表示为：

$$\boldsymbol{A}=\begin{matrix} & \begin{matrix} S_1 & S_2 & S_3 & S_4 & S_5 & S_6 & S_7 & S_8 \end{matrix}\\ \begin{matrix} S_1\\ S_2\\ S_3\\ S_4\\ S_5\\ S_6\\ S_7\\ S_8 \end{matrix} & \begin{bmatrix} 0 & 0 & 0 & 0 & 0 & 0 & 0 & 0\\ 1 & 0 & 0 & 0 & 0 & 0 & 0 & 0\\ 0 & 0 & 0 & 1 & 0 & 0 & 0 & 0\\ 0 & 0 & 0 & 0 & 1 & 1 & 0 & 0\\ 0 & 0 & 0 & 0 & 0 & 0 & 0 & 0\\ 0 & 0 & 0 & 1 & 0 & 0 & 0 & 0\\ 0 & 1 & 0 & 0 & 0 & 0 & 0 & 0\\ 0 & 0 & 0 & 0 & 0 & 0 & 1 & 0 \end{bmatrix} \end{matrix}$$

在图 4-8 中，$m=3$ 即可构成一个 $3\times 3$ 的方阵，表示为：$\boldsymbol{A}=\begin{bmatrix} a_{11} & a_{12} & a_{13}\\ a_{21} & a_{22} & a_{23}\\ a_{31} & a_{32} & a_{33} \end{bmatrix}$

$$A = \begin{array}{c} \\ T \\ M \\ S \end{array} \begin{array}{c} \begin{array}{ccc} T & M & S \end{array} \\ \begin{bmatrix} 0 & 1 & 0 \\ 0 & 0 & 1 \\ 0 & 1 & 0 \end{bmatrix} \end{array}$$

根据式（4-4）则可用矩阵表示为：如上。

上述这种与有向图对应的，并用1和0表现元素的矩阵称为邻接矩阵，一般记作矩阵 **A**。

很明显，**A** 中“1”的个数与例4-4和例4-5中 $R_b$ 所包含的要素对数目和图4-8、图4-9中有向弧的条数相等，前者均为7，后者为3。在邻接矩阵中，若有一列（如第 $j$ 列）元素全为0，则 $S_j$ 是系统的输入要素（称为源点），如图4-8中的 $S_3$ 和 $S_8$，图4-9中的 $T$；若有一行（如第 $i$ 行）元素全为0，则 $S_i$ 是系统的输出要素（称为汇点），如图4-8中的 $S_1$ 和 $S_5$。

### （三）邻接矩阵 $A$ 与可达矩阵 $M$

#### 1. 邻接矩阵

通过下面例子来理解邻接矩阵 **A** 的性质。

实验过程本身就是一个系统，它包含实验者（$S_1$）、实验对象（$S_2$）、实验因素（自变量）（$S_3$）、干扰因素（$S_4$）和实验反应（因变量）（$S_5$）等5个基本要素。这5个因素之间的联系关系可以用表4-1表示。

**表4-1　因素之间的联系**

| 项目 | 实验者（$S_1$） | 实验者（$S_2$） | 实验因素（$S_3$） | 干扰因素（$S_4$） | 实验反应（$S_5$） |
|---|---|---|---|---|---|
| 实验者（$S_1$） | | | ○控制变量 | ○排除干扰 | ○测量反应 |
| 实验对象（$S_2$） | | | | | ○做出反应 |
| 实验因素（$S_3$） | | ○刺激对象 | | | |
| 干扰 因素（$S_4$） | | ○干扰对象 | | | |
| 实验反应（$S_5$） | | | | | |

根据表4-1，可以用有向图（图4-10）和邻接矩阵 **A** 表示。

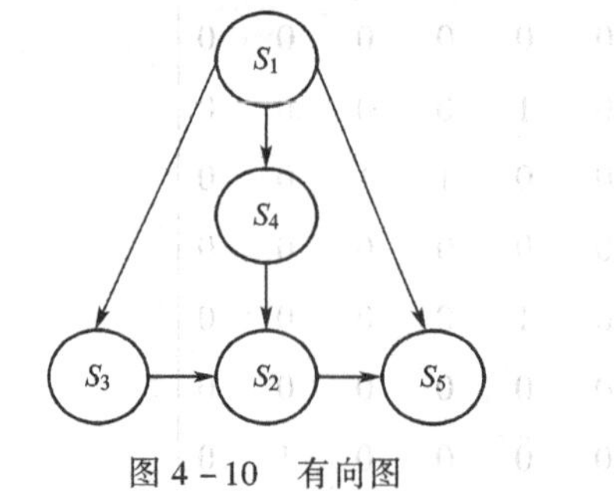


图4-10　有向图

$$A = \begin{array}{c} \\ S_1 \\ S_2 \\ S_3 \\ S_4 \\ S_5 \end{array} \begin{array}{c} \begin{array}{ccccc} S_1 & S_2 & S_3 & S_4 & S_5 \end{array} \\ \begin{bmatrix} 0 & 0 & 1 & 1 & 1 \\ 0 & 0 & 0 & 0 & 1 \\ 0 & 1 & 0 & 0 & 0 \\ 0 & 1 & 0 & 0 & 0 \\ 0 & 0 & 0 & 0 & 0 \end{bmatrix} \end{array}$$

邻接矩阵 **A** 描述了系统各要素之间的直接关系，它具有如下性质：

（1）邻接矩阵和有向图是对同一系统结构的两种不同的表达形式。矩阵与图一一对应，有向图形确定，邻接矩阵也就唯一确定；反之，邻接矩阵确定，有向图形也就唯一确定。

（2）邻接矩阵的矩阵元素只能是1和0，它属于布尔矩阵。布尔矩阵的运算主要有逻辑和运算以及逻辑乘运算，运算规则如下：

逻辑和运算：$0+0=0$，$0+1=1$，$1+0=1$，$1+1=1$

逻辑乘运算：$1\times0=0$，$0\times1=0$，$1\times0=0$，$1\times1=1$

（3）在邻接矩阵 $\boldsymbol{A}$ 中，如果第 $j$ 列元素全部都为0，则这一列所对应的要素 $S_j$ 可确定为该系统的输入端。例如，上述矩阵中，对应 $S_1$ 列全部为0，要素 $S_1$ 可确定为系统的输入端。每一节点的列中，“1”的数量表示进入该点的有向弧数。

（4）计算 $\boldsymbol{A}^k$，如果 $\boldsymbol{A}$ 矩阵元素中出现 $a_{ij}=1$，则表明从系统要素 $S_i$ 出发，经过 $k$ 条边可达到系统要素 $S_j$。这时系统要素 $S_i$ 与 $S_j$ 之间存在长度为 $k$ 的通道，即可达矩阵的形成过程。

$$\boldsymbol{A}^2=\begin{bmatrix}0&1&0&0&0\\0&0&0&0&0\\0&0&0&0&1\\0&0&0&0&1\\0&0&0&0&0\end{bmatrix}$$

矩阵 $\boldsymbol{A}^2$ 表明，从系统要素 $S_1$ 出发经过长度为2的通道分别到达系统要素 $S_2$ 和 $S_5$。同时，系统要素 $S_3$ 和 $S_4$ 也分别有长度为2的通道到达系统要素 $S_5$。它们分别为：

①→④→②；①→③→②；③→②→⑤；④→②→⑤

计算出矩阵 $\boldsymbol{A}^3$ 得到：

$$\boldsymbol{A}^3=\begin{bmatrix}0&0&0&0&1\\0&0&0&0&0\\0&0&0&0&0\\0&0&0&0&0\\0&0&0&0&0\end{bmatrix}$$

矩阵 $\boldsymbol{A}^3$ 表明，从系统要素 $S_1$ 出发经过长度为3的通道到达系统要素 $S_5$。它就是：①→③→②→⑤。

### 2. 可达矩阵 M

若要素 $S_i$ 和 $S_j$ 间存在着某种传递性二元关系，或在有向图中存在着由节点 $i$ 至 $j$ 的有向通路时，则称 $S_i$ 是可以到达 $S_j$ 的。

所谓可达矩阵（$\boldsymbol{M}$），就是表达系统要素之间任意次传递性二元关系或有向图上两个节点之间通过一定长度的路径可以到达情况的方阵。通过对邻接矩阵 $\boldsymbol{A}$ 的运算可以求出系统要素的可达矩阵。

如果一个矩阵，仅其对角线元素为1，其他元素均为0，这样的矩阵称为单位矩阵，用 $\boldsymbol{I}$ 表示。根据布尔矩阵运算法则，可以证明：

如果系统 $\boldsymbol{A}$ 满足条件 $(\boldsymbol{A}+\boldsymbol{I})^{k-1}\neq(\boldsymbol{A}+\boldsymbol{I})^{k+1}=\boldsymbol{M}$，则称 $\boldsymbol{M}$ 为系统 $\boldsymbol{A}$ 的可达矩阵。可达矩阵表示从一个要素到另一个要素是否存在连接的路径。

### 3. 其他矩阵

在邻接矩阵和可达矩阵的基础上，还有其他表达系统结构并有助于实现系统结构模型化的矩阵形式，如缩减矩阵、骨架矩阵等。

1）缩减矩阵

根据强连接要素的可替换性，在已有的可达矩阵 $\boldsymbol{M}$ 中，将具有强连接关系的一组要素看作一个要素，保留其中的某个代表性要素，删除掉其余要素及其在 $\boldsymbol{M}$ 中的行和列，即得到该可达矩阵 $\boldsymbol{M}$ 的缩减可达矩阵 $\boldsymbol{M}'$，简称缩减矩阵。如例 4－4 可达矩阵的缩减矩阵为：

$$\boldsymbol{M}'=\begin{array}{c} \\ S_1 \\ S_2 \\ S_3 \\ S_4 \\ S_5 \\ S_7 \\ S_8 \end{array}\begin{array}{c} \begin{array}{ccccccc} S_1 & S_2 & S_3 & S_4 & S_5 & S_7 & S_8 \end{array} \\ \begin{bmatrix} 0 & 0 & 0 & 0 & 0 & 0 & 0 \\ 1 & 0 & 0 & 0 & 0 & 0 & 0 \\ 0 & 0 & 0 & 1 & 0 & 0 & 0 \\ 0 & 0 & 0 & 0 & 1 & 0 & 0 \\ 0 & 0 & 0 & 0 & 0 & 0 & 0 \\ 0 & 1 & 0 & 0 & 0 & 0 & 0 \\ 0 & 0 & 0 & 0 & 0 & 1 & 0 \end{bmatrix} \end{array}$$

2）骨架矩阵

对于给定系统，$\boldsymbol{A}$ 的可达矩阵 $\boldsymbol{M}$ 是唯一的，但实现某一可达矩阵 $\boldsymbol{M}$ 的邻接矩阵 $\boldsymbol{A}$ 可以具有多个。把实现某一可达矩阵 $\boldsymbol{M}$、具有最小二元关系个数（“1”元素最少）的邻接矩阵叫 $\boldsymbol{M}$ 的最小实现二元关系矩阵，或称为骨架矩阵，记作 $\boldsymbol{A}'$。

系统结构的 3 种基本表达方式相互对应，各有特色。用集合来表达系统结构概念清楚，在各种表达方式中处于基础地位；有向图形式较为直观、易于理解；矩阵形式便于通过逻辑运算，用数学方法对系统结构进行分析处理。以它们为基础和工具，通过采用各种技术，可实现复杂系统结构的模型化。

### （四）其他常用的系统结构模型化技术

系统结构模型化技术是以各种创造性技术为基础的系统整体结构的决定技术。它们通过探寻系统构成要素、定义要素间关联的意义、给出要素间以二元关系为基础的具体关系，并且将其整理成图、矩阵等较为直观、易于理解和便于处理的形式，逐步建立起复杂系统的结构模型。结构模型作为对系统进行描述的一种形式，是处于自然科学领域所用的数学模型表达形式和社会科学领域所用的以文字形式表现的逻辑分析形式之间。因此，它适合用来处理处于以社会科学为研究对象的复杂系统和比较简单的以自然科学为研究对象的系统所存在问题的分析。是一种以定性分析为主的模型，既可以分析系统要素的选择是否合理，还可以分析系统要素及其相互关系变化时对系统总体的影响等问题。结构分析是系统分析的重要内容，是系统优化、设计与管理的基础。尤其是分析与解决社会经济系统问题时，对系统结构的正确认识与描述更加具有数学模型和定量分析所无法替代的作用。

除了解释结构模型化技术外，其他常用的系统结构模型化技术还有：关联树法、系统动力学结构模型化技术等，其中解释结构模型化（ISM）技术是最基本和最具特色的系统结构模型化技术。

## 二、建立解释结构模型的规范方法

建立反映系统问题要素间层次关系的递阶结构模型，可在可达矩阵 $\boldsymbol{M}$ 的基础上进行，且一般要经过区域划分、级位划分、提取骨架矩阵和绘制多级递阶有向图等4个步骤。这是建立递阶结构模型的基本方法。

### （一）区域划分

区域划分即将系统的构成要素集合 $S$，分割成关于给定二元关系 $R$ 的相互独立的区域的过程。

为此，需要首先以可达矩阵 $\boldsymbol{M}$ 为基础，划分与要素 $S_i$（$i=1, 2, \cdots, n$）相关联的系统要素的类型，并找出在整个系统（所有要素集合 $S$）中有明显特征的要素。有关要素集合的定义如下：

1）可达集 $R(S_i)$

系统要素 $S_i$ 的可达集是在可达矩阵或有向图中由 $S_i$ 可到达的诸要素所构成的集合，记为 $R(S_i)$。其定义式为：$R(S_i)=\{S_j|S_j\in S, m_{ij}=1, j=1,2,\cdots,n\}$，其中：$i=1, 2, \cdots, n$。

如在给出的可达矩阵中有：

$R(S_1)=\{S_1\}, R(S_2)=\{S_1,S_2\}, R(S_3)=\{S_3,S_4,S_5,S_6\}, R(S_4)=R(S_6)=\{S_4,S_5,S_6\}, R(S_5)=\{S_5\}, R(S_7)=\{S_1,S_2,S_7\}$。

2）先行集 $A(S_i)$

系统要素 $S_i$ 的先行集是在可达矩阵或有向图中可到达 $S_i$ 的诸系统要素所构成的集合，记为 $A(S_i)$。其定义式为：$A(S_i)=\{S_j|S_j\in S, m_{ji}=1, j=1,2,\cdots,n\}$，其中：$i=1, 2, \cdots, n$。

如在给出的可达矩阵中有：

$A(S_1)=\{S_1,S_2,S_7\}, A(S_2)=\{(S_2,S_7), A(S_3)\}=\{S_3\}, A(S_4)=A(S_6)=\{S_3,S_4,S_6\}, A(S_5)=\{S_3,S_4,S_5,S_6\}, A(S_7)=\{S_7\}$。

3）共同集 $C(S_i)$

系统要素 $S_i$ 的共同集是 $S_i$ 在可达集和先行集的共同部分，即交集，记为 $C(S_i)$。其定义式为：$C(S_i)=\{S_j|S_j\in S, m_{ij}=1, m_{ji}=1, j=1,2,\cdots,n\}$，其中：$i=1, 2, \cdots, n$。如：

$C(S_1)=\{S_1\}, C(S_2)=\{S_2\}, C(S_3)=\{S_3\}, C(S_4)=C(S_6)=\{S_4,S_6\}, C(S_5)=\{S_5\}, C(S_7)=\{S_7\}$。

系统要素 $S_i$ 的可达集 $R(S_i)$、先行集 $A(S_i)$、共同集 $C(S_i)$ 之间的关系如图4-11所示。

4）起始集 $B(S)$ 和终止集 $E(S)$

系统要素集合 $S$ 的起始集是在 $S$ 中只影响（到达）其他要素而不受其他要素影响（不被其他要素到达）的要素所构成的集合，记为 $B(S)$。$B(S)$ 中的要素在有向图中只有箭线的流出，而无箭线的流入，是系统的输入要素。其定义式为：$B(S)=\{S_i|S_i\in S, C(S_i)=A(S_i), i=1,2,\cdots,n\}$。

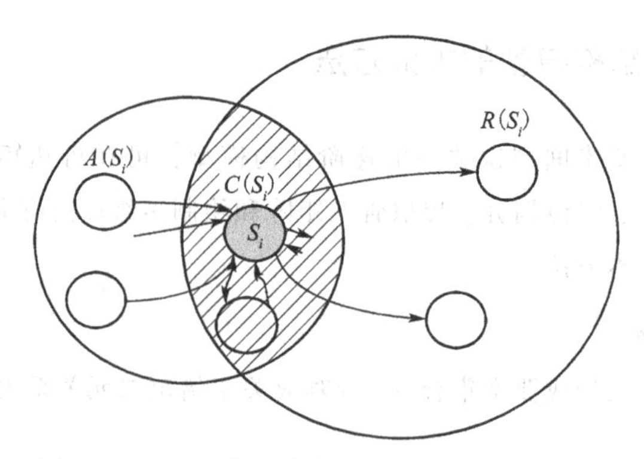


图 4-11 可达集、先行集、共同集关系示意图

如在与图 4-8 所对应的可达矩阵中，$B(S)=\{S_3,S_7\}$。

当 $S_i$ 为 $S$ 的起始集（终止集）要素时，相当于使图 4-11 中的阴影部分 $C(S_i)$ 覆盖到了整个 $A(S_i)(R(S_i))$ 区域。

这样，要区分系统要素集合 $S$ 是否可分割，只要研究系统起始集 $B(S)$ 中的要素及其可达集要素（或系统终止集 $E(S)$ 中的要素及其先行集要素）能否分割（是否相对独立）就行了。利用起始集 $B(S)$ 判断区域能否划分的规则如下：

在 $B(S)$ 将中任取两个要素 $b_u$、$b_v$：

（1）如果 $R(b_u)\cap R(b_v)\neq\Phi$（$\Phi$ 为空集），则 $b_u$、$b_v$ 及 $R(b_u)$、$R(b_v)$ 中的要素属同一区域。若对所有 $u$ 和 $v$ 均有此结果（均不为空集），则区域不可分。

（2）如果 $R(b_u)\cap R(b_v)=\Phi$，则 $b_u$、$b_v$ 及 $R(b_u)$、$R(b_v)$ 中的要素不属同一区域，系统要素集合 $S$ 至少可被划分为两个相对独立的区域。

利用终止集 $E(S)$ 来判断区域能否划分，只要判定“$A(e_u)\cap A(e_v)$”（$e_u$、$e_v$ 为 $E(S)$ 中的任两个要素）是否为空集即可。

区域划分的结果可记为：$\Pi(S)=P_1P_2\cdots,\ P_k,\ \cdots,\ P_m$（其中 $P_k$ 为第 $k$ 个相对独立区域的要素集合）。经过区域划分后的可达矩阵为块对角矩阵（记作 $M(P)$）。

### （二）级位划分

区域内的级位划分，即确定某区域内各要素所处层次地位的过程。这是建立多级递阶结构模型的关键工作。

设 $P$ 是由区域划分得到的某区域要素集合，若用 $L_1$、$L_2$、…、$L_h$ 表示从高到低的各级要素集合（其中 $h$ 为最大级位数），则级位划分的结果可写成：$\Pi(P)=L_1,\ L_2,\ \cdots,\ L_h$。

某系统要素集合的最高级要素即该系统的终止集要素。级位划分的基本做法是：找出整个系统要素集合的最高级要素（终止集要素）后，可将它们去掉，再求剩余要素集合（形成部分图）的最高级要素，依次类推，直到确定出最低一级要素集合（即 $L_1$）。

为此，令 $L_0=\Phi$（最高级要素集合为 $L_h$，没有零级要素），则有：

$L_1=\{S_i\mid S_i\in P-L_0, C_0(S_i)=R_0(S_i)$，其中：$i=1,\ 2,\ \cdots,\ n\}$

$L_2 = \{ S_i | S_i \in P - L_0 - L_1, C_1(S_i) = R_1(S_i)$，其中：$i < n\}$

$L_k = \{ S_i | S_i \in P - L_0 - L_1 - \cdots - L_{k-h}, C_{k-h}(S_i) = R_{k-h}(S_i)$，其中：$i < n\}$ (4-5)

式（4-5）中的 $C_{k-i}(S_i)$ 和 $R_{k-i}(S_i)$ 是由集合 $P - L_0 - L_1 - \cdots - L_{k-h}$ 中的要素形成的子矩阵（部分图）求得的共同集和可达集。经过级位划分后的可达矩阵变为区域块三角矩阵，记为 $M(L)$。

### （三）提取骨架矩阵

提取骨架矩阵，是通过对可达矩阵 $\boldsymbol{M}(L)$ 的缩减和检出，建立起 $\boldsymbol{M}(L)$ 的最小实现矩阵，即骨架矩阵 $\boldsymbol{A}'$。这里的骨架矩阵，也即为 $\boldsymbol{M}$ 的最小实现多级递阶结构矩阵。对经过区域和级位划分后的可达矩阵 $\boldsymbol{M}(L)$ 的缩减共分三步，即：

第一步：检查各层次中的强连接要素，建立可达矩阵 $\boldsymbol{M}(L)$ 的缩减矩阵 $\boldsymbol{M}'(L)$。

第二步：去掉 $\boldsymbol{M}'(L)$ 中已具有邻接二元关系的要素间的越级二元关系，得到经进一步简化后的新的矩阵 $\boldsymbol{M}''(L)$。

第三步：进一步去掉 $\boldsymbol{M}''(L)$ 中自身到达的二元关系，即减去单位矩阵，将 $\boldsymbol{M}''(L)$ 主对角线上的“1”全变为“0”，得到经简化后具有最少二元关系个数的骨架矩阵 $\boldsymbol{A}'$。

### （四）绘制多级递阶有向图 $D(\boldsymbol{A}')$

根据骨架矩阵 $\boldsymbol{A}'$，绘制出多级递阶有向图 $D(\boldsymbol{A}')$，即建立起了系统要素的递阶结构模型。绘图一般分为如下三步：

第一步：分区域从上到下逐级排列系统构成要素。

第二步：同级加入被删掉的与某要素（如例 4-4 中 $S_4$）有强连接关系的要素（如 $S_6$），及表征它们相互关系的有向弧。

第三步：按 $\boldsymbol{A}'$所示的邻接二元关系，用级间有向弧连接成有向图 $D(\boldsymbol{A}')$。

据此，建立起例 4-4 的递阶结构模型。

**【例 4-6】** 任务驱动式教学过程是指教师根据教学目标和学生实际状况向学生提出学习任务，同时提供完成学习任务所需要的学习资源和相关材料，要求学生利用资源完成一个作品，教师还提供对作品的评价指标体系并对学生作品做出评价，要求学生在完成作品和理解教师对作品的评价意见之后，形成有意义的知识，即完成意义的建构。我们将任务驱动式教学过程视作一个系统，该教学过程可以分解为：教师活动（$S_1$）、学生活动（$S_2$）、学习任务（$S_3$）、学习资源（$S_4$）、评价指标（$S_5$）、学生作品（$S_6$）、意义建构（$S_7$）7 个活动要素。

运用上述方法，我们对例 4-6 进行分析。

1）建立要素关系表

根据上述这些要素之间存在着的直接因果关系，如教师提出学习任务、提供学习资源、建立作品评价指标等。我们把每一个因素（$S_i$）分别与其他因素进行比较，如果存在直接因果关系的，用符号○表示在要素关系表中，如表 4-2 所示。

表4-2 要素关系表

| | 教师 $S_1$ | 学生 $S_2$ | 学习任务 $S_3$ | 学习资源 $S_4$ | 评价指标 $S_5$ | 学生作品 $S_6$ | 意义建构 $S_7$ |
|---|---|---|---|---|---|---|---|
| 教师 $S_1$ | | | ○提出任务 | ○提供资源 | ○制定指标 | | |
| 学生 $S_2$ | | | | | | ○完成任务 | ○形成意义 |
| 学习任务 $S_3$ | | ○驱动学习 | | | | | |
| 学习资源 $S_4$ | | ○学生利用 | | | | | |
| 评价指标 $S_5$ | | | | | | ○评价作品 | |
| 学生作品 $S_6$ | | | | | | | ○学习结果 |
| 意义建构 $S_7$ | | | | | | | |

2）建立邻接矩阵

根据要素关系表建立邻接矩阵 $\boldsymbol{A}$：

$$\boldsymbol{A}=\begin{matrix} & S_1 & S_2 & S_3 & S_4 & S_5 & S_6 & S_7 \\ S_1 & 0 & 0 & 1 & 1 & 1 & 0 & 0 \\ S_2 & 0 & 0 & 0 & 0 & 0 & 1 & 1 \\ S_3 & 0 & 1 & 0 & 0 & 0 & 0 & 0 \\ S_4 & 0 & 1 & 0 & 0 & 0 & 0 & 0 \\ S_5 & 0 & 0 & 0 & 0 & 0 & 1 & 0 \\ S_6 & 0 & 0 & 0 & 0 & 0 & 0 & 1 \\ S_7 & 0 & 0 & 0 & 0 & 0 & 0 & 0 \end{matrix}$$

3）进行矩阵运算，求出可达矩阵

$$(\boldsymbol{A}+\boldsymbol{I})=\begin{bmatrix} 1 & 0 & 1 & 1 & 1 & 0 & 0 \\ 0 & 1 & 0 & 0 & 0 & 1 & 1 \\ 0 & 1 & 1 & 0 & 0 & 0 & 0 \\ 0 & 1 & 0 & 1 & 0 & 0 & 0 \\ 0 & 0 & 0 & 0 & 1 & 1 & 0 \\ 0 & 0 & 0 & 0 & 0 & 1 & 1 \\ 0 & 0 & 0 & 0 & 0 & 0 & 1 \end{bmatrix} \quad (\boldsymbol{A}+\boldsymbol{I})^2=\begin{bmatrix} 1 & 1 & 1 & 1 & 1 & 1 & 0 \\ 0 & 1 & 0 & 0 & 0 & 1 & 1 \\ 0 & 1 & 1 & 0 & 0 & 1 & 1 \\ 0 & 1 & 0 & 1 & 0 & 1 & 1 \\ 0 & 0 & 0 & 0 & 1 & 1 & 1 \\ 0 & 0 & 0 & 0 & 0 & 1 & 1 \\ 0 & 0 & 0 & 0 & 0 & 0 & 1 \end{bmatrix}$$

$$(\boldsymbol{A}+\boldsymbol{I})^3=\begin{bmatrix} 1 & 1 & 1 & 1 & 1 & 1 & 1 \\ 0 & 1 & 0 & 0 & 0 & 1 & 1 \\ 0 & 1 & 1 & 0 & 0 & 1 & 1 \\ 0 & 1 & 0 & 1 & 0 & 1 & 1 \\ 0 & 0 & 0 & 0 & 1 & 1 & 1 \\ 0 & 0 & 0 & 0 & 0 & 1 & 1 \\ 0 & 0 & 0 & 0 & 0 & 0 & 1 \end{bmatrix} \quad (\boldsymbol{A}+\boldsymbol{I})^4=\begin{bmatrix} 1 & 1 & 1 & 1 & 1 & 1 & 1 \\ 0 & 1 & 0 & 0 & 0 & 1 & 1 \\ 0 & 1 & 1 & 0 & 0 & 1 & 1 \\ 0 & 1 & 0 & 1 & 0 & 1 & 1 \\ 0 & 0 & 0 & 0 & 1 & 1 & 1 \\ 0 & 0 & 0 & 0 & 0 & 1 & 1 \\ 0 & 0 & 0 & 0 & 0 & 0 & 1 \end{bmatrix}=(\boldsymbol{A}+\boldsymbol{I})^3=\boldsymbol{M}$$

4）对可达矩阵进行分解

（1）定义。

① 可达集合 $R(S_i)$：可达矩阵中要素 $S_i$ 对应的行中，包含有1的矩阵元素所对应的列要

素的集合。代表要素 $S_i$ 到达的要素。

②先行集合 $Q(S_i)$：可达矩阵中要素 $S_i$ 对应的列中，包含有1的矩阵元素所对应的行要素的集合。

③交集 $A = R(S_i) \cap Q(S_i)$

为了对可达矩阵进行区域分解，我们先把可达集合与先行集合及其交集列出在表上，如表4-3所示。

**表4-3　可达集合与先行集合及其交集表**

| i | $R(S_i)$ | $Q \cdot (S_i)$ | $R(S_i) \cap Q(S_i)$ |
|---|---|---|---|
| 1 | 1, 2, 3, 4, 5, 6, 7 | 1 | 1 |
| 2 | 2, 6, 7 | 1, 2, 3, 4 | 2 |
| 3 | 2, 3, 6, 7 | 1, 3 | 3 |
| 4 | 2, 4, 6, 7 | 1, 4 | 4 |
| 5 | 5, 6, 7 | 1, 5 | 5 |
| 6 | 6, 7 | 1, 2, 3, 4, 5, 6 | 6 |
| 7 | 7 | 1, 2, 3, 4, 5, 6, 7 | 7 |

(2) 对可达矩阵的区域分解。

根据对可达集合及先行集合的分析结果，我们可以发现，在先行集合 $Q(S_i)$ 中显示存在 $S_1$—$S_3$、$S_1$—$S_4$、$S_1$—$S_5$ 有着很强的直接联系，而 $S_2$ 又与 $S_3$、$S_4$ 直接联系。因此，我们对可达矩阵 $\boldsymbol{M}$ 的行和列位置作适当的变换，即把 $S_1$、$S_3$、$S_4$、$S_5$、$S_2$ 集中在一起，如 $\boldsymbol{M}'$ 所示：

$$
\begin{array}{ccc}
 & \begin{array}{ccccccc} S_1 & S_3 & S_4 & S_5 & S_2 & S_6 & S_7 \end{array} & \\
\begin{array}{c} \\ \text{I} \\ \\ \boldsymbol{M}' = \\ \\ \text{II} \\ \\ \end{array}
\begin{array}{c} S_1 \\ S_3 \\ S_4 \\ S_5 \\ S_2 \\ S_6 \\ S_7 \end{array}
& \left[\begin{array}{cccc:ccc}
1 & 1 & 1 & 1 & 1 & 1 & 1 \\
0 & 1 & 0 & 0 & 1 & 1 & 1 \\
0 & 0 & 1 & 0 & 1 & 1 & 1 \\
0 & 0 & 0 & 1 & 0 & 1 & 1 \\ \hdashline
0 & 0 & 0 & 0 & 1 & 1 & 1 \\
0 & 0 & 0 & 0 & 0 & 1 & 1 \\
0 & 0 & 0 & 0 & 0 & 0 & 1
\end{array}\right]
& \begin{array}{c} \\ \text{III} \\ \\ \\ \\ \text{IV} \\ \\ \end{array}
\end{array}
$$

我们用虚线把变换后的矩阵 $\boldsymbol{M}'$ 分割为四部分，这四部分分别代表：

左上角子矩阵Ⅰ表示由元素 $S_1$、$S_3$、$S_4$、$S_5$ 组成的子系统的邻接矩阵（$\boldsymbol{A}$）。

右下角子矩阵Ⅳ表示由元素 $S_2$、$S_6$、$S_7$ 组成的子系统的邻接矩阵（$\boldsymbol{B}$）。

右上角子矩阵Ⅲ表示子系统（$\boldsymbol{A}$）对子系统（$\boldsymbol{B}$）的影响。

左下角子矩阵Ⅱ表示子系统（$\boldsymbol{B}$）对子系统（$\boldsymbol{A}$）的影响。图中矩阵全部元素为0，表示子系统（$\boldsymbol{B}$）对子系统（$\boldsymbol{A}$）没有影响。

(3) 层级分解。

层级分解的目的是为了更清晰地了解系统中各要素之间的层级关系，最顶层表示系统的最终目标，往下各层分别表示是上一层的原因。利用这种方法，我们可以科学地建立教学过程或其他问题的类比模型。

层级分解的方法如下：根据 $R(S_i) \cap Q(S_i) = R(S_i)$ 条件来进行层级的抽取。如表 4－3 中对于 $i=7$ 满足条件，这表示 $S_7$ 为该系统最顶层，也就是系统的最终目标。然后，把表 4－3中有关 7 的要素都抽取掉，得到表 4－4。

**表 4－4　抽出 7 后的结果**

| $i$ | $R(S_i)$ | $Q(S_i)$ | $R(S_i) \cap Q(S_i)$ |
|---|---|---|---|
| 1 | 1，2，3，4，5，6 | 1 | 1 |
| 2 | 2，6 | 1，2，3，4 | 2 |
| 3 | 2，3，6 | 1，3 | 3 |
| 4 | 2，4，6 | 1，4 | 4 |
| 5 | 5，6 | 1，5 | 5 |
| 6 | 6 | 1，2，3，4，5，6 | 6 |

从表 4－4 中又可以发现满足条件，即可以抽出 6，得到表 4－5，这表示 $S_6$ 为第二层，并是 $S_7$ 的原因。

**表 4－5　抽出 6 后的结果**

| $i$ | $R(S_i)$ | $Q(S_i)$ | $R(S_i) \cap Q(S_i)$ |
|---|---|---|---|
| 1 | 1，2，3，4，5 | 1 | 1 |
| 2 | 2 | 1，2，3，4 | 2 |
| 3 | 2，3 | 1，3 | 3 |
| 4 | 2，4 | 1，4 | 4 |
| 5 | 5 | 1，5 | 5 |

从表 4－5 发现 $i=5$、$i=2$ 都满足 $R(S_i) \cap Q(S_i) = R(S_i)$ 条件，$S_2$、$S_5$ 为第三层并是 $S_6$ 的原因。表 4－6 所示为抽出 2、5 后的结果。

**表 4－6　抽出 2、5 后的结果**

| $i$ | $R(S_i)$ | $Q(S_i)$ | $R(S_i) \cap Q(S_i)$ |
|---|---|---|---|
| 1 | 1，3，4 | 1 | 1 |
| 3 | 3 | 1，3 | 3 |
| 4 | 4 | 1，4 | 4 |

从表 4－6 发现 $i=3$、$i=4$ 都满足 $R(S_i) \cap Q(S_i) = R(S_i)$ 条件，$S_3$、$S_4$ 为第四层并是 $S_2$，$S_5$ 的原因。表 4－7 所示为抽出 3、4 后的结果。

**表 4－7　抽出 3、4 后的结果**

| $i$ | $R(S_i)$ | $Q(S_i)$ | $R(S_i) \cap Q(S_i)$ |
|---|---|---|---|
| 1 | 1 | 1 | 1 |

结果表明，要素 $S_1$ 为系统的最底层，是引起系统运动的根本原因。各要素间的层次结构关系如图 4－12 所示。

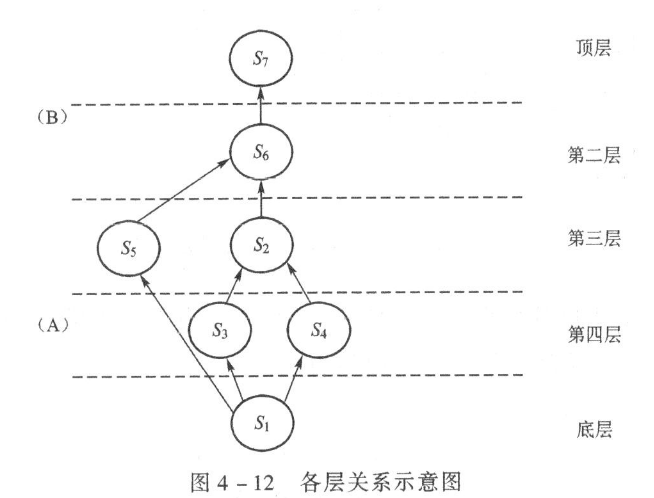


图 4－12 各层关系示意图

(4) 绘制多级递阶有向图 $D(\boldsymbol{A}')$。

根据上述分析，我们便可以把任务驱动的教学过程模式用一个类比模型来表示，如图 4－13所示。

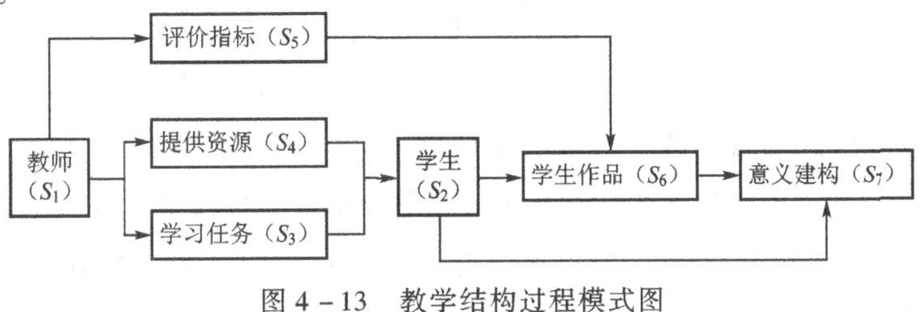


图 4－13 教学结构过程模式图

## 三、 建立解释结构模型的实用方法

按照规范方法所显示的递阶结构模型化基本原理，在系统结构并不十分复杂的情况下，建模工作可采用较为简便的方法来完成。其主要过程如下：

**1. 判定二元关系，建立可达矩阵及其缩减矩阵**

在问题设定之后，首先由 ISM 分析小组或分析人员个人寻找与问题有某种关系的要素，经集中后，根据要素个数绘制如图 4－14 所示的判定要素间关系实用方格图，并在每行右端依次标注上各要素的名称。在此基础上，通过两两比较，直观确定各要素之间的二元关系，并在两要素交汇处的方格内用符号 $V$、$A$ 和 $X$ 加以标识。其中 $V$ 表示方格图中的行（或上位）要素直接影响到列（或下位）要素，$A$ 表示列要素对行要素有直接影响，$X$ 表示行列两要素相互影响（称之为强连接关系）。进而根据要素间二元关系的传递性，逻辑推断出要素间各次递推的二元关系，并用加括号的标识符表示。最后，再加入反映自身到达关系的单位矩阵，建立起系统要素的可达矩阵。

| | | | | | | |
|---|---|---|---|---|---|---|
| (A) | | | | | A | $S_1$ |
| A | | | | | $S_2$ | |
| | (V) | (V) | V | $S_3$ | | |
| | X | V | $S_4$ | | | |
| | (A) | $S_5$ | | | | |
| | $S_6$ | | | | | |
| $S_7$ | | | | | | |

图 4-14　判定要素间关系实用方格图

作为方法举例，现根据上述分析绘制出帮助建立可达矩阵的方格图 4-14，并加入单位矩阵，可写出如下可达矩阵（其中将 $S_i$ 简记为 $i$）：

$$
\boldsymbol{M}=\begin{array}{c}1\\2\\3\\4\\5\\6\\7\end{array}\overset{\begin{array}{ccccccc}1&2&3&4&5&6&7\end{array}}{\begin{bmatrix}1&0&0&0&0&0&0\\1&1&0&0&0&0&0\\1&0&1&1&1&1&0\\0&0&0&1&1&1&0\\0&0&0&0&1&0&0\\0&0&0&1&1&1&0\\1&1&0&0&0&0&1\end{bmatrix}}
$$

**2. 对可达矩阵的缩减矩阵进行层次化处理**

根据要素级位划分的思想，在具有强连接关系的要素（$S_4$ 与 $S_6$）中，去除 $S_6$（即去除可达矩阵中“6”所对应的行和列），可得到缩减（可达）矩阵 $\boldsymbol{M}'$。在 $\boldsymbol{M}'$ 中按每行“1”元素的多少，由少到多顺次排列，调整 $\boldsymbol{M}'$ 的行和列，得到经过排序的缩减矩阵 $\boldsymbol{M}'\boldsymbol{L}$；最后在 $\boldsymbol{M}'\boldsymbol{L}$ 中，从左上角到右下角，依次分解出到当前为止最大阶数的单位矩阵，并加注方框。每个方框表示一个层次。

对例 4-4 中可达矩阵的缩减矩阵进行层次化处理的结果为：

$$
\boldsymbol{N}=\begin{bmatrix}\boxed{\begin{matrix}1&0\\0&1\end{matrix}}&\begin{matrix}0&0\\0&0\end{matrix}&\begin{matrix}0&0\\0&0\end{matrix}\\\begin{matrix}1&0\\0&1\end{matrix}&\boxed{\begin{matrix}1&0\\0&1\end{matrix}}&\begin{matrix}0&0\\0&0\end{matrix}\\\begin{matrix}1&0\\0&1\end{matrix}&\begin{matrix}1&0\\0&1\end{matrix}&\boxed{\begin{matrix}1&0\\0&1\end{matrix}}\end{bmatrix}
$$

可见，该例中的要素分为三个层次。$S_1$ 和 $S_5$ 属第一层次，$S_2$、$S_4$ 及 $S_6$ 属第二层次，$S_7$、$S_3$ 为第三层次。

事实上，只要掌握了要素级位划分的基本原理，就可以归结出各种对可达矩阵或其缩减矩阵进行层次化处理的简易方法。

3. 根据 $M'L$ 绘制多级递阶有向图

首先把所有要素按已有层次排列，然后按照 $M'L$ 中两方框（单位矩阵）交汇处的“1”元素，画出表征不同层次要素间直接联系的有向弧，形成多级递阶有向图。

如例 4-4 中第二层到第一层间的 $S_2RS_1$、$S_4RS_5$ 和第三层到第二层间的 $S_7RS_2$、$S_3RS_4$，并补充进被缩减掉的要素 $S_6$，即可绘制出与图 4-12 相类似的多级递阶有向图。

最后，可根据各要素的实际意义，将多级递阶有向图直接转化为解释结构模型。这种建立递阶结构模型的方法以规范方法为基础，简便、实用，有助于人们实现对多要素问题认识与分析的层次化、条理化和系统化。

## 四、 实施 ISM 的人员组成

应用解释结构模型时，一般需要三种人员参加：方法技术专家、协调人、参与者。方法技术专家是掌握 ISM 建模方法的技术专家，他们熟悉建模方法，但不一定熟悉问题本身；协调人属于“综合器、催化剂”，具备沟通与激励机制的知识和技巧，能够引导参与者增进理解、调查和交流，但对方法和问题却未必熟悉；而参与者熟悉问题及其情境，掌握有关问题本身的信息知识，是模型法实施的受益者/受害者。角色的相互关系图如图 4-15 所示，这三者协调程度的高低对模型实施的效果至关重要。

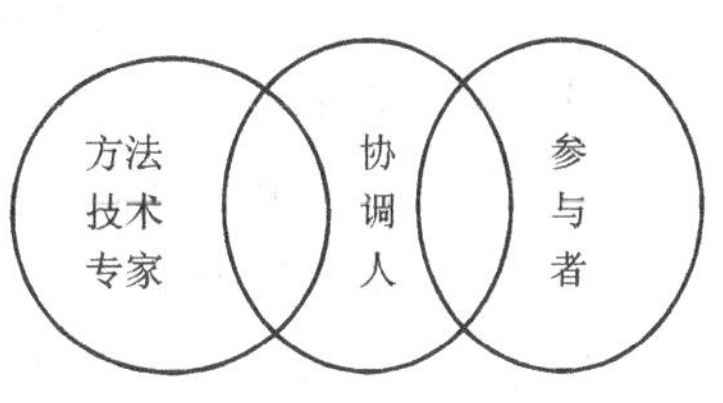


图 4-15 角色的相互关系图

## 五、 解释结构模型的缺陷

解释结构方程模型在识别各种复杂因素之间的影响关系中具有重要作用，但同时，该方法也具有以下几个方面的缺陷，需要在应用 ISM 时加以注意。

（1）应用 ISM 时，最大的问题是推移律的假设。但是实际问题中，各级要素间往往存在着反馈回路。我们总是把反馈回路简化成递阶关系。这样虽然有利于分析，但是却影响了对实际问题分析的精度。

（2）通过邻接矩阵建立可达矩阵或直接建立可达矩阵来确定系统各要素间的逻辑关系，在一定程度上还要依赖人们的经验。

（3）关系是一个比较模糊的概念，有无关系的判断也是比较主观的。

（4）一般而言，执行 ISM 模型处理实际问题，需要方法技术专家、协调人、参与者三种角色的人员参加，而其中协调人的选择对问题的解决责任是相当重要的。我们很难找到同时胜任这三种角色的人。

## 六、 结构方程模型

### （一）结构方程模型简介

结构方程模型（Structural Equation Model，SEM）是自 20 世纪 60、70 年代出现的新兴

的统计分析手段，被称为近年来统计学三大进展之一，近年以来在社会学、教育学、心理学以及管理学等学科领域中的应用越来越广泛，成为一种十分重要的数据分析和科学研究方法。随着管理科学、医学模式向社会—心理—生理模式的转变，在管理学和医学研究领域也出现了许多社会学和心理学的指标，这些指标常常是不可直接观测的潜在变量，或者其测量结果是存在误差的，传统的线性回归等统计分析方法显得无能为力。结构方程模型则弥补了传统统计方法的不足，它既可以研究可观测变量，又可以研究不能直接观测的潜在变量；它不仅能研究变量间的直接作用，还可以研究变量间的间接作用，通过路径图直观地显示变量间的关系，通过结构方程模型研究者可构建出潜在变量间的关系，并验证这种结构关系是否合理。目前结构方程模型在国内较多地应用于管理科学的研究领域，随着社会和行为科学研究问题复杂性的增加，以及统计软件的进一步发展，结构方程模型将获得更多的重视和应用。

**1. 结构方程模型的概念**

结构方程模型也称为结构方程建模，是基于变量的协方差矩阵来分析变量之间关系的一种统计方法。它是包含面很广的数学模型，可以分析一些涉及潜在变量的复杂关系，比如智力、学习动机、家庭社会经济地位等。对于这样的一些变量，我们无法直接测量，只能通过一些外显指标去间接测量，如以学生父母教育程度、父母职业及其收入作为学生家庭社会经济地位（潜在变量）的指标等。结构方程模型可以弥补传统统计方法不能妥善处理这些潜变量的不足。

**2. 结构方程模型的特点**

结构方程模型有如下特点：可以同时处理多个因变量；容许自变量和因变量含测量误差；同时估计因子结构和因子关系；容许更大弹性的测量；估计整个模型的拟合程度。

## （二）结构方程模型原理与统计方法

**1. 结构方程模型原理**

简单来讲，结构方程模型可以分为测量方程（Measurement Equation）和结构方程（Structural Equation）。测量方程是描述潜变量与指标之间的关系，如家庭收入等指标与社会经济地位的关系、学习成绩与学业成就之间的关系；结构方程则是描述潜变量之间的关系，如社会经济地位与学业成就之间的关系。指标含有随机误差和系统误差，随机误差是指测量上的不准确性行为（与传统测量误差相当），系统误差反映指标也同时测量潜变量（即因子）以外的特性（与因子分析中的特殊因子相当），这两种误差统称为测量误差或简称为误差，但潜变量不含这些误差。

1）测量模型

指标与潜变量（例如组织环境与工作成就）之间的关系通常可以写成如下测量方程：

$$x = \Lambda_x \xi + \delta \quad y = \Lambda_y \eta + \varepsilon \tag{4-6}$$

式中：

$x$——外源指标（如组织环境指标）组成的向量；

$y$——内生指标（如工作成就指标）组成的向量；

$\Lambda_x$——外源指标与外源潜变量之间的关系（如组织环境指标与工作成就指标），是外源指标在外源潜变量上的因子负荷矩阵；

$\Lambda_y$——内生指标与内生潜变量之间的关系（如组织环境指标与工作成就指标），是内生指标在内生潜变量上的因子负荷矩阵；

$\xi$——外源潜变量向量。如工作自主权对工作满意度的影响关系中，“工作自主权”就是外源潜变量；

$\eta$——内生潜变量向量。如工作自主权对工作满意度的影响关系中，“工作满意度”就是内生潜变量；

$\delta$——外源指标 $x$ 的误差项；

$\varepsilon$——内生指标 $y$ 的误差项。

2）结构模型

对于潜变量间（例如组织环境与工作成就）的关系，通常写成如下结构方程：

$$\eta = B\eta + \Gamma\xi + \varphi \tag{4-7}$$

式中：

$\eta$——内生潜变量（如工作成就）；

$\xi$——外源潜变量（如组织环境）；

$B$——内生潜变量间的关系（如工作成就与其他内生潜变量的关系）；

$\Gamma$——外源潜变量对内生潜变量的影响（组织环境对工作成就的影响）；

$\varphi$——结构方程的残差项，反映了 $\eta$ 在方程中未能被解释的部分。

潜变量间的关系，即结构模型，通常是研究的兴趣重点，所以整个分析也称为结构方程模型。

**2. 结构方程模型统计方法**

结构方程模型常用的统计方法有回归分析、因子分析、方差分析。其中方差分析是回归分析的特例，$t$ 检验又是方差分析的特例，方差分析是用以检查两组或更多组别的均值差异，但 $t$ 检验只能处理两组均值的差异。

1）测量方程的统计方法

测量方程的目的是分析因子和指标之间的关系，如果因子本身就是指标，结构方程分析就是回归分析；如果只考虑因子之间的相关关系，不考虑因子之间的因果关系，则结构方程分析就是因子分析。

2）结构方程的统计方法

结构方程的目的是研究因子和因子之间的关系，如果只考虑因子之间的因果关系，则结构方程分析就是回归分析。此时，如果要检验数据是否符合某个预先设定的先验模型，结构方程分析就成为验证性因子分析，我们也可以用结构方程分析做一般探索性因子分析。

与其他统计软件（如 SPSS，SAS）相比，结构方程模型所做的分析结果可能更为恰当，所处理的问题种类也更为复杂，解决的问题更多，如前面所述的，验证性因子分析、回归类型的结构方程分析中，多个自变量因子如何影响多个因变量因子之间的关系，同时也适用于交互作用模型和多层数据结合的模型。与传统研究不同的是，在结构方程模型分析方法中，容许各被调查对象在不同时间接受观测，使得研究设计更有弹性。此外，结构方程模型对分析实验类设计也很有帮助，包括使用虚拟变量或多组分析法。

**3. 结构方程模型的优点**

概括地讲，结构方程模型具有如下优点：

1）可以同时处理多个因变量

结构方程分析与传统回归分析相比较，可以同时处理多个因变量，不会忽略其他因变量的存在及其相互之间的影响。

2）容许自变量和因变量包含测量误差

结构方程分析容许自变量和因变量包含测量误差，变量也可以用多个指标（题目）测量。

3）同时估计因子结构和因子关系

结构方程分析与传统回归分析相比较，可以同时估计因子结构和因子关系，同时还会兼顾其他同时存在的变量而有所调整和改变。换言之，同一个研究中其他共存的因子及其结构，会相互影响，不仅影响因子间关系，也影响因子的内部结构（即因子与指标的关系）。

4）容许更大弹性的测量模型

结构方程分析与传统回归分析相比较，它可以处理一个指标从属多个因子或者考虑高阶因子等有比较复杂的从属关系的模型，而传统上，只容许每一题目从属单一因子。

5）估计整个模型的拟合程度

结构方程分析与传统回归分析相比较，除了上述参数的估计外，还可以计算出不同模型对同一样本数据的整体拟合程度，从而可以判断哪一个模型更接近数据所呈现出的关系，而传统路径分析，只能估计每一路径（变量间关系）的强弱。

### （三）结构方程模型建模及分析步骤

结构方程模型的建立过程有四个主要步骤，即模型构建（Model Specification）、模型拟合（Model Fitting）、模型评价（Model Assessment）以及模型修正（Model Modification）。

**1. 模型构建**

利用结构方程模型分析变量的关系，根据专业知识和研究目的，构建出理论模型，然后用测得的数据去验证这个理论模型的合理性。建构模型包括指定：①观测变量与潜变量的关系；②各潜变量间的相互关系；③在复杂的模型中，可以限制因子负荷或因子相关系数等参数的数值或关系。

**2. 模型拟合**

结构方程模型分析中的模型拟合目标是使模型隐含的协方差矩阵即模型的“再生矩阵”与样本协方差矩阵尽可能地接近。模型拟合中的参数估计方法有许多种，每种方法有自己的优点和适用情况。常用的参数估计方法包括：不加权的最小二乘法、广义最小二乘法、极大似然法、一般加权最小二乘法、对角一般加权最小二乘法等。目前极大似然法是应用最广的参数估计方法。

#### 3. 模型评价

评价一个刚建构成或修正的模型时，主要检查：①结构方程的解是否适当，包括迭代估计是否收敛、各参数估计值是否在合理范围内；②参数与预设模型的关系是否合理；③检视多个不同类型的整体拟合指数，例如：绝对拟合指数有 $x^2$ 、RMSEA（Root Mean Square Error of Approximation，近似误差均方根）、SRMR（Standardized Root Mean Squarc Rcsidual，标准化残差均方根）、GFI（Goodness of Fit Index，拟合优度指数），AGFI（Adjusted Goodness of Fit Index，调整拟合优度指数），以及相对拟合指数 NNFI（Non－normed Fit Index，非范拟合指数），NFI（Normed Fit Index，规范拟合指数）、CFI（Comparative Fit Index，比较拟合指数）等，用以衡量模型的拟合程度。

#### 4. 模型修正

模型的修正主要包括：①依据理论或有关假设，提出一个或数个合理的先验模型；②检查潜变量与指标间的关系，建立测量方程模型；③若模型含多个因子，可以循序渐进地每次只检验含两个因子的模型，确立测量模型部分合理后，最后再将所有因子合并成预设的先验模型，做总体检验；④对每一模型，检查标准误、标准化残差、修正指数、参数期望改变值、$x^2$ 及各种拟合指数，据此修改模型。

### （四）结构方程模型建立原则及注意事项

#### 1. 结构方程模型建立原则

（1）研究结论不能绝对化。虽然结构方程模型在对因果关系的检验上有较传统方法的优势之处，但由于 SEM 所分析的大多数据都是调查数据，对观察数据有影响的很多因素都未加控制，因此 SEM 分析所得的结论并不全面。

（2）一项研究对任何领域的实际贡献在于它对理论框架的澄清。如果这项研究不能解释一定的理论框架，则该项研究的价值将受到影响。

（3）谨慎使用某些重要概念和搜集高质量数据，是良好研究的基本条件。

（4）潜变量结构模型的有效性取决于：高度制约和简化的假设和大样本的可接受性。当假设得不到满足或只满足于小样本时，这些方法的有效性就会受到怀疑。

#### 2. 应用结构方程模型的注意事项

（1）通径图中，内源变量与外源变量间的关系都是线性的。实际工作中的非线性偏离被认为是可以忽略的，若有强的非线性关系则应当设法对变量作变换，以便可以使用线性作近似。

（2）结构方程不支持小样本。一般要求样本容量在 200 以上，或是要估计的参数数目的 5 ～20 倍。

（3）一个完善的通径图并不表示一定包含尽可能多的箭头。相反，统计学上最感兴趣的是，寻找用尽可能少的箭头去联结尽可能少的变量，而这时的通径图又能对所代表的样本拟合得好。

（4）待估参数不应大于 $\frac{m(m+1)}{2}$。其中，$m$ 为表型变量的个数。

(5) SEM 的数学和统计学基础建立在方差和协方差分析上，除非特殊条件成立，不应用在相关矩阵分析上。

(6) 避免隐变量名实不符的问题。

(7) 当模型与数据拟合时，说明数据并不排斥模式，不能说数据可以确认模式，也不能证明某一理论基础。

(8) 用同一样本数据，以相同数目的待估参数和不同的组合形式可以产生许多不同模型，而当中也有不少模式所衍生的协方差矩阵是相同的，即同一数目参数是能够衍生多个与数据拟合度相同但结构不同的模型。这些等同模型哪一个更适合于研究问题，应按照模式表达的意义从专业角度来鉴别。

(9) SEM 不能验证变量间的因果关系。同其他统计方法一样，当模型与样本拟合时，只能说该模型是可供考虑的模型，是目前为止尚未被否定的模型。只有经严格的实验设计控制其他变量的影响，才能探讨主要变量的因果效应。绝不能因为使用了 SEM 便说证明模型正确。严格地说，尽管 SEM 不能证明因果关系，但它的生命力在于能寻找变量间最可能的因果关系。

### (五) 结构方程模型的局限性

与任何统计程序一样 SEM 也存在一定的局限性。具体表现为：

(1) 在 SEM 的应用早期，由于其自身的相对复杂性和不完善性，使研究者们未能准确把握其内涵，因而出现了误用并把统计结果作为确定因果关系方向的证据，这显然是本末倒置。又由于 SEM 对模型的接受没有统一标准，所以在有等价模型的情况下研究者很难拒绝某些模型，这也给模型选择带来了困难。

(2) 影响 SEM 解释能力的主要问题是指定误差，但 SEM 程序目前还不能对指定误差加以检验。如果模式，未能正确指定概念间的路径或者没有指定所有的关键概念，就可能会引起指定误差。当模型含有指定误差时，该模型可能与样本数据拟合很好，但与样本所在的总体可能拟合得并不好。这时，如果用样本特征推论总体就会犯以偏概全的错误。

(3) SEM 对样本容量的要求较高，也要求模型必须满足识别条件并且它不能处理真正的分类变量。总之，尽管 SEM 的优点是主要的，但其局限也不容忽视，它也还有待于进一步的发展和完善。

结构方程模型的广泛应用反映了数据分析方法的进步。这种分析因果关系的新方法，为我们全面认识和深入研究奠定了方法论基础。但盲目采用结构方程，不考虑数据的适用性及使用条件，不仅无法达到探索因果规律的目的，反而会引发错误的结论。为此，研究者应该掌握结构方程模型的基本原理、原则、优点和局限性，在使用过程中遵循一定的标准并注意使用条件，为发挥这种新方法的优势提供可靠的保证。

## 小　结

本章首先介绍了模型化的定义、本质、作用、分类问题以及系统建模的方法和步骤。解释结构模型（ISM）是本书首先要求读者熟练掌握的模型化技术，这也是构建系统模型的基本素质要求。结构方程模型（SEM）是ISM的深化，该方法在近年来的管理研究中得到了极为广泛的应用，逐渐成了一种管理研究的新型重要工具。

事实上，学完本章内容，读者已经进入了系统建模的天地。之后要深入了解甚至掌握复杂的建模方法，就已经拥有了最初的基础和平台。

## 习　题

1. 为什么要建立系统模型？一个适用的系统模型有哪些主要特征？
2. 建立系统模型的主要方法有哪些？建立的原则是什么？
3. 系统模型有原型、系统模型与数学模型。系统模型与计算机模型最大的区别是什么？
4. 系统模型有哪些类型？请举例说明其中某一种分类方法和相应的系统模型的名称。
5. 简述ISM模型的工作过程及其局限。
6. 比较ISM中实用化方法和规范化方法的异同，并举例说明。
7. 为什么说级位划分是建立多级递阶结构模型的关键工作？
8. 试探索一种建立递阶结构模型的简便方法。
9. 结构方程模型的特点、作用、适用范围及常用的统计方法有哪些？

# 第五章 系统分析

【学习目标】

- 了解系统分析的基本概念及其基本原理。
- 理解技术经济分析的指标选择原则。
- 掌握成本效益分析方法。
- 掌握量本利分析方法。
- 掌握可行性分析的内容与基本方法。

系统分析是系统工程解决复杂系统问题的一个重要环节，也是系统工程处理复杂系统问题的核心内容之一，在系统工程产生和发展过程中，系统分析起着至关重要的作用。本章将对系统分析的基本概念、技术经济分析、成本收益分析、量本利分析和可行性分析等内容进行阐述，为系统决策提供分析的依据和方法。

## 第一节 系统分析的基本概念

### 一、 系统分析的定义及内容

“系统分析”一词，是第二次世界大战后，作为美国兰德公司开发的研究大型工程项目等大规模复杂系统问题的一种方法论而出现的。

1945 年，在许多文职人员的建议下，美国道格拉斯飞机公司组织各方面的专家，为美国空军研究“洲际导弹”，其目的是向美国空军提供有关技术及装备的建议。后来，该组织的工作成绩远远超过当初的预期，如成功预测苏联的人造卫星升天等，于是成立了这个后来闻名于世的独立咨询机构——兰德公司。它虽然是民间组织，但不以营利为目的，靠政府资助，每年就美国国内外政策，向美国政府、国会提供建议。人们称它为智囊团，由它发展的一套解决问题的方法称为“系统分析”。从狭义上理解，系统分析的重要基础是霍尔三维结构中逻辑维的基本内容，并与切克兰德方法论等有相通之处；从广义上理解，有时把系统分析作为系统工程的同义语使用。

1972 年，由美国、英国、法国、日本等 12 国的科学家和其他相应组织倡导并成立的“国际应用系统分析研究所”（International Institute for Applied Systems Analysis，IIASA），进一步推进了系统分析的方法，从而使得系统分析的应用扩大到社会、经济、生态等领域，并有了新的意义。IIASA 通常邀请国际上有名望的系统分析专家就国际重大问题，如人类只有一个地球，能源、环境、债务、发展中国家发展战略等国际性问题进行研究，并将研究报告分送给有关国家。这种通过国际合作，采用系统分析方法解决现代社会所面临的全球问题的做法，受到世界各国的关注，是一种行之有效的分析、研究复杂系统问题的方法和手段。

系统分析是应用建模及预测、优化、仿真、评价等技术对系统的各个方面进行定性与定量相结合的分析，为选择最优或满意的系统方案提供决策依据的分析研究过程。系统分析的目的在于分析系统内部与系统环境之间、系统内部各要素之间相互依赖、相互制约、相互促进的复杂关系，分析系统要素的层次结构关系及其对系统功能和系统目标的影响，通过建立系统分析模型使各要素及其环境之间的协调达到最佳状态，最终为系统决策提供依据。

对于系统分析的定义有广义和狭义之分。广义的解释是把系统分析作为系统工程的同义语，认为系统分析就是系统工程。狭义的解释是把系统分析作为系统工程的一个重要组成部分，或者说一门技术，一个逻辑步骤，一个在系统工程处理大型复杂系统的规划、计划、研制和营运问题时必须经过的逻辑步骤。由此可见，无论是广义系统分析还是狭义系统分析，对研究复杂系统问题都是非常重要的。

由于系统分析技术的发展仅有几十年时间，对如何运用系统工程思想、方法处理系统问题，不同的系统工程专家都有不同的见解，并且专家们所处的环境不同，导致对系统分析的定义也有所不同，因此，关于系统分析的概念还没有统一的说法，下面列出几种最具特征的观点。

美国兰德公司认为：系统分析是系统地探讨决策原本的目的，对能实现目的的替代方案（政策和策略）的费用、有效度及风险进行有限制的比较，当被探讨的替代方案有缺陷时制订出新的替代方案，从而帮助决策者选择行动的一种方法。

西安交通大学汪应洛教授认为：系统分析是一个有目的、有步骤的探索过程，目的是为决策者提供直接判断和决定最优方案的所需信息资料；步骤是使用科学方法，对系统的目的、功能、环境、效益等进行充分的调查研究，把试验、分析、计算的各种结果，同预期的目标进行比较，最后整理成完整、正确、可行的综合资料，作为决策者择优的主要依据。

美国兰德公司学者魁德（E. Quad）认为：系统分析是一种研究战略的方法，是在各种不确定条件下帮助决策者处理好复杂问题的方法，具体来说就是通过调查全部问题，找出目标与可能选择的方案，利用恰当的评价准则，发挥专家们的见解，帮助决策者选择一系列方案的一种行动。

《新学科词典》认为：系统分析是一门由定性、定量方法组成的为决策者提供正确决策和决定系统最优方案所需信息和资料的技术。它从系统总体最优的观点出发，对系统的目的、功能、环境、费用、效益等进行充分调查，搜集、分析和处理有关的数据和信息，并据此建立若干方案和必要的模型，进行大量的仿真计算。在定量分析的基础上，考虑一些未能和无法列入模型的因素，综合考虑各替代方案，形成正确、可行的报告提交给决策者。

《美国大百科全书》指出，系统分析是研究相互影响的因素的组成和运用情况，其特点是完整地而不是零星地处理问题。它要求人们考虑各种主要的变化因素及其相互的影响，并要用科学和数学方法对系统进行研究与应用。

虽然不同专家从不同角度对系统分析进行了定义，但总的来说，这些定义为如何进行系统分析提供了一种有效的分析框架，并明确了系统分析的目的是为决策者决策服务，即系统分析是为了发挥系统的整体功能及达到系统的总目标，采用科学合理的分析方法，对系统的环境、目的、功能、结构、费用与效益等问题进行深入的调查，细致的分析、设计和试验，经过不断的分析和探索，从而制定出一套经济有效的处理步骤或程序，或提出对原有系统进行改进的方案，或提出决策者关心的某项工程的设想和建议等，以此为决策者提供正确决策所需的信息和资料。

因此，在进行系统分析时，系统分析人员对与问题有关的要素进行探索和展开，对系统的目的与功能、环境、费用与效果等进行充分的调查研究，并分析处理有关的资料和数据，据此对若干备选的系统方案建立必要的模型，进行优化计算或仿真实验，把计算、实验、分析的结果同预定的任务或目标进行比较和评价，最后把少数较好的可行方案整理成完整的综合资料，作为决策者选择最优或满意的系统方案的主要依据。

## 二、 系统分析的特点

注重系统与环境及系统各要素之间的关系，借助定量和定性分析方法，寻求使系统整体综合最优的策略是系统分析的最主要特点。

**1. 以系统整体最优为目标**

系统中的各子系统都具有各自特定的功能和目标，它们相互联系，构成一个有机整体。在系统分析时应以系统的整体综合最优为主要目标，如果只研究改善某些局部问题，而忽略其他子系统，则系统的整体效益将不能得到保证。因此，任何系统分析都必须以发挥系统整体的最大效益为前提，不可局限于个别子系统，以防顾此失彼。

**2. 以特定问题为对象**

系统分析是一种处理问题的方法，以求解决特定问题的最优方案。许多问题都含有不确定性因素，有很强的针对性。因此，在系统分析时需研究不确定情况下解决问题的各种方案所可能产生的结果，如足球比赛的排兵布阵，需要针对不同对手、不同的状态等排出不同的阵形，才可能夺取胜利。又如企业合作伙伴的选取，要根据目前国家之间的关系，不同企业在行业的地位和发展趋势以及竞争伙伴合作的可能性，提出可操作的建议。

**3. 以系统价值为判断依据**

系统分析不能完全反映客观世界的所有情况，在系统分析的过程中需要对事物做某种程度的假设，或者是使用过去的历史资料来推断系统未来的发展趋势。然而未来环境的变化总是具有一定的不确定性的，从而很难保证分析结果的完全客观性。此外，方案的优劣应该是定量和定性分析的结合、数据和经验的结合。因此，进行方案的评价时，需凭借价值判断、综合权衡，以判断由系统分析提供的各种不同策略可能产生的效益的优劣，以便选择最优的方案。

**4. 运用定量方法解决系统问题**

系统分析在处理问题的手段上不能单凭定性方法，它需要借助于相对可靠的的数字资料及其所建立起来的系统模型作为分析判断的基础，以保证分析结果的有效性。定量化方法对于具有历史资料和数据的系统问题处理是十分有效的，特别是在相对微观的系统中应用的更为普遍。

## 三、 系统分析的基本要素

系统是千变万化的，而且所有的系统都处在不相同的环境中，另外，不同系统的功能不同，内部的构造、因素的组成也不相同，即使是同一系统，由于分析的目的不同，所采用的方法和手段也不相同。因此，要找出技术上先进、经济上合理、环境上允许的最佳系统是一件困难的事情。为了应对千变万化的系统，人们往往把系统分析作为一个系统来处理，认为要进行有效的系统分析就必须抓住系统分析过程中的基本要素，抓住了这些基本要素，才有可能使系统分析顺利进行，并达到分析的要求。

美国兰德公司曾对系统分析的方法论做过如下论述，认为系统分析人员必须抓住、掌握如下5条，即5个基本要素：①确定期望达到的目标；②分析达到期望目标所需的技术与设备；③分析达到期望目标的各种方案所需要的资源和费用；④根据分析，找出目标、技术设备、环境资源等因素间的相互关系，建立各方案的数学模型；⑤以方案的费用多少和效果优劣为准则，将方案依次排队，寻找最优方案。

根据兰德公司的启迪，人们在进行系统分析时往往注重系统目标、替代方案、评价指标、分析模型和研究报告这些工作环节，紧紧抓住这些工作，才能为系统分析奠定基础。

**1. 系统目标**

系统目标就是对系统的要求，它是系统分析的基础。系统分析人员最初的也是最重要的任务就是要了解领导者意图，明确存在的问题，确定系统的目标。其次，目标是目的的具体化，是建立和更新系统的依据。由于系统问题的复杂性，系统的决策者难以确切提出系统的目标，往往是通过分析者与决策者进行多次“对话”后得到的，确定目标时应遵守必要性、合理性、可行性原则，才能使提出的目标科学、合理。

**2. 替代方案**

能够实现系统目标的各种可能的途径、措施和办法构成替代方案，到底哪一种方案最合适，这正是系统分析所要解决的问题。因为达到同一目标可由不同方案、途径来实现，但实现同一目标的各替代方案在性能、费用、时间等指标上互有长短，但要能对比，即替代方案具有可比性。其次，替代方案的构造是优选的前提，没有足够的替代方案就没有优化。这就是说，系统分析者和决策者要运用自己丰富的想象力、创造力，根据已掌握的信息，提出达到同一目标的多种方案。例如，两点之间运输方式的选择问题，可供选择的运输方式有：航空、铁路、公路、水运；而铁路有高速、一般（单轨、双轨），公路有高速、一级、二级等，为达到某一运输需求量的要求，可将上述运输方式进行不同组合，构造出替代方案。又如某地块的开发问题，在满足总体规划的前提下，设计出不同的开发方案等。

**3. 评价指标**

在系统分析中，常把系统的性能、费用、效益、时间等方面的内容作为评价指标（当方案的社会、环境、生态等方面的效应相差不大时），由于达到同一目标而消耗的人、财、物不同，产生的效益不同，需要的时间也不同。所以，不同指标的综合分析和对比是决定方案优劣、取舍的基础。在评价方案优劣尺度的设计时要有标准可依，其概念要明确、具体、单一，还要可计量，尽可能用数据表示。例如在大型超市的评价体系中，可以用“每月投诉次数”来量化“客户满意度”；又比如，在企业对员工进行评价时，可以使用“每月无故缺勤天数”作为量化“工作态度”的一个指标。在计算各项指标时要考虑系统生命周期内的投入和产出，还要考虑环境的收益和副作用。

**4. 分析模型**

分析模型是根据系统分析的目标要求，用若干参数或因素对系统本质方面进行描述的产物，也可以说，是根据某种目标要求，将系统进行抽象复制的复制品。例如，在经典的金融模型中，金融学家通常把股价的波动描述为对数正态分布，再通过代入其他参数进行系统仿真，就可以预测出股价未来的波动范围。

利用分析模型和计算机以及所需信息、资料，能方便地进行预测、评价和优化，以便分析者在计算结果的基础上，综合考虑其他因素的作用，得到较满意的方案。

**5. 研究报告**

研究报告是系统分析的最终产物，具体形式可采用报告、建议或意见等形式。在撰写研究报告时，应该注意以下几点：

（1）研究报告的成果虽然是基于严谨的逻辑分析，大量的数据运算，甚至复杂的数学模型推导而获得的，但在表述方面则应该采用通俗易懂的语言，使决策者容易理解和使用。

（2）研究报告的作用只是阐明问题和提出处理问题的意见和建议，而不是代替决策者进行决策。因此，研究报告不仅要阐述最终的研究结论，还要将结论的主要依据、关键信息以及所做的一些基本假设等告诉决策者，以便决策者正确决策。例如，在对上海—延安路高架道路东段外滩节点（左连匝道）的施工方案进行决策时，承担方案研究的上海交通大学交通运输研究所曾采用三维动画对各个备选方案进行仿真，这样不但能帮助决策者从多个角度观察高架桥的外观，而且可以测试在不同车流量的情况下，各方案对交通状况的改善程度，为决策提供了很好的依据。如有可能应根据阅读者的情况，撰写出不同类型的研究报告。

综上，我们可以概括出系统分析有6个基本要素构成，它们是：

**1. 问题**

在系统分析中，问题一方面代表研究的对象，或称对象系统。需要系统分析人员和决策者共同探讨与问题有关的要素及其关联状况，恰当地定义问题；另一方面，问题表示现实状况（现实系统）与希望状况（目标系统）的偏差，这为系统改进方案的探寻提供了线索。

**2. 目的及目标**

目的是对系统的总要求，目标是系统目的的具体化。目的具有总体性和唯一性，目标具有从属性和多样性。目标分析是系统分析的基本工作之一，其任务是确定和分析系统的目的及其目标，分析和确定为达到系统目标所必须具备的系统功能和技术条件。目标分析可采用目标树等结构分析的方法，并要注意对冲突目标的协调和处理。

**3．方案**

方案即达到目标的途径。为了达到预定的系统目的，可以制定若干备选方案。例如，改造一条生产线可以有重新设计、从国外引进和在原有设备的基础上改造等三种方案。通过对备选方案的分析和比较，才能从中选择出最优系统方案，这是系统分析中必不可少的一环。

**4．模型**

模型是由说明系统本质的主要因素及其相互关系构成的。模型是研究与解决问题的基本框架，可以起到帮助认识系统、模拟系统和优化与改造系统的作用，是对实际系统问题的描述、模仿或抽象。在系统分析中常常通过建立相应的结构模型、数学模型或仿真模型等来规范分析各种备选方案。

**5．评价**

评价即评定不同方案对系统目的的达到程度。它是在考虑实现方案的综合投入（费用）和方案实现后的综合产出（效果）后，按照一定的评价标准，确定各种待选方案优先顺序的过程。进行系统评价时，不仅要考虑投资、收益这样的经济指标，还必须综合评价系统的功能、费用、时间、可靠性、环境、社会等方面的因素。

**6．决策者**

决策者作为系统问题中的利益主体和行为主体，在系统分析中自始至终具有重要作用，是一个不容忽视的重要因素。实践证明，决策者与系统分析人员的有机配合是保证系统分析工作成功的关键。

## 四、系统分析的原则

系统分析适应实际问题的需要，坚持问题导向、着眼整体、权衡优化、方法集成等基本原则，其主要特点及相应的要求如下：

**1. 坚持问题导向**

系统分析是一种处理问题的方法，有很强的针对性，其目的在于寻求解决特定问题的最优或满意方案。系统分析人员要适应实际问题的需要，制定方案，选择方法，并通过适时调整使分析过程及结果对问题的不确定性变化具有较好的适应性，帮助决策者解决实际问题，这是系统分析的目的。

**2. 以整体为目标**

系统分析是把问题作为一个整体来处理，全面考虑各主要因素及其相互影响，强调以最少的综合投入和最良好的总体效果来完成预定任务。系统中的各组成部分，都具有各自特定的功能和目标，只有相互分工协作，才能发挥出系统的总体效能。系统分析既要从系统整体出发，考虑系统中所要解决的各种问题及其多重因素，防止顾此失彼；又要注意不拘泥于细节，抓住主要矛盾及其方面，致力于提出解决主要矛盾的方法和措施，避免因小失大。以整体最优为核心的系统观点是系统分析的前提条件。

**3. 方案模型分析和选优**

根据实际问题的需要和系统目标的要求收集各种信息，寻找多个方案，并对其进行模型化及优化或仿真计算，尽可能求得定量化的分析结果，这是系统分析的核心内容。

在系统方案综合（设计）中应注意的几个问题是：①要搞多方案，但不要过多，通常以3～4个为宜；②方案要有基本的同一目的性（可替代性）、能实现性（方案详细可分）、可识别性（能评价系统目的、功能的达成度或优劣）等要求；③方案产生过程中要注意采用各种创造性的技术。

**4. 定量分析与定性分析相结合**

系统分析采用定量分析与定性分析相结合的基本方法。分析中既要利用各种定量资料和模型化及优化或仿真计算的结果，使方案的优劣以定量分析为基础；同时又要充分利用分析者、决策者和其他有关人员的直观判断和经验，进行综合分析与判定。这是系统分析的基本手段。唯经验判断和唯定量分析，都是与系统分析的要求相违背的。

**5. 多次反复进行**

对复杂系统问题的分析，往往不是一次就可以圆满完成的。它需要根据对象系统及其所处环境的可能变化，通过反复与决策者对话，适时、不断地修正分析的过程及其结果，形成分析过程中的多次及多重反馈，逐步得到与系统目标要求最接近、令决策者较为满意的系统方案。这是系统分析成功的重要保障。

## 五、系统分析的程序和主要步骤

应用系统思想、观点和科学的方法对复杂问题进行系统分析的整个过程，主要包括界定问题、确定目标、提出方案、建立分析模型、评价可行方案和综合分析与评价六个典型的环节。

### （一）系统分析的程序

按照系统分析的定义、内容及要素，参照系统工程的基本工作过程，可将系统分析的基本过程归结为如图5－1所示的几个步骤。

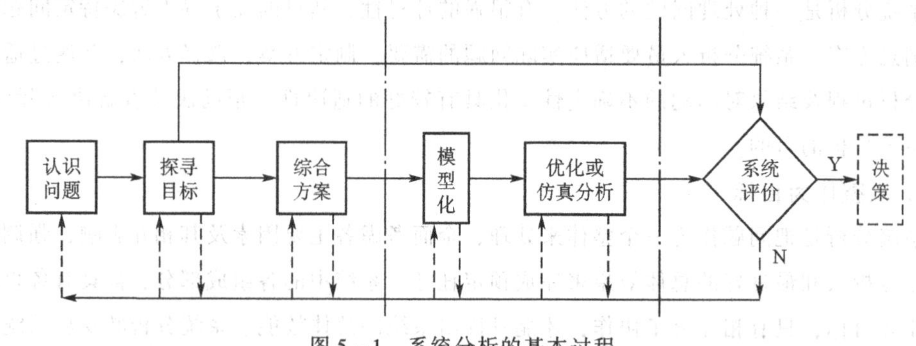


图5－1　系统分析的基本过程

认识问题、探寻目标及综合方案构成了初步的系统分析。在初步系统分析阶段，为了尽快明确问题的总体框架，通常需要采用创造性技术，至少围绕以下六个方面的问题来展开：①What，研究什么问题？对象系统（问题）的要素是什么（问题与哪些因素有关）？②Why，为什么要研究该问题？目的或希望的状态是什么？③Where，系统边界和环境如何？④When，分析的是什么时候的情况？⑤Who，决策者、行动者、所有者等关键主体是谁（问题与谁有直接关系）？⑥How，如何实现系统的目标状态？这些既是使系统分析走上正轨的过程，又是使系统分析人员与决策者一起进入“角色”的过程。

环境分析几乎贯穿于系统分析的全过程，具有重要的作用。首先，在认识问题阶段，只有正确区分出各种环境要素，才能划定系统边界；第二，在探寻目标阶段，要根据环境对系统的要求建立系统的目标结构，以求得系统对环境的最优和最大输出；第三，在综合方案阶段，要考虑到环境条件及其变化对方案可行性的影响，选择出能适应环境变化的切实可行的行动方案；第四，在模型化及其分析阶段，要充分而正确地考虑到各主要环境条件（如人、财、物、政策等）对系统优化的约束；第五，在评价与决策阶段，要通过灵敏度分析和风险分析等途径，“减少”环境变化对最佳决策方案的影响，提高政策与策略的相对稳定性和环境适应性。

还需要指出的是，并非对所有问题进行系统分析的过程都要完全履行图5－1所示的几个环节，而往往是根据实际问题的需要有所侧重或只涉及其中的一部分环节。但认识问题、综合方案、系统评价等过程通常则是必不可少的。

### （二）系统分析的主要步骤

#### 1. 界定问题

进行系统分析，首先要明确问题性质，界定问题范围。一般来说，问题是在一定的外部环境作用和系统内部发展的需要中产生的，它不可避免地带有一定的本质属性和存在范围。只有明确了解问题的性质和范围，系统分析才有可靠的起点。其次，要进一步研究问题所包含的因素，以及因素间的联系和外部环境的联系，把问题界限进一步划清。

#### 2. 确定目标

为了解决问题，要确定出具体的目标，它们可以通过某些指标来表达。标准是衡量目标达到的尺度。系统分析是根据所提出的具体目标展开的，由于系统功能的实现是靠多方面因素来保证的，因此系统目标一般有若干个，如经营管理系统的目标就包括：产品品种、产量、质量、成本、利润等。而一项目标本身又可能由更小的目标集所组成，如利润就是一个综合性指标。要增加利润，就要扩大盈利产品的销售量和降低单位产品的成本，而要增加销售量，又要做好广告宣传、采取正确的销售渠道等。在多目标的情况下，要保证各目标之间相互协调，防止发生抵触或顾此失彼，在明确目标的过程中，还要注意目标的整体性、可行性和经济性。

#### 3. 收集资料，提出方案

资料是系统分析的基础和依据，根据所明确的总目标和分目标，集中收集必要的资料和数据，为分析做好准备。收集资料多借助于调查、实验、观察、记录及引用外国资料等方式，收集资料切忌盲目性。有时说明一个问题的资料很多，但不是都有用，因此，选择和鉴别资料又是收集资料中所必须注意的问题。收集资料须注明可靠性，说明重要目标的资料需经过反复核对和推敲。资料必须是说明系统目标的，对照目标整理资料，找出影响目标的诸因素，然后提出达到目标条件的各种替代方案。所拟订的方案应具备先进性、创造性、多样性的特色。先进性是指方案在解决问题上应采纳当前国内外最新科技成果，符合世界科技发展趋势，前瞻未来若干年，当然也要结合国情和实力；创造性是指方案在解决问题上应有创新精神，新颖独到，有别于一般，包括设计人员的一切智慧的结晶；多样性是指所提方案应从事物的多个侧面提出，解决问题的思路是使用多种方法计算模拟方案，避免落入主观、直觉的误区。

**4. 建立分析模型**

在调查研究的基础上，根据分析的目的和已掌握的资料可建立不同的模型。模型可以表示全部，也可以是系统的一部分，可以定量的因素当然要列入模型，不可直接定量的因素，可设法间接定量后列入模型，或不列入模型，留在系统综合时考虑。针对研究对象不同或同一对象的不同要求，建立若干不同模型，可以用几个模型同时解决一个问题，当然，也可以用一个模型解决多个问题。投入产出模型、计量经济学模型、系统动力学模型、经济控制论模型是社会经济系统常用的模型。要根据系统分析要解决的问题，选用、改进或创造系统分析模型。

**5. 评价可行方案**

利用已建立各种模型对可行方案可能产生的结果进行计算测定，考察各种指标完成的程度。例如费用指标，则应考虑投入的劳动力、设备、资金等。不同方案的输入、输出不同，其结果就不同，得到的指标也不同。当分析模型比较复杂，计算工作较大时，可借助于计算机求解。

**6. 综合分析与评价**

在上述分析的基础上，再考虑各种无法量化的定性因素，对比系统目标达到的程度，用标准来衡量，这就是综合分析与评价。评价结果应能推荐一个或几个可行方案，或列出各方案的优先顺序，供决策者参考。鉴定方案的可行性，系统仿真是经济有效的方法，经过仿真后的可行方案，就可避免实际执行时可能出现的问题。

有些复杂的系统，系统分析并非进行一次即可完成。为完善修订方案中的问题，有时根据分析结果要对提出的目标进行再探讨，甚至重新划定问题的范围。

上述分析步骤仅是一般的方法框架，并不是所有实际的系统分析过程都必须按照这些环节进行。在实际应用中，所采取的步骤可以有所不同，应根据问题的性质和特点设置相应的环节。

**案例 5－1**

### 组织管控体系与流程管理的诊断与评价

房地产企业作为我国国民经济发展中的重要组成部分，经过近二十年的跨越式发展的进程，房地产市场竞争程度日趋激烈，更加需要完善的、优质的内部组织控制体系作为支撑才能应对来自行业内外激烈变化的挑战。

中部某省某房地产开发有限公司是一家成立时间不长的公司，该公司经过近年来的大力发展，在该省已经占有一定的市场地位，在业界也获得了良好的信誉和评价。由于受到国家宏观调控、限购政策以及银行利率杠杆作用的影响，公司内部受到管控体系不完善、员工素质和能力亟待提高等诸多问题的挑战和束缚，导致公司正面临着严峻的生存、竞争和发展的考验，目前公司面临着三大问题：一是如何快速实现现金流回笼；二是如何与同行在周边区域性商圈的竞争中胜出，并站稳脚步；三是在该省项目的成功模式在全国其他城市的复制。

为了破解这三大问题，公司亟待解决如下核心问题：

（1）现行组织架构的战略定位。

（2）提炼和强化公司核心竞争力。

（3）现行组织流程的重构。

（4）物流、物业、商业等业务模块的独立运营。

（5）在内部管理中，清晰界定各职能部门的核心职责。

（6）建立健全系统的成本管理体系，充分发挥成本控制的作用。

（7）建立有效的绩效考核体系，加强中高层人员的责任意识与担当力。

（8）形成公司核心企业文化，增强团队凝聚力。

上述问题归纳起来就是公司如何构建一套科学、合理的组织管控体系和流程管理体系的问题。

为此，公司组织人员在内部采用访谈、问卷调查，部门自查，资料分析，外部对标杆企业的样本分析研究等措施，充分了解公司现状，明确问题。在此基础上，公司组织项目总监、执行总监、现场经理，顾问团队以及后台支持、技术支持等内外部专家和相关部门的人员，对企业组织的定义进行分析、总结，明确企业组织是企业为了实现共同目标（战略）建立起来的，通过一定的分工合作方式明确各自权责的组织结构。对公司的组织战略定位、部门设置、权责体系等方面重新进行了认识和界定，认为公司战略是决定组织发展方向的重要指导思想，是由组织高层决定的组织较长时间需要支撑和服务的发展方向。企业组织的功能在于分工与协调，是保证战略实施的必要保证。组织结构能够使战略计划体系通过一定的体制和制度融合进入企业的日常经营管理，从而使战略真正转化为实际行动。企业组织结构必须适应战略的需要，当战略发生变化时，企业的组织需要随之进行变化，两者之间成动态匹配关系。为进一步理清未来发展需要什么样的组织管控体系奠定了理论基础。认清了战略、组织结构和组织功能的作用，并形成初步企业组织结构，经过对初步构建的组织结构进行内部评价和外部聘请专家的评价，形成了最终的从战略、组织管控体系、流程管理体系和管理支持体系的四级组织结构，如图5－2所示。

至此，公司构建起了四级组织结构，明确了各部门的权限和职责，进一步理顺了内部的关系，为保证组织活动的有效开展，为业务的不断拓展提供源源不断的动力和新鲜血液，为最终保证组织目标的实现提供了组织保障。

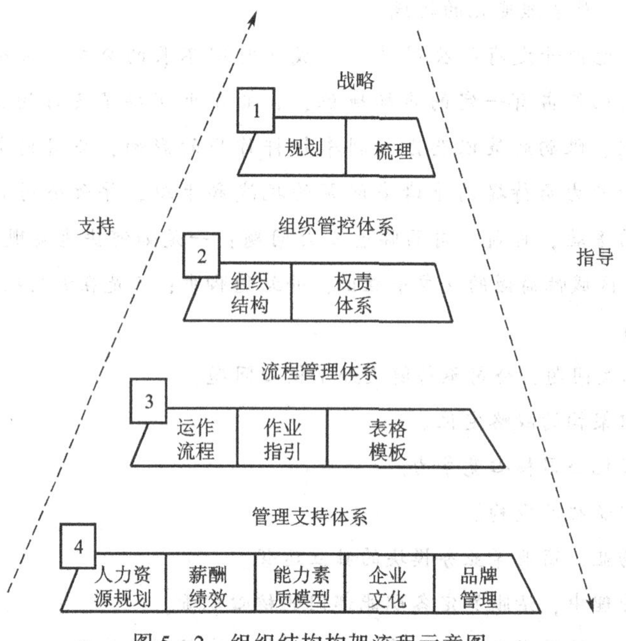


图 5－2　组织结构构架流程示意图

从上例可知，系统分析作为一种处理问题的方法，其目的在于寻求解决特定问题的最优或满意方案，为此，系统分析工作人员应当从全局出发，充分考虑各主要因素及其相互影响，根据实际问题的需要和系统目标的要求收集各种信息，既要利用各种定量资料和模型化技术，又要充分利用分析者、决策者和其他有关人员的直观判断和经验，并经过反复多次的综合分析与判定，才可能得到与实际相符合的结果。

## 第二节　技术经济分析

技术经济分析是系统分析的一个重要方面，所谓技术经济分析就是主要从经济的角度对方案的经济效益进行分析、计算和评价，从而区分出技术上先进、经济上合理的优化方案，为决策工作提供科学的依据。

### 一、技术与经济的关系

#### 1. 技术的含义

所谓技术是指根据生产实践经验和自然科学原理，为实现一定的目的而提出的解决问题的各种操作技能以及相应的劳动工具、生产的工艺过程或作业方法。也可以说，技术是包括劳动工具、劳动对象和劳动者技能在内的一种范畴的总称。它是变革物质、进行生产的手段，是科学与生产相联系的纽带，是改造自然、推动经济发展和社会进步的力量。作为技术的延伸，出现了“软技术”。

**2. 经济的含义**

“经济”一词是多义的，第一是指生产关系，如经济制度、经济基础等名词中的经济概念；第二是指物质财富的生产以及相应的交换、分配、消费，例如通常所说的经济活动即指生产与流通过程；第三是指节约与收支情况，例如日常生活中常说的“经济实惠”等。技术经济分析术语中的“经济”一词，其含义主要是指节约与收支情况。

**3. 技术与经济的关系**

技术与经济的关系十分密切，经济的发展须依赖一定的技术手段，而技术的应用则须消耗人力、物力、财力等资源。所以二者相互促进又相互制约，经济发展是技术进步的动力和方向，而技术进步则是推动经济发展的条件和手段。

任何新技术的产生与应用都需要经济的支持，受到经济的制约。纵观世界各国，凡是科技领先的国家，对技术研究与开发的投入都是相当高的。但同时，技术的突破将会对经济产生巨大的推动作用。迄今为止，人类社会发生了四次世界性的重大技术革命，有力地推动了生产的发展和社会的进步。

因此，技术与经济是不可分割的两个方面。一方面，发展经济必须依靠一定的技术；另一方面，技术的进步要受到经济条件的制约。研究技术和经济之间的合理关系，寻求技术和经济协调发展的规律，是技术经济学的重要任务。技术经济分析作为系统工程的一项内容，主要是应用技术经济学的研究成果，同系统思想和定量化系统方法相结合，服务于系统工程的实践活动。

技术经济分析必须兼顾社会效益。任何技术不但可以带来正面效应，也可以带来负面效应。当代社会，人的物质享受大大丰富了，但是生活质量却有很多问题：环境污染、生态恶化、臭氧层空洞、水土流失、资源枯竭等。所以，不少学者提出疑问：科学技术究竟给人类带来了什么？是福还是祸？我们今天能发展，后代还能不能发展？人类已经发出呼声：要与大自然和谐共处，要实现可持续发展。进行技术经济分析时应该对此给予充分重视。

## 二、 技术经济分析的基本指标

进行技术经济分析必须有一套指标体系，用来衡量生产活动的技术水平和经济效益。不同的工业部门或企业，其技术经济指标体系不尽相同，都是同自身的产品、原材料、机器设备、工艺过程等相适应的。但是，在各种指标体系中，有一些指标是构成其他指标的基本要素，而且在技术经济分析中是首先要考虑的，称为基本指标，例如产值、成本、收入、投资、价格等。

**1. 产值**

产值分为总产值与净产值。

(1) 总产值。这是企业或部门在一定时期内生产活动成果的货币表现。它可以按式 (5-1) 计算：

$$S = \sum_{i=1}^{n} K_i x_i \qquad (5-1)$$

式中：$K_i$——第 $i$ 种产品（或服务）的价格；

$x_i$——第 $i$ 种产品（或服务）的产量（或工作量）。

这里所说的产品与服务包括成品、半成品、在制品、其他生产和服务活动。

从政治经济学的观点看，总产值由三部分构成：

$$S = C + V + M \tag{5-2}$$

式中：$C$——已消耗的生产资料的转移价值；

$V$——劳动者为自己创造的价值；

$M$——劳动者为社会创造的价值。

从国民经济宏观而言，总产值计算包含了许多重复内容，这是不合理的。所以，在我国目前的国民经济核算体系中已经不采用总产值指标，在微观经济分析中，总产值仍然可以作为一个参考指标。

（2）净产值。这是企业或部门在一定时期内生产活动新创造的价值。它反映生产活动的净成果，是计算国民收入的基本依据。计算净产值有生产法与分配法两种方法。

①生产法：是以总产值减去生产过程中的物质消耗（原材料、燃料、外购电力、生产用固定资产折旧等）所得的余额为净产值。记净产值为 $N$，可表示为：

$$N = S - C \tag{5-3}$$

式中：$S$——总产值；

$C$——已消耗的生产资料的转移价值。

②分配法：是从国民收入初次分配的角度出发，把构成净产值的各种要素直接相加，之和作为净产值。用公式表示如下：

$$N = V + M \tag{5-4}$$

或为：净产值 = 工资 + 税金 + 利润 + 其他

在实际运用中，两者计算结果往往不一致。一般按生产法计算比较准确，但是计算工作比较复杂，按分配法计算则要简单一些。

**2. 成本**

企业的产品成本，即企业制造（或包括销售）产品所发生的费用，主要包括消耗掉的生产资料价值和支付的劳动报酬。产品成本的构成如图 5－3 所示。产品价值的构成如图 5－4 所示。

<table>
<tr><td>原材料</td><td>燃料和动力</td><td>工资和动力</td><td>废品损失</td><td>车间经费</td><td>企业管理费</td><td>销售费用</td></tr>
<tr><td colspan="5">车间成本</td><td></td><td></td></tr>
<tr><td colspan="6">工厂成本</td><td></td></tr>
<tr><td colspan="7">完全成本</td></tr>
</table>

图 5－3　产品成本的构成

<table>
<tr><td colspan="10">产品价值 $W$</td></tr>
<tr><td colspan="6">物化劳动价值补偿 $C$</td><td colspan="4">活劳动创造的新价值</td></tr>
<tr><td colspan="2">劳动手段的价值补偿 $C_1$</td><td colspan="4">劳动对象的价值补偿 $C_2$</td><td colspan="2">为自己劳动 $V$</td><td colspan="2">为社会劳动 $M$</td></tr>
<tr><td>基本折旧费</td><td>大修理费</td><td>原材料</td><td>燃料</td><td>动力</td><td>其他消耗材料</td><td>工资</td><td>奖金</td><td>利润 $M_1$</td><td>税金 $M_2$</td></tr>
<tr><td colspan="8">产品成本 $C_1 + C_2 + V$</td><td colspan="2"></td></tr>
</table>

图 5－4　产品价值的构成

图5－4中的基本折旧费与大修理费用主要包含在图5－3的车间经费中，部分地包含在企业管理费中，这是因为两者分析问题的角度有所不同。

**3. 收入**

收入分为销售收入与纯收入。销售收入是销售出产品（或服务）后的收入，即已销售出的产品（或服务）的价值。它与总产值不同，总产值包括已生产的与正在生产的产品的价值。纯收入又称作盈利，是销售收入扣除产品成本后的余额。它是产品价值中劳动者为社会创造的新价值，包括税金和利润。

**4. 投资**

投资是指为实现技术方案所花费的资金，分为固定资产投资和流动资金。

固定资产投资是指新建、改建、扩建和恢复各种生产性和非生产性固定资产所花费的资金。所谓固定资产，其特点是能长期使用而不改变本身的实物形态，其价值随着生产过程的持续进行以其本身的磨损（折旧）而逐渐转移到产品成本中去。

流动资金是指用于购买生产所需的原材料、半成品、燃料、动力以及支付工资与各种活动费用的投资。其特点是随着生产过程和流通过程的持续进行，不断地由一种形态转化为另一种形态。

通常所说的基本建设投资，其中绝大部分用于厂房、设备、仪表和建筑物的购置并形成固定资产；少部分用于施工管理、购置施工机械、生产准备及人员培训等方面，这部分不形成固定资产。

**5. 价格**

价格是商品价值的货币表现。工业品的价格由产品成本、税金和利润构成。它分为出厂价格、批发价格和零售价格三种，其构成情况如图5－5所示。

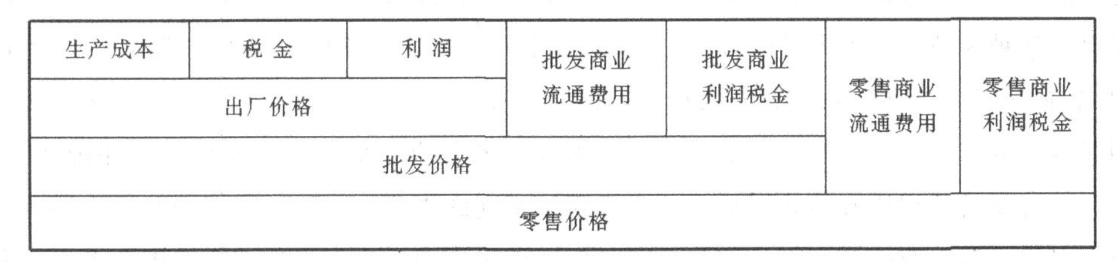


图5－5 工业品价格的构成

由此看到，商品从生产企业到顾客手中，每经过一道中间环节，其价格就会增加。现在的商品常常有出厂价（格）、直接销售、货仓式销售，这样减少了中间环节，价格自然便宜了许多。

## 三、技术经济分析的若干相对指标

**1. 反映资金占用的指标**

（1）每百元产值占用的流动资金：一般指年度定额流动资金的平均占用额与同期总产值之比。

（2）每百元产值占用的固定资产：一般指固定资产年度平均原值与同期总产值之比。

**2. 利润率指标**

（1）资金利润率：利润总额与所占用资金总额（固定资金和流动资金）之比。

（2）工资利润率：利润总额与工资总额之比。

（3）成本利润率：利润总额与产品成本之比。

（4）产值利润率：利润总额与产值之比。

**3. 劳动生产率**

它反映劳动者的生产能力，通常是用劳动者在单位劳动时间内所生产的产品数量计算，或者用单位产品所耗费的劳动时间计算。

**4. 其他相对指标**

例如单位产品原材料、燃料、动力消耗量，原材料利用率等。

## 四、 技术经济分析的可比性

技术经济分析的可比性是指不同的技术方案之间比较经济效益时所必须具备的前提条件。技术经济比较原理主要包括四个方面：满足需要的可比性、消耗费用的可比性、价格的可比性及时间的可比性。

**1. 满足需要的可比性**

满足需要的可比性是指相比较的技术方案所提供的功能（使用价值）都能满足同样的社会需要，即功能等同化或等效化，显然，满足同样社会需要的功能等同化，这是方案比较的共同基础。

众所周知，任何方案的编制和实施都是为了达到一定的目标，即满足社会某种需求：或者为了提供一定数量的产品，或者为了提高产品质量，或者为了增加产品的花色品种，或者为了提供某种劳务，或者为了改善生产劳动条件等。总之，任何方案都是根据预定的目标（需要）制定的。当然，达到相同的预定目标的途径和方法可以是多种多样的，即有多个可以相互替代的方案。因为各方案不同，其技术经济效益也不同，就需要比较、评价和优选。要比较，就要具备相比较的共同基础，即能满足相同的需要。例如，以石油和煤炭两种资源来说，它们各有各的用途，若开采石油方案为了满足生产石化产品的需要，则两者不具有可比条件，是不可比的；若两个方案都是为了满足火力发电厂燃料用料的需要，则两者之间就具有可比条件。所以满足需要的可比性，是一个非常重要的可比原则。

如前所述，方案通常主要是以产品的产量、质量和品种等来满足社会需要。所以满足需要的可比性，一般可以从产品的产量、质量、品种等方面进行可比性分析。

**2. 消耗费用的可比性**

在任何方案的实现过程中和使用过程中都要消耗一定的人力、物力、财力，也就是说必须消耗一定的物化劳动和活劳动。为了正确地比较各方案的经济效果，各方案所消耗的劳动或费用必须从系统的观点进行综合考虑，也就是从方案的全部消耗费用出发来考虑，不能只从局部的消耗费用出发来考虑。参与比较方案的消耗费用的可比性，是指对满足相同需要的不同技术方案进行技术经济效益比较和评价，必须从整个国民经济角度和方案的实施与使用的全过程出发，比较和分析对比方案的全部消耗费用。而且，各方案要采用相同的费用计算原则、范围和方法。

**3. 价格的可比性**

在方案评价时，需要对方案的劳动成果（产出效益）和劳动消耗（投入费用）及经济效益进行计算和评价，因此不可避免地要利用价格这一杠杆，即常常要用到价格指标。若比较不同的方案时所采用的价格指标不一致、不合理，那么计算方案的经济效果和在方案比较时就会出现问题，将会造成决策失误。因此，为了能正确地进行技术经济效益的比较和评价，对比方案所采用的价格须具有可比性。

价格的可比性，是指在计算各个对比方案的技术经济效益时，需采用合理的价格和一致的价格。合理的价格就是价格能够较真实地反映产品的价值和供求关系；一致的价格就是相对比方案所采用的是统一的价格，计算时价格的口径范围和时间都是一致的。

但是，目前我国的价格体系还没有理顺，由于过去长期忽视价值规律和市场经济的作用，不少商品价格严重背离价值，产品的价格既不反映价值又不反映供求关系，不同产品之间的比价也不合理，影响方案的正确评价和选择，造成决策的失误。为了保证对比方案的价格可比性，对不可比价格可作如下几种可比性修正处理。

(1) 确定合理价格。当现行价格严重不合理时，为了正确地进行对比方案的财务评价，要计算和确定合理价格。也就是对那些价格与价值严重背离的产品，为了合理利用资源，取得最大的投入产出效益，使国民经济效益达到最优，可计算和确定产品的合理价格。合理价格的计算公式如下。

合理的价格水平 = 单位产品社会必要劳动成本（$C+V$）+ 合理盈利（$M$）　　(5-5)

式中：$C$——单位产品中合理的生产资料转移价值；

$V$——单位产品中合理的劳动生产者创造的价值（如工资及附加费等）；

$M$——单位产品的盈利额。

(2) 采用国际贸易价格。为了优化资源配置与正确进行国民经济评价，对涉及产品进行出口或利用外资、技术引进等项目的投入品或产出品的价格，可采用国际贸易价格进行修正计算。

(3) 采用折算费用。对那些投入品或产出品比价不合理的项目，为了正确分析和评价对比方案的经济效益，可避开现行市场价格，采用计算各项相关费用之和确定价格的可比性修正计算的方法，称为折算费用。

(4) 利用不同时期的变动价格或不变价格。由于技术进步、劳动生产率的提高，产品成本将不断降低，因而价格将随时间的变化而发生变化。因此，在计算和比较方案的经济效益时，要考虑不同时期价格的变动问题，注意采用相应时期的价格指标。例如，当比较远期方案的经济效果时，应采用远期价格指标；比较近期方案的经济效益时，应该采用近期的价格指标，也可以将远期或近期的价格折算成统一的现行价格进行比较。

(5) 采用影子价格。影子价格是在最优的社会生产组织和充分发挥价值规律作用的条件下，供求达到均衡时的产品和资源价格，它可以通过解数学规划或相应的方法求得，因此也称最优计划价格、计算价格或经济价格。

**4. 时间的可比性**

方案的对比不仅要求满足需要、消耗费用及价格等方面的可比性，还要具有时间的可比性。例如，有两个方案，它们的产品产量、质量、投资、成本等各方面都相同，但时间上有差别。一个投产早，一个投产迟；或者一个投资早，一个投资迟。这样，这两个方案的经济效果就会不相同。在进行比较前，就必须考虑时间因素。事实上，时间因素对方案经济效益的影响是非常大的。比如，建设项目在一般情况下都是建设周期长、使用寿命长、占用资金多而时间又长，在资金时间价值不可忽视的情况下，投资数量多少、占用时间长短的不同，方案的经济效益将有明显的不同。

时间可比性主要应该考虑两个方面的问题：

（1）计算期相同。对经济寿命不同的方案作经济效益比较时，必须采用相同的计算期作为比较的基础。如果有甲、乙两个方案，它们的经济寿命分别为10年和5年，我们不能拿甲方案在10年期间的经济效益去与乙方案在5年期间的经济效益作比较。因为甲、乙两个方案时间上不可比，只有采用相同的计算期，计算它们在同一时期内的费用与效益，才有可比性。

目前采用的计算期有两类方法：

① 当相比较的各个技术方案的经济寿命有倍数关系时，采用寿命的最小公倍数。例如上述甲、乙两个方案，它们的经济寿命最小公倍数为10年，则两个方案的计算期也应为10年，设想乙方案重复建设一次，即以两个乙方案的效益和费用与一个甲方案的效益和费用相比较。

② 当相比较的各个技术方案的经济寿命没有倍数关系时，一般采用15年为计算期，即计算各个技术方案在15年期间的效益和费用，作互相比较。

（2）资金的时间价值。不同方案在投入的人力、物力、资源和发挥效益的时间上是有差异的，不能只考虑方案所发生的人力、物力、资源和发挥效益的时间上有所差异，同时也须考虑到这些社会产品和产值及人力、物力、资源数量及其费用是在什么时间生产、占用和消耗的，以及总共生产、占用和消耗了多长时间。所以方案在不同时期内发生的效益和费用，不能将它们直接简单相加，须考虑时间因素的影响，保证时间价值方面具有可比性。

## 第三节 成本效益分析

### 一、成本效益分析的基本概念

成本效益分析是在多个备选方案之中，通过成本与效益的比较来选择最佳方案。

所谓成本，是以货币形式表示的各种耗费之和；所谓效益，则是用成本换来的价值、功能或效果，它可以用货币来表示，也可以用其他意义的指标来表示，如安全性、可靠性、信誉、完成任务的概率、完成任务的工期等单项指标或综合指标。在不同的问题中，采用不同的指标。尤其是在当代社会，人们还需要进一步考虑用社会效益、生态环保效益等。

## 二、 成本效益分析的基本方法

设 $C_1$、$C_2$分别为甲、乙两个方案的成本，效益分别为 $E_1$、$E_2$，评价标准通常有如下3种：

标准1：效益相同时，取成本最小者，即设 $E_1 = E_2$，$C_1 > C_2$，取乙方案。

标准2：成本相同时，取效益最大者，即设 $C_1 = C_2$，$E_1 > E_2$，取甲方案。

标准3：成本效益均不相同时，定义效益与成本比率为：

$$V = \frac{E}{C} \tag{5-6}$$

取比值 $V$ 的最大值。当 $V_1 = V_2$时，认为两个方案等价，如果还要评价其优劣，则应考虑其他指标或通过其他途径。

成本效益分析也可以采用图解法，有如下两种作图法。

（1）取成本 $C$ 为横坐标，效益 $E$ 为纵坐标，做各个方案的成本效益曲线，如图5－6所示。

在图5－6中，两个方案的成本效益曲线交于 $A$ 点。此时，两个方案的成本相同，效益也相同。对于评价标准1，是用水平线去截取，显然：当 $E_1 = E_2 > E_A$时，$C_1 > C_2$，就是说甲方案劣于乙方案；当 $E_1 = E_2 < E_A$时，$C_2 > C_1$，就是说甲方案优于乙方案。

对于评价标准2，是用垂直线去截取，显然：当 $C_1 = C_2 > C_A$时，$E_2 > E_1$，就是说，甲方案劣于乙方案；当 $C_1 = C_2 < C_A$时，$E_1 > E_2$，就是说，甲方案优于乙方案。

对于评价标准3，按照式（5－6）不难计算比值 $V$，从而进行选择。

（2）取横坐标表示方案，纵坐标表示成本 $C$ 与效益 $E$，分别做成本曲线与效益曲线，如图5－7所示。

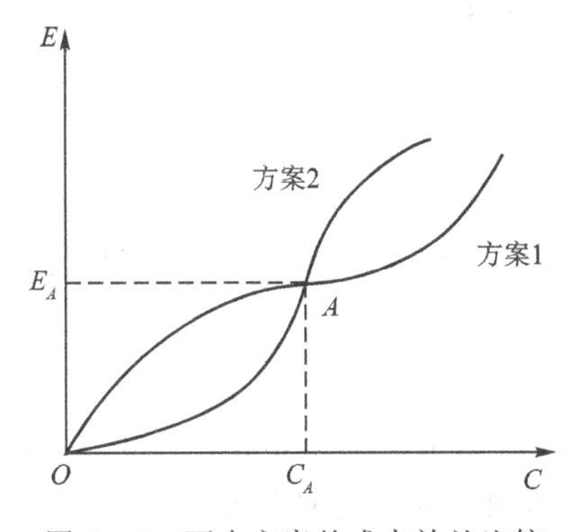


图5－6 两个方案的成本效益比较

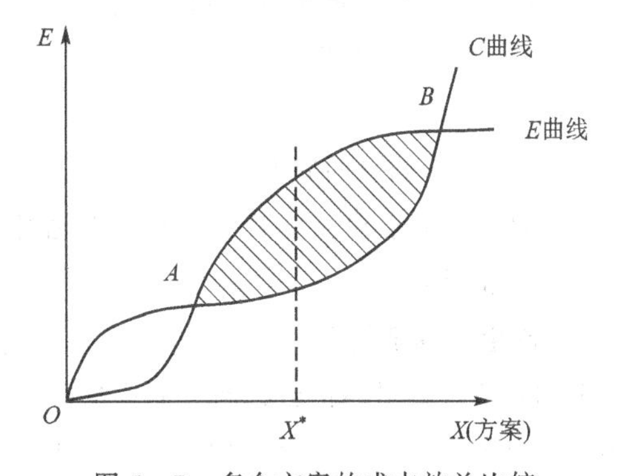


图5－7 多个方案的成本效益比较

很显然，此时要求效益必须用货币单位表示。如果不能，可以将成本与效益分别化为某种相对指标，如均按百分数计算。如图5－7中，成本曲线与效益曲线均随决策变量 $X$ 的取值而变化。例如，$X$ 值表示某种产品的产量，不同的产量表示不同的方案，从而 $X$ 坐标即表示不同的方案。图5－7中两条曲线交于 $A$、$B$ 两点。在 $A$ 点以下，$B$ 点以上，成本高于效益，故不予考虑；在 $A$、$B$ 两点之间，效益高于成本，当 $X = X^*$ 时，其差额为最大，故方案 $X^*$ 为最优。实际上，该方法是采用了以下计算公式：

$$V = E - C \tag{5-7}$$

式中：$E$ 与 $C$ 的量纲必须一致。

## 三、资金的时间价值与等值计算

### 1. 资金的时间价值

资金与时间存在密切关系，资金具有时间价值。今天可以用来进行投资的一笔现金比将来同一数量的资金更有价值。因为，当前可用的资金能够立即进行投资并在将来获得更多的资金，而在将来才能收取的资金则不能在今天投资，也无法赚取更多的资金。

资金的时间价值应该这样理解：若将资金存入银行，相当于资金所有者放弃了这笔资金的时间价值，通常采用利息来表示。如果是向银行借贷而占用资金，也要付出一定的利息作为代价，我们要评价方案的经济效益，应该考虑资金的时间价值，对各方案的成本与效益进行适当的折算，使它们具有可比性。

利息通过利率计算。利率是经过一定期限后的利息额与本金之比，通常用百分数表示。计算利息的时间单位有年、月、日等。

利息的计算有单利法与复利法两种：

(1) 用单利法计算利息时，仅用本金计算利息，不把先前周期的利息加入本金，即利息不再产生利息。

(2) 用复利法计算利息时，要把先前周期的利息加入本金，即利息再生利息。基本计算公式如下。

单利法为：
$$F = P \times (1 + in) \tag{5-8}$$

复利法为：
$$F = P \times (1 + i)^n \tag{5-9}$$

式中：$F$——本金与全部利息之和，简称本利和（将来值）；

$P$——本金（现值）；

$i$——利率；

$n$——计算利息的周期数。

复利法比较符合资金在社会再生产过程中的实际运作情况，下面将着重介绍按复利法对资金的等值计算。

### 2. 资金的等值计算

考虑到资金的时间价值，同一笔资金在不同时点上的数值是不相等的。反过来可以说，在不同时点上数值不等的资金折合到同一时点上可能是相等的。这种折合就是资金的等值计算。资金的等值计算有如下公式。

(1) 一次性支付终值公式。如果现在存入银行 $P$ 预案，年利率为 $i$，$n$ 年后的本利和 $F$ 为多少？计算公式为：

$$F = P \times (1 + i)^n \tag{5-10}$$

式中，系数 $(1+i)^n$ 称为复利支付终值系数。

**【例 5-1】** 现金 1 万元存入银行，年利率为 5%，问：5 年后本利和将为多少？

解：$F = P \times (1+i)^n$

$= 10\ 000 \times (1+0.05)^5$

$= 12\ 762.86$（元）

（2）一次支付现值公式。已知 $n$ 年后一笔资金 $F$，在利率 $i$ 下，相当于现在多少钱？计算公式为：

$$P = F \times \frac{1}{(1+i)^n} \tag{5-11}$$

这是一次性支付终值的逆运算。$\frac{1}{(1+i)^i}$称为复利现值系数。

**【例 5-2】** 某人计划 5 年后从银行提取 1 万元，如果银行年利率为 12%，问现在应存银行多少钱？

解：$P = F \times \frac{1}{(1+i)^n} = \frac{1}{(1+12\%)^5} = 0.567\ 4$（万元）

所以该人应该存入 5 674 元。

（3）等额分付终值公式。如果某人每年末存入资金 $A$ 元，年利率为 $i$，$n$ 年后积累的本利和为多少？

第 $n$ 年末资金的总额 $F$ 等于各年存入资金 $A$ 的终值总和，即：

$$\begin{aligned} F &= A \times (1+i)^{n-1} + A \times (1+i)^{n-2} + \cdots + A \times (1+i) + A \\ &= A \times [(1+i)^{n-1} + (1+i)^{n-2} + \cdots + (1+i) + 1] \end{aligned}$$

根据等比数列求和公式，可求得：

$$F = A \times \left[\frac{(1+i)^n - 1}{i}\right] \tag{5-12}$$

式中，$\frac{(1+i)^n - 1}{i}$称为年终值系数。

**【例 5-3】** 某人从 30 岁起每年末向银行存入 8 000 元，连续 10 年，若银行年利率为 8%，问 10 年后共有多少钱？

解：直接应用式（5-12），计算可得：

$$F = A \times \left[\frac{(1+i)^n - 1}{i}\right] = 8\ 000 \times \frac{(1+8\%)^{10} - 1}{8\%} = 115\ 892 \text{（元）}$$

所以该人 10 年后拥有的本利和为 115 892 元。

（4）等额分付偿债基金公式。等额分付偿债基金是等额分付终值公式的逆运算，即已知终值 $F$，求与之等价的等额年值 $A$。由式（5-12）直接导出：

$$A = F \times \left[\frac{i}{(1+i)^n - 1}\right] \tag{5-13}$$

**【例 5-4】** 为了 5 年后得到 1 万元基金，在年利率为 5% 的情况下，每年末应等额投入多少现金？

解：由式（5-13）可得：

$$A = F \times \left[\frac{i}{(1+i)^n - 1}\right] = 10\ 000 \times \left[\frac{5\%}{(1+5\%)^5 - 1}\right] = 1\ 809.75 \text{（元）}$$

所以，每年末应投入 1 809.75 元。

(5) 等额分付现值公式。从第 1 年末到第 $n$ 年末有一个等额的现金流序列，每年的金额为 $A$，这一等额年金序列在利率为 $i$ 的条件下，其现值是多少？

可把等额序列视为 $n$ 个一次性支付的组合，利用一次性支付现值公式推导出等额分付现值公式：

$$P=\frac{A}{(1+i)}+\frac{A}{(1+i)^2}+\cdots+\frac{A}{(1+i)^n}=A\times\frac{(1+i)^n-1}{(1+i)^n\times i}\tag{5-14}$$

【例 5-5】 如果某工程投产后每年纯收入 2 000 元，按年利率 5% 计算，能在 5 年内连本带利把投资全部收回，问：该工程开始时的投资为多少？

解：$P=A\times\frac{(1+i)^n-1}{(1+i)^n\times i}=2\,000\times\frac{(1+5\%)^5-1}{(1+5)^5\times 5\%}=8\,658.95$（元）

所以，该工程开始时投资为 8 658.95 元。

(6) 资金回收公式。银行现提供贷款 $P$ 元，年利率为 $i$，要求在 $n$ 年内等额分付期回收全部贷款，问每年末应回收多少资金？这是已知现值 $P$ 求年金 $A$ 的问题。

根据等额分付现值公式可得：

$$A=P\times\frac{i\times(1+i)^n}{(1+i)^n-1}\tag{5-15}$$

【例 5-6】 设有货款 1 万元，年利率 5%，在第 5 年末还完，问每年末应等额偿还多少？

解：根据资金回收公式 (5-15) 得：

$$A=P\times\frac{i\times(1+i)^n}{(1+i)^n-1}=10\,000\times\frac{5\%\times(1+5\%)^5}{(1+5\%)^5-1}=2\,309.75\text{（元）}$$

所以，每年末应该等额偿还 2 309.75 元。

## 第四节 量本利分析

量本利分析是“产量—成本—盈利分析”的简称，通常又称为盈亏平衡分析或盈亏转折分析。它是成本效益分析的一种专门形式。

产量、成本、盈利分别记为 $Q$、$C$、$P$，它们三者是密切相关的。假设销售量等于产量，单位产品的售价为 $k$，则有以下基本关系：

$$P=k\times Q-C=S-C\tag{5-16}$$

其中，$S=k\times Q$ 为销售收入。由此可见，企业要增加盈利 $P$，有两种途径：一是降低成本 $C$；一是增加销售收入 $S$。而这两条途径是交叉作用、相互影响的。假设产品单价 $k$ 不变，要增加销售收入 $S$，就必须扩大产量 $Q$，扩大产量通常能降低单位成本，降低单位成本就可以降低售价，降低售价就可以扩大销售量。量本利分析就是要找出各种因素的最佳组合，从而使得企业的盈利 $P$ 为最大。

## 一、 固定成本与可变成本

总成本 $C$ 可以分为两大部分：固定成本 $F$，可变成本 $V$，即：

$$C = F + V = F + v \times Q \tag{5-17}$$

式中：$v = \dfrac{V}{Q}$，$v$ 也称为单位产品平均可变成本。

所谓固定成本是指不受变量增减的影响而相对固定的费用，如折旧费、车间经费、企业管理费等。辅助工人工资等变动不大或者随着产量的增减变化不明显的费用（间接人工成本）亦归入固定成本。

可变成本是指随着产量增减而成正比例增减的费用。例如，直接构成产品的材料费用、生产工人工资（直接人工成本）、外购件及外协件的成本、直接在加工制造中消耗的动力费用等，都直接构成可变成本。

在固定成本和可变成本之间还有半可变成本，如通风、照明、保养等费用。它们在一定程度上是固定的，但随着生产的扩大，它们也要增加，但又不与产量的增加成正比。在量本利分析中，根据经验或统计资料，将半可变成本按照适当的比例分配到固定成本与可变成本中去。

成本的划分以及成本与销售收入 $S$、盈利 $P$ 的关系如图 5-8 所示。

<table>
<tr><td rowspan="9">销售收入S</td><td rowspan="8">总成本C</td><td rowspan="7">生产成本</td><td>直接人工成本</td><td rowspan="3">可变成本 V</td></tr>
<tr><td>直接原材料、燃料、动力</td></tr>
<tr><td>外购件、外协件等</td></tr>
<tr><td>间接人工成本</td><td rowspan="5">固定成本 F</td></tr>
<tr><td>折旧费</td></tr>
<tr><td>车间经费</td></tr>
<tr><td>管理费用等</td></tr>
<tr><td colspan="2">销售费用</td></tr>
<tr><td colspan="4">盈利 P</td></tr>
</table>

图 5-8 销售收入与成本的构成

## 二、 盈亏平衡图

盈亏平衡图是量本利分析的主要工具，首先建立坐标系，选择产量 $Q$ 为横坐标，选择款项（$C$，$S$）为纵坐标，根据式 5-16 与式 5-17 作图，得到图 5-9。

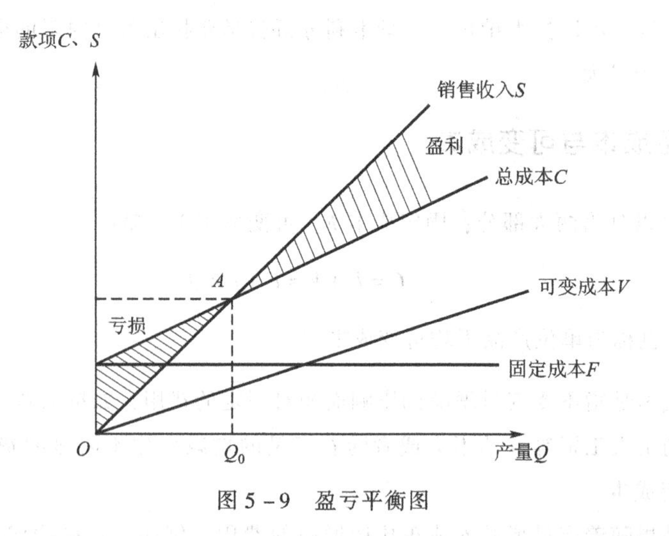


图 5-9　盈亏平衡图

图 5-9 中，销售收入 $S$ 与总成本 $C$ 的交点 $A$ 称为盈亏平衡点。在 $A$ 点右上方，$S>C$，$P>0$ 为盈利区；在 $A$ 点左下方，$S<C$，$P<0$ 为亏损区。$A$ 点的横坐标 $Q_0$ 为盈亏平衡产量，通常直接把 $Q_0$ 称为盈亏平衡点。

将式（5-17）代入式（5-16），得：

$$P=k\times Q-(F+v\times Q) \tag{5-18}$$

再令 $P=0$，就得到 $Q_0$ 的计算公式：

$$Q_0=\frac{F}{k-v} \tag{5-19}$$

**【例 5-7】**　设某厂生产某种产品的情况如下：固定成本 $F$ 为 2 万元，单位可变成本 $v$ 为 3 元，销售单价 $k$ 为 5 元，试分析盈亏平衡情况。

解：由式（5-19）得：

$$Q_0=\frac{F}{k-v}=\frac{20\ 000}{5-3}=10\ 000\ （单位）$$

此即盈亏平衡点，当产量 $Q>Q_0$ 时盈利；当 $Q<Q_0$ 时亏损。例如，当 $Q=1.5$ 万（单位）时，由式（5-18）得：

$$\begin{aligned}P&=k\times Q-(F+v\times Q)\\&=5\times 15\ 000-(20\ 000+3\times 15\ 000)\\&=10\ 000\ （元）\end{aligned}$$

即可盈利 1 万元。又如当 $Q=8\ 000$（单位）时：

$$\begin{aligned}P&=5\times 8\ 000-(20\ 000+3\times 8\ 000)\\&=-4\ 000\ （元）\end{aligned}$$

即亏损 4 000 元。

## 三、多个盈亏平衡点问题的处理

在图 5-9 中，各条成本线与销售收入线都是直线，而实际情况却并非如此，可能是阶梯线或曲线。

例如，当市场需求加大而引起产品产量大幅度增加时，工厂原有的机器设备不够用，就得添置新的机器设备。这时固定成本就会产生一个阶跃，总成本也相应改变，就会出现多个盈亏平衡点，如图 5－10 所示。在图 5－10 中，点 $A_1$、$A_2$、$A_3$就是 3 个盈亏平衡点。

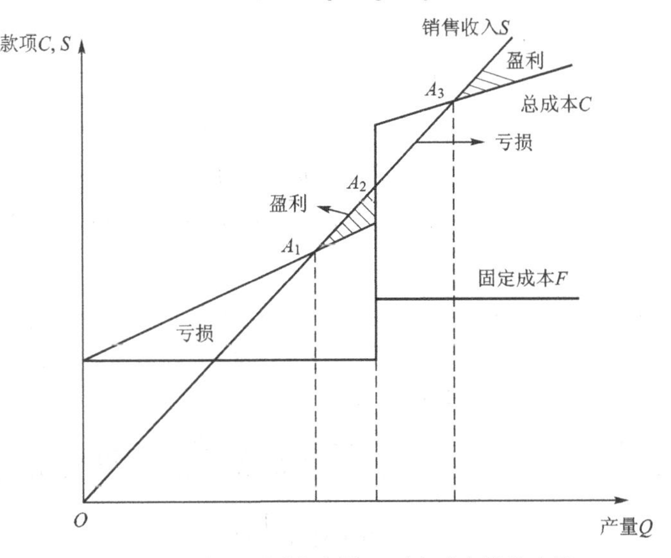


图 5－10　多个盈亏平衡点图（可变成本线为直线）

又如，在新产品试制时，其可变成本是曲线，因而总成本也是曲线，如图 5－11 所示。这是因为刚开始试制时，产量低而费用高；当取得经验后，工艺定型，产量骤增，单位产品的可变成本就大大降低了。

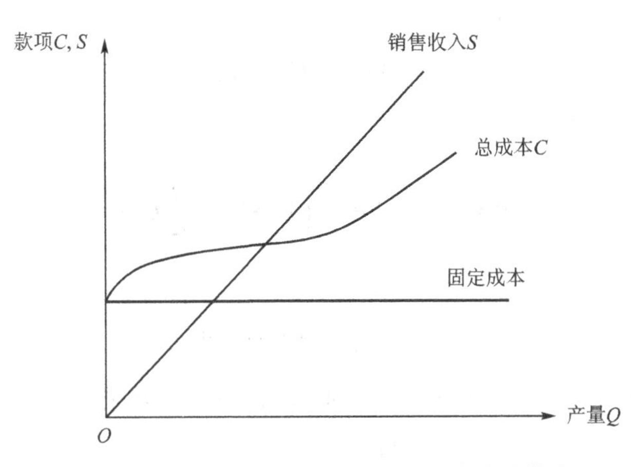


图 5－11　多个盈亏平衡点图（可变成本线为曲线）

此时，式（5－16）与式（5－17）就改变为：

$$V = \frac{\mathrm{d}V}{\mathrm{d}Q} = \frac{\mathrm{d}C}{\mathrm{d}Q}$$

$$C = F + \int_0^Q v\mathrm{d}Q \tag{5－20}$$

【例 5-8】 某企业生产某产品的总成本服从函数 $C=a_1+a_2Q+a_3Q^2$，且已知当产量 $Q$ 分别为6、10、20（百件）时，其总成本分别为104、106、370（千元）。设该产品的售价为200元/件，试作盈亏分析。

解：（1）计算系数 $a_1$、$a_2$、$a_3$，确定成本函数的具体表达式。

按题意应有以下方程组：

$$\begin{cases}104=a_1+6a_2+36a_3\\160=a_1+10a_2+100a_3\\370=a_1+20a_2+400a_3\end{cases}$$

求解方程组可得 $a_1$、$a_2$、$a_3$ 的数值。但是，在这里用拉格朗日插值公式求解会更方便一些。

$$y=y_1\times\frac{(x-x_2)(x-x_3)}{(x_1-x_2)(x_1-x_3)}+y_2\times\frac{(x-x_1)(x-x_3)}{(x_2-x_1)(x_2-x_3)}+y_3\times\frac{(x-x_1)(x-x_2)}{(x_3-x_1)(x_3-x_2)}$$

在此，$C\sim y$，$Q\sim x$，将已知数据代入，可得：

$$C=104\times\frac{(Q-10)\times(Q-20)}{(6-10)\times(6-20)}+160\times\frac{(Q-6)\times(Q-20)}{(10-6)\times(10-20)}+370\times\frac{(Q-6)\times(Q-10)}{(20-6)\times(20-10)}$$

即：

$$C=50+6Q+\frac{1}{2}Q^2$$

（2）计算单位可变成本。

根据式（5-20），$V=\frac{\mathrm{d}C}{\mathrm{d}Q}=6+Q$。

（3）计算销售收入 $S$ 与利润 $P$。

已知产品售价为200元/件，进行单位换算得：

$$S=\frac{200\times100}{1\ 000}Q=20Q$$

则：

$$P=S-C=20Q-\left(50+6Q+\frac{1}{2}Q^2\right)$$

即：

$$P=-\frac{1}{2}Q^2+14Q-50 \tag{5-21}$$

以产量—款项建立坐标系，做 $S$、$C$、$P$ 曲线如图5-12所示。

（4）结合图5-12，作进一步的分析。

$A$ 点与 $B$ 点均为盈亏平衡点，其对应产量分别为4.2（百件）与23.8（百件），即420件与2 380件。$A$、$B$ 两点之间为盈利区，$A$、$B$ 两点之外为亏损区。

最大利润 $P_{\max}$ 可由式（5-21）对 $Q$ 求导解得：

$$\frac{\mathrm{d}P}{\mathrm{d}Q}=-Q+14=0$$

$$Q=14$$

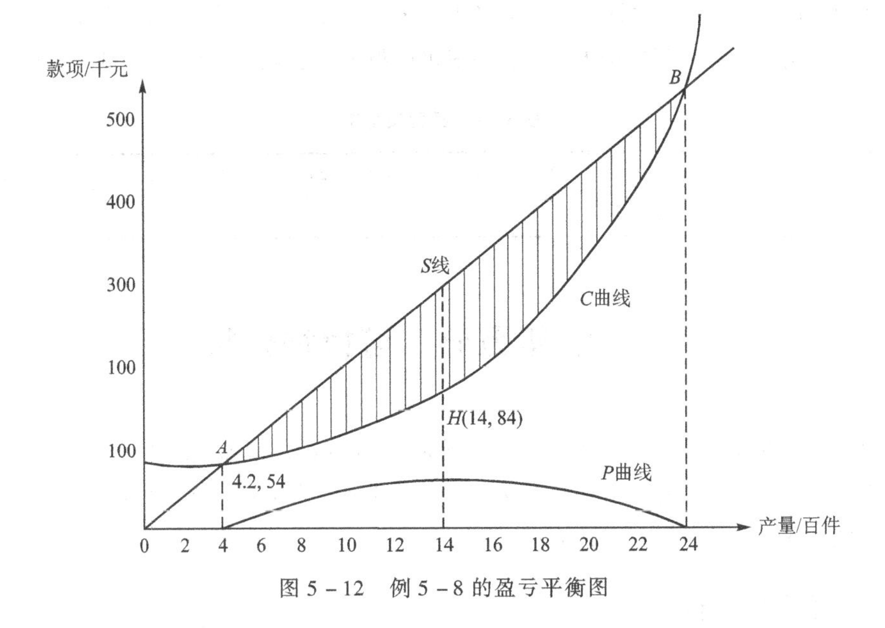


图 5－12　例 5－8 的盈亏平衡图

代回式（5－21）$P=-\frac{1}{2}Q^2+14Q-50$，得 $P$ 曲线上 $H$ 点的高度为：

$$P_{max}=48\text{（千元）}=48\ 000\text{（元）}$$

## 四、 经营安全率分析

现仍以图 5－9 来讨论，并将其改画成图 5－13。

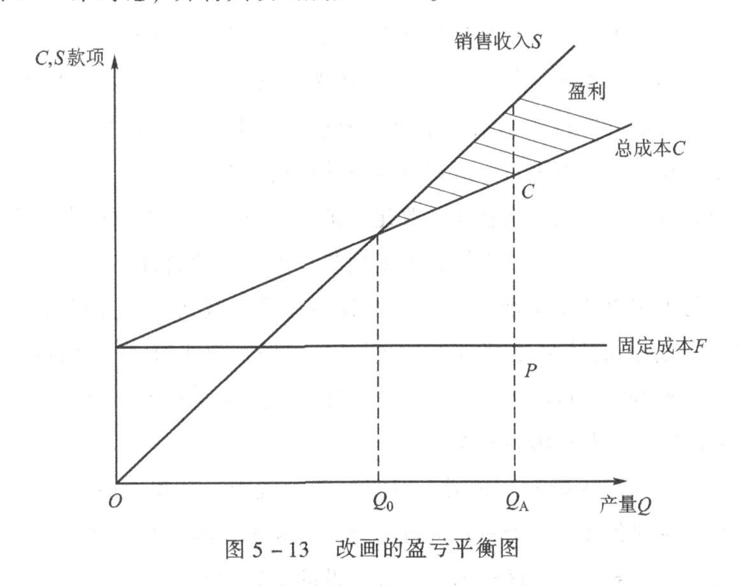


图 5－13　改画的盈亏平衡图

在图 5－13 中，定义经营安全率 $d$ 为：

$$d=\frac{Q_A-Q_I}{Q_0}\times 100\%$$

式中：$Q_I$为实际产量。$d$越大越好，当$d=0$时，$Q_I=Q_0$，为盈亏平衡点；当$d<0$时，则为亏损状态。$Q_I$增大，产量可以增大$d$值，一般可以根据表5-1来判定企业的经营状况。

**表5-1　经营安全率**

| 经营安全率 $d$ | 大于30% | 25%～30% | 15%～25% | 10%～15% | 10%以下 |
|---|---|---|---|---|---|
| 经营状况 | 安全 | 较安全 | 不太安全 | 警惕 | 危险 |

# 第五节　可行性分析

新项目实施的要求往往来自于对原有系统问题的不满意状态。由于原有系统存在的问题可能充斥各个方面，内容分散，甚至含糊不清，这就要求项目分析人员针对用户提出的各种问题识别初始要求，进行可行性分析。

## 一、可行性分析概述

### （一）可行性分析的概念

所谓可行性分析，就是对一个想要去实施的项目，在明确目标限制条件下做出科学的回答。该项目是否可以实施？如果实施，采取何种方案为好？要回答这两个问题，需要一套比较完整、比较严格的程序和方法，由此构成可行性分析的丰富内容。

进行一个系统项目的开发，或一项工程建设，要力求技术上先进、经济上合算、管理上可行、发展上可协调。为此，在系统项目开发或工程建设开发之前，必须就这些方面进行一系列技术的、经济的、管理的分析研究工作。也就是说，项目（即系统）的可行性分析就是在项目开发建设之前所进行的包括技术经济分析、成本效益分析和组织管理分析在内的系统分析。它是选择系统开发项目、进行方案决策的前提和依据。

可行性分析的对象，一般包括新建、改建、扩建工业项目，信息化建设的项目，公共设施，科研项目，区域经济开发，技术措施的采用与技术政策的制订等。

可行性分析的工作深度要求能判定项目是放弃还是继续研究，直到最后做出可行或不可行的决策建议。分析的结果主要阐明下面6个问题：要干什么（What）？为什么要干（Why）？什么时候干好（When）？在哪儿干（Where）？由谁来承担（Who）？应如何进行（How）？即在可行性分析中常用到的5W1H法。

一个拟建项目的可行性研究，必须在国家有关的规划、政策、法规的指导下完成，同时，还必须要有相应的各种技术资料。进行可行性研究工作的主要依据包括：①国家经济和社会发展的长期规划，部门与地区规划，经济建设的指导方针、任务、产业政策、投资政策和技术经济政策及国家和地方的法规等；②经过批准的项目建议书和在项目建议书批准后签订的意向性协议等；③由国家批准的资源报告、国土开发整治规划、区域规划和工业基地规划，对于交通运输项目建设要有相关的江河流域规划与路网规划等；④国家进出口贸易政策和关税政策；⑤当地的拟建厂址的自然、经济、社会等基础资料；⑥有关国家、地区和行业的工程技术，经济方面的法令、法规、标准定额资料等；⑦由国家颁布的建设项目可行性研究及经济评价的有关规定；⑧包含各种市场信息的市场调研报告。

### （二）可行性分析的地位

我们在此所说的地位，是指可行性分析研究在项目开发周期中的地位。一般来说，项目的开发周期可以划分为3个周期：投资前时期、投资时期、交付运行时期。前两个时期又可分为若干阶段。

#### 1. 投资前时期

该时期可分为四个阶段。

（1）投资机会论证。主要是建立项目概念，其目的是初步探讨是否有建立项目的必要，即是否有委托咨询公司进一步做可行性研究的必要。这个论证可以由企业（即委托方）自己来做，也可以由企业自己主持并组织一部分人来做，也可以委托咨询公司来做，提出的报告叫作“项目概念”。

（2）初步可行性分析。投资机会论证尽管是粗浅的，但如果项目概念可以确立，则企业一般就可以请咨询公司进行初步可行性分析，以判断项目概念的正确性。这一阶段主要分析企业的产品性能与用户需要、销售的可能性、原材料的来源、厂址的区域、主要工艺和流程、职工的来源及其技术水平、投资估算、投产后的经营状况预测和财务盈利分析。如果初步可行性分析结论认为项目生存能力不大，就不必做进一步的研究了；如果认为项目是有前途的，经过企业认可，就进一步做“最终可行性分析”。

（3）项目论证阶段。该阶段要做的工作就是最终的可行性分析，又称为详细的技术经济可行性分析，其结果就是最终可行性分析报告。该报告的内容与初步可行性分析相似，但更具深度和定量分析。工艺、原材料、厂址等许多重要条件都要经过技术人员的试验、分析、调查、勘测、钻探，取得必要的参数，落实工艺过程中的改进部分和新工艺技术的试验，明确产品生产的可靠性。在详细分析各种技术条件、自然条件、社会条件的基础上进行建设资金和生产经营上的核算，并最终以经济效益来论证该项目的生存能力。

（4）评价决策阶段。该阶段主要由项目提出者根据最终可行性分析报告的论证结论做出判断与决策。同时项目提出者还要请给予贷款的银行进行评价，并共同做出最后的“可行”或“不可行”的决定，到此，这个阶段的工作就结束了。

#### 2. 投资时期

这个时期是项目开发建设的实施时期，也是使用投资的高峰时期。它可分为4个阶段：

（1）协商和签订合同阶段。该阶段主要针对有关资金的借贷、原材料的供应、能源供应、劳动力的来源与培训、生产协作和销售等各方面的业务关系进行协商，达成彼此都能接受的条件，并明确互相承担的责任，以文字形式签订合同，使经济责任具有法律效力。

（2）项目设计阶段。这一阶段的工作主要由项目承担部门的系统设计人员在对项目进行技术性系统分析的基础上，提出项目实施的系统设计方案。

(3) 实施阶段。这一阶段的工作是最具体，也是最艰巨的。主要由负责项目建设、安装的部门或单位根据项目的系统设计方案进行具体的施工、安装、调试。

(4) 试运转阶段。任何一个项目的开发建设工作经过实施阶段后，都必须进行三个月到半年的试运行。这一阶段主要由项目使用部门的业务人员对安装、调试后的系统进行日常生产或使用的维护工作，并根据三个月到半年的运行记录，组织有关方面的专家、技术人员、系统分析与设计人员对项目的系统运行进行合格的评价。

**3. 交付运行时期**

项目运行评价合格之后，正式由开发建设单位交付给项目投资使用单位正式投入生产与使用。

### (三) 可行性分析的作用

为了减少和避免决策上的失误所造成的人、财、物等方面不必要的损失，事先必须组织有关部门中有实际工作经验的领导和管理人员，对拟建项目的主要问题从技术、经济和管理3个方面进行全面、深入的调查、分析和比较，对新建项目在管理上需不需要、资源上有没有条件、经济上值不值得的问题进行论证，提出若干个可行方案，并向决策者推荐其中投资少、进度快、效益高的最佳方案。具体而言，可行性分析的作用体现如下：①确定项目实施的依据；②实施项目筹集资金的依据；③与合作单位签订合同的依据；④项目验收的依据。

可行性分析需要解决的主要问题是要明确项目实施的目的，即要解决的问题。无论项目实施的需要是来自于战略层、战术层还是操作层，都应该对项目实施的目的进行研究，以统一认识。在实际中，有些企业由于没有对项目实施的目的达成共识，得不到应有的支持和配合，使得项目不能按计划完成，导致项目实施面临很大的风险，甚至失败的可能。

## 二、 可行性分析的内容

项目实施的可行性需要从技术、经济和管理与社会等方面对目标方案的可行性作进一步分析。

**1. 技术上的可行性**

技术方面的可行性是指根据现有的技术条件，考虑所提出的要求能否达到，项目所涉及的关键技术是否已经成熟，是否还存在重大的技术风险，所需要的物力资源是否具备或能够得到等方面，进行分析与论证。进行技术可行性分析时，要注意以下几方面的问题：

(1) 全面考虑项目实施过程中所涉及的技术问题。项目实施涉及多种方案的开发方法、系统环境、系统目标、系统布局、输入输出等技术，应该客观地分析这些技术在满足项目功能方面的成熟度和现实性。

(2) 尽可能采用成熟的技术。成熟的技术是被多人采用并被反复证明行之有效的技术，因此采用成熟技术一般具有较高的成功率。并且，成熟技术经过长时间、大范围的使用、补充和优化，其精密程度、优化程度、可操作性、经济性都要比新技术好。鉴于以上原因，在项目实施过程中，在可以满足项目实施需要、能够适应项目发展、保证项目成本的条件下，应尽量采用成熟技术。

(3) 慎重引入先进技术。在项目实施的过程中，有时为了解决项目实施的一些特定问题，为了使所开发的项目具有更好的适应性，也需要采用一些先进或前沿的技术。在选用先进技术时，需全面分析所选技术的成熟度。

(4) 考虑具体的系统环境和人员能力。许多技术可能是成熟和可行的，但是项目实施的成员中如果没有人掌握这种技术，那么这种技术对本项目的实施仍然是不可行的。

**2. 经济上的可行性**

经济可行性分析也称投资/效益分析或成本/效益分析，它是分析项目实施所需要的总成本和项目开发成功之后所带来的总收益，然后对总成本和总收益进行比较，当总收益大于总成本时，这个系统才值得开发。经济可行性分析要解决两个问题：费用估计和收益估计。

**3. 管理与社会方面的可行性**

(1) 基础管理的可行性，即现有的管理基础、管理技术、统计手段等能否满足新项目实施的要求。组织项目开发方案的可行性，即合理地组织人、财、物和技术力量并实施的技术可行性。

(2) 社会或者人的因素对系统的影响。例如，由于某些特殊的原因（如体制问题、安全保密问题、制度问题等）不能向项目提供运行所必须的条件。另外，由于项目的实施将会给组织各方面带来很多变化，如工作方式的变化、管理模式的变化，以及人的权利、作用、职责、工作范围的变化等，都会对项目的开发和开发后的运行造成影响。

## 三、可行性分析报告

可行性分析的结果要用可行性分析报告的形式编写出来，内容包括：①系统描述；②项目的目标；③所需资源、预算和期望收益；④对项目可行性的结论。

可行性分析应明确指出下列内容之一：①可以立即开发；②改进原系统；③目前不可行，或者需推迟到某些条件具备以后再进行。可行性分析报告要尽量取得有关管理人员的一致认识，并经过主管领导批准，才可进入系统分析阶段（包括详细调查的阶段）。

**1. 新系统的定界**

新系统的定界是指要确定系统欲覆盖的部门和相关内容。一个系统涉及信息种类多、人员多。所以应该围绕已确定的系统目的，清晰地确定新系统的相关要素和要素之间的关系，即系统的边界。新系统的界定可以以企业的生产和经营为主线，针对系统目的来确定。

**2. 新系统开发的可行性**

对于拟将开发的新系统，在管理、技术和经济上是否可行，是系统开发规划阶段要解决的重要问题之一。

**3. 开发所采用的技术规范**

选择或制定合适的技术规范，以保证开发工作的规范。开发信息系统已有许多技术标准，包括国家标准、行业标准等。由于IT技术的快速发展，因此在确定新系统开发所采用的技术规范时，相应的技术标准需要随时修订。

### 4. 开发的时机和所需要的时间

由于企业运作与管理的忙闲时间不同，因此要选择合适的开发时机。正确估计新系统开发所需要的时间是估算投资总额、与有关单位签订合同的重要依据之一。

### 5. 开发的方式

合适的开发方式要根据拟定的开发目的、企业自身的实际情况及市场来选择。

## 第六节　系统分析案例——纽约市供水网扩建工程的分析

20 世纪 60 年代末，美国纽约市负责全市供水的供水委员会花费了几十万美元拟定了一个扩建供水网的工程设计计划。全部计划预计耗资 10 亿美元，分五个阶段执行，全部竣工后，可满足 40 年后该市人口增加 25% 时的用水需要。该计划遭到了市预算当局的反对，他们认为供水委员会预估的该市人口增长 25%，是与纽约市市区规模保持相对稳定的思想不相符的，因而扩建供水网是多余的，但供水委员会坚持这样的人口增长率是合理的、保守的。在双方相持不下时，请麻省理工学院的系统分析人员对该工程进行系统分析。系统分析人员认为这种临渴掘井的情况对他们开展工作是很不利的，因为当时整个设计已经完成，大动大改肯定会遭到有关部门的反对。

本工程经过系统分析后提出的设计方案较原预算可节约 50%，但是由于有关部门的制约，排除了某些经济上可取的设想。有关部门出于各种考虑，对某些合理性无动于衷。然而，应该认识到，在系统分析中，环境方面的制约，不管社会的、经济的还是物理的，都普遍存在，它们的总效应将影响可节约的资金数目。在本例中，节约额为 1 亿美元，这仅是技术上可节约数目的 2 倍。

### 1. 问题的提出

纽约供水系统扩建的设计问题，是由供水委员会最早提出的。该委员会认为纽约市必须增强全市的供水能力，主要理由：一是今后 40 年，城市居民逐年增加；二是现有的供水系统必须大范围的检修。

纽约市自来水分别由两个部门负责。供水委员会负责供水问题，即负责全市直径 25 cm 以上的主要管道，也称为一级管道；而用户的管道，即 15 cm 以下的管道，由另一市政部门负责。因此，供水委员会的扩建设计方案，自然只局限于一级管道的扩建，而不管这些投资是否是自来水系统中最急需的投资。

### 2. 最初的设计方案

供水委员会的最初设计是增设 80 km 长的直径为 71 cm 的水管。1967 年估算需要投资 10 亿美元，分五个阶段进行。第一阶段投资 3.23 亿美元，主要铺设最大的水管。所有的水管都要在坚硬的岩石中铺设，工程艰巨，投资浩大，是纽约市最大的土木工程项目之一。供水委员会的最初设计方案提出如下的设计规定：

（1）只考虑一个供水网的地理几何布局。

（2）只使用一个评审准则，即第一级网络终端的自来水压力必须达到28 N/cm$^2$。

（3）工程的预计使用年限为40年，即能满足2010年的用水需要。

（4）整个网络只依靠重力把水送到各终端。

这些简单的规定听起来很有道理，没有什么不对之处，但是进一步研究可发现，这些规定武断、任意，因为这些设计指标都没有结合投资和系统的实际效果进行论证评价。麻省理工学院的系统分析师受纽约市的委托，对这个扩建工程进行系统分析，要提出最贴切的评价准则，建立最适合的系统模型，以便能深入探索各种可行方案，选出最优的设计和实施方案。

**3．部门间的相互制约**

设计工作可以看成一门如何处理可能性的艺术。一个好的设计方案，首先必须清楚地意识到它所受到的种种制约和边界条件。设计所受到的制约有些是物理方面的，这些制约由传统工程设计师就可以很好解决，然而有些制约是经济性的、社会性的，则需要由系统分析师来处理。

系统分析工作本身也受到许多制约，首先就是职权的制约。它只能起到咨询的作用，提出一些发人深省的问题，提出解决问题的最优方案。但是在实践过程中，很难实施技术上的最优方案，因为这些方案往往会遭到有关部门的反对，所以最后实施的往往只是一些为各有关部门能接受的折中方案（或满意方案）。

在本例中，系统分析工作是纽约市预算当局要求做的，他们想利用系统分析的结果来推迟审批供水委员会的工程设计计划。但是不论是预算当局，还是系统分析师，如果得不到供水委员会的同意，就无法提出一个完全不同的设计方案，因为供水委员会垄断着工程设计所需的详细数据，并实际上拥有对其他计划的否决权。因此，在这种情况下，系统分析师也只能提出一个折中方案。

另一个制约系统分析工作的因素是该项计划的资金来源是否容易。供水委员会可以采用发行债券的办法，这样比较容易筹集所需资金。但是，也有可能由于某些负责人基于项目之外的其他考虑，使得项目在开始设计时并不进行系统分析，只是一心想搞一个大工程，以便树碑立传。

**4．制定分析步骤**

本项目把整个过程分为五个阶段。

（1）制定目标和评价准则。

（2）制定衡量工程效果的准则和量化指标的程度，从而能够衡量工程达到原定目标的程度。

（3）开发各种类型的方案，并且使用模型和计算机模拟，分别对每一类型方案中的各个方案进行周密的分析。

（4）运用衡量工程效果的准则，评价各个方案的成就。

（5）在对每个方案的各种成就进行评价之后，选出最佳的实施方案。

**5．制定目标**

供水委员会最初为整个工程制定的目标只有一个，即供水网络终端的水压要求达到

28 N/cm²。显然这样衡量整个系统的质量是不充分的，因为城市用水的部门是多样的；1/4的水量是家庭用水，而大部分是工业用水，剩下的少数水量主要用于消防、城市卫生、绿化等。不同用户对供水系统的质量要求也不同。饮用水要求卫生、色味俱佳；工业用水要求保证供水量，并且要求化学腐蚀作用小；消防用水则要求水源可靠，保证随时供应。作为市政当局来说，应该要关心各方面的用户是否都能得到充分满足。

一般的大型工程可有 5 ～10 个目标，但是本系统分析工作还不能做到这一步，理由是某些问题是禁止提出来的，例如禁止提问这个供水系统的水源是否一直是绝对有把握的，尽管因为水源的利用问题与其他州发生了纠纷。系统分析工作的现有水平与资源也有限，目前还未能建立包括供水系统等许多方面的合适的、量化的模型。

最后制定的目标包括如下内容：系统总性能、市区用水的方便程度、供水的可靠性、基建和保持运行的总费用。

**6. 制定衡量效果的准则**

如果以每运行一次的费用来衡量运输系统是否便宜，人们就愿意选用短期的适用系统，而不会选择长期的经济性能较好的系统。因此，衡量效果准则的制定工作不能草率行事。

作为估算，可用供水压力来评价供水系统的性能。由于静压能用来衡量水的能量，所以可以将它转换成速度。从力学观点来说，可以用此来表示供水的质量。系统的总性能即以供水网络中各主要点的压力的平均值乘以加权因子（即每个点上所需水量），具体来说，这个指标有了总性能之后往往还需要有衡量局部效果的准则。有时为了取得所需的总性能，往往需要牺牲某些局部的性能，本例的局部性能就是网络终端的性能。

供水系统的可靠性是指当三个主管道中的一个发生故障必须关闭时，系统的性能将受到什么影响。整个投资是用现时币值表示的，并规定贴现率为每年 5%。

**7. 制订方案**

在寻求一个系统的最优设计方案时，必须广泛地把各种类型的方案都开发出来，然后再对每一类方案进行分析。选择方案的工作必须靠人的智慧、经验和创造力。在选择方案时要舍得花时间，不要草草收场。本例在研究了许多类型方案以后，选定了三类。

（1）关于系统的物理构型，包括管路布局、管道长度、管道直径及基建费用。

（2）关于使用周期的划分，即确定整个供水系统能满足多少年后的用水需求量。

（3）是采用水泵加压还是采用加大水管的办法来改进供水系统的性能。

后两类方案在初始设计阶段没有认识到，但它们对改进设计却能做出很大的贡献。系统分析人员对这三类方案中的各个方案都进行了各种敏感性分析。从管路布局的敏感性分析中可以看出，不同物理构型的能量损失是不同的，因此最有效的结构应是能够有效减少压力损失、提高供水系统性能的方案。

**8. 方案的评审**

麻省理工学院设计了一个综合土木工程系统模型，用它评审一个方案只需几分钟，因此对 250 个方案都进行了评审。评审时进行了“费用—效果”分析，把能满足各自标的设计方案都标在坐标图中，从而形成一个可行设计区，其中最上面的 2 条轨迹表示每种投资水平所能获得的最佳性能，这就是“费用—效果”函数。有了这个函数后就能考虑和选择最优的设计方案，即以最少费用去满足所有目标要求。

它与边际收益递减的经验法则是一致的：当设计成本一再提高时，每增加一次相同的资金，并不能使设计性能获得等量的提高，性能的提高是随着投资的提高而逐步下降的。

使用计算机计算后获得的第一个结果是总投资可以节约30%，其措施是缩小原定的扩建计划，而性能并没有什么重大改变。分析证明，投资大量减少后还能使设计有效。分析同时表明存在着两种构型，并且第二种构型更好。第二种构型是铺设备用水管，它能弥补压力的损失，从而改进了整个系统的性能。对供水系统的可靠性进行探讨后也证实，铺设一定规模的备用水管是必要的，否则全市用水将受到很大威胁，因为现有的水管正在不断损坏。这同时说明供水委员会提出扩建供水系统是完全正确的。

第二类方案是关于使用周期的确定问题。此时采用了标准的分析方法，即在经济规模和贴现率之间进行综合平衡。由于经济规模的原因，设计师往往都想尽量把设施搞大些，以便使单位投资能得到最大的生产能力，但是贴现率又迫使设计师尽量把付款日期往后推。麻省理工学院制定了适用于不同环境的最佳设计用期的确定方法，这个方法是用贴现率、需求增长率和经济规模表示的。

最经济的设计使用期为20～25年，仅为原计划的1/2，从而也证明削减设计规模的正确性。使用期定为20年，并不是说40年的计划分两步走更为经济。分两期的做法比较灵活，中间还允许设计师调整计划。

第三类方案是关于使用水泵加压的方案。分析表明，使用水泵可以进一步减少投资。供水系统的基本作业要求是：设计的最高负荷应高于平均负荷的20%～30%，但高峰用水时间是很短的，本例设计高峰日中的高峰小时的发生概率为0.001，因此，最高负荷能力在99.9%的时间内是无用的。但是长期使用一个小规模的，效率不高的供水系统也是不经济的，因此必须在作业费用和固定投资之间作最佳的平衡。此外，降低原设计的管径可以降低总费用，将管径改为原设计管径的4/5，可节约总投资30%。

如预期的那样，最后选定执行的是一个折中的方案，包括以下主要内容。

（1）供水系统的整个布局沿用了最初的设计方案。

（2）同最初设计一样，没有采用水泵。

（3）工程规模仅为原设计的3/5，水管直径降为原设计的4/5，仅此一项就节约1亿美元，第一期工程的总投资由3.23亿美元降至2.23亿美元。

从这个折中方案可以看出以下问题：

（1）整个系统线路布局没有更改，这是为了照顾供水委员会威信，该委员会为了保持其威望决不会从原定的布局后退一步。然而该委员会认为，为了节约费用，可以对原设计做些更改，但这并不意味着在技术上或工程上出了什么问题。当然，纽约市的预算当局是欢迎削减规模、节约费用的。由此可见，折中后产生的设计方案，其系统的最优化反而并不占主导地位。

（2）本系统分析的任务同其他系统分析一样，只是澄清问题，指出原设计中值得更改之处。系统分析只是提供所需用的意见，最后这些意见能否发挥作用，除取决于系统分析的质量外，还受许多因素的制约和影响。因此，用系统分析后所取得的实际成果来评价系统分析本身的工作价值是不合适的。

## 小　结

系统分析是系统工程中开发、研究、设计、实施、运行等工作的基本问题。可以说，没有全面的系统分析，就不可能有设计良好的系统本身，当然也就不可能有良好的实施和运行。本章介绍了技术经济分析方法、成本效益分析方法、量本利分析方法、可行性分析方法等，这些都是使较为常用的基本方法，在日常的经济管理问题的系统分析中，具有广泛的应用。

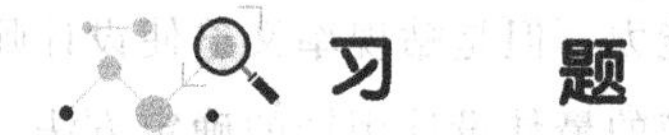

## 习　题

1. 什么是系统分析？它与系统工程之间存在怎样的关系？与系统建模关系如何？
2. 简述系统分析的特点、原则及其基本要素。
3. 简述系统分析的程序。
4. 什么是技术经济分析？技术经济分析的指标有哪些？
5. 简述成本收益分析定义及其基本方法。
6. 某企业每年末从利润中提取20 000元存入银行，留待5年后新建职工俱乐部用，如果银行年利率为6%，该俱乐部投资为多少？
7. 为了5年后得到200 000万元，在年利率为6%的情况下，每年末应等额投入多少现金？
8. 设有贷款200 000元，年利率6%，在第8年末还完，问每年末应等额偿还多少？
9. 在实际的工作中多个盈亏平衡点的问题如何处理？
10. 什么是可行性研究？如何保证其科学性与公正性？

# 第六章 系统综合评价

【学习目标】

- 掌握系统评价的概念，了解系统评价的复杂性。
- 掌握系统综合评价的步骤。
- 掌握层次分析法、模糊综合评判方法的基本原理和工作步骤。
- 学会运用综合评价方法解决实际问题。

系统综合评价是系统工程的主要内容之一，它是根据系统分析的目标，利用最优化的结果和各种资料，对各个备选方案权衡利弊，从中选取技术上先进、经济上合理、现实中可行、良好满意的方案的过程。本章将对系统综合评价的基本概念、特性、指标体系、工作步骤、指标数量化方法、评价指标的几种主要综合方法以及层次分析法、模糊综合评判方法的基本原理和工作步骤等内容进行系统地讲解，为系统分析和系统决策提供方法基础。

## 第一节　系统综合评价的基本原理

系统综合评价是管理工作中复杂又重要的一个环节，尤其对各类重大管理决策是必不可少的，它是决策的直接依据和基础。系统综合评价与系统分析多次交错进行。其目的是对评价对象给出综合性的结论，按照优劣程度排出备选方案的顺序，给出评价结果，供决策者进行决策。

### 一、　系统评价的基本概念

系统评价就是从技术、经济、管理、社会、环境等多种角度出发对系统方案进行全面分析、测定和考察，获取定量和定性的评价结果，为系统决策选择最优方案提供科学依据。

简单地说，系统评价就是全面评定系统的价值。而价值通常指评价主体根据其效用观点对于评价对象满足某种需求的认识。评价主体既有个人的价值观也有社会价值观。由于评价主体所处的立场、观点、环境、目的等不同，对价值评定也就有所不同。而且随着时间的推移，即使对同一评价主体来讲，同一评价对象的价值也有可能发生变化，这就是个人的价值观。另外，由于人类社会过着群体生活，从而有机会经常交流对事物的认识，在价值观念上又会表现出某种程度的共同性和客观性，从而形成社会价值观。如何把个人的价值的价值观和社会价值观合理地统一和协调起来，这就是系统评价的重要任务。

系统评价问题是由评价对象、评价主体、评价目的、评价时期、评价地点及评价方法等要素构成。评价对象是指接受评价的事物、行为或对象系统。如高校教师教学质量评价、公司待开发的项目评价等。评价主体是指对评定对象进行评价的个人或集体。评价主体依据自己的主观价值和社会价值对于某种利益和损失有自己独到的感觉和反应，这种感觉和反应就是效用。效用值与损益值间的对应关系可用效用曲线来描述，如图 6-1 所示。

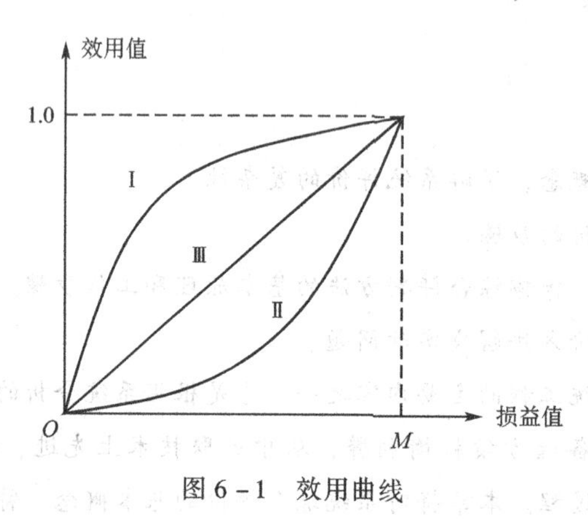


图 6-1　效用曲线

效用值通常值域为 [0, 1]。根据效用曲线将评价主体划分分为三种类型。Ⅰ型曲线属于风险厌恶型主体。主体对利益反应比较迟缓，而对损失的反应则比较敏感，不求大利，但求规避风险。主体一般是一种谨慎小心、避免风险、对损失比较敏感的偏保守型的人；Ⅱ型曲线为风险偏好型主体，主体的个性对损失的反应迟缓，而对利益比较敏感，是一种不怕风险、追求大利的偏进取型的人；Ⅲ型曲线是风险中性型主体，主体极其理性，是一种较少主观感受的“机器人”。经过大量实践证明，效用曲线为Ⅰ型的人占大多数，在现实生活中很少有Ⅲ型效用曲线的人。

效用观点告诉我们评价主体的个性特点和他所处的环境条件是决定系统评价结果的重要因素。评价目的即系统评价所要解决的问题和所能发挥的作用，往往体现在方案期望达到的指标，包括政策指标、技术指标、经济指标、社会指标、进度指标等。评价时期即系统评价在系统开发全过程中所处的阶段。评价地点是指评价的范围或评价的角度。

## 二、 系统评价的复杂性与特性

我们知道，系统评价工作是由特定的人或人群完成的，不同的人和人群认识问题的水平和能力都会影响到评价结果。尤其对于一些复杂系统，系统目标的多样性与系统结构的复杂性，很难找到一致的评价指标来进行系统的评价。另外，系统又是不断变化的，人们的价值观也会随着时间的推移而产生变化，这些都会影响评价结果。

正是因为这些因素，所以系统评价工作是复杂的。系统评价特点主要有以下几点：

**1．评价结果的近似性**

评价是人的一种主观判断活动。进行系统评价的指标有定量指标和定性指标两种。定量指标可以客观得出评价方案的优劣次序。而定性指标带有很强的主观成分，一般和评价专家的个人偏好、经验、知识水平、认识能力密切相关。所以，由于人的主观因素的介入必然会带来评价结果的近似。

**2．评价目标的多样性**

系统工程的问题往往很复杂。大型复杂系统的开发、研制和运用一般都是为了实现多个目标或指标。所以系统方案要用多个不同的属性来描述，不能以一种指标的优劣来做出决定。因此，设计标准体系时要科学合理，设置指标的评分标准要客观、量化、可操作性强。

**3．评价标准的相对性**

随着时间的推移、社会观念的不断变迁，有一些标准会由于技术、经济、社会条件的变动而发生变化。这种相对性是客观存在的。因此，随着时间的变化，应该重新确定评价标准。

## 三、系统评价指标体系

系统评价指标体系是由若干个单项评价指标组成的整体。评价指标体系要完整、科学合理，能为有关人员和部门所接受。以下是评价指标体系通常应该包括的一些大类指标。

**1．政策性指标**

政策性指标反映政府的方针政策、法律法规和发展规划等方面的要求。

**2．技术性指标**

技术性指标是描述系统的各种技术参数的指标，如产品的性能、可靠性、寿命、安全性等。

**3．经济性指标**

经济性指标描述系统经济特征的参数指标，通常有成本、利润和税金、投资额、流动资金占用率、投资回收期、建设周期等。

**4．社会性指标**

社会性指标描述地区综合发展的影响的能力、提供的就业机会、产生的社会福利等。

**5．资源性指标**

资源性指标，如工程项目中的物资、人力、能源、矿产、土地等。

**6．环境指标**

环境指标是反映对生态环境方面影响的指标，如污染、破坏、环境与生物保护等。

**7．时间性指标**

时间性指标，如工程进度、时间节约等。

以上是在一般情况下可能要考虑的大类指标。在具体情况下，可以根据实际需要有所增减。

## 四、系统评价的步骤

系统评价科学有序地进行是保证系统评价成功的关键。系统评价一般要遵循以下步骤：

**1. 明确评价目标及对象**

明确目标就是要明确评价的目的，评价的目的不一样，评价的方法和思路会相差很大。熟悉评价对象就是要深入了解评价对象，收集评价对象的相关资料，调查评价对象构成要素及其相互关系。对评价对象的熟悉程度直接决定了评价的效果。

**2. 确定评价指标体系**

评价指标体系包括所有单项和大类指标。评价指标体系的确立要依据目标的结构、层次、类型、特点，必须与系统需求一致。

**3. 选择合适的评价方法**

评价方法种类繁多，各有利弊。因此应根据评价的目的以及问题特性来选择适合的评价方法。

**4. 对各方案做出整体综合评价**

根据建立的指标体系及评价原则，对大类指标值进行综合，得出方案的总体结论。

## 第二节　指标数量化方法

在系统评价中，不同的评价指标往往具有不同的含义和量纲。对于这些具有不同量纲的指标，通常需要进行无量纲化（归一化）处理，然后才可以使用。常用的系统评价指标数量化方法主要有：排队打分法、专家打分法、体操计分法、两两比较法、古林法等。

**1. 排队打分法**

如果指标因素（例如汽车的时速、油耗，工厂的产值、利润、能耗等）已有明确的数量表示，就可以采用排队打分法。设有 $m$ 种方案，则可采取 $m$ 级记分制：最优者记 $m$ 分，最劣者记 1 分。中间各方案步长可以灵活掌握，既可以等步长记分，如步长为 1 分，也可以不等步长记分。还可以将某一个指标的各方案数据进行排列，再根据数量的分布规划，划分出若干组（小于 10 组），令最大组别的指标得分为 10 分，其次为 9 分，依此类推。

**2. 体操计分法**

体育比赛中许多计分方法也可以用到系统评价工作中来。体操比赛一般请若干个裁判，裁判对表演者各自独立打分。然后舍去最高分和最低分，将剩下的中间的分数取平均，就得到表演者最后的得分数。例如，体操计分法是请 6 位裁判员对表演者打分。满分为 10 分，这样就得到 6 个评分值，然后舍去最高和最低的两个分数，将剩下的四个分数取平均就得到了运动员的最后分数。在系统评价工作中，就可用这种体操计分法得到系统的各评价指标的最后得分。

**3. 专家打分法**

这是一种利用专家经验的感觉评分法。例如，要对多台设备操作性能进行评价，可以请若干专家，即有经验的实际操作者来试车。专家们根据主观感觉和经验，对每台设备按一定的记分制来打分，再将每台设备的得分相加，最后将和数除以操作者的人数，就获得了各台设备的所得分数。设有 5 台设备，聘请 10 位操作者，其操作感受情况按“好”“一般”“差”记录在表 6-1 中，评分结果也列在表中。设“好”为 3 分，“一般”为 2 分，“差”为 1 分。

**表 6－1 设备操作性能评价表**

| 样机<br>操作者 | | 设备Ⅰ | 设备Ⅱ | 设备Ⅲ | 设备Ⅳ | 设备Ⅴ |
|---|---|---|---|---|---|---|
| 1 | | 差 | 一般 | 差 | 好 | 好 |
| 2 | | 好 | 差 | 差 | 差 | 好 |
| 3 | | 好 | 好 | 好 | 一般 | 一般 |
| 4 | | 一般 | 一般 | 好 | 一般 | 好 |
| 5 | | 一般 | 好 | 一般 | 一般 | 好 |
| 6 | | 好 | 差 | 好 | 好 | 一般 |
| 7 | | 一般 | 差 | 一般 | 差 | 一般 |
| 8 | | 一般 | 好 | 一般 | 一般 | 好 |
| 9 | | 一般 | 好 | 一般 | 好 | 差 |
| 10 | | 好 | 一般 | 好 | 差 | 好 |
| 列合计 | 好（$a$） | 4 | 4 | 4 | 3 | 6 |
| | 一般（$b$） | 5 | 3 | 4 | 4 | 3 |
| | 差（$c$） | 1 | 3 | 2 | 3 | 1 |
| 总分<br>（$S=3a+2b+1c$） | | 23 | 21 | 22 | 20 | 25 |
| 平均<br>（$A=S/10$） | | 2.3 | 2.1 | 2.2 | 2.0 | 2.5 |

### 4. 两两比较法

在系统评价中，如果指标的实测数据难以得到，这时可以采用两两比较法。两两比较法可以将评价指标由专家两两比较打分，然后再对每一个指标的得分求和，经过归一化可以得出各个指标的值。打分可以采用 0 ～1 二级打分法、0 ～2 的三等级打分法，也可以采用 0 ～4 五等级打分法或者多比例打分法。

以 0 ～1 二级打分法为例，假定综合评价某企业为提高产品竞争力而制定了三种措施，评价指标有 5 个：废品率的减少，成本降低，加工质量提高，售后服务提高，销售渠道增多。首先对表 6－2 所示的所有评价指标进行两指标间重要程度的判定。判定为更重要的指标给 1 分，相对应的另一个就为不重要的指标给 0 分，把各个评价指标的得分相加，归一化（即所有指标评分的合计值为 1）后即得各指标的权重。

**表 6－2 两两比较法各指标比较示例**

| 评价指标 | 判定 | | | | | | | | | | 得分 | 权值 |
|---|---|---|---|---|---|---|---|---|---|---|---|---|
| | 1 | 2 | 3 | 4 | 5 | 6 | 7 | 8 | 9 | 10 | | |
| 废品率的减少 | 1 | 1 | 1 | 1 | | | | | | | 4 | 0.4 |
| 成本降低 | 0 | | | | 1 | 1 | 1 | | | | 3 | 0.3 |
| 加工质量提高 | | 0 | | | 0 | | | 1 | 1 | | 2 | 0.2 |
| 售后服务提高 | | | 0 | | | 0 | | 0 | | 1 | 1 | 0.1 |
| 销售渠道增多 | | | | 0 | | | 0 | | 0 | 0 | 0 | 0.0 |
| 合计 | 1 | 1 | 1 | 1 | 1 | 1 | 1 | 1 | 1 | 1 | 10 | 1.0 |

按照上述公式打分，通常有一个方案的得分为零，有时为了避免这种情况，可以规定 $a_{ii}=1$。于是，对应表 6－2，可以得到修正表 6－3。进一步还可进行各种归一化处理。

**表 6－3　修正后两两比较法示例表**

| 评价指标 | 判 | | | | | | | 定 | | | | | | | | 得分 | 权值 |
|---|---|---|---|---|---|---|---|---|---|---|---|---|---|---|---|---|---|
| | 1 | 2 | 3 | 4 | 5 | 6 | 7 | 8 | 9 | 10 | 11 | 12 | 13 | 14 | 15 | | |
| 废品率减少 | 1 | 1 | 1 | 1 | | | | | | | 1 | | | | | 5 | 0.33 |
| 成本降低 | 0 | | | | 1 | 1 | 1 | | | | | 1 | | | | 4 | 0.27 |
| 加工质量提高 | | 0 | | | 0 | | | 1 | 1 | | | | 1 | | | 3 | 0.20 |
| 售后服务提高 | | | 0 | | | 0 | | 0 | | 1 | | | | 1 | | 2 | 0.13 |
| 销售渠道增多 | | | | 0 | | | 0 | | 0 | 0 | | | | | 1 | 1 | 0.07 |
| 合计 | 1 | 1 | 1 | 1 | 1 | 1 | 1 | 1 | 1 | 1 | | | | | | 15 | 1.0 |

### 5. 古林法

当指标间的重要性可以用具体的数量表示时，可用古林法来确定指标的权重。首先以指标为基准，在数量上进行重要度的判定（$r_i$栏）。如在表 6－4 中，产品外观是实施费用的 0.5 倍，经济损失是产品外观的 2 倍，受伤人数又是经济损失的 3 倍，进而死亡者人数的价值是受伤者减少的 3 倍。然后对 $r_i$进行基准化。$k_i$ 列中最下面一个 $k_n$ 值设为 1，即按从下而上的顺序乘以 $r_i$的值从而求出 $k_i$。把 $k_i$归一化（使列合计值为 1），即为权 $w_i$。

**表 6－4　评价指标的重要度**

| 评价指标 | $r_i$ | $k_i$ | $w_i$ |
|---|---|---|---|
| 死亡人数 | 3 | 9.0 | 0.62 |
| 受伤人数 | 3 | 3.0 | 0.21 |
| 经济损失 | 2 | 1.0 | 0.07 |
| 产品外观 | 0.5 | 0.5 | 0.03 |
| 实施费用 | / | 1.0 | 0.07 |
| 小计 | | | 1.00 |

## 第三节　评价指标的主要综合方法

将各评价指标数量化，得到各个可行方案的所有评价指标的无量纲的统一得分以后，通过一定的方法对这些指标进行处理，就可以得到每一方案的综合评价值，再根据综合评价值的高低就可以排出方案的优劣顺序。

### 一、加权平均法

假设有 $m$ 个不同对象要评价 $A_1$，$A_2$，…，$A_m$，评价的属性或指标有 $n$ 个，首先对每个属性进行标值，如果第 $i$ 个对象在 $j$ 个属性得分为 $a_{ij}$，根据这些 $a_{ij}$ 可以列成表 6－5 所示的矩阵。

**表 6－5 评价矩阵**

| 方案＼权重＼指标 | $f_1$ | $f_2$ | … | $f_j$ | … | $f_n$ | 综合评价值 $\varphi_i$ |
|---|---|---|---|---|---|---|---|
| | $\omega_1$ | $\omega_2$ | … | $\omega_j$ | … | $\omega_n$ | |
| $A_1$ | $a_{11}$ | $a_{12}$ | … | $a_{1j}$ | … | $a_{1n}$ | |
| $A_2$ | $a_{21}$ | $a_{22}$ | … | $a_{2j}$ | … | $a_{2n}$ | |
| … | … | … | … | … | … | … | |
| $A_m$ | $a_{m1}$ | $a_{m2}$ | … | $a_{mj}$ | … | $a_{mn}$ | |

**1. 加法加权**

设有方案 $A_i$，它的指标因素 $f_j$ 的得分为 $a_{ij}$。则计算 $A_i$ 方案的综合评价值的公式如下：

$$\varphi_i = \sum_{j=1}^{n} \omega_j a_{ij},\ i = 1,2,\cdots,m \qquad (6-1)$$

式中，$\varphi_i$ 为 $A_i$ 方案的综合评价值，$\omega_j$ 为权系数，满足 $0 \leqslant \omega_j \leqslant 1$，$\sum_{j=1}^{n} \omega_j = 1$。

**2. 乘法加权**

计算 $A_i$ 方案的综合评价值的公式如下：

$$\omega_i = \prod_{j=1}^{n} a_{ij}^{\omega_j},\ i = 1,2,\cdots,m \qquad (6-2)$$

式中，$\omega_j$ 为权系数。

例如，某信息系统建设项目有 3 种方案可供选择，共有实施周期、效益、可扩展性、先进性 4 项评价指标。评价指标的专家评分和权系数如表 6－6 所示。

**表 6－6 施工方案选择**

| 指 标 | 实施周期 | 效 益 | 可扩展性 | 先进性 |
|---|---|---|---|---|
| 权 重 | 0.1 | 0.3 | 0.4 | 0.2 |
| 方案 1 | 1 | 2 | 1 | 2 |
| 方案 2 | 2 | 1 | 2 | 3 |
| 方案 3 | 1 | 3 | 3 | 1 |

按加法加权平均法计算各方案的综合评价值，有：

$$B_1 = 0.1 \times 1 + 0.3 \times 2 + 0.4 \times 1 + 0.2 \times 2 = 1.5$$

$$B_2 = 0.1 \times 2 + 0.3 \times 1 + 0.4 \times 2 + 0.2 \times 3 = 1.9$$

$$B_3 = 0.1 \times 1 + 0.3 \times 3 + 0.4 \times 3 + 0.2 \times 1 = 2.4$$

因为 $B_3 > B_2 > B_1$，所以方案 3 最优，方案 1 最差。

采用式（6－2），可以按乘法加权平均法计算出各方案的综合平均值。乘法规则的各个属性具有串行关系，对于得分差的单项属性比较敏感。如果有一项指标的得分为零，该项的综合评价结果就为零，因而该方案将被淘汰。因此，这种方法适合于各项指标尽可能取得较好的水平的情况，这样才能使总的评价值较高。而对于加法规则，各项指标的得分可以线性地互相补偿。即使出现一项指标的得分比较低的情况，若其他指标的得分都比较高，总的评价值仍然比较高。如果某一项指标得到改善，总的评价值就会得到提高。

## 二、功效系数法

设系统有 $n$ 项评价指标 $f_1(x)$，$f_2(x)$，…，$f_n(x)$。现在分别为每个指标定义一个功效系数 $d_i$，$0 \leqslant d_i \leqslant 1$，当第 $i$ 个指标最满意时，$d_i=1$，最不满意时，$d_i=0$。一般地，$d_i=\Phi_i(x)$，对于不同的要求，函数 $\Phi_i(x)$ 有着不同的形式，如图 6-2 所示。当 $f_i$ 越大越好时选用（$a$），$f_i(x)$ 越小越好时选用（$b$），$f_i(x)$ 适中时选用（$c$）；把 $f_i(x)$ 转化为 $d_i$ 后，用一个总的功效系数常用的总功效系数 $D$ 的定义为：

$$D=\sqrt[n]{d_1 d_2 \cdots d_n} \tag{6-3}$$

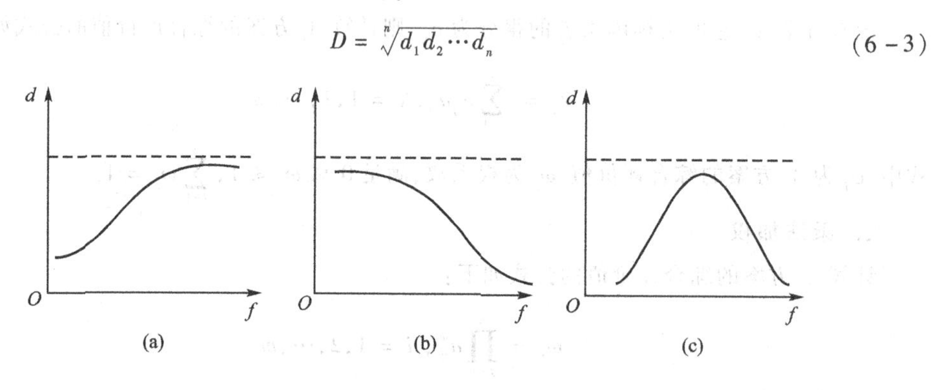


图 6-2　不同形式 $\Phi_i(x)$

# 第四节　层次分析法

20 世纪 70 年代初，美国运筹学家 A. L. Saaty 提出了决策分析及综合评价的方法——层次分析法（Analytic Hierarchy Process，AHP）。这种方法把复杂问题分解为若干个层次，根据经验及现实的判断，定量化给出每个层次的相对重要性，然后求出各方案的优劣次序。层次分析法将定量分析与定性分析结合起来，适用于处理多目标、多层次、多因素的复杂系统问题。

## 一、基本原理

假设有 $n$ 个物品，每个物品的重量分别为 $w_1$，$w_2$，…，$w_n$，$n$ 个物品的总重量为 1，把这些物品两两比较（相除），我们可以得到表示 $n$ 个物品相对重量关系的比较矩阵，这个也称为判断矩阵。$A$ 矩阵排列如下。

$$\boldsymbol{A}=\begin{pmatrix} w_1/w_1 & w_1/w_2 & \cdots & w_1/w_2 \\ w_2/w_1 & w_2/w_2 & \cdots & w_2/w_n \\ \vdots & \vdots & & \vdots \\ w_n/w_1 & w_n/w_2 & \cdots & w_n/w_n \end{pmatrix}=(a_{ij})_{n\times n}$$

可知矩阵 $\boldsymbol{A}$ 中，$a_{ij}=1/a_{ji}$，$a_{ii}=1$，$a_{ij}=\dfrac{a_{ik}}{a_{ik}}$（$i$，$j$，$k=1$，2，…，$n$）

且

$$AW=\begin{pmatrix} w_1/w_1 & w_1/w_2 & \cdots & w_1/w_2 \\ w_2/w_1 & w_2/w_2 & \cdots & w_2/w_n \\ \vdots & \vdots & & \vdots \\ w_n/w_1 & w_n/w_2 & \cdots & w_n/w_n \end{pmatrix}\begin{pmatrix} w_1 \\ w_2 \\ \vdots \\ w_n \end{pmatrix}=\begin{pmatrix} nw_1 \\ nw_2 \\ \vdots \\ nw_n \end{pmatrix}=nW$$

由上式可以看出，由 $n$ 个元素组成的向量 $\boldsymbol{W}$ 是比较判断矩阵 $\boldsymbol{A}$ 对应于 $n$ 的特征向量，它表示 $n$ 个事物在总量和中的权重。所以 $n$ 是 $\boldsymbol{A}$ 的一个特征值，每个物品的重量是 $\boldsymbol{A}$ 对应于特征根 $n$ 的特征向量的各个分量。

因此，如果事先不知道每个物品的重量，我们可以得到判断矩阵，在判断矩阵完全一致性的条件下，可以通过解出特征值来解决这个问题。即：

$$AW=\lambda_{max}W$$

式中，$\lambda_{max}$ 为 $\boldsymbol{A}$ 矩阵的最大特征值。求出正规化特征向量，这样就得到 $n$ 个物品的相对重量。

## 二、 层次分析法的基本步骤

### 1. 明确问题，建立层次递阶的结构模型

首先将系统按照问题性质及隶属关系分为由高到低的若干层次，递阶层次结构的最高层称为目标层，这一层只有一个元素，即问题的目标。中间层称为准则层，包含为了实现目标所采用的措施、准则等。最底层称为方案层，即是为实现目标可供选择的方案。

对于一般的系统评价及决策问题，通常可将其划分为图 6－3 所示的结构模型。

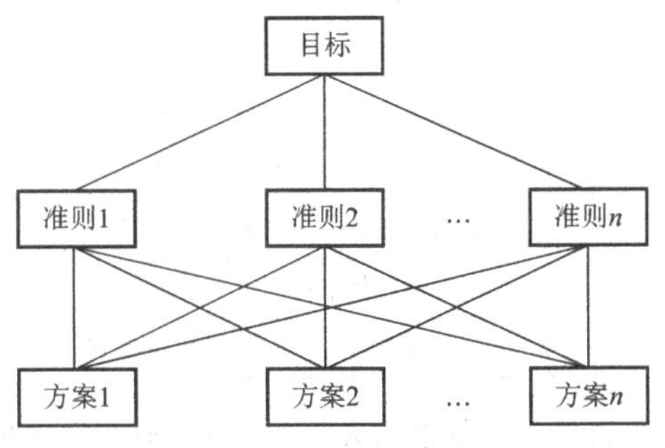


图 6－3　层次结构模型

例如，分析三种产品的投资效果，目标层为投资效果，三个投资产品要求风险程度低、资金利用率高、变现程度容易，这是准则层。现有电子产品、化妆品、服装用品三种投资类型方案可供选择，这是方案层，如图 6－4 所示。

### 2. 构造比较判断矩阵

建立层次模型以后，在同一层次各因素上，针对上一层次的某因素两两进行相对重要性比较，看它们对上一层次某个因素的相对重要程度。这样得到判断矩阵。

例如，假定上一层次某个元素（如 $B_1$）与本层次中因素 $P_1$、$P_2$、…、$P_n$ 有联系，对本层次元素 $P_1$、$P_2$、…、$P_n$ 进行两两比较，得相对的重要性系数 $b_{ij}$，从而构成一个矩阵 $\boldsymbol{B}$，如下所示。

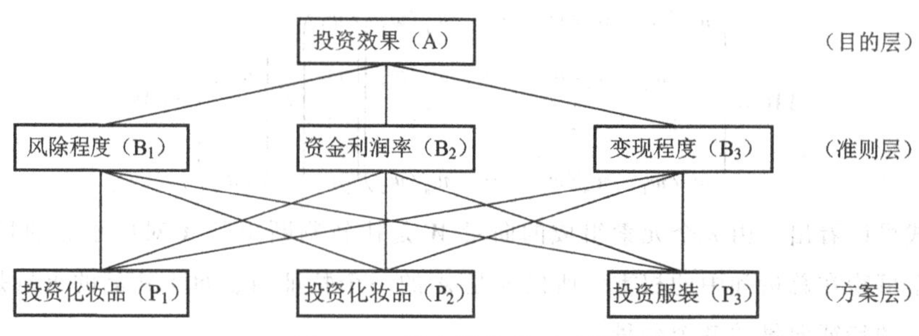


图 6－4　层次结构模型示例图

$$B_{B_i-P}=\begin{pmatrix} b_{11} & b_{12} & \cdots & b_{1n} \\ b_{21} & b_{22} & \cdots & b_{2n} \\ & & \cdots & \\ b_{n1} & b_{n2} & \cdots & b_{nn} \end{pmatrix}$$

判断矩阵元素的值反映了各因素相对重要程度。科学实践表明，1 ～9 的比例标度能够完全区分引起人们感觉差别的事物的各种属性，因此采用 1 ～9 及其倒数的标度方法，如表 6－7所示。

**表 6－7　要素比较重要程度的标度**

| 相对重要性数值 | 含　　义 |
|---|---|
| 1 | 两个元素同等重要 |
| 3 | 一个元素比另一个元素稍为重要 |
| 5 | 一个元素比另一个元素明显重要 |
| 7 | 一个元素比另一个元素重要得多 |
| 9 | 一个元素比另一个元素极度重要 |
| 2，4，6，8 | 上述相邻判断中值 |
| 倒数 | 若一个因素与另一个因素比较得到数值，则另一个为它的倒数 |

例如，针对上面所举的例子，可以根据表 6－7，得到以下判断矩阵：

$$B_{B_1-P}=\begin{pmatrix} 1 & 1/3 & 3 \\ 3 & 1 & 8 \\ 1/3 & 1/8 & 1 \end{pmatrix} \qquad B_{B_2-P}=\begin{pmatrix} 1 & 2 & 1/2 \\ 1/2 & 1 & 1/3 \\ 2 & 3 & 1 \end{pmatrix}$$

$$B_{B_3-P}=\begin{pmatrix} 1 & 1 & 1/3 \\ 1 & 1 & 1/4 \\ 3 & 4 & 1 \end{pmatrix} \qquad B_{A-B}=\begin{pmatrix} 1 & 5 & 3 \\ 1/5 & 1 & 1/3 \\ 1/3 & 3 & 1 \end{pmatrix}$$

### 3. 层次单排序及一致性检验

层次单排序就是根据所得到的判断矩阵，计算本层次与之有联系的上一层元素的重要性次序的权值。层次单排序是本层次所有因素相对上一层次而言的重要性进行排序的基础。层次单排序可以通过构造判断矩阵，并计算其最大特征值和特征向量的方法来完成。

通常有两种方法来计算判断矩阵的特征根和特征向量。

1）方根法

首先计算判断矩阵每行所有元素乘积的 $n$ 次方根：

$$\overline{w}_i = \sqrt[n]{\prod_{j=1}^{n} b_{ij}} \quad i = 1,2,\cdots,n \tag{6-4}$$

然后将其归一化，即：

$$W_i = \frac{\overline{w}_i}{\sum_{j=1}^{n} \overline{w}_i} \quad i = 1,2,\cdots,n$$

从而得到：

$$W = (w_1, w_2, \cdots, w_n)^T$$

$W$ 就是各因素的相对权重。再计算判断矩阵的最大特征值 $\lambda_{\max}$：

$$\lambda_{\max} = \frac{1}{n}\sum_{i=1}^{n} \frac{(BW)_i}{(W_i)} \tag{6-5}$$

例如，对 $\boldsymbol{B}_{B_1-P}$ 进行计算，有：

$$\boldsymbol{BW} = \begin{pmatrix} 1 & 1/3 & 3 \\ 3 & 1 & 8 \\ 1/3 & 1/8 & 1 \end{pmatrix}\begin{pmatrix} 0.236\,3 \\ 0.681\,7 \\ 0.081\,9 \end{pmatrix} = \begin{pmatrix} 0.709\,2 \\ 2.045\,8 \\ 0.245\,9 \end{pmatrix}$$

$$\lambda_{\max} = \frac{1}{3}\left(\frac{0.709\,2}{0.236\,3} + \frac{2.045\,8}{0.681\,7} + \frac{0.245\,9}{0.081\,9}\right) = 3.00\,15$$

2）求和法

首先将判断矩阵的每一列元素正规化，即使列的和为 1，其元素的一般项为：

$$\overline{b}_{ij} = \frac{b_{ij}}{\sum_{i=1}^{n} b_{ij}} \quad i,j = 1,2,\cdots,n$$

然后按照行进行求和，式子如下：

$$\overline{W}_i = \sum_{i=1}^{n} \overline{b}_{ij} \quad i = 1,2,\cdots,n$$

对 $\overline{W}_i$ 归一化，则得 $W_i$。再根据式（6－5）计算出最大特征值 $\lambda_{\max}$。

下面讨论一致性检验。设有矩阵：

$$\boldsymbol{A} = \begin{pmatrix} a_{11} & a_{12} & \cdots & a_{1n} \\ a_{21} & a_{22} & \cdots & a_{2n} \\ & & \cdots & \\ a_{n1} & a_{n2} & \cdots & a_{nn} \end{pmatrix}$$

根据矩阵原理，$a_{ij}$为矩阵 $\boldsymbol{A}$ 的元素：如果当 $i=j$ 时，$a_{ij}=1$，则矩阵 $\boldsymbol{A}$ 具有自反性，如果 $a_{ij}=1/a_{ij}$，则矩阵 $\boldsymbol{A}$ 有对称性；如果 $a_{ij}=a_{ik}/a_{jk}$，则矩阵 $\boldsymbol{A}$ 具有传递性。当 $\boldsymbol{A}$ 满足自反性、对称性、传递性时，则称矩阵 $\boldsymbol{A}$ 具有完全一致性。当判断矩阵不满足一致性时，其特征值也会发生变化。判断矩阵一般由决策者主观选定，一致性的要求不一定满足。为了避免判断矩阵出现矛盾情况，所以需要进行一致性检验。因此，引入一致性检验指标来检验主观判断的一致程度。公式如下：

$$CI=\frac{\lambda_{max}-n}{n-1} \tag{6-6}$$

式中，$\lambda_{max}$为判断矩阵$\boldsymbol{B}$的最大特征值，$n$为判断矩阵的维数。显然，CI越小（接近于0），判断矩阵的一致性越好。当判断矩阵$\boldsymbol{B}$完全一致时，$\lambda_{max}=n$，即CI=0。

判断矩阵的维数越大，需要比较的要素越多，主观判断出现的误差越大，造成判断不一致的可能性增大，一致性越差。为度量不同维数的判断矩阵是否具有满意的一致性，引入判断矩阵平均随机性指标RI值，如表6－8所示。

**表6－8　平均随机一致性指标**

| 阶数 | 1 | 2 | 3 | 4 | 5 | 6 | 7 | 8 | 9 |
|---|---|---|---|---|---|---|---|---|---|
| RI | 0.00 | 0.00 | 0.58 | 0.90 | 1.12 | 1.24 | 1.32 | 1.41 | 1.45 |

当$n$大于等于3时，定义随机性比值CR：

$$CR=\frac{CI}{RI}$$

当CR<0.10时，我们认为判断矩阵具有满意的一致性，否则需要调整判断矩阵，直至达到要求为止。

例如，对$\boldsymbol{B}_{B_1-P}$进行检验，有：

$$CI=\frac{\lambda_{max}}{n-1}=\frac{3.0015-3}{3-1}=0.000754$$

$$CR=\frac{CI}{RI}=\frac{0.00075}{0.58}=0.0013<0.1$$

同理，检验$\boldsymbol{B}_{B_2-P}$、$\boldsymbol{B}_{B_3-P}$、$\boldsymbol{B}_{A-B}$，均符合要求。

**4. 层次总排序**

利用层次单排序的结果，就可以求出对更上一层的重要性程度，这就是层次总排序。完成层次总排序就得到了方案层对目标层的重要（优劣）程度。

总排序从上至下进行。具体方法如表6－9所示。假如上一层元素$A_1$、$A_2$、…、$A_n$的层次总排序已经完成，得到的权值分别是$a_1$、$a_2$、…$a_m$。与$A$层次相对应的$B$层次元素$B_1$、$B_2$、…、$B_n$，单排序结果为（$b_1^i$，$b_2^i$，…，$b_n^i$，$i=1, 2, \cdots, n$）。则可按表6－9中的公式计算出总排序，总排序数值最大的那个方案就是最优方案。

**表6－9　层次总排序**

| 层次$A$ | $A_1$　$A_2$　…　$A_m$<br>$a_1$　$a_2$　…　$a_m$ | $B$层次总排序 |
|---|---|---|
| $B_1$ | $b_1^1$　$b_1^2$　…　$b_1^m$ | $\sum_{i=1}^{m} a_i b_1^i$ |

续表

| 层次 A | $A_1$ $A_2$ … $A_m$<br>$a_1$ $a_2$ … $a_m$ | B 层次总排序 |
|---|---|---|
| $B_2$<br>…<br>$B_n$ | $b_2^1$ $b_2^2$ … $b_2^m$<br>… … … …<br>$b_n^1$ $b_n^2$ … $b_n^m$ | $\sum_{i=1}^{m} a_i b_2^i$<br>…<br>$\sum_{i=1}^{m} a_i b_n^i$ |

表 6－10 所示为投资方案选择总排序结果。从表中可以看出，应取投资化妆品方案，该方案总排序值最大，数值为 0.494 2。

**表 6－10　投资方案选择排序**

| 层次 B | $B_1$ | $B_2$ | $B_3$ | 总排序结果 | 方案排序 |
|---|---|---|---|---|---|
| 层次 P | 0.6369 | 0.1049 | 0.2582 | | |
| $P_1$ | 0.2363 | 0.2857 | 0.1919 | 0.2300 | 3 |
| $P_2$ | 0.6817 | 0.1429 | 0.1744 | 0.4942 | 1 |
| $P_3$ | 0.0819 | 0.5714 | 0.6337 | 0.2757 | 2 |

## 三、 案例分析

某工厂在超额完成任务后，有一笔留成利润，现决定如何使用，以促进生产。汇总意见后，提出五种方案：作为奖金发给职工，建托儿所，开办职工培训学校，建图书馆，引进新型设备。决策主要考虑是否调动了职工积极性、是否提高了职工的技术水平、是否改善了职工的物质文化生活状况三个方面。请选择最佳方案。

解：

(1) 明确问题，建立层次结构模型，如图 6－5 所示。

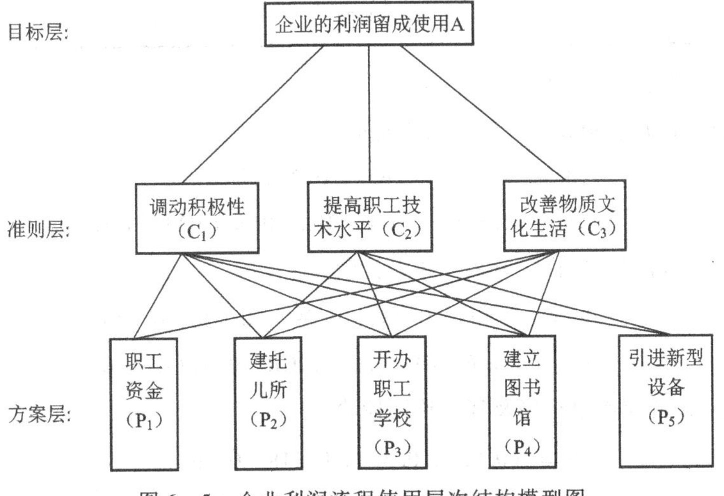


图 6－5　企业利润流程使用层次结构模型图

（2）构造判断矩阵。

第二层相对于第一层的判断矩阵如表 6-11 所示。

**表 6-11 判断矩阵 $A-C$**

| A | $C_1$ | $C_2$ | $C_3$ |
|---|---|---|---|
| $C_1$ | 1 | 1/5 | 1/3 |
| $C_2$ | 5 | 1 | 3 |
| $C_3$ | 3 | 1/3 | 1 |

第二层相对于第二层的判断矩阵如表 6-12 ～表 6-14 所示。

**表 6-12 判断矩阵 $C_1-P$**

| $C_1$ | $P_1$ | $P_2$ | $P_3$ | $P_4$ | $P_5$ |
|---|---|---|---|---|---|
| $P_1$ | 1 | 2 | 3 | 4 | 7 |
| $P_2$ | 1/2 | 1 | 3 | 2 | 5 |
| $P_3$ | 1/3 | 1/3 | 1 | 1/2 | 1 |
| $P_4$ | 1/4 | 1/2 | 2 | 1 | 3 |
| $P_5$ | 1/7 | 1/5 | 1 | 1/3 | 1 |

**表 6-13 判断矩阵 $C$**

| $C_2$ | $P_2$ | $P_3$ | $P_4$ | $P_5$ |
|---|---|---|---|---|
| $P_2$ | 1 | 1/7 | 1/3 | 1/5 |
| $P_3$ | 7 | 1 | 5 | 2 |
| $P_4$ | 3 | 1/5 | 1 | 1/3 |
| $P_5$ | 5 | 1/2 | 3 | 1 |

**表 6-14 判断矩阵 $C_3-P$**

| $C_3$ | $P_1$ | $P_2$ | $P_3$ | $P_4$ |
|---|---|---|---|---|
| $P_1$ | 1 | 1 | 3 | 3 |
| $P_2$ | 1 | 1 | 3 | 3 |
| $P_3$ | 1/3 | 1/3 | 1 | 1 |
| $P_4$ | 1/3 | 1/3 | 1 | 1 |

（3）层次单排序及其一致性检验。

***A-C*** 判断矩阵层次单排序及其一致性检验。

$$W=(0.105, 0.637, 0.258)^T$$

$$\lambda_{max}=3.308, CI=0.019, CR=0.033<0.10$$

$C_1-P$ 判断矩阵层次单排序及其一致性检验。

$$W=(0.491, 0.232, 0.092, 0.138, 0.046)^T$$

$$\lambda_{max}=5.126, CI=0.032, CR=0.028<0.10$$

$C_2-P$ 判断矩阵层次单排序及其一致性检验。

$$W=(0.055, 0.564, 0.118, 0.265)^T$$

$$\lambda_{max}=4.117, CI=0.039, CR=0.042<0.10$$

$C_3-P$ 判断矩阵层次单排序及其一致性检验。

$$W=(0.406,\ 0.406,\ 0.094,\ 0.094)^T$$

$$\lambda_{max}=4,\ CI=0.019,\ CR=0.0<0.10$$

（4）层次总排序。层次总排序结果如表6-15所示。

**表6-15 层次总排序结果**

| 准则 / 方案 | $C_1$ | $C_2$ | $C_3$ | 总权重 |
|---|---|---|---|---|
| | 0.105 | 0.637 | 0.258 | |
| $P_1$ | 0.491 | 0 | 0.406 | 0.157 |
| $P_2$ | 0.232 | 0.055 | 0.406 | 0.164 |
| $P_3$ | 0.092 | 0.564 | 0.094 | 0.393 |
| $P_4$ | 0.138 | 0.118 | 0.094 | 0.113 |
| $P_5$ | 0.046 | 0.265 | 0 | 0.172 |

从准则层的排序看出，办职工技校的权重（0.393）>引进新设备（0.172）>建托儿所（0.164）>职工奖金（0.157）>建图书馆（0.113）。由于决策者比较注重提高企业职工的技术文化水平，从这个因素考虑，开办职工学校是最佳方案。

## 第五节 模糊综合评判

在现实世界中，人们对某些问题进行评价时经常会使用许多含糊的概念，例如，评价一个人的年龄，会用到“年轻人”、“少年”或“老年人”，不了解的话只能用这个模糊的概念表达。但在管理中，我们需要把这些定性问题定量化，这样模糊综合评价方法就诞生了。模糊综合评判方法是20世纪60年代美国科学家扎德教授创立的。模糊综合评判是以模糊数学为基础，应用模糊关系合成的原理，将一些边界不清、不易定量的因素定量化来进行综合评价的一个方法。它是模糊数学在自然科学领域和社会科学领域中应用最多的重要方法，是对多种因素影响的事物做出全面评判的非常有效的多因素决策方法。

模糊综合评判是指针对受多种因素影响的事物或系统，当评价因素具有模糊性时所用到的综合评价方法，这样的评价我们就称为模糊综合评价。

### 一、基本原理

#### （一）模糊子集与隶属度

在集合论中，一个元素 $x$ 和一个集合 $R$ 的关系只能是属于或者不属于。扎德教授提出用隶属函数 $\mu_{\tilde{A}}(x)\in[0,1]$ 来描述模糊集，表示集合中元素对模糊子集 $\tilde{A}$ 的隶属程度。对于一般模糊子集 $\tilde{A}$，可表示为：

$$\tilde{A}=\{\mu_1,\ \mu_2,\ \cdots,\ \mu_n\}$$

式中：$\mu_i\in[0,\ 1]$，$(i=1,\ 2,\ \cdots,\ n)$ 是第 $i$ 个元素对模糊子集 $\tilde{A}$ 的隶属度。

设 $U=\{u_1,\ u_2,\ \cdots,\ u_n\}$ 为 $n$ 种因素（或指标），$V=\{v_1,\ v_2,\ \cdots,\ v_m\}$ 为 $m$ 种评判（或等级），它们的元素个数和名称可根据实际问题的需要而设置。由于各种因素所处地位不同，作用也不一样，可用权重 $A=\{a_1,\ a_2,\ \cdots,\ a_n\}$ （$\sum_{i=1}^{n}a_i=1$）来描述。

对每个因素的评判，实际上是作一个模糊映射：

$$\underset{\sim}{f}:\ U\mapsto\tau(V),\ x_i\mapsto(r_{i1},\ r_{i2},\ \cdots,\ r_{im})=\underset{\sim}{f}(x_i)$$

显然 $\underset{\sim}{f}(x_i)$是 $V$ 上的一个模糊子集。

例如，设论域 = {甲、乙、丙}，甲、乙、丙为三个不同的产品，评语为“质量好”。选取 [0，1] 区间的数来表示甲、乙、丙“质量好”的程度，$\mu_{\tilde{A}}$(甲) = 0.81，$\mu_{\tilde{A}}$(乙) = 0.82，$\mu_{\tilde{A}}$(丙) = 0.95，这样就确定了一个模糊子集 $\tilde{A}=\{0.81,\ 0.82,\ 0.95\}$，表示出这 3 个产品“质量好”的隶属程度。

### （二）模糊关系的合成

一般地，设给定集合 $X$、$Y$，并设 $R$ 是 $X\times Y$ 上的普通关系，亦即 $X\times Y$ 上的一个子集，再设另有集合 $Z$，$S$ 是 $Y\times Z$ 上的普通关系，则 $R$ 和 $S$ 的合成关系表示为：

$$Q=R\circ S$$

此处 $A\circ R$ 中的“∘”表示合成运算，对于普通矩阵的乘法，我们设 $\boldsymbol{A}$、$\boldsymbol{B}$ 矩阵如下：

$$\boldsymbol{A}=(a_{ij})_{\text{mxn}}\quad \boldsymbol{B}=(b_{ij})_{\text{nxp}}$$

因 $\boldsymbol{A}$ 的列数等于 $\boldsymbol{B}$ 的行数，故可相乘，得：

$$\boldsymbol{C}=\boldsymbol{A}\cdot\boldsymbol{B}=(c_{ij})_{\text{mxp}}$$

其中：
$$c_{ij}=\sum_{k=1}^{n}a_{ik}b_{kj},\ i=1,\ 2,\ \cdots,\ m;\ j=1,\ 2,\ \cdots p \tag{6-7}$$

模糊关系矩阵合成其法则与上类似，一般可以采用如下两种算法：

**1. M（∧，∨）算法**

本算法常用在所统计的模糊矩阵中的数据相差很悬殊的情形，可以防止个别奇异数据的干扰。算法实质只需把式（6-7）中的普通乘法换为最小运算“∧”，把普通加法和换为最大运算“∨”。

$$c_{ij}=\bigvee_{k=1}^{n}(a_{ij}\wedge k_{ij}),\ i=1,\ 2,\ \cdots,\ m;\ j=1,\ 2,\ \cdots,\ p$$

请看以下例子。

设

$$\boldsymbol{A}=\begin{pmatrix}0.3 & 0.7 & 0.2\\ 1 & 0 & 0.4\\ 0 & 0.5 & 1\\ 0.6 & 0.7 & 0.8\end{pmatrix}_{4\times 3}\qquad \boldsymbol{B}=\begin{pmatrix}0.1 & 0.9\\ 0.9 & 0.1\\ 0.6 & 0.4\end{pmatrix}_{3\times 2}$$

按照合成运算法则，可得：

$$C = A \circ B = \begin{pmatrix} 0.7 & 0.3 \\ 0.4 & 0.9 \\ 0.6 & 0.4 \\ 0.7 & 0.6 \end{pmatrix}_{4\times 2}$$

例如其中：

$$\begin{aligned} c_{11} &= (a_{11} \wedge b_{11}) \vee (a_{12} \wedge b_{21}) \vee (a_{13} \wedge b_{31}) \\ &= (0.3 \wedge 0.1) \vee (0.7 \wedge 0.9) \vee (0.2 \wedge 0.6) \\ &= 0.1 \vee 0.7 \vee 0.2 \\ &= 0.7 \end{aligned}$$

$$\begin{aligned} c_{12} &= (a_{11} \wedge b_{12}) \vee (a_{12} \wedge b_{22}) \vee (a_{13} \wedge b_{32}) \\ &= (0.3 \wedge 0.9) \vee (0.7 \wedge 0.1) \vee (0.2 \wedge 0.4) \\ &= 0.3 \vee 0.1 \vee 0.2 \\ &= 0.3 \end{aligned}$$

其余依次类推。

**2. M（•，+）算法**

本算法常用在因素集很多的情形，可以避免信息丢失。算法公式如下：

$$c_{ij} = \min\{1, \sum_{k=1}^{n} a_{ik} \cdot b_{jk}, i = 1,2,\cdots,m; j = 1,2,\cdots,p$$

例如，设：

$$A = \begin{pmatrix} 0.5 & 0.3 \\ 0.4 & 0.8 \end{pmatrix} \qquad B = \begin{pmatrix} 0.8 & 0.5 \\ 0.3 & 0.7 \end{pmatrix}$$

则按本算法有：

$$A \circ B = \begin{bmatrix} \min(1, 0.5\times 0.8 + 0.3\times 0.3) & \min(1, 0.5\times 0.5 + 0.3\times 0.7) \\ \min(1, 0.4\times 0.8 + 0.8\times 0.3) & \min(1, 0.4\times 0.5 + 0.8\times 0.7) \end{bmatrix}$$

$$= \begin{bmatrix} 0.4 + 0.09 & 0.025 + 0.21 \\ 0.32 + 0.24 & 0.20 + 0.56 \end{bmatrix} = \begin{bmatrix} 0.49 & 0.46 \\ 0.56 & 0.76 \end{bmatrix}$$

## 二、 模糊综合评价步骤

模糊综合评判，就是针对具有模糊性因素的对象进行评价。具体步骤如下：

（1）设置因素集 $U = \{u_1, u_2, \cdots, u_n\}$：确定对目标进行评价产生影响的所需因素。

举例说明：有一个商业策略问题，评价某种服装的优劣。因为服装的评价涉及多个因素，因此，设置因素集 $U = \{u_1, u_2, u_3, u_4\}$，其中 $u_1$：花色；$u_2$：款式；$u_3$：耐穿程度；$u_4$：价格。

（2）设置评判集 $V = \{v_1, v_2, \cdots, v_m\}$：确定对每个因素都统一的评价标准。

对于上例，服装评判（评价）划分为四个等级，设置评判集 $V = \{v_1, v_2, \cdots, v_m\}$，其中 $v_1$：很欢迎；$v_2$：较欢迎；$v_3$：不太欢迎；$v_4$：不欢迎。评价集亦称为评语集。

(3) 作单因素评判(作模糊映射):

$\underset{\sim}{f}: U \mapsto \tau(V),\ x_i \mapsto (r_{i1}, r_{i2}, \cdots, r_{im}) \in \tau(V),\ i=1, 2, \cdots, n$

以 $(r_{i1}, r_{i2}, \cdots, r_{im})$ $(i=1, 2, \cdots, n)$ 为行构成矩阵:

$$\boldsymbol{R}=\begin{pmatrix} r_{11} & r_{12} & \cdots & r_{1m} \\ r_{21} & r_{22} & \cdots & r_{2m} \\ \vdots & \vdots & & \vdots \\ r_{n1} & r_{n2} & \cdots & r_{nm} \end{pmatrix}$$

叫作单因素判断矩阵。并称(U, V, R)构成一个模糊综合评判(评价)决策模型,U, V, R是此模型的三个要素。

对于上例,我们请若干专业人员与顾客对于某种服装就因素 $u_1$(花色)进行表态,结果如下:有20%的人表示很欢迎,50%的人表示较欢迎,20%的人不太欢迎,10%的人不欢迎,便可得对花色 $u_1$ 的评价结果:

$$u_1 \mapsto (0.2, 0.5, 0.2, 0.1)$$

这里对单因素 $u_1$ 所做的评价,实际上是一个模糊映射,它把 $u_1$ 映射为 $V$ 的模糊集 $\underset{\sim}{f}(u_1) = (0.2, 0.5, 0.2, 0.1)$。

类似地对其他因素进行单因素评判(评价),得到一个 $U$ 到 $V$ 的模糊映射:

$$\underset{\sim}{f}: U \mapsto \tau(V)$$

$$u_1 \mapsto (0.2, 0.5, 0.2, 0.1)$$

$$u_2 \mapsto (0.7, 0.2, 0.1, 0)$$

$$u_3 \mapsto (0, 0.4, 0.5, 0.1)$$

$$u_4 \mapsto (0.2, 0.3, 0.5, 0)$$

由上述单因素评判(评价),可得单因素评判(评价)矩阵:

$$\boldsymbol{R}=\begin{bmatrix} 0.2 & 0.5 & 0.2 & 0.1 \\ 0.7 & 0.2 & 0.1 & 0 \\ 0 & 0.4 & 0.5 & 0.1 \\ 0.2 & 0.3 & 0.5 & 0 \end{bmatrix}$$

(4) 确定各因素对综合评价的权重。

为了说明因素集 $U=\{u_1, u_2, \cdots, u_n\}$ 中各个因素对最终目标的不同重要程度,需设置权重 $A=(a_1, a_2, \cdots, a_n)$。确定权重可以利用层次分析法(AHP)等方法。

针对上例,现设有这样一类顾客,他们对各因素所持权重为:

$$A = (0.4, 0.35, 0.15, 0.1)$$

这表明,这类顾客比较看重服装的花色($u_1$)与款式($u_2$)。

(5) 完成综合评判(评价)。

将权重 $A$ 与单因素评判(评价)矩阵进行合成计算,得到最终的综合评价结果:

$$(a_1, a_2, \cdots, a_n) \circ \begin{bmatrix} r_{11} & r_{12} & \cdots & r_{1m} \\ r_{21} & r_{22} & \cdots & r_{2m} \\ \vdots & \vdots & & \vdots \\ r_{n1} & r_{n2} & \cdots & r_{mm} \end{bmatrix} = (b_1, b_2, \cdots, b_m)$$

可得目标层 $A$ 综合评判（评价）结果：

$$\underset{1\times n}{A} \circ \underset{n\times m}{R} = \underset{1\times m}{B} = (b_1, b_2, \cdots, b_m)$$

$\underset{\sim}{B}$ 是 $V$ 上的一个模糊子集，通过对 $b_1$，$b_2$，…，$b_m$ 值的分析，得到对目标的最终评语。

针对上例，我们用模型 $M$（∧，∨）计算，可得这类顾客对服装的综合评判（评价）为：

$$\underset{\sim}{B} = A \circ R = (0.35, 0.4, 0.2, 0.1)$$

由于综合评判（评价）$\underset{\sim}{B}$ 中的第二个等级隶属度最大，这表明：顾客比较欢迎这种服装。

如果需要的话，还可以对 $\underset{\sim}{B}$ 进行归一化处理，即化为百分数，得：

$$\underset{\sim}{B}' = \left(\frac{0.35}{1.05}, \frac{0.4}{1.05}, \frac{0.2}{1.05}, \frac{0.1}{1.05}\right) = (0.33, 0.38, 0.19, 0.1)$$

此处 $1.05 = 0.35 + 0.4 + 0.2 + 0.1$。

这个结果比较全面地反映了顾客对此种服装的评价，即33%顾客很欢迎，38%顾客比较欢迎，19%顾客不太欢迎，10%顾客不欢迎。

## 三、基于层次分析法的模糊综合评判方法应用

**1．明确问题**

住宅小区可以看作是一个复杂的生态—经济—社会系统，要对这类复杂系统进行研究，一种有效的方法就是从定性到定量的综合集成。对系统进行定量研究，首先就是要建立起一套能把系统要素进行量化的指标体系。通过建立一系列指标体系，才能用先进的研究方法和手段对其生态价值进行监测、评价。根据住宅小区的特点，将住宅小区评价指标体系分为小区规划、交通组织、建筑布局、环境绿化、建筑节能、声环境六个指标。

**2．确定因素集**

住宅小区价值评估因素为 U = {小区规划，交通组织，建筑布局，环境绿化，建筑节能，声环境}。

**3．建立评语集**

评语集分四个等级，表示为评语集（评价标准）= {优，良，及格，差}。

**4．确定准则层相对于目标层的重要性**

根据以上分析，建立层次结构模型，如图 6－6 所示。

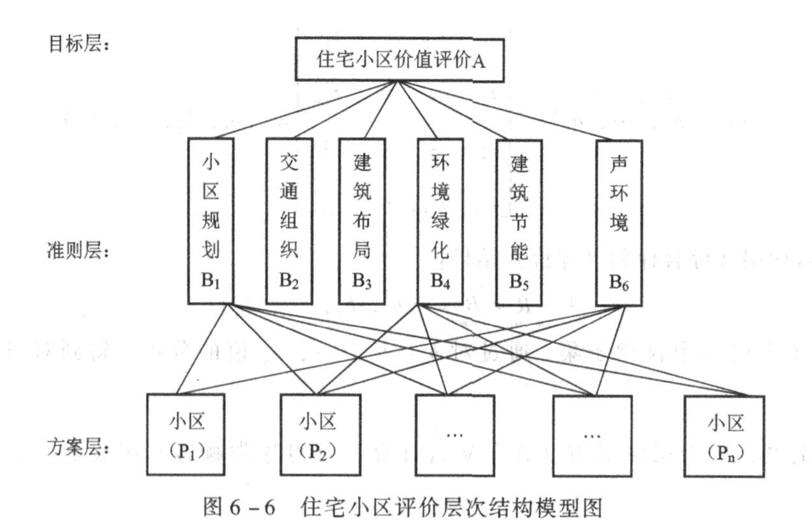


图 6－6 住宅小区评价层次结构模型图

这里，我们利用层次方法获得准则层相对于目标层的权重。已知 6 项因素：$B_1 \sim B_6$ 对评判目标 A 的相互关系如表 6－16 所示，此处将元素间的相互关系选用 1 ～9 和$\frac{1}{9} \sim \frac{1}{2}$中的数表示。

**表 6－16 准则层相对于目标层评价矩阵**

| | $B_1$ | $B_2$ | $B_3$ | $B_4$ | $B_5$ | $B_6$ |
|---|---|---|---|---|---|---|
| $B_1$ | 1 | 3 | 6 | 4 | 1/2 | 5 |
| $B_2$ | 1/3 | 1 | 7 | 4 | 1/5 | 6 |
| $B_3$ | 1/6 | 1/7 | 1 | 1/4 | 1/9 | 2 |
| $B_4$ | 1/4 | 1/4 | 4 | 1 | 1/6 | 5 |
| $B_5$ | 2 | 5 | 9 | 6 | 1 | 9 |
| $B_6$ | 1/5 | 1/6 | 1/2 | 1/5 | 1/9 | 1 |

由表 6－16 可得判断矩阵 $\boldsymbol{A}$：

$$\boldsymbol{A}=\begin{bmatrix} 1 & 3 & 6 & 4 & \frac{1}{2} & 5 \\ \frac{1}{3} & 1 & 7 & 4 & \frac{1}{5} & 6 \\ \frac{1}{6} & \frac{1}{7} & 1 & \frac{1}{4} & \frac{1}{9} & 2 \\ \frac{1}{4} & \frac{1}{4} & 4 & 1 & \frac{1}{3} & 5 \\ 2 & 5 & 9 & 6 & 1 & 9 \\ \frac{1}{5} & \frac{1}{6} & \frac{1}{2} & \frac{1}{5} & \frac{1}{9} & 1 \end{bmatrix}$$

采用平方根法，得出：

$\overline{w}_1 = \left(1 \times 3 \times 6 \times 4 \times \frac{1}{2} \times 5\right)^{\frac{1}{6}} \approx 2.376\ 18$，依次得到如下结果：

$\overline{W} = \{2.376\ 18,\ 1.495\ 79,\ 0.331\ 319,\ 0.769\ 945,\ 4.115\ 66,\ 0.267\ 982\}$

$A\overline{W} = \{15.329,\ 10.117\ 9,\ 2.126\ 78,\ 5.089\ 07,\ 26.360\ 3,\ 1.769\ 46\}$

$$\lambda_{\max} = \sum_{i=1}^{n} \frac{(A\overline{W})_i}{n(\overline{W})_i}$$

$$= \left(\frac{15.329}{2.376\ 18} + \frac{10.117\ 9}{1.495\ 79} + \frac{2.126\ 78}{0.331\ 319} + \frac{5.089\ 07}{0.769\ 945} + \frac{26.360\ 3}{4.115\ 66} + \frac{1.769\ 46}{0.267\ 982}\right) \cdot \frac{1}{6}$$

$$= 6.541\ 99$$

一致性检验：

$CI = \frac{\lambda_{\max} - n}{n-1} = \frac{6.541\ 99 - 6}{6-1} = 0.108\ 397$， 查表 6－8 得 RI＝1.24。

计算 $CR = \frac{CI}{RI} = 0.087\ 417 < 0.1$。

说明矩阵 $\boldsymbol{A}$ 通过了一致性检验；将 $\overline{W}$ 归一化 。

$$W = \left(\sum_{j=1}^{n} \overline{w}_j\right)^{-1} \overline{W}$$

$$= \{0.253\ 95,\ 0.159\ 86,\ 0.035\ 409\ 2,\ 0.082\ 286\ 6,\ 0.439\ 854,\ 0.028\ 640\ 2\}$$

得到准则层相对于目标层的权重，如表 6－17 所示。

**表 6－17 权重表**

| $A$ | 权重 | |
|---|---|---|
| $B_1$ | 0.253 95 | $\lambda_{\max} = 6.541\ 99$<br>$CI = 0.108\ 397$<br>$CR = 0.087\ 417 < 0.1$ |
| $B_2$ | 0.159 86 | |
| $B_3$ | 0.035 409 2 | |
| $B_4$ | 0.082 286 6 | |
| $B_5$ | 0.439 854 | |
| $B_6$ | 0.028 640 2 | |

### 5. 建立对每个元素的评价结果

为了对目标（方案）A 进行评价，先对决定 A 的因素 $B_1 \sim B_6$ 分别进行评价，各因素的评价结果可以是由专家打分或客观测试得到。本案例聘请了 17 位专家对 $B_1$ 进行投票评价，结果见表 6－18。

**表 6－18 投票统计表**

| 评语 | 优秀（优） | 良好（良） | 一般（及格） | 较差（差） |
|---|---|---|---|---|
| 票数 | 9 | 4 | 3 | 1 |
| 归一化 | 0.529 | 0.235 | 0.176 | 0.059 |

则 $B_1$ 的评价结果：

$$R_{B1}=\{0.529, 0.235, 0.176, 0.059\}$$

类似地假设我们已经得到了：

$$R_{B2}=\{0.176, 0.529, 0.176, 0.118\}$$

$$R_{B3}=\{0.059, 0.471, 0.294, 0.176\}$$

$$R_{B4}=\{0, 1, 0, 0\}$$

$$R_{B5}=\{0.059, 0.412, 0.471, 0.059\}$$

$$R_{B6}=\{0.176, 0.353, 0.353, 0.118\}$$

这样就得到了 $A$ 的各因素的评判（评价）矩阵：

$$\boldsymbol{M}_A=\begin{bmatrix}0.529 & 0.235 & 0.176 & 0.059\\ 0.176 & 0.529 & 0.176 & 0.118\\ 0.059 & 0.471 & 0.294 & 0.176\\ 0 & 1 & 0 & 0\\ 0.059 & 0.412 & 0.471 & 0.059\\ 0.176 & 0.353 & 0.353 & 0.118\end{bmatrix}$$

采用 $M(\cdot, \oplus)$ 对目标层 $A$ 的综合评价结果为：

$$R_A=W\circ M_A=\{0.196, 0.435, 0.301, 0.069\}$$

综合评价结果如表 6－19 所示。

**表 6－19　综合评价结果**

| 评语 | 优秀（优） | 良好（良） | 一般（及格） | 较差（差） |
| --- | --- | --- | --- | --- |
| 评价结果 | 0.196 | 0.435 | 0.301 | 0.069 |

从结果可以得到：根据最大隶属度，A 属于良好。由于某些问题需要计算综合得分，即用方案（目标）A 最终得分说明 A 的优劣，如表 6－20 所示。

**表 6－20　综合得分**

| 评语 | 优秀（优）<br>90～100 | 良好（良）<br>70～89 | 一般（及格）<br>60～69 | 较差（差）<br>0～59 |
| --- | --- | --- | --- | --- |
| 得分 | 95 | 80 | 65 | 30 |
| 评价结果 | 0.196 | 0.435 | 0.301 | 0.069 |
| 最终得分 | 95×0.196+80×0.435+65×0.301+30×0.069=75.055 | | | |

## 小　结

本章首先介绍了系统综合评价的概念、复杂性、特点，以及系统评价的步骤等基本理论。在此基础上介绍了指标量化方法、指标综合方法及系统综合评判两个主要方法（层次分析法与模糊综合评判方法）。层次分析法是一种层次权重决策分析方法。这种方法把复杂问题中的各种因素，划分出层次，并根据一定的客观事实判断，利用数学方法给出全部要素的相对重要性排序，可以帮助决策者更好地评价与决策。模糊综合评判法针对系统的某些方面本质上就是“模糊”的，运用模糊数学的运算，将“模糊”因素定量化，来得到综合评价的结果。这是人类评价模式的一大进步。它包括了严格的定量描述，也包括了主观层面的定性描述，并把定性和定量完美结合了起来。

## 习　　题

1. 系统综合评价的概念是什么？系统综合评价有何特点？

2. 系统指标量化都有哪些方法？

3. 指标综合的方法有哪些？各有什么特点？

4. 简述层次分析法的步骤。

5. 某省轻工部门有一笔资金准备生产三种产品：P1，家电；P2，某紧俏产品；P3，本地传统产品。评价和选择方案的准则是：风险程度C1 、资金利用率C2 、转产难易程度C3。现给定判断矩阵如下：

| 投资 | C1 | C2 | C3 |
| --- | --- | --- | --- |
| C1 | 1 | 1/3 | 2 |
| C2 | 3 | 1 | 5 |
| C3 | 1/2 | 1/5 | 1 |

| C1 | P1 | P2 | P3 |
| --- | --- | --- | --- |
| P1 | 1 | 1/3 | 1/5 |
| P2 | 3 | 1 | 1/3 |
| P3 | 5 | 3 | 1 |

| C2 | P1 | P2 | P3 |
| --- | --- | --- | --- |
| P1 | 1 | 2 | 7 |
| P2 | 1/2 | 1 | 5 |
| P3 | 1/7 | 1/5 | 1 |

| C3 | P1 | P2 | P3 |
| --- | --- | --- | --- |
| P1 | 1 | 1/3 | 1/7 |
| P2 | 3 | 1 | 1/5 |
| P3 | 7 | 5 | 1 |

请利用 AHP（用和积法计算权重向量和特征值）计算三种方案的排序结果（$n=3$ 时，RI = 0.58）。

6. 设某学校对学生思想品德的考核因素集 $U=\{u_1, u_2, u_3, u_4\}$ = {思想修养，集体观念，劳动观念，遵守纪律}，评语集 $V=\{v_1, v_2, v_3, v_4\}$ = {很好，较好，一般，差}。设各考核因素的权重分配为 $A=\{0.5, 0.2, 0.2, 0.1\}$。为了对学生进行合理公正的评价，现对班主任、辅导员、任课教师等相关 10 人进行了调查。假设针对某学生的调查结果如表 6 - 21所示（表中数字为针对给定指标给出各评语的人数），请对该生的思想品德进行模糊综合评价。

**表 6－21　对某学生的调查结果**

| $u$ \ $v$ | $v_1$ | $v_2$ | $v_3$ | $v_4$ |
|---|---|---|---|---|
| $u_1$ | 4 | 5 | 1 | 0 |
| $u_2$ | 6 | 3 | 1 | 0 |
| $u_3$ | 1 | 2 | 6 | 1 |
| $u_4$ | 1 | 2 | 5 | 2 |

# 第七章

# 系统仿真与预测

【学习目标】

- 了解系统仿真的基本概念、作用及基本的仿真方法。
- 掌握状态空间模型。
- 掌握系统动力学模型化原理。
- 掌握 DYNAMO 方程的应用。

对于典型的物理、化学问题而言，在实验室中进行试验以判断猜想或验证某个研究方案的可行性，是一件轻而易举的事情。然而，对于绝大多数的社会经济管理问题而言，试验则要困难得多，很多时候甚至完全不可能。这时候，仿真就成为必然选择。因此，作为一种重要的预测事物发展前景、验证某种社会和经济管理改革方案效果的重要手段，在人类社会的发展进程中，仿真正发挥着越来越重要的作用。

本章将介绍系统预测与仿真的有关知识和方法，并重点介绍定量化预测技术中的状态空间模型和系统动力学模型。

## 第一节　系统仿真概述

### 一、概念及作用

#### 1. 基本概念

系统仿真（System Simulation），就是根据系统分析的目的，在分析系统各要素性质及其相互关系的基础上，建立能描述系统结构或行为过程的、具有一定逻辑关系或数学方程的仿真模型，据此进行试验或定量分析，以获得正确决策所需的各种信息。

#### 2. 系统仿真的实质

（1）仿真是一种对系统问题求数值解的计算技术。尤其当系统无法建立数学模型求解时，仿真技术就能有效地来处理这类问题。

（2）仿真是一种人为的试验手段，可以进行类似于物理实验、化学实验那样的实验。

它和现实系统实验的差别在于，仿真实验不是依据实际环境，而是在作为实际系统映象的系统模型以及相应的“人造”环境下进行的。这是仿真的主要功能。

（3）在系统仿真时，尽管要研究的是某些特定时刻的系统状态或行为，但仿真过程也恰恰是对系统状态或行为在时间序列内全过程的描述。换句话说，仿真可以比较真实地描述系统的运行、演变及发展过程。

**3. 系统仿真的作用**

（1）仿真的过程也是实验的过程，而且还是系统地收集和积累信息的过程。尤其是对一些复杂的随机问题，应用仿真技术是提供所需信息的唯一令人满意的方法。

（2）对一些难以建立物理模型和数学模型的对象系统，可通过仿真模型来顺利地解决预测、分析和评价等系统问题。

（3）通过系统仿真，可以把一个复杂系统降阶成若干子系统，以便于分析。

（4）通过系统仿真，能启发新的思想或产生新的策略，还能暴露出原系统中隐藏着的一些问题，以便及时解决。

## 二、系统仿真方法

系统仿真的基本方法是建立系统的结构模型和数学模型，并将其转换为适合在计算机上编程的仿真模型，然后对模型进行仿真实验。由于连续系统和离散（事件）系统的数学模型有很大差别，所以系统仿真方法基本上分为两大类，即连续系统仿真方法和离散系统仿真方法。

连续系统是指系统中的状态变量随时间连续变化的系统。由于连续系统数学模型主要描述每一实体的变化速率，故数学模型通常是由微分方程组成。当系统比较复杂，尤其是包含非线性因素时，这种微分方程的求解就变得非常困难，因此要借助仿真技术，其基本思想为：将用微分方程所描述的系统转变为能在计算机上运行的模型，然后进行编程、运行或其他处理，以得到连续系统的仿真结果。连续系统仿真方法根据仿真时所采用计算机程序的不同，可分为模拟仿真法、数字仿真法及混合仿真法。在连续系统仿真中，还需要解决仿真任务分配、采样周期选择和误差补偿等特殊问题。

离散系统是离散事件动态系统的简称。指的是系统状态变量只在一些离散的时间点上发生变化的系统。这些离散的时间点称为特定时刻，在这些特定时刻由于有事件发生所以才引起系统状态发生变化，而其他时刻系统状态则保持不变。离散系统的另一个主要特点是随机性。因为这类系统中有一个或多个输入量是随机变量而不是确定量，所以它的输出也往往是随机变量。描述这类系统的模型一般不是一组数学表达式，而是一幅表示数量关系和逻辑关系的流程图，可分为三部分，即：“到达”模型（输入）、“服务”模型（输出）和“排队”模型（系统活动）。前两者一般用一组不同概率分布的随机数来描述，而系统活动则通常由一个运行程序来描述。对这类系统问题，主要使用数字计算机进行仿真实验。这种仿真实验的步骤包括：画出系统的工作流程图；确定“到达”模型、“服务”模型和“排队”模型；编制描述具体系统活动的运行程序并在计算机上运行。这些模型大多在“生产运作管理”或“运筹学”等课程中都会介绍和学习，限于篇幅，此处不再赘述。

一般说来，在管理领域中经常遇到的往往是离散事件动态系统，常见的有库存控制系统、随机服务系统等。

在以上两类基本方法的基础上，还有一些用于系统（特别是社会经济和管理系统）仿真的特殊而有效的方法，如系统动力学方法、蒙特卡洛法等。系统动力学方法通过建立系统动力学模型（流图等）、利用 DYNAMO 仿真语言在计算机上实现对真实系统的仿真实验，从而研究系统结构、功能和行为之间的动态关系。该方法不仅仅是一种系统仿真方法，而且其方法论还充分体现了系统工程方法的本质特征。

# 第二节　状态空间模型

系统预测就需要研究动态系统的行为，一般有两种既有联系也有区别的方法：输入—输出法和状态变量法。输入—输出法又称端部法，它只研究系统的端部特性，而不研究系统的内部结构。系统的特性用传递函数来表示。状态变量法在 20 世纪 60 年代才得到推广使用。它仍然是处理系统的输入与输出之间的关系。但是在这些关系中，还附加另一组变量，称为状态变量。在物理系统中，典型的变量有：位置（与势能有关）、速度（与动能有关）、电容上的电压（与它们存储的电能有关）、电感上的电流（与它们存储的磁能有关）、温度（与热能有关）。状态变量法可用于线性的或非线性的、时变的或时不变的以及多输入、多输出的系统，并且更适合仿真和使用计算机的目的，故得到广泛应用。

## 一、　系统的状态和状态变量

（1）状态：为完全描述 $t \geqslant t_0$ 时系统行为所需变量的最小集合，该集合构成状态空间。完全描述的条件包括：①已知系统 $t \geqslant t_0$ 时的输入；②已知 $t_0$ 时刻集合中所有变量的值（初始条件）。

（2）状态变量：上述最小变量集合中的每个变量称为状态变量。

**【例 7－1】**　一般机械系统由三种基本元件组成，即质块 $M$、弹簧 $k$ 和阻尼器 $B$，如图 7－1 所示。根据元件的受力和力平衡法就可以建立状态方程。根据力平衡法则有：

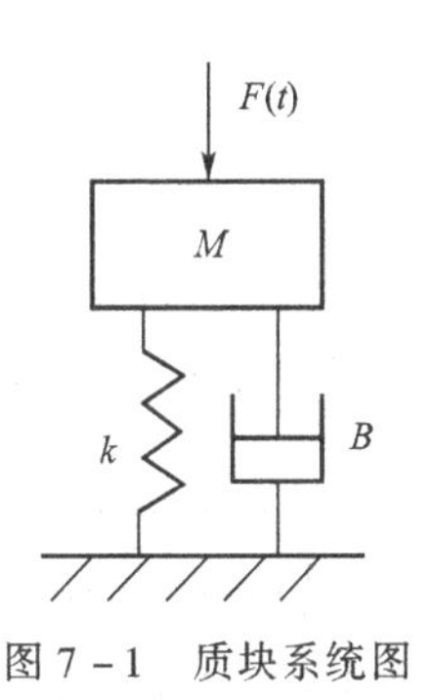

图 7－1　质块系统图

$$M\frac{\mathrm{d}^2x}{\mathrm{d}t^2}+B\frac{\mathrm{d}x}{\mathrm{d}t}+kx=F(t)$$

因为：

$$\frac{\mathrm{d}^2x}{\mathrm{d}t^2}=-\frac{B}{M}\frac{\mathrm{d}x}{\mathrm{d}t}-\frac{k}{M}x+\frac{1}{M}F(t)$$

所以$\frac{\mathrm{d}x}{\mathrm{d}t}$和 $x$ 是完全描述系统行为的最小集合（状态）。

令 $x_2=\frac{dx}{dt}$，$x_1=x$（$x_1$，$x_2$ 即为状态变量），即 $x_2=\frac{dx_1}{dt}$，$\dot{x}_2=\frac{d^2x}{dt^2}=-\frac{B}{M}x^2-\frac{k}{M}x_1+\frac{1}{M}F(t)$。

整理得：
$$\begin{cases}\dot{x}_1=x_2\\ \dot{x}_2=-\frac{k}{M}x_1-\frac{B}{M}x_2+\frac{1}{M}F(t)\end{cases}$$

故得状态方程：
$$\dot{X}=\begin{bmatrix}\dot{x}_1\\ \dot{x}_2\end{bmatrix}=\begin{bmatrix}0 & 1\\ -\frac{k}{M} & -\frac{B}{M}\end{bmatrix}\begin{bmatrix}x_1\\ x_2\end{bmatrix}+\begin{bmatrix}0\\ \frac{1}{M}\end{bmatrix}F(t) \qquad (7-1)$$

## 二、微分方程与连续变量的模型表达

连续动态系统的数学模型是微分方程，刻画系统的动态变量（状态变量的导数或高阶导数）对状态变量的依存关系以及状态变量之间的相互影响。

**【例 7-2】** $y^{(n)}+a_1y^{(n-1)}+\cdots+a_{n-1}y'+a_ny=u$

令 $\begin{cases}x_1=y\\ x_2=y'\\ \vdots\\ x_n=y^{n-1}\end{cases}$ 则 $\begin{cases}\dot{x}_1=x_2\\ \dot{x}_2=x_3\\ \vdots\\ \dot{x}_n=y^{(n)}=-a_nx_1-a_{n-1}x_2-\cdots-a_1x_n+u\end{cases}$

故有状态方程为：

$$\dot{X}=\begin{bmatrix}\dot{x}_1\\ \dot{x}_2\\ \vdots\\ \dot{x}_n\end{bmatrix}=\begin{bmatrix}0 & 1 & 0 & \cdots & 0\\ 0 & 0 & 1 & \cdots & \vdots\\ \vdots & \cdots & \cdots & \cdots & 1\\ -a_n & -a_{n-1} & \cdots & \cdots & -a_1\end{bmatrix}\begin{bmatrix}x_1\\ x_2\\ \vdots\\ x_n\end{bmatrix}+\begin{bmatrix}0\\ 0\\ \vdots\\ 1\end{bmatrix}u=\boldsymbol{AX}+\boldsymbol{BU}$$

因为：$y=x_1$，故有输出方程为：

$$y=\boldsymbol{C}^T\boldsymbol{x}=[1,0,\cdots,0]\begin{bmatrix}x_1\\ x_2\\ \vdots\\ x_n\end{bmatrix}$$

线性连续动态系统的数学模型为线性常微分方程，可以使用一元高阶方程，也可以使用多元一阶联立方程组来描述。其一般形式为：

$$\begin{cases}\dot{X}=\boldsymbol{AX}+\boldsymbol{BU}\text{（状态方程）} & \boldsymbol{A}_{n\times n}\text{状态转移矩阵} & \boldsymbol{B}_{n\times m}\text{输入分配矩阵}\\ Y=\boldsymbol{CX}+\boldsymbol{DU}\text{（输出方程）} & \boldsymbol{C}_{r\times n}\text{输出系数矩阵} & \boldsymbol{D}_{r\times m}\text{输入输出矩阵}\end{cases} \qquad (7-2)$$

式中：$\boldsymbol{X}$ 为 $n$ 维纵向量；$\boldsymbol{U}$ 为 $m$ 维纵向量；$\boldsymbol{Y}$ 为 $r$ 维纵向量。

若 $\boldsymbol{U}=0$，即系统未加输入，则该系统为自由系统；否则为强制系统。若 $\boldsymbol{A}$、$\boldsymbol{B}$、$\boldsymbol{C}$、$\boldsymbol{D}$ 矩阵中的元素有些或全部是时间的函数，则为线性时变系统；否则为线性定常系统。

上述变换将 $n$ 阶一元微分方程转变为 $n$ 维一阶微分方程，表达简洁，便于分析。

## 三、差分方程与离散变量的模型表达

(1) 连续变量的离散化：

$$\dot{X}(t)=\frac{X(t+h)-X(t)}{h}=AX(t)+BU(t)\ (u\text{ 在区间 }[t,\ t+h]\text{ 为定量})$$

$$X(t+1)=X(t)+hAX(t)+hBU(t)=(I+hA)X(t)+BU(t)\ (I\text{ 为单位阵})$$

改写为：$X(t+1)=A\cdot X(t)+B\cdot U(t)$，即将连续变量离散化。

对于线性定常离散系统（有 $n$ 个状态变量，$m$ 个输入和 $r$ 个输出），可用下列矩阵方程来描述：

$$\begin{cases}x(k+1)=Ax(k)+BU(k)\\ y(k)=Cx(k)+DU(k)\end{cases}\quad(k=0,1,2,3,\cdots)\tag{7-3}$$

(2) 差分方程导出离散变量：很多离散系统的输入输出关系可用差分方程来描述。应指出，差分方程的描述可以变为状态方程的描述。

**【例 7-3】** $Y(t)+C_1Y(t-1)+C_2Y(t-2)+\cdots C_rY(t-r)=U(t)$

令：

$$\begin{cases}x_1(t)=y(t-r)\\ x_2(t)=y(t-r+1)\\ \quad\vdots\\ x_r(t)=y(t-1)\end{cases}$$

则可得下列状态方程：

$$\begin{cases}x_1(t+1)=x_2(t)\\ x_2(t+1)=x_3(t)\\ \quad\vdots\\ x_{r-1}(t+1)=x_r(t)\\ x_r(t+1)=-c_rx_1(t)-c_{r-1}x_2(t)-c_1x_r(t)+u(t)\end{cases}$$

即：

$$X(t+1)=\begin{bmatrix}x_1(t+1)\\ x_2(t+1)\\ \vdots\\ \vdots\\ x_r(t+1)\end{bmatrix}=\begin{bmatrix}0&1&0&\cdots&0\\ 0&0&\ddots&\ddots&\vdots\\ \vdots&\vdots&\ddots&\ddots&0\\ 0&0&\cdots&0&1\\ -c_r&-c_{r-1}&\cdots&\cdots&-c_1\end{bmatrix}X(t)+\begin{bmatrix}0\\ 0\\ \vdots\\ 0\\ 1\end{bmatrix}U(t)$$

## 四、矩阵的特征值、特征向量、矩阵变换

(1) 特征值 $\lambda$：使 $|\lambda I-A|=0$ 的根，即特征值是特征方程的根。

(2) 特征向量：使 $At=\lambda t$，即使 $(\lambda I-A)t=0$ 的非零 $t$ 向量。

(3) 特征向量构成的 $T$ 阵，使得 $T^{-1}AT=\Lambda=\begin{bmatrix}\lambda_1 & & & \\ & \lambda_2 & & \\ & & \ddots & \\ & & & \lambda_n\end{bmatrix}$

【例 7-4】 $A=\begin{bmatrix}0 & 1\\ -6 & -5\end{bmatrix}$

(1) 求特征值：

$|\lambda I-A|=\begin{vmatrix}\lambda & -1\\ 6 & \lambda+5\end{vmatrix}$

$\lambda^2+5\lambda+6=0$

$\lambda_1=-2,\lambda_2=-3$

(2) 求特征向量：

当 $\lambda_1=-2$ 时，由 $[\lambda I-A][t]=0$，有 $\begin{bmatrix}-2 & -1\\ 6 & 3\end{bmatrix}\begin{bmatrix}t_1\\ t_2\end{bmatrix}=0\Rightarrow$

$\begin{cases}-2t_1-t_2=0\\ 6t_1+3t_2=0\end{cases}\Rightarrow 2t_1=-t_2$。

取 $t_1=1$，则 $t_2=2$，$t'=\begin{bmatrix}1\\ -2\end{bmatrix}$。

当 $\lambda_2=-3$ 时，有 $\begin{bmatrix}-3 & -1\\ 6 & 2\end{bmatrix}\begin{bmatrix}t_1\\ t_2\end{bmatrix}=0\Rightarrow\begin{cases}-3t_1-t_2=0\\ 6t_1+2t_2=0\end{cases}\Rightarrow 3t_1=-t_2$

取 $t_2=-3$，$t^2=\begin{bmatrix}1\\ -3\end{bmatrix}$。

(3) 特征向量构成的 $T$ 阵，$T=[t^1,t^2]=\begin{bmatrix}1 & 1\\ -2 & -3\end{bmatrix}$，$T^{-1}=\begin{bmatrix}3 & 1\\ -2 & -1\end{bmatrix}$。

(4) $\Lambda=T^{-1}AT=\begin{bmatrix}3 & 1\\ -2 & -1\end{bmatrix}\begin{bmatrix}0 & 1\\ -6 & -5\end{bmatrix}\begin{bmatrix}1 & 1\\ -2 & -3\end{bmatrix}=\begin{bmatrix}-6 & -2\\ 6 & 3\end{bmatrix}\begin{bmatrix}1 & 1\\ -2 & -3\end{bmatrix}=\begin{bmatrix}-2 & 0\\ 0 & -3\end{bmatrix}$

## 五、离散状态方程的求解

一般用计算机求解。连续系统的解析解需借助于拉氏变换求解，离散系统的解析解可以借助 $z$ 变换。

(1) 自由系统：即 $u=0$。

因为：
$$X(k+1)=AX(k)$$
所以：
$$X(1)=AX(0)$$
$$X(2)=AX(1)=A^2X(0)$$
$$X(k+1)=AX(k)=A^{k+1}X(0)$$

利用矩阵变换有：　　$X\ (k+1)\ =T\Lambda^{k+1}T^{-1}X\ (0)$

$$\Lambda^{k+1}=\begin{bmatrix}\lambda_1^{k+1} & & \\ & \ddots & \\ & & \lambda_n^{k+1}\end{bmatrix}$$

【例 7-5】　$A=\begin{bmatrix}0.4 & 0.3 & 0.3\\ 0.6 & 0.3 & 0.1\\ 0.6 & 0.1 & 0.3\end{bmatrix}$

令 $|\lambda I-A|=0$，求得：　　$\lambda_1=1$，$\lambda_2=\frac{1}{5}$，$\lambda_3=\frac{1}{5}$

进一步求得：　　$t_1=\begin{bmatrix}1\\1\\1\end{bmatrix}$　$t_2=\begin{bmatrix}0\\-1\\1\end{bmatrix}$　$t_3=\begin{bmatrix}-1\\1\\1\end{bmatrix}$

$$T=\begin{bmatrix}1 & 0 & -1\\ 1 & -1 & 1\\ 1 & 1 & 1\end{bmatrix}\qquad T^{-1}AT=\begin{bmatrix}1 & 0 & 0\\ 0 & \frac{1}{5} & 0\\ 0 & 0 & -\frac{1}{5}\end{bmatrix}$$

该系统为自由系统，则 $X(k+1)=AX(k)$。若求 $X(3)$，$X(100)$，则计算如下：

$X(3)=T\Lambda^{3}T^{-1}X(0)$

$$=\begin{bmatrix}1 & 0 & 1\\ 1 & -1 & 1\\ 1 & 1 & 1\end{bmatrix}\begin{bmatrix}1 & 0 & 0\\ 0 & \left(\frac{1}{5}\right)^3 & 0\\ 0 & 0 & \left(-\frac{1}{5}\right)^3\end{bmatrix}\begin{bmatrix}\frac{1}{2} & \frac{1}{4} & \frac{1}{4}\\ 0 & -\frac{1}{2} & \frac{1}{2}\\ -\frac{1}{2} & \frac{1}{4} & \frac{1}{4}\end{bmatrix}X(0)$$

$$=\begin{bmatrix}0.496 & 0.252 & 0.252\\ 0.504 & 0.252 & 0.244\\ 0.504 & 0.244 & 0.252\end{bmatrix}X(0)$$

$$X(100)=\begin{bmatrix}1 & 0 & 1\\ 1 & -1 & 1\\ 1 & 1 & 1\end{bmatrix}\begin{bmatrix}1 & 0 & 0\\ 0 & \left(\frac{1}{5}\right)^{100} & 0\\ 0 & 0 & \left(-\frac{1}{5}^{100}\right)\end{bmatrix}\begin{bmatrix}\frac{1}{2} & \frac{1}{4} & \frac{1}{4}\\ 0 & -\frac{1}{2} & \frac{1}{2}\\ -\frac{1}{2} & \frac{1}{4} & \frac{1}{4}\end{bmatrix}X(0)$$

$$=\begin{bmatrix}\frac{1}{2} & \frac{1}{4} & \frac{1}{4}\\ \frac{1}{2} & \frac{1}{4} & \frac{1}{4}\\ \frac{1}{2} & \frac{1}{4} & \frac{1}{4}\end{bmatrix}X(0)$$

(2) 强制系统。

因为：
$$X(k+1)=AX(k)+BU(k)$$
所以：
$$X(1)=AX(0)+BU(0)$$
$$X(2)=AX(1)+BU(1)=A^2X(0)+ABU(0)+BU(1)$$
$$\vdots$$
$$X(k)=A^kX(0)+\sum_{i=0}^{k-1}A^{k-(i+1)}BU(i)$$

## 六、 状态方程模型的应用

### 1. 宏观经济模型

本模型需要考虑下列四个经济变量间的关系（单位：元）：

(1) $C$—— 消费支出。

(2) $P$——价格水平。

(3) $W$——工资水平。

(4) $M$——货币供应。

用来描述这四个变量间相互关系的典型方程组是：

$$\begin{cases} C(k)=\alpha_1C(k-1)+\alpha_2P(k-1)+\alpha_3W(k-1)+\alpha_4W(k-2) \\ P(k)=\beta_1P(k-1)+\beta_2W(K-1)+\beta_3W(k-2)+\beta_4M(k-1) \\ W(k)=\gamma_1P(k-3)+\gamma_2C(k-1) \end{cases} \tag{7-4}$$

式中：$\alpha$，$\beta$，$\gamma$ 为参数；$C$、$P$、$W$ 为内生变量；$M$ 为外生（政策）变量，可用于研究政府货币供应对 $C$、$P$、$W$ 的影响。

现在要用状态方程来表示上述三个典型方程式。在离散时间状态变量的表达式中，一般形式是下列向量差分方程：

$$x(k+1)=f(x(k),u(k))$$

对于线性定常系统，应为 $x(k+1)=Ax(k)+Bu(k)$ 的形式。从直观角度来看，选取 $C(k)$、$P(k)$、$W(k)$ 作为状态变量，但是上述三个典型方程式并没有这样的形式。因为 $W(k-2)$ 出现在典型方程式的右端，以及 $P(k-3)$ 出现在 $W(k)$ 式的右端。

因为 $x(k+1)=f(x(k),u(k))$ 式只允许有一个时间滞后的各种状态变量出现在方程的右端。

下面导出其状态方程：

$$令\begin{cases} u(k)=M(k) \\ x_1(k)=C(k) \\ x_2(k)=P(k) \\ x_3(k)=W(k) \\ x_4(k)=x_3(k-1)=W(k-1) \\ x_5(k)=x_2(k-1)=P(k-1) \\ x_6(k)=x_5(k-1)=P(k-2) \end{cases}$$

$$
\text{得}\begin{cases}x_1(k)=\alpha_1x_1(k-1)+\alpha_2x_2(k-1)+\alpha_3x_3(k-1)+\alpha_4x_4(k-1)\\x_2(k)=\beta_1x_2(k-1)+\beta_2x_3(k-1)+\beta_3x_4(k-1)+\beta_4u(k-1)\\x_3(k)=\gamma_2x_1(k-1)+\gamma_1\gamma_6(k-1)\end{cases}
$$

上述三个方程已具有状态变量表示式的正确结构，再加上：

$$x_4(k)=x_3(k-1)$$

$$x_5(k)=x_2(k-1)$$

$$x_6(k)=x_5(k-1)$$

共六个状态变量，这样便可得到状态变量的矩阵形式：

$$
\begin{bmatrix}x_1(k)\\x_2(k)\\x_3(k)\\x_4(k)\\x_5(k)\\x_6(k)\end{bmatrix}=\begin{bmatrix}\alpha_1&\alpha_2&\alpha_3&\alpha_4&0&0\\0&\beta_1&\beta_2&\beta_3&0&0\\\gamma_2&0&0&0&0&\gamma_1\\0&0&1&0&0&0\\0&1&0&0&0&0\\0&0&0&0&1&0\end{bmatrix}\begin{bmatrix}x_1(k-1)\\x_2(k-1)\\x_3(k-1)\\x_4(k-1)\\x_5(k-1)\\x_6(k-1)\end{bmatrix}+\begin{bmatrix}0\\\beta_4\\0\\0\\0\\0\end{bmatrix}u(k-1)
$$

## 2. 人口模型

(1) 人口过程分析。

对个体：人口经历出生→成长→死亡三个过程，可用图 7－2 表示。

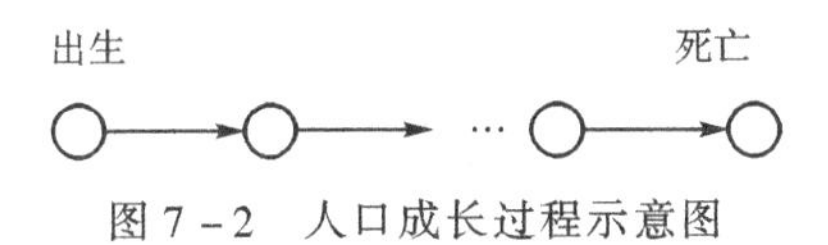


图 7－2 人口成长过程示意图

对群体：还涉及迁移、出生、存留问题，可采用下面的表达式和图形进行描述（见图 7－3）。

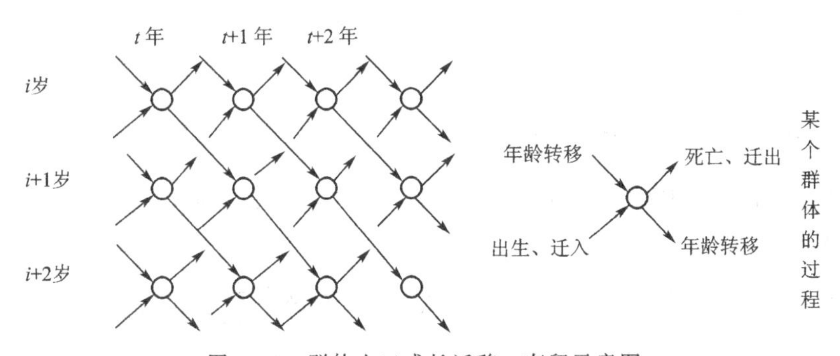


图 7－3 群体人口成长迁移、存留示意图

$t$ 年 $i$ 岁人口数 ＝ $(t-1)$ 年 $(i-1)$ 岁人口存留数 － $[t-1, t]$ 年间迁出的该年龄的人口 ＋ $[t-1, t]$ 年间迁入的该年龄的人口

$t$ 年 1 岁人口数 ＝ $[t-1, t]$ 年期间新出生人口数 ＋ $[t-1, t]$ 年期间该年龄人口迁入迁出之差

此外，影响出生的因素有：婚姻状况、育龄、胎数等；影响成长的因素有：健康状况、保健营养等。将这些因素抽象化，以便进行数量描述，可把它们抽象成女性比、育龄分布、胎数、死亡率、平均寿命等。

（2）人口数学模型：

$$\boldsymbol{X}(t+1)=\boldsymbol{H}(t)\boldsymbol{X}(t)+\boldsymbol{\beta}(t)\boldsymbol{B}(t)\boldsymbol{X}(t)+\boldsymbol{F}(t)$$

式中：

$\boldsymbol{X}(t)=\begin{bmatrix} x_1(t) \\ x_2(t) \\ \vdots \\ x_m(t) \end{bmatrix}$，它表示人口状态，其中 $m$ 值为最高年龄。

$\boldsymbol{H}(t)=\begin{pmatrix} 0 & 0 & \cdots & 0 & 0 \\ 1-\mu_1(t) & 0 & \cdots & 0 & 0 \\ 0 & 1-\mu_2(t) & \cdots & 0 & 0 \\ \vdots & & \ddots & \vdots & \vdots \\ 0 & 0 & \cdots & 1-\mu_{m-1}(t) & 0 \end{pmatrix}_{m\times m}$ 为转移，$\mu_i(t)$ 为 $i$ 岁死亡率；$\beta(t)$ 为总和生育率。

$\boldsymbol{B}(t)=\begin{bmatrix} 0 & 0 & \cdots & b_{r_1}(t) & b_{r_2}(t) & 0 & \cdots & 0 \\ 0 & & & & & & & 0 \\ & \ddots & & & & & \iddots & \\ & & \ddots & & & \iddots & & \\ & & & \ddots & \iddots & & & \\ & & & \iddots & \ddots & & & \\ & & \iddots & & & \ddots & & \\ & \iddots & & & & & \ddots & \\ 0 & & & & & & & 0 \end{bmatrix}$ 表示妇女生育矩阵，$b_{r_i}(t)=k_i(t)\cdot h_i(t)$，

$k_i(t)$ 为 $i$ 岁女性比，$h_i(t)$ 为生育模式 $\sum_{i=b_{r1}}^{b_{r2}} h_i(t)=1$。

$\boldsymbol{F}(t)$ 为干扰向量；$\beta(t)$，$h_i(t)$ 为政策变量（它们为可控变量）。

（3）人口常用统计指标：

- 人口总数 $P=\sum x_i$
- 人口平均年龄 $\frac{1}{m}\sum_{i=1}^{m} i\cdot x_i(t)$
- 出生率 = 新生儿童 / 总人口
- 死亡率 = 死亡人数 / 总人口
- 自然增长率 = $P(t+1)/P(t)$
- 劳动力指数 $\sum_{i=15}^{55} x_i/P=c$
- 抚养指数 $\left(\sum_{i=0}^{14} x_i+\sum_{i=56}^{m} x_i\right)/P$
- 老化系数 $\sum_{i=56}^{m} x_i/P$

（4）利用模型可研究的问题：

①死亡率变化的影响。

②人口扰动的影响。利用人口迁移达到一定人口目标，如新大型工程建设项目将会迁入大量的人口，可以用来研究迁入或迁出对人口数量、质量的影响。

③计划生育的影响。胎数：胎数上升导致人口上升（可能会使人口结构趋于年轻化）；胎数下降导致人口下降（可能会使人口结构趋于老龄化）。通过研究确定合理的胎数，可控制人口数量和质量。生育模式：在确定的胎数条件下，若平均生育年龄早，则人口更新快，状态变化快，能较快地达到人口目标；若平均生育年龄迟，则人口更新慢，状态变化慢。生育年龄区间对人口目标的影响：若生育年龄区间宽，则人口状态平缓；若生育年龄区间窄，则人口状态波动明显。

因此综合研究结果：我国在$\beta(t)$控制的一定条件下，尽量使得生育模式宽，平均生育年龄不宜过晚。可采取如下对应政策：规定婚龄，鼓励晚婚晚育，严格控制胎教等。

### 3. 某高校教师数量及结构预测

**【例7－6】** 某校现有教师300人，根据近年数据统计，每年大约有10%～20%的人员调整或退休，按上级及学校制定的政策，各类职称每年晋升比例见表7－1。同时每年能招聘与补充60人，其中见习教师40%，助教30%，讲师20%，副教授10%。试建立SSM模型，并预测今后4年内该校教师人数及其职称分布情况。

**表7－1 某高校教师各类职称每年晋升比例**

| 职称系列<br>比例 | 见习教师<br>$x_1$ | 助教<br>$x_2$ | 讲师<br>$x_3$ | 副教授<br>$x_4$ | 教授<br>$x_5$ |
|---|---|---|---|---|---|
| 现有人数 | 20 | 80 | 140 | 40 | 20 |
| 职称晋升比例（%） | 30 | 40 | 20 | 20 | —— |
| 调离、退休比例（%） | 20 | 20 | 20 | 10 | 20 |
| 留任原职称比例（%） | 50 | 40 | 60 | 70 | 80 |

解：以学校各类（职称）教师人数作为状态变量，设$X_i(k)$为预测期内第$k$年第$i$类（职称）的人数，$i=1,2,3,4,5$。预测前一年（$k=0$）的初始状态为：

$$x(0)=[x_1(0),x_2(0),\cdots,x_5(0)]^T=[20,80,140,40,20]^T$$

$y(k)$为预测期内第$k$年的教师总人数，由于描述晋升比例的状态转移矩阵$\boldsymbol{A}$（其中元素$a_{ii}$代表留任原职称的比例，$a_{ij}$（$j>i$）为从$i$类晋升为上一级$j=i+1$类的比例）和输入状态向量$\boldsymbol{B}$在预测期内不改变。

故问题的模型如下：

$$x(k+1)=\boldsymbol{A}\cdot x(k)+\boldsymbol{B}\cdot u$$
$$y(k)=\boldsymbol{I}\cdot x(k)$$

式中：

$$\boldsymbol{A}=\begin{bmatrix}0.5&0&0&0&0\\0.3&0.4&0&0&0\\0&0.4&0.6&0&0\\0&0&0.2&0.7&0\\0&0&0&0.2&0.8\end{bmatrix},\ \boldsymbol{B}=[0.4,\ 0.3,\ 0.2,\ 0.1,\ 0]^T,\ u=60。$$

则第一年的情况为（即 $k=1$）：

$$\begin{Bmatrix} x_1(1) \\ x_2(1) \\ x_3(1) \\ x_4(1) \\ x_5(1) \end{Bmatrix} = \begin{bmatrix} 0.5 & & & & \\ 0.3 & 0.4 & & & \\ & 0.4 & 0.6 & & \\ & & 0.2 & 0.7 & \\ & & & 0.2 & 0.8 \end{bmatrix} \cdot \begin{Bmatrix} 20 \\ 80 \\ 140 \\ 40 \\ 20 \end{Bmatrix} + \begin{Bmatrix} 0.4 \\ 0.3 \\ 0.2 \\ 0.1 \\ 0 \end{Bmatrix} \cdot 60 = \begin{Bmatrix} 34 \\ 54 \\ 128 \\ 62 \\ 24 \end{Bmatrix}$$

第1年年末教师总人数为：

$$y(1) = \boldsymbol{I} \cdot \boldsymbol{X}(1) = 34 + 56 + 128 + 62 + 24 = 304 \text{（人）}$$

同理，可递推计算以后几年的教师拥有量及其职称分布情况，具体结果如表7－2所示。

**表7－2　教师拥有量及其职称分布情况**

| 年份＼类别 | 见习教师 $x_1$ | 助教 $x_2$ | 讲师 $x_3$ | 副教授 $x_4$ | 教授 $x_5$ | 合计 |
|---|---|---|---|---|---|---|
| $K=0$ | 20 | 80 | 140 | 40 | 20 | 300 |
| $K=1$ | 34 | 56 | 128 | 62 | 24 | 304 |
| $K=2$ | 41 | 51 | 111 | 75 | 32 | 310 |
| $K=3$ | 44 | 51 | 99 | 81 | 41 | 316 |
| $K=4$ | 46 | 52 | 92 | 82 | 49 | 321 |
| $K=5$ | 47 | 53 | 88 | 82 | 55 | 325 |

需要说明的是，上述预测期内任一年的职称分布，也可直接利用公式计算，以 $k=4$ 为例，有：

$$\begin{aligned} x(4) &= \boldsymbol{A}^4 x(0) + \sum_{i=0}^{4-1} \boldsymbol{A}^{4-(i+1)} \boldsymbol{B} u \\ &= \boldsymbol{A}^4 \cdot x(0) + (\boldsymbol{A}^3 + \boldsymbol{A}^2 + \boldsymbol{A} + \boldsymbol{I}) \cdot \boldsymbol{B} u \end{aligned}$$

以 $\boldsymbol{A}$、$\boldsymbol{B}$、$x(0)$ 和 $u$ 的数据代入，可得相同结果，请大家自行验证。

## 第三节　系统动力学及其仿真技术

### 一、系统动力学概述

#### 1. 系统动力学的沿革与发展

系统动力学（Systems Dynamics，SD）是美国麻省理工学院J. W. 弗雷斯特（J. W. Forrester）教授最早提出的一种对社会经济问题进行系统分析的方法论和定性与定量相结合的分析方法。目的在于综合控制论、信息论和决策论的成果，以电子计算机为工具，分析研究信息反馈系统的结构和行为。第三章中系统结构化方法和动态系统（尤其是离散系统）以及本章上一节中的状态空间模型等也是SD描述与研究系统的方法论及方法基础。

SD的出现始于20世纪50年代后期，当时，主要应用于工商企业管理，处理诸如生产与雇员情况的波动、企业的供销、生产与库存、股票与市场增长的不稳定性等问题，并创立“Industrial Dynamics”（1959）。此后在整个60年代，动力学思想与方法的应用范围日益扩大，其应用几乎遍及各类系统，深入到各种领域。作为方法论基础，出现了“Principles of Systems”（1968）。总结美国城市兴衰问题的理论与应用研究成果的“Urban Dynamics”（1969）和著名的“World Dynamics”（1971）等，也是J. W. 弗雷斯特等人的重要成就。

1972年正式提出“Systems Dynamics”。从20世纪50年代末到70年代初的十多年，是SD成长的重要时期。

20世纪70年代以来，SD经历两次严峻的挑战并走向世界，进入蓬勃发展时期。

（1）第一次挑战（20世纪70年代初到70年代中期）：SD与罗马俱乐部一起闻名于世，走向世界，其主要标志是两个世界模型的研制与分析［WORLD Ⅱ——“World Dynamics, Forrester”（1971）；WORLD Ⅲ——“The Limits to Growth, D. Meadows”（1972）和“Toward Global Equilibrium, D. Meadows”（1974）］。

（2）第二次挑战（20世纪70年代初到80年代中期）：对美国全国SD模型的研制和对美国与整个西方国家经济长波（Long Wave）问题的研究。

近年来，SD正在成为一种新的系统工程方法论和重要的模型方法，渗透到许多领域，例如在国土规划、区域开发、环境治理和企业战略研究等方面，正显示出它的重要作用。尤其是随着国内外管理界对学习型组织的关注，SD思想和方法的生命力更为强劲。因而目前应更加注重SD的方法论意义，并注意其定量分析手段的应用场合及条件。

### 2. SD模型的研究对象

SD模型的研究对象主要是社会经济系统。该类系统的突出特点是：

1）社会经济系统中存在着决策环节

社会经济系统的行为总是经过采集信息，并按照某个政策进行信息加工处理做出决策后出现的，决策是一个经过多次比较、反复选择、优化的过程。

对于大规模复杂的社会经济系统而言，其决策环节所需要的信息的数量是十分庞大的。其中既有看得见、摸得着的实体，又有看不见、摸不到的价值、伦理、道德观念及个人、团体的偏见等因素。

2）社会经济系统具有自律性

自律性就是自己做主进行决策，自己管理、控制、约束自身行为的能力和特性。工程系统是由于导入反馈机构而具有自律性的；社会经济系统因其内部固有的“反馈机构”而具有自律性。因此，研究社会经济系统的结构，首先（也是最重要的）就在于认识和发现社会经济系统中所存在着的由因果关系形成的反馈机构。

3）社会经济系统的非线性

非线性是指社会经济现象中原因和结果之间所呈现出的极端非线性关系。如：原因和结果在时间和空间上的分离性、出现事件的意外性、难以直观性、滞后性等。

高度非线性是由于社会问题的原因和结果相互作用的多样性、复杂性造成的。具体来说，一方面是由于社会经济问题的原因和结果在时间、空间上的滞后，另一方面是由于社会经济系统具有多重反馈结构。这种特性可以用社会经济系统的非线性和多重反馈机构加以研究和解释。

SD 方法就是要把社会经济系统作为非线性多重信息反馈系统来研究，进行社会经济问题的模型化，对社会经济现象进行预测、对社会经济系统结构和行为进行分析，为企业、地区、国家、国际制定发展战略、进行决策提供有用的信息。

**3. SD 模型特点**

(1) 多变量。这主要是由 SD 对象系统的动态特性和复杂性所决定的。SD 模型有三种基本变量，五到六种变量。

(2) 定性分析与定量分析相结合。SD 模型由结构模型（流图）和数学模型（DYNAMO 方程）所组成。

(3) 以仿真实验为基本手段和以计算机为工具。SD 作为一种计算机仿真分析方法，是实际系统的“实验室”，可在 PD - plus、Vensim 等软件支持下运行。

(4) 可处理高阶次、多回路、非线性的时变复杂系统问题。

控制论目前只是在线性系统中应用较为成功，与其有关的方法（如状态空间方法）主要研究系统平衡点或工作点附近的特性，较适合作短期预测，较难进行长期过程的研究，经济计量学和经济控制论都十分重视真实系统的统计观测值和模型精确度。它们所依赖的经济理论大多是静态而不是动态的，而且传统的数学工具很难分析研究非线性关系。因此，它们很难描述复杂的、非线性的动态系统。SD 与以上方法比较，似乎更注重系统的内部机制与结构，强调单元之间的关系和信息反馈。

**4. SD 模型的工作程序**

SD 模型的一般工作过程如图 7 - 4 所示。

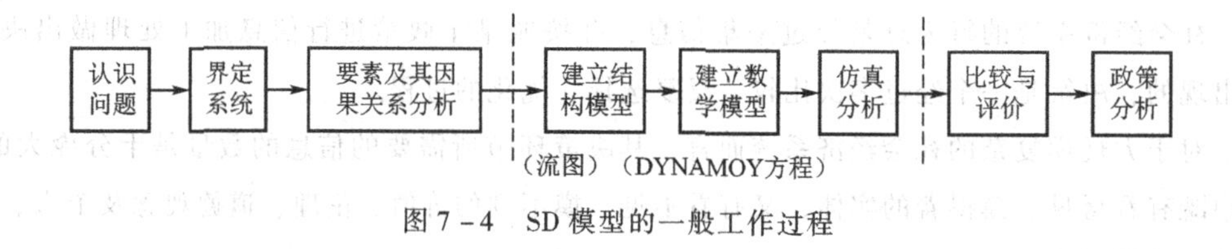


图 7 - 4 SD 模型的一般工作过程

## 二、系统动力学模型化原理

### （一）SD 的基本工作原理

首先通过对实际系统进行观察，采集有关对象系统状态的信息，随后使用有关信息进行决策。决策的结果是采取行动。行动又作用于实际系统，使系统的状态发生变化，这种变化又为观察者提供新的信息，从而形成系统中的反馈回路［见图 7 - 5（a）］。这个过程可用 SD 流（程）图表示［见图 7 - 5（b）］。

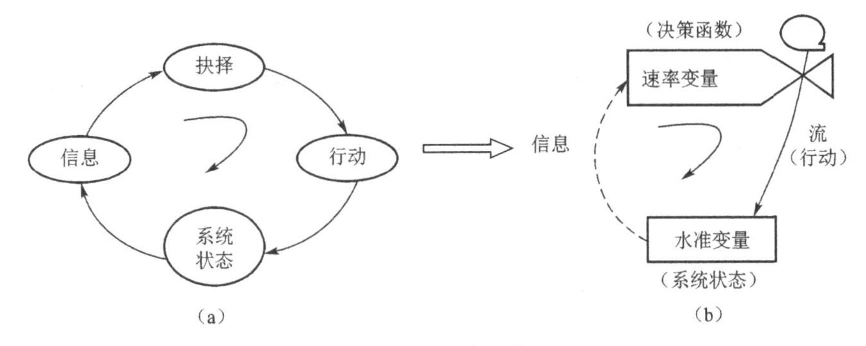


图 7-5 SD 基本工作原理

据此可归结出 SD 的四个基本要素、两个基本变量和一个基本（核心）思想如下：

(1) SD 的四个基本要素——状态或水准、信息、决策或速率、行动或实物流。

(2) SD 的两个基本变量——水准变量（level）、速率变量（rate）。

(3) SD 的一个基本思想——反馈控制。

需要说明的是：①信息流与实体流不同，前者源于对象系统内部，后者源于系统外部；②信息是决策的基础，通过信息流形成反馈回路是构造 SD 模型的重要环节。

## (二) 因果关系图和流(程)图

### 1. 因果关系图

1) 因果箭

因果箭是连接因果要素的有向线段。箭尾始于原因，箭头终于结果。因果关系有正负极性之分。正（+）为加强，负（-）为削弱。

2) 因果链

因果关系具有传递性。用因果箭对具有递推性质的因素关系加以描绘即得到因果链。因果链极性的判别标准：因果链的符号与所含因果箭符号的乘积符号相同。

3) 因果（反馈）回路

原因和结果的相互作用形成因果关系回路（因果反馈回路、环）。它是一种特殊的（即封闭的、首尾相接的）因果链，如图 7-6（a）和（b）所示。社会经济系统中的因果反馈环是社会经济系统中各要素的因果关系本身所固有的。正反馈回路起到自我强化的作用，负反馈回路具有“内部稳定器”的作用。

多重因果（反馈）回路：社会经济系统的动态行为是由系统本身存在着的许多正反馈和负反馈回路决定的，从而形成多重反馈回路，如图 7-6（c）和（d）所示。

SD 认为，系统的性质和行为主要取决于系统中存在的反馈回路，系统的结构主要就是指系统中反馈回路的结构。因果关系图举例见图 7-6，其中包含了因果箭、因果链、因果反馈回路和多重因果反馈回路等。

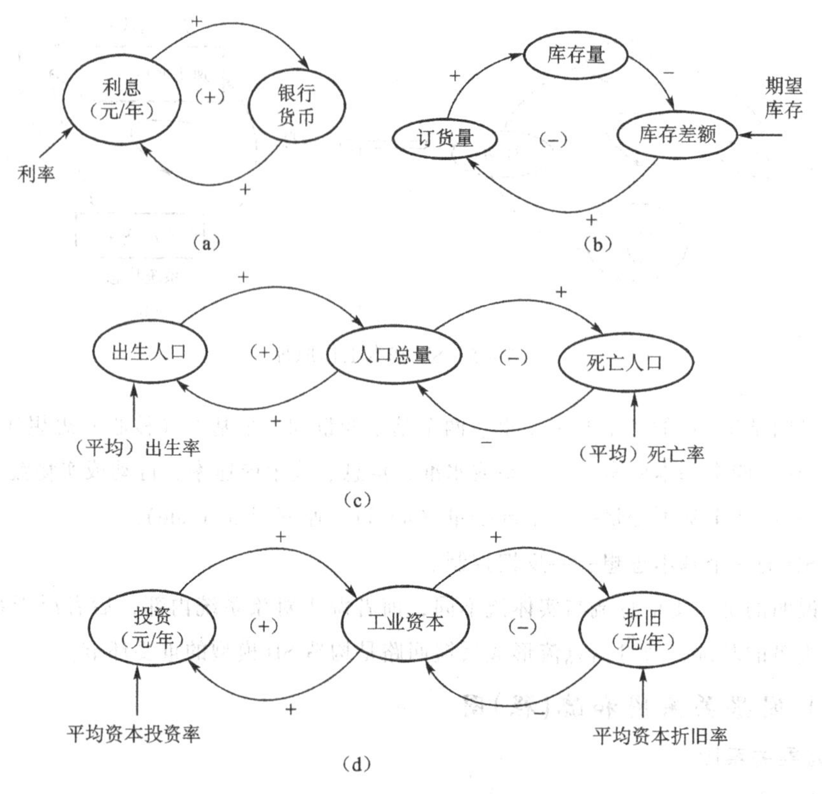


图7-6　因果关系图举例

### 2. 流程图

流程图（Flow Diagram）简称流图，是SD结构模型的基本形式，绘制流图是SD建模的核心内容。流图通常由以下各要素构成：

（1）流（Flow）：是系统中的活动和行为，通常只区分出实体流和信息流。符号见图7-7（a）。

（2）水准（Level）：是系统中子系统的状态，是实物流的积累。符号见图7-7（b）。

（3）速率（Rate）：表示系统中流的活动状态，是流的时间变化。在SD中，R表示决策函数。符号见图7-7（c）。

（4）参数（量）（Parameter）：是系统中的各种常数，或者是在一次运行中保持不变的量。符号见图7-7（d）。

（5）辅助变量（Auxiliary Variable）：其作用在于简化R的表示，使复杂的决策函数易于理解。符号见图7-7（e）。

（6）源（Source）与洞（Sink）：其含义和符号如图7-7（f）所示。

（7）信息（Information）的取出：常见情况及其符号如图7-7（g）所示。

（8）滞后或延迟（Delay）：由于信息和物质运动需要一定的时间，于是就带来原因和结果、输入和输出、发送和接收等之间的时差，并有物流和信息流滞后之分。在SD中共有如下四种情况：

①DELAY1——对物流速率进行一阶指数延迟运算（一阶指数物质延迟）。符号见图7－7（h）。

②DELAY3——三阶指数物质延迟。符号见图7－7（h）。

③SMOOTH——对信息流进行一阶平滑（一阶信息延迟）。符号见图7－7（i）。

④DLINF3——三阶信息延迟。符号见图7－7（j）。

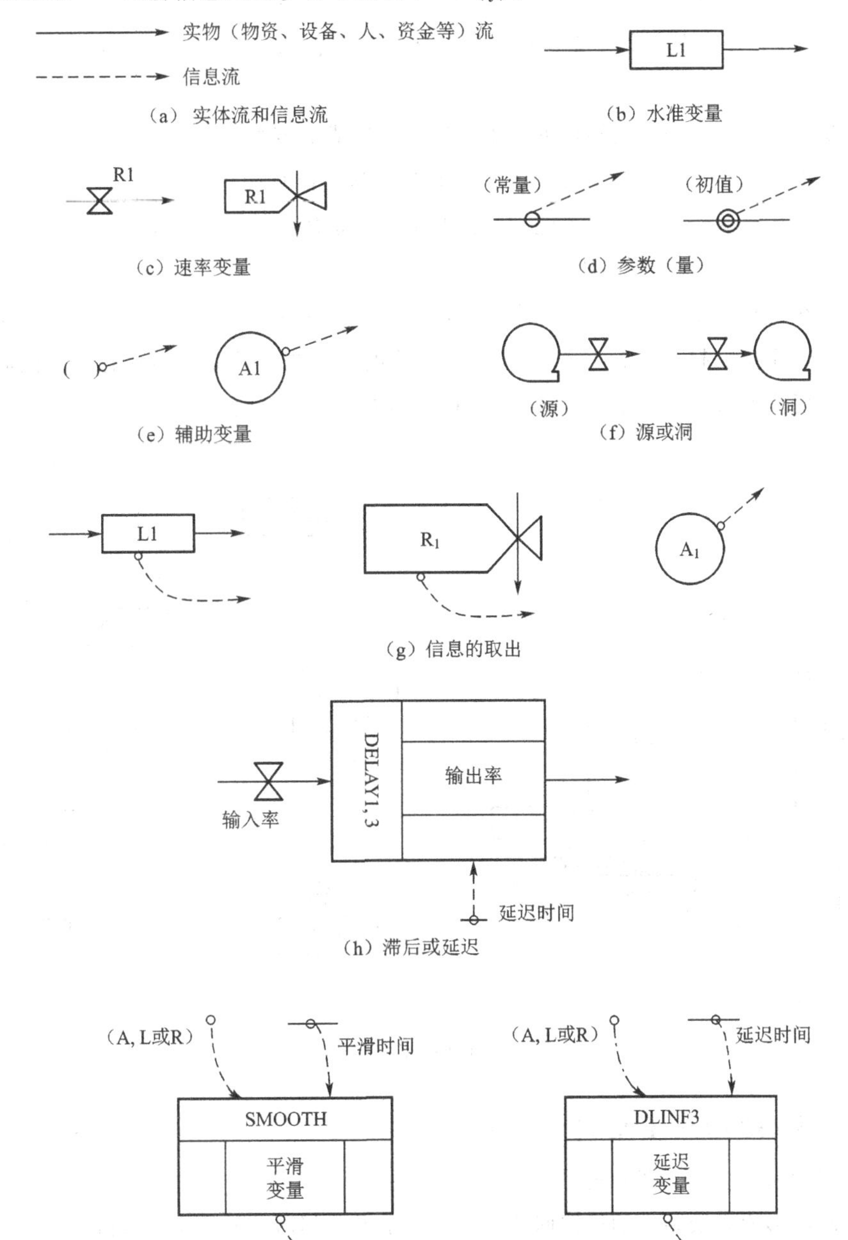


图7－7　绘制流程图要素符号约定

### （三）流程图绘制程序及方法

（1）明确问题及其构成要素。

（2）绘制要素间相互作用关系的因果关系图，注意一定要形成回路。

（3）确定变量类型（L 变量、R 变量和 A 变量）。将要素转化为变量，是建模的关键一步。在此，应考虑以下几个具体原则：

①水准（L）变量是积累变量，可定义在任何时点；而速率（R）变量只在一个时段才有意义。

②决策者最为关注和需要输出的要素一般被处理成 L 变量。

③在反馈控制回路中，两个 L 变量或两个 R 变量不能直接相连。

④为降低系统的阶次，应尽可能减少回路中 L 变量的个数。故在实际系统描述中，辅助（A）变量在数量上一般是较多的。

另外，在绘制流图时，应特别注意形成正确的回路和用好信息连接线，并注意不要把不同的实物流直连在一起。图 7－8 所示为一个自动供水系统及其流程图示意图，该流程图并不严格符合规范画法，但对于学习及理解 SD 绘图方法很有帮助。

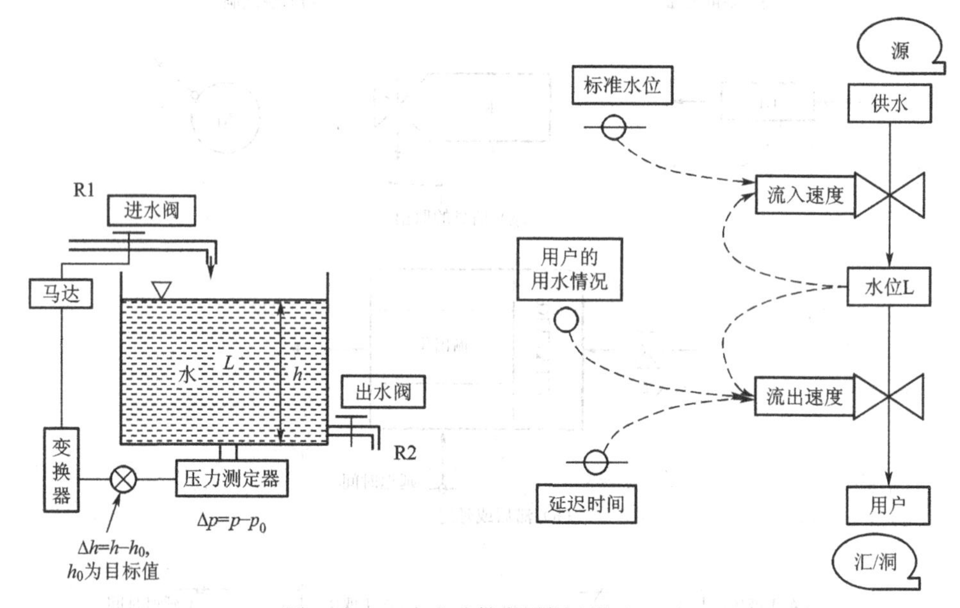


图 7－8　一个自动供水系统及其流程图

### （四）SD 结构模型的建模步骤

（1）明确系统边界，即确定对象系统的范围。

（2）阐明形成系统结构的反馈回路，即明确系统内部活动的因果关系链。

（3）确定反馈回路中的水准变量和速率变量。水准变量是由系统内的活动产生的量，是由流的积累形成的、说明系统某个时点状态的变量；速率变量是控制流的变量，表示活动进行的状态。

（4）阐明速率变量的子结构或完善、形成各个决策函数，建立起 SD 结构模型（流图）。

## 三、 基本反馈回路的 DYNAMO 仿真分析

### （一）基本 DYNAMO（DYNAmic MOdels）方程

SD 的主要过程之一是通过确定对象系统的水准变量、速率变量、常量、辅助变量等，分析各变量之间存在的函数关系，建立 DYNAMO 仿真模型，进行人工或计算机仿真。这即是得到描述系统内部反馈机制的流（程）图后建立数学模型并进行定量分析的主要工作。DYNAMO 方程就是 SD 的数学模型。

DYNAMO 是主要采用差分方程式描述有反馈的社会经济系统的宏观动态行为，并通过对差分及代数方程式的求解（简单迭代）进行计算机仿真的专用语言。其最大特点是简单明了、容易使用。

SD 的对象系统是随时间连续变化的动态系统。在 DYNAMO 方程中变量一般带有时间标号，规定如图 7－9 所示。

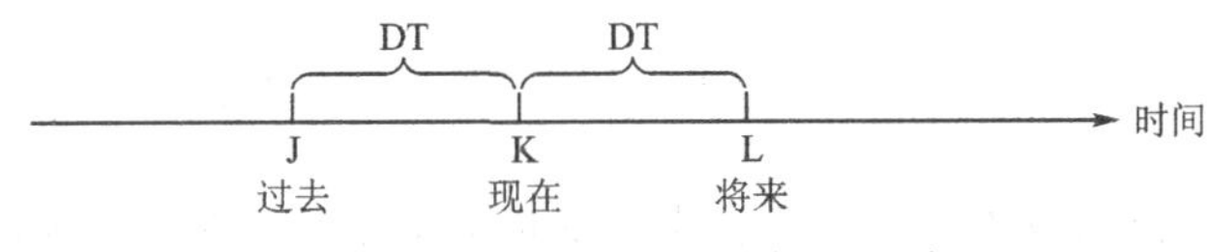


图 7－9 DYNAMO 方程时间标号及其含义

SD 使用逐步（step by step）仿真的方法，仿真的时间步长记为单位时间 DT。DT 一般取值为 0.1 ～0.5 倍的模型最小时间常数。

SD 中的基本 DYNAMO 方程主要有：

（1）水准方程：计算水准变量的方程。其标准形式为：

L LEVEL·K = LEVEL. J + DT * (RIN·JK − ROUT·JK)

（2）速率方程：计算速率变量的方程，是决策函数的具体形式。

R RATE·KL = f(L. K, A. K, C, …)

①无一定格式（因为函数关系 $f$ 不能唯一确定）。建立速率方程颇费工夫；

②速率的值在 DT 内不变。进一步说，速率方程是在 K 时刻进行计算，而在自 K 至 L 的时间间隔（即 DT）中保持不变。

（3）辅助方程：辅助说明速率变量或简化决策函数的方程。

A AUX. K = g(A·K, L·K, P·JK, C, …)

①没有统一的标准格式。

②时间下标中必有 K，函数关系中的时间下标一般用 K 或 JK。

③可由现在时刻的其他变量（A、L、R 等）求出。

④有时需用 T 方程进一步说明 A 方程。

（4）赋初值方程：

N LEVEL = … 或 $\begin{cases} \text{N} \quad \text{LEVEL} = \text{L}_0, \\ \text{C} \quad \text{L}_0 = \cdots \end{cases}$

（5）常量方程：

C　CON = …

在以上各种方程中：L 方程是积累（或差分）方程；R、A 方程是代数运算方程；C、N、T 为模型运行提供参数值，在一次模拟运算中保持不变（C、T）。

### （二）几种典型反馈回路及其仿真计算

**1. 一阶正反馈回路**（以某地区人口的增加机理为例）

（1）结构模型和流图，如图 7－10 所示。

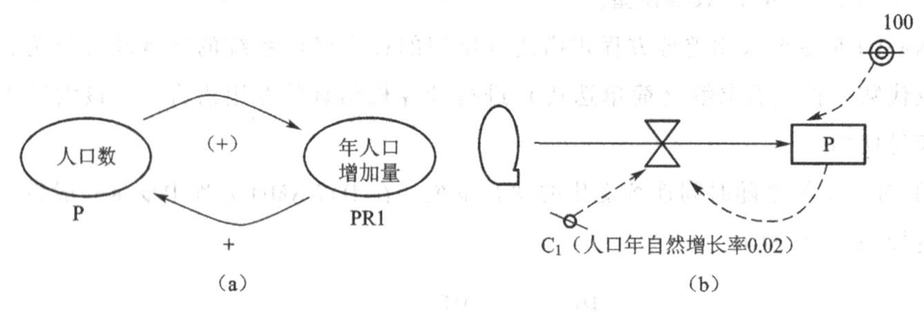


图 7－10　简单人口系统的因果关系图和流图

请注意，系统的阶次数为回路中所含水准变量 L 的个数，即：系统包含多少个水准变量，该模型就是多少阶次的。由此可见，建模者可以根据问题本身的复杂程度和建模需要，把某些变量“处理”或“不处理”成水准变量。一般而言，需要把待预测、待仿真的核心变量“处理”成水准变量。但需要注意的是，水准变量数量过多，会使得所建立的模型变得十分复杂从而不利于求解。

（2）数学模型及仿真计算。

L　$P \cdot K = P \cdot J + DT * (PRI \cdot JK - 0)$

N　$P = 100$

R　$PRI \cdot KL = C_1 * P \cdot K$

C　$C_1 = 0.02$

仿真计算结果如表 7－3 和图 7－11 所示。

**表 7－3　简单人口系统仿真计算示例**

| 仿真周期 | 人口数量 $P$ | 人口年增长数量 PR |
|---|---|---|
| 0 | 100 | 2 |
| 1 | 102 | 2.04 |
| 2 | 104.04 | 2.0808 |
| … … | … … | … … |

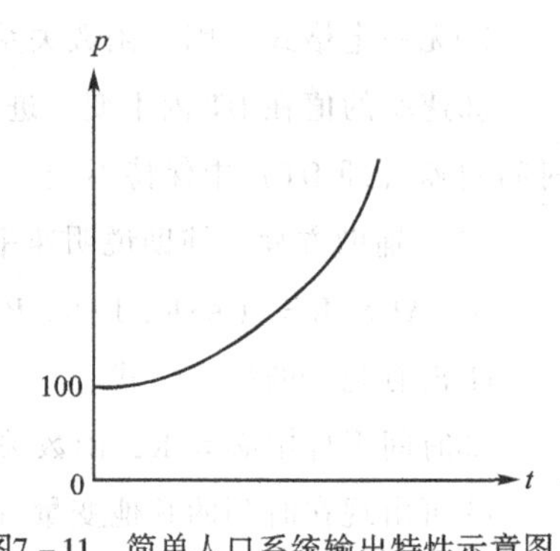


图7－11　简单人口系统输出特性示意图

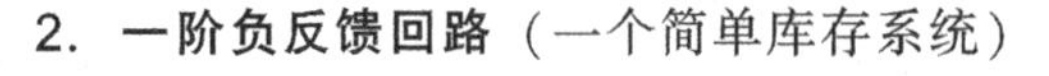

**2. 一阶负反馈回路**（一个简单库存系统）

（1）结构模型（见图 7－12）。

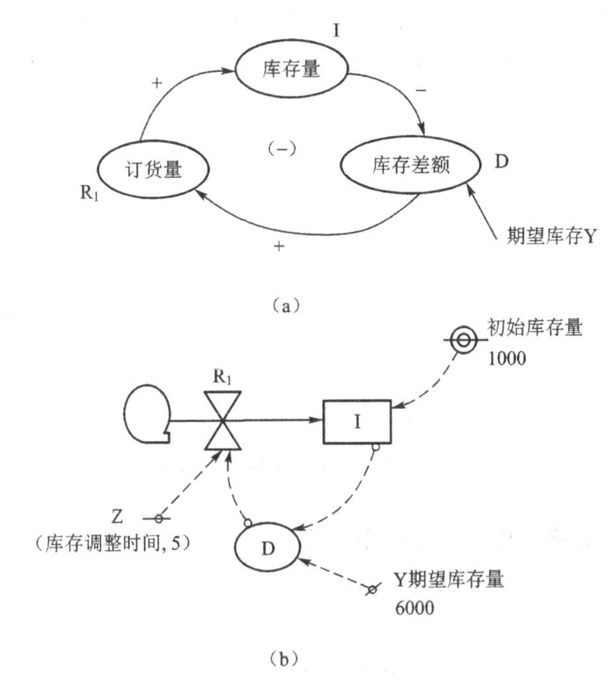


图 7－12　简单库存系统的因果关系图和流图

(2) 数学模型及仿真计算：

L　$I \cdot K = I \cdot J + DT * R_1 \cdot JK$

N　$I = IO$

C　$IO = 1\ 000$

R　$R_1 \cdot KL = D \cdot K / Z$

A　$D \cdot K = Y - I \cdot K$

C　$Z = 5$

C　$Y = 6\ 000$

仿真计算结果如表 7－4 所示。

**表 7－4　简单库存问题仿真计算表**

| 仿真周期 | 当前库存量 $I$ | 库存差额 $D$ | 订货速率 $R_1$ |
|---|---|---|---|
| 0 | 1 000 | 5 000 | 1 000 |
| 1 | 2 000 | 4 000 | 800 |
| 2 | 2 800 | 3 200 | 640 |
| … … | … … | … … | … … |

仿真变化趋势图见图 7－13 所示。

从图 7－13 可以看到，只要调整周期一经确定，负反馈就开始起作用，系统自动调整订货速度使库存量符合管理者规定的期望库存量。最终将得到实际库存“$I$”无限逼近目标值 6 000 的情况。

因此，负反馈的特征就是：趋向于保持其特定系统的平衡状态。但是一阶负反馈是从小到大的趋近某一特定的平衡状态，而下面的二阶负反馈是上下反复振荡式的趋近。

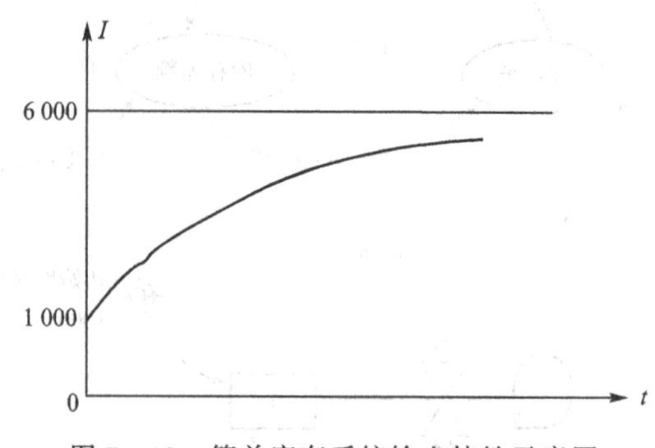


图 7－13　简单库存系统输出特性示意图

### 3．二阶负反馈回路（以简单库存系统为基础）

（1）结构模型（见图 7－14 和图 7－15）。

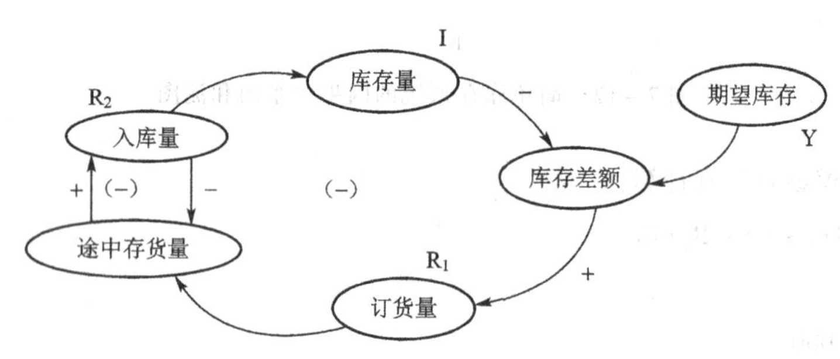


图 7－14　二阶库存系统的因果关系图

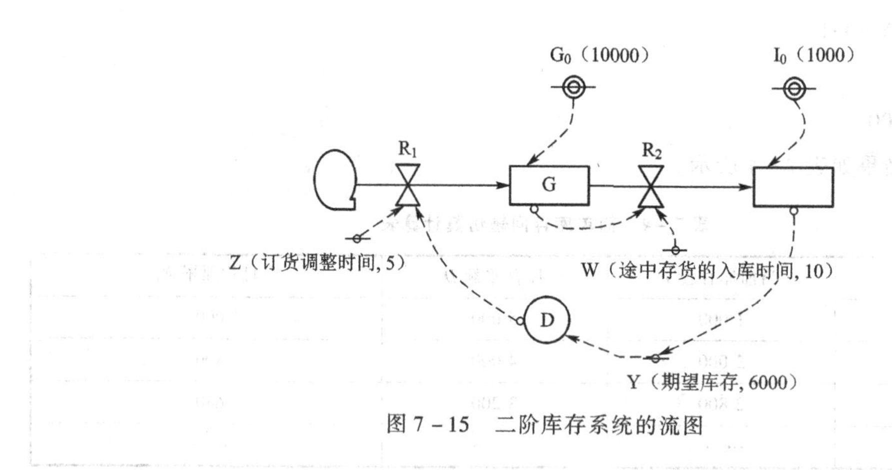


图 7－15　二阶库存系统的流图

（2）量化分析模型及仿真计算。

L　$G\cdot K = G\cdot J + DT*(R_1\cdot JK - R_2\cdot JK)$

N　$G = G_0$

C　$G_0 = 10\ 000$

R $R_1 \cdot KL = D \cdot K/Z$

A $D \cdot K = Y - I \cdot K$

C $Z = 5$

C $Y = 6\ 000$

R $R_2 \cdot KL = G \cdot K/W$

C $W = 10$

L $I \cdot K = I \cdot J + DT * R_2 \cdot JK$

N $I = IO$

C $IO = 1\ 000$

仿真计算结果如表 7－5 和图 7－16 所示。

**表 7－5 二阶库存系统 SD 仿真计算结果**

| | $G_1 \cdot JK$ | $G \cdot K$ | $R_2 \cdot KL$ | $I \cdot K$ | $D \cdot K$ | $R_1 \cdot KL$ |
|---|---|---|---|---|---|---|
| 0 | —— | 10 000 | 1 000 | 1 000 | 5 000 | 1 000 |
| 1 | 0 | 10 000 | 1 000 | 2 000 | 4 000 | 800 |
| 2 | －200 | 9 800 | 980 | 3 000 | 3 000 | 600 |
| 3 | －380 | 9 420 | 942 | 3 980 | 2 020 | 404 |
| … | … | … | … | … | … | … |

注：$G_1 = R_1 - R_2$。

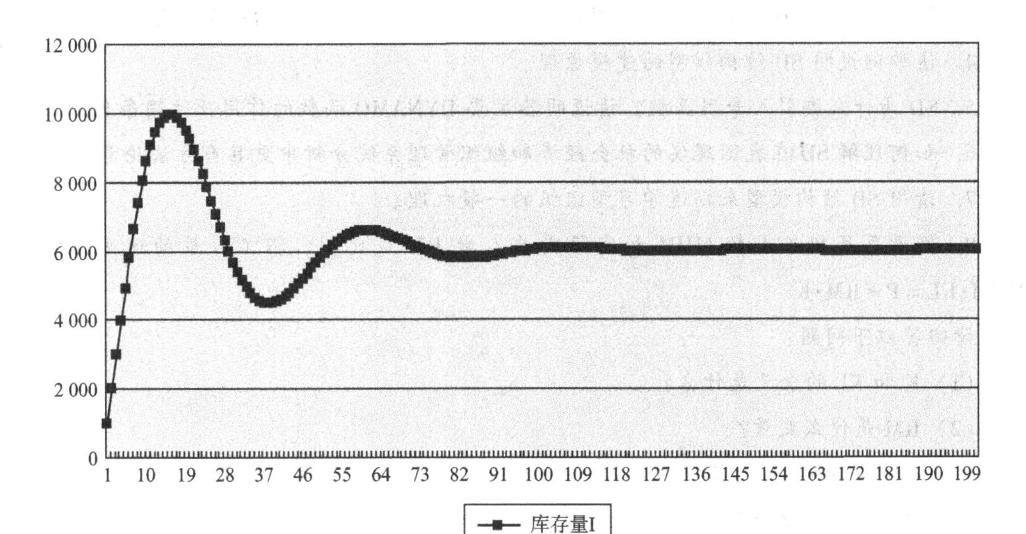


图 7－16 二阶库存系统输出特性示意图

## 小　结

物理、化学问题可以轻易地在实验室中完成某些新奇想法的“仿真”——通过实验的方法。然而，对于大多数社会问题和经济管理问题而言，却远没有如此幸运。本章向读者介绍的系统仿真方法正是为了解决类似的问题而提出来的。其中，状态空间模型（SSM）可以分别以微分方程和差分方程两种方式来表达。它主要是基于输入—输出的原理，但是通过具体研究系统内部状态转化的机理，来对系统长期的趋势进行仿真和预测的——对于不是太长期的微观问题，SSM 方法是一种很好的选择。相比之下，系统动力学（SD）方法则可以在 SSM 的基础上进行更为广泛和深远的仿真——尤其是对于复杂系统问题的长期仿真。基于此，可以说 SD 方法比 SSM 方法具有更为广泛和深远的用武之地；对于描述系统演化的长期趋势之类的问题，SD 更是具有得天独厚的优势。

## 习　题

1. 系统仿真在系统分析中起何作用？系统仿真方法的特点有哪些？

2. SD 的基本思想是什么？其反馈回路是怎样形成的？请举例加以说明。

3. 请分析说明 SD 与解释结构模型化技术、状态空间模型方法的关系及异同点。

4. 请举例说明 SD 结构模型的建模原理。

5. SD 为什么要引入专用函数？请说明各主要 DYNAMO 函数的作用及适用条件。

6. 如何理解 SD 在我国现实的社会经济和组织管理系统分析中更具有方法论意义？

7. 请用 SD 结构模型来描述学习型组织的一般机理。

8. 假设每月招工人数 MHM 和实际需要人数 RM 成比例，招工人员的速率方程是：MHM·KL = P * RM·K

请回答以下问题：

(1) K 和 KL 的含义是什么？

(2) RM 是什么变量？

(3) MHM、P、RM 的量纲是什么？

(4) P 的实际意义是什么？

9. 已知如下的部分 DYNAMO 方程：

MT·K = MT·J + DT * (MH·JK - MCT·JK)

MCT·KL = MT·K/TT·K

TT·K = STT * TEC·K

ME·K = ME·J * DT * (MCT·JK - ML·JK)

其中：MT表示培训中的人员（人）、MH表示招聘人员速率（人/月）、MCT表示人员培训速率（人/月）、TT表示培训时间、STT表示标准培训时间、TEC表示培训有效度、ME表示熟练人员（人），ML表示人员脱离速率（人/月）。请画出对应的SD（程）图。

10. 高校在校本科生和教师人数（S和T）是按一定的比例而相互增长的。已知某高校现有本科生10 000名，且每年以SR的幅度增加，每一名教师可引起增加本科生的速率是1人/年。学校现有教师1 500名，每个本科生可引起教师增加的速率（TR）是0.05人/年。请用SD模型分析该校未来几年的发展规模。要求：

（1）画出因果关系图和流程图。

（2）写出相应的DYNAMO方程。

（3）列表对该校未来3～5年的在校本科生和教师人数进行仿真计算。

（4）请问该问题能否用其他模型方法来分析？如何分析？

11. 根据以下说明，画出因果关系图，建立流图模型，并自拟变量名和数据，写出DYNAMO方程。

1）人口与经济增长

城市就业机会多，是人口流入城市的原因之一。但迁入者不一定会马上在该地区得到许多就业机会，得知并取得就业需要一段时间。迁入人口的增加，促使城市产业扩大。而产业经济的扩大，形成附加的需要，这种需要更加增大了该地区的就业机会。

2）人口与土地使用

人口增加，除了促进经济增长之外，还使住宅建设按照人口增长的速度发展。现在假定，可供产业和住宅用的土地是固定不变的。因此，住宅储备的增加，使可供产业扩大的用地减少。这样，一旦没有更多的土地可供使用，该地区的产业发展就受到抑制，劳动力需求减少，结果就业机会也就减少。潜在的移入者一旦知道就业机会减少，移入人口随之减少，地区人口就停止增长。

# 第八章

# 信息系统工程

【学习目标】

- 了解信息系统的概念、发展历史。
- 了解信息系统的开发方法。
- 了解信息系统的发展趋势。
- 了解企业信息系统工程。
- 了解知识管理的概念及其应用的领域。

人类社会已经步入信息时代，信息时代最重要的特征之一就是以电子计算机和现代通信技术为核心。随着信息技术的发展、生产技术的进步，企业的经营环境越来越处于动态变化之中，传统的管理思想、经营理念、组织模式和方法受到严峻的挑战。因此，利用信息技术实现管理方式的转变，优化配置资源，加速资金周转，提高经济、社会效益，具有重要的现实意义。本章将对信息系统的基本概念，信息系统工程的发展过程，ERP、SCM 和 CRM 集成、开发方法以及未来的发展趋势，知识管理的基本原理、研究热点及其应用等问题进行阐述。

## 第一节　信息系统工程概述

进入21世纪以来，以计算机技术、通信技术和网络技术为代表的现代信息技术的飞速发展，使得信息化已经渗透到人类社会经济生活的方方面面，大到国家的宏观管理、企业经营管理，小到居民的衣、食、住、行、娱乐等日常生活都离不开信息技术的支撑。随着信息技术的发展、生产技术的进步，以及外部环境的变化，系统的管理思想、组织方式和管理方法等受到了严峻的挑战。利用信息技术转变管理方式，优化配置资源，降低能耗，加速资金周转，提高经济和社会效益，建立符合社会主义市场经济竞争规律的决策体系，具有重要的现实意义。

### 一、基本概念

信息是信息科学最基本的概念，也是社会经济发展的重要资源，关于信息到目前为止还没有统一的定义，在信息系统中一般信息定义为：是经过加工后的数据。

### （一）信息的特点

信息的特点主要体现如下：

#### 1. 真实性

真实性是信息最基本的属性，反映了信息的核心价值。

#### 2. 时滞性

数据经过加工才能形成信息，而决策来源于信息。从数据到信息，再到决策，最后到决策结果的形成，从前一个状态到后一个状态的时间间隔总不为零，这就是信息的时滞性。

#### 3. 不完整性

信息的不完整性，是指人们往往无法得到全部的客观事实的知识，同时对得到的信息要进行必要的筛选，摒弃无用和次要的信息，这样才能正确地使用信息。

#### 4. 等级性

信息和信息体系一样都是分等级、分层次的，处在不同级别的管理者对同一事物所需要的信息的等级也是不同的，信息一般分为战略级、战术级和作业级。

#### 5. 共享性

信息的共享性是指同一个信息源的信息可以为多个信息接收者接收并多次使用，并可以由接收者继续传输。

此外，信息还具有存储性、传输性、增值性、时效性等特点。

根据信息的特点，及其在人们生产、管理、日常生活等活动中发挥的重要作用，研究如何对信息进行有效采集、加工、存储、传输，并提供决策所需要的信息具有重要的意义。信息系统正是为解决这一问题应运而生的。信息系统是一个人工系统，由人、计算机硬件、软件和数据资源组成的，目的在于及时、准确地收集、加工、存储、传输和提供决策所需的信息，实现组织中各项活动的管理、调节和控制。信息系统是建立在管理系统之中，通过一系列加工处理环节产生有效信息，辅助完成各种基本的管理职能（包括采购、生产制造、营销、财务、人力资源等），也可以说，组织本身就是一个信息系统，从自身和外部环境中收集有关的数据制成记录，加以处理；对处理后的数据再加以解释，依据解释的结果做出决策，并采取各种必要的行动。同时，它向组织以外的有关企业、政府机关、社会提供必要的信息。

### （二）信息系统的功能

信息系统的基本功能包括：数据输入、传输、存储、加工、维护和输出等。

#### 1. 数据的输入

信息系统界内常说："输入的是垃圾，输出的一定是垃圾。"这说明了数据输入的重要性。由于信息具有不完整性，要想获取组织所需要的全部信息是不现实的，也是不经济的，这就需要确定数据收集的范围，同时需要对信息进行识别。

（1）数据采集的方法。通常采集数据的方法大致有三种：①自下而上的收集，由下级部门向上级部门以一定的周期逐级汇报，例如月报、季报、年报等形式；②专门调研，针对特定问题展开专项调查，例如人口普查、企业调查等；③随机积累法，只要是"新鲜"的事就可以积累以备后用。对采集的数据，按照信息系统要求的格式录入在介质上，就可以输入信息系统进行加工处理。

（2）识别信息的方法。大体来看，识别信息的方法有三种：①决策者识别。信息系统处理信息的目的在于更好地决策，一般信息的识别都是由决策者进行，他们是信息系统目标的制定者，最了解组织决策所需要的信息。②系统分析师识别。决策面对的问题有时是非结构化或半结构化的，很难清晰地界定，此时，往往需要借助系统分析师从技术的角度分析信息的需求。③系统分析师和决策者共同识别，确定决策信息的需求。

**2. 数据的传输**

信息系统中数据传输过程如图 8－1 所示。

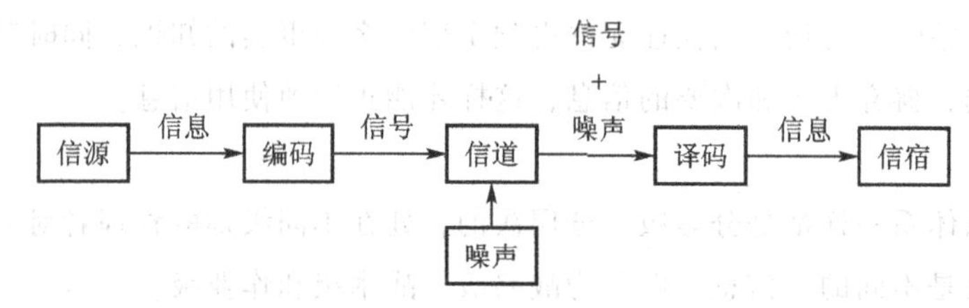


图 8－1　信息系统数据传输图

（1）信源即信息的来源，可以是人、机、自然界的物体等。信源以某种符号（如文字、图像等）或某种信号（语言、电磁波等）形式发出各类信息。

（2）编码是将信息按照某种协议或格式转换成信号的过程。信号的形式主要有声音信号、光信号和电信号等。

（3）信道是信号传输的媒介，如光纤、电缆、人工传送等。

（4）噪声是信息在信道传输过程中受到的干扰，由于自然原因、人为原因及信道中其他信息的干扰，噪声很难避免。

（5）译码是信号到达输出端输出时转换为所需要的信息的过程，如文字、音像或图表等。

（6）信宿是信息的接收者，可以是人、机器或另一信息系统。

**3. 信息的存储**

信息的存储介质主要有纸张、胶卷、光盘、硬盘等。

（1）纸张的历史悠久，至今仍在信息存储中发挥着重要的作用。其主要优点是存量大、体积大、便宜、永久保存性好、不易涂改，存储数字、文字和图像一样容易；缺点是传送信息慢，检索不方便。

（2）胶卷具有存储密度大的优点，$1cm^2$ 可以存储 1 024 页 16 开的纸面信息，但缺点是读取时必须通过接口设备，使用不方便并且价格昂贵。

（3）光盘具有存储容量大、体积小、易于保存、成本低廉的优点。

（4）硬盘适于存放变化快的控制信息和业务信息。

随着技术的进步，存储介质仍处于不断地更新变化之中，存储容量将会更大，成本将会不断降低，体积将会更加小巧、携带方便，如 SD（Secure Digital Memory）卡，记忆棒

（Memory Stick）等。

4. 信息加工

信息加工的范围很广，从简单的查询、排序，归并到复杂的模型调式以及预测。信息加工能力是信息系统功能强弱的重要反映。随着科学技术的不断进步，信息加工运用了系统工程、计算机、运筹学、模糊数学、管理学、社会科学等多学科的交叉知识，使其信息加工能力得到很大的发展，并形成了人工智能、专家系统等新的研究领域。

5. 信息维护

信息维护主要是为了保证信息准确、及时、安全、保密。经常更新存储器中的数据，使数据保持最新状态，是信息资源管理的重要环节。

6. 信息输出

从技术角度讲，信息输出主要是指高速度、高质量地为用户提供信息。信息输出的结果应当容易理解，输出格式应当尽量符合使用者的习惯。

信息的使用，更深一层的含义是实现信息价值的转化，提高工作效率，利用信息进行管理控制，并辅助管理决策。这是信息管理系统的重要功能，也是最艰难的任务。

### （三）信息系统的特点

从信息系统的观点看，系统的思想可以被定义为“一组相关部件为了一个共同的目标协同工作，接收输入和组织的转换产生输出”。意即一组相互关联、相互影响的部件，为了实现某种目的，在一个边界内运转而构成的整体。系统从它的环境接收输入，然后将它们转换成输出并反馈给系统，具体过程如图 8－2 所示。

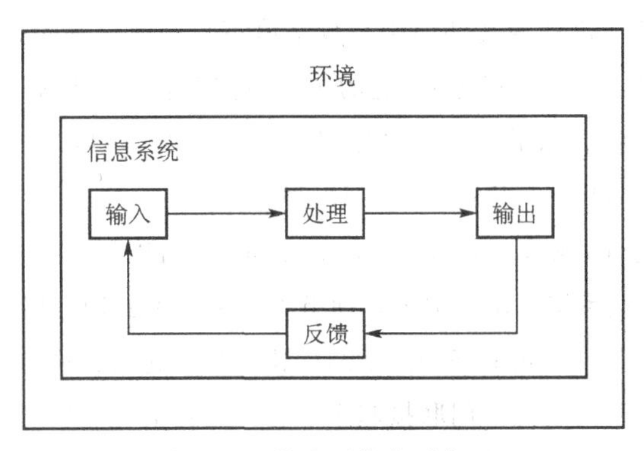


图 8－2 信息系统的系统观

### （四）信息系统的分类

随着信息系统概念的不断发展，信息系统的概念逐渐从单个的高度一体化的系统，转向各个子系统的联合，并按照总体计划、标准和程序，根据需要开发和实现一个个子系统，以实现整体系统的最优化的目标。根据这样的思路，常见的信息系统各子系统主要以下几种：

1. 领导决策支持系统（Executive Support System，ESS）

领导决策支持系统为组织的策略制定提供了支持，对非结构化问题进行描述，提供一个通用的计算机化和通信便利的环境，而不是提供任何固定应用或特定能力。它的主要特点是：面向高层管理（战略管理）；能快速过滤、整理、压缩有用的信息，提高决策者获取信息的效率；提供一个便捷的信息获取和沟通的计算机化环境。

**2. 决策支持系统**（Decision Support System，DSS）

决策支持系统用来帮助管理者解决半结构的、独特的、变化快的、难以预料的问题。它的主要特点是：面向高级和中层管理者提供柔性的、可适应的快速反应服务，允许用户初始化和控制输入和输出；能通过专用程序帮助用户快速掌握且无须辅导操作；对未来难以预测的问题进行决策支持；运用经典分析方法和模型工具。

**3. 管理信息系统**（Management Information System，MIS）

管理信息系统支持结构化和半结构化的操作层和管理层决策，同时为高层决策提供参考。它的主要特点是：系统通常是报告型和控制型的，通过日常经营报告的分析实现对经营的控制；依赖于现有的企业数据和数据流，注重组织内部信息，但分析能力较弱；在历史数据和现有数据基础上进行决策，缺乏灵活性；信息要求是已知的和可靠的；系统设计开发需较长时间。

**4. 知识工作系统**（Knowledge Work System，KWS）

知识工作系统是支持知识工作者工作的系统。它的主要特点是：采用图形化、模型化的分析、设计和文档管理，以减少开发设计中的错误，实现知识信息共享；能够实现计算机辅助设计、辅助制造等方面的功能。

**5. 办公自动化系统**（Office Automation System，OAS）

办公自动化系统是支持脑力劳动者工作的较低层次的系统。典型的办公自动化系统处理和管理的文件，包括字符处理文件印刷、数字填写、调度（通过电子日历）和通信（通过电子邮件、语音文件、可视会议等）。它的主要特点是：有效提高了文字的处理、协调和通信效率；集成了常用的办公软件，如文字处理系统（Word Processing System，WPS）、桌面出版系统（Desktop Publishing System，DPS）等。

**6. 事务处理系统**（Transaction Processing System，TPS）

TPS是最基本的商业系统，用来记录处理组织中最基本的操作层面数据。它的主要特点是：任务、资源和目标是预先定义好和高度结构化，规范化的；许多TPS跨越了组织，直接将顾客和公司仓库、工厂和管理部门联接起来。它具备可靠性、安全性、完备性。

信息系统各个子系统间的关系如图8-3所示。

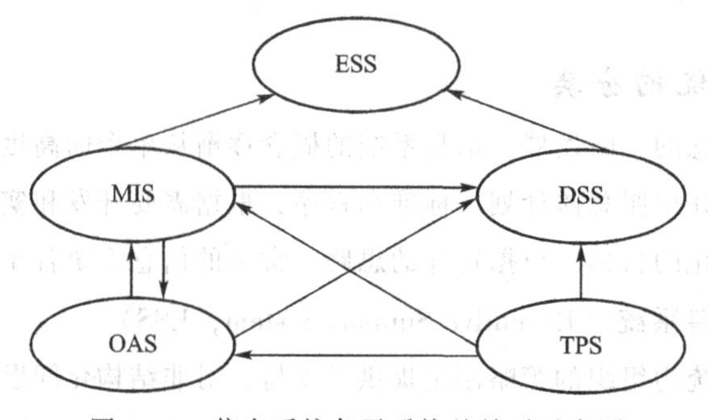


图8-3 信息系统各子系统的关系示意图

## 二、信息系统工程的发展过程

伴随着计算机技术的进步和管理科学的发展，信息系统经历了电子数据处理（EDP）、物料需求计划（MRP）、闭环式物料需求计划（MRP I）、制造资源计划（MRP II）、企业资源计划（ERP）和决策支持系统（DSS）等主要阶段，目前仍在继续发展之中。

### （一）电子数据处理(EDP)

电子数据处理（Electronical Data Processing，EDP）是信息系统的初始阶段。1953 年以后，计算机的应用开始向数据处理方向发展。例如，用于日常业务与事务的处理，定期提供有关业务信息等。这一时期数据处理主要采用批处理（将采集好的数据分批录入计算机进行处理）的方式。1965—1975 年，计算机开始应用于管理子系统，并具备一定的反馈功能。这一阶段数据处理方式主要采用实时操作，数据与程序相对独立，且存储于单独的文件，使得相关的计算程序可共用数据。电子数据处理阶段的主要特征是：信息系统主要用来处理日常管理数据，产生各种报表，重在实现手工作业的自动化，提高工作效率。但其数据共享性差，缺乏安全性和完整性管理，也没有控制和预测功能，不能改变系统的状态。

### （二）物料需求计划(MRP)

20 世纪 60 年代，IBM 公司的约瑟夫·奥利佛博士提出了对物料的需求分为独立需求和相关需求的概念。在此基础上总结出一种新的管理理论——物料需求计划理论（Material Requirements Planning，MRP），亦称作基本的 MRP。这种理论最主要的特点是，在传统的基础上引入了时间分段和反映产品结构的物料清单 BOM（Bill Of Materials，BOM），即按时按量得到所需要的物料。物料需求计划的提出，将生产和库存有机地统一起来，解决了物料需求的准确时间和需求数量的问题，形成了生产需求和物料供应的完整系统。此阶段的 MRP，主要对产品构成进行管理，借助计算机的运算能力即系统对客户订单、在库物料、产品结构的管理能力，依据客户订单、产品结构清单展开并计算物料需求计划，实现减少库存、优化库存的管理目标。

### （三）闭环式物料需求计划(MRPI)

20 世纪 80 年代初，在 MRP 应用和实践基础上发展了闭环式物料需求计划。所谓“闭环”包含双层含义：一方面是指把生产能力计划、车间作业计划和采购作业计划纳入物料需求计划，从而形成一个封闭系统；另一方面，在计划执行过程中，利用来自车间、供应商和计划人员的反馈信息进行计划调整平衡，使生产计划方面的各个子系统在执行过程中构成一个完整的循环控制系统。其工作过程是“计划——实施——评价——反馈——计划”的过程。闭环式 MRP 能较好地解决计划与控制的问题，使生产得到了更多的稳定性和可靠性。但生产的运作过程，即从原材料的投入到成品的产出都伴随着企业资金的流动过程，于这一点，闭环式 MRP 无法反映和解决。这就需要产生解决资金流问题的系统，使得企业系统中的物流、信息流和资金流三流统一。

### （四）制造资源计划（MRP II）

1977 年 9 月，美国著名生产管理专家奥列佛·怀特在闭环式 MRP 基础上提出了新概念——制造资源计划，为区别传统的 MRP，将其称为 MRP II。MRP II 是制造业公认的标准管理信息系统。它在 MRP 管理系统基础上，增加了对企业生产中心、加工工时、生产能力等方面的管理，同时将财务及相关能力也囊括进来，形成了以计算机为核心的闭环管理系统，动态监察产、供、销的全部生产过程。MRP II 整个过程伴随着资金流，通过对资金成本过程的掌握，不断调整生产计划，使系统更加可行和可靠。MRP II 通过向企业提供信息以支持企业生产经营管理和决策。因此，它是一个围绕企业的基本经营目标，以生产计划为主线，对企业制造的各种资源进行统一规划和调整的有效协调，是企业的物流、信息流和资金流并行畅通的动态反馈系统。

### （五）企业资源计划（ERP）

企业资源计划（Enterprise Resource Planning，ERP）是在物料需求计划和制造资源计划的基础上发展起来的更高层次的一种管理思想。它将企业的物流、人员流、资金流和信息流统一起来进行管理，对企业所拥有的人力、资金、材料、设备、方法（生产技术）、信息和时间等各项资源进行综合平衡和充分考虑，最大限度地利用企业的现有资源创造更大的经济效益，科学、有效地管理企业的人、财、物、产、供、销等各项具体业务工作。

#### 1. ERP 的主要特点

（1）从功能范围看，它超越了 MRP II 的集成范围，包括质量管理、人力资源管理、实验室管理、流程作业管理、配方管理、产品数据管理、维护管理、管制报告和仓库管理等，业务管理范围及深度被扩大。

（2）ERP 支持能动的监控能力，有利于提高业务绩效，包括整个企业内采用控制和工程方法、模拟功能、决策支持和用于生产分析的图形能力。

（3）从应用环境看，ERP 支持混合方式的制造环境，包括既可支持离散又可支持流程的制造环境；按照面向对象的业务模型组合业务过程的能力和国际范围内的应用。

（4）从支持技术看，ERP 支持开放的客户机/服务器计算环境，包括客户机/服务器体系结构，图形用户界面（GUI），计算机辅助软件工程（CASE），面向对象技术，使用 SQL 对关系数据查询，内部集成的工程系统、商业系统、数据采集和外部集成（EDI）。

#### 2. ERP 的模块及流程

一般的 ERP 系统包含的模块有：销售管理、采购管理、库存管理、生产管理、质量管理、总账管理、成本管理、应收总账管理、预算管理、固定资产管理、工资管理、人力资源管理、分销管理、设备管理、运输管理、经营预测等模块。ERP 总的流程如图 8-4 所示。

#### 3. ERP 的核心思想

ERP 的核心思想就是要实现对整个供应链的有效管理，主要表现在：对整个供应链资源进行全面管理的思想；融入精益生产、并行工程和敏捷制造的思想；体现事先计划和事中控制的系统管理思想。总之，ERP 是一种企业信息化集成的方案，它建立在信息技术基础上，利用现代企业的先进管理思想，为企业提供决策、计划、控制经营业绩评估的全方位和系统化的管理平台。

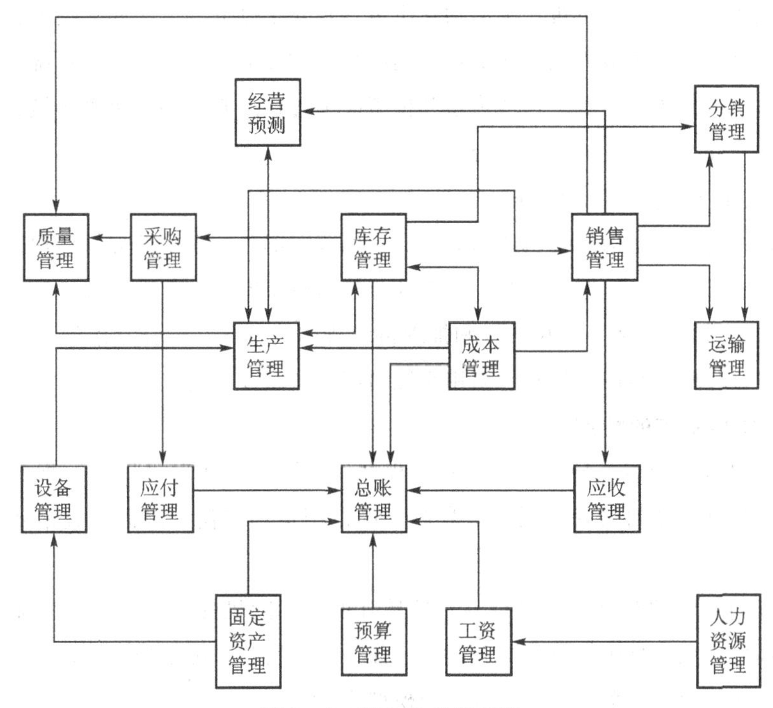


图 8－4 ERP 的总体流程

### 4. ERP 的发展趋势

ERP 就好像是一个容器，不断地装载和吸收先进的管理思想和技术成果，不断地发展其功能以及数据仓库、联机分析处理的功能等。另外，ERP 的供应链管理功能将更强，将更加面向全球市场化环境。不难看出，随着信息技术的发展，特别是随着网络技术的快速发展和新的管理思想的不断涌现，ERP 的发展将呈现出网络化、数字化、集成化、智能化、柔性化、行业化和本地化的特点，具有强大的生命力。

## （六）决策支持系统（DSS）

随着信息技术应用的不断深入，信息系统已不仅仅是支持信息的处理，而且向上发展，支持管理决策。美国的 Marton 在《管理决策系统》一书中首次提出了“决策支持系统”的概念。决策支持系统是通过数据、模型和知识，以人机交互的方式，辅助决策者进行半结构化或非结构化决策的计算机应用系统。决策支持系统不同于传统的管理信息系统，它在人和计算机交互的过程中为决策者提供分析问题、建立模型、模拟决策过程和方案的环境，调用各种信息资源和分析工具，为管理者提供决策所需的信息。

### 1. 决策的分类

著名的管理大师西蒙说过，“管理就是决策”。现代管理的核心就是决策，计算机应用必须更直接地为管理决策服务，特别是为高、中层管理决策服务。决策按其性质可以分为三类：结构化决策、非结构化决策和半结构化决策。其中结构化决策是指对某一决策过程的环境及规划，能用确定的模型或语言描述，以适当的算法产生决策方案，并能从多种方案中选择最优解的决策；非结构化决策是指决策过程复杂，不可能用确定的模型和语言来描述其决策过程。更无所谓最优解的决策；半结构化决策，是介于以上二者之间的决策，这类决策可以建立适当的算法产生决策方案，从决策方案中得到较优的解。决策支持系统主要支持半结构化决策和非结构化决策问题。构造模型和模拟决策过程及其效果的决策环境，以提高决策人员的决策技能和决策质量的支持系统。

**2. 决策支持系统的基本结构**

决策支持系统基本结构主要由四部分组成，即数据部分、模型部分、推理部分和人机交互部分。数据部分是一个数据库系统；模型部分包括模型库及其管理系统；推理部分由知识库（KB）、知识库管理系统（KBMS）和推理机组成；人机交互部分是决策支持系统的人交互界面，用以接收和检验用户请求、调用系统内部功能软件为决策服务。

**3. 决策支持系统的特点**

（1）需要处理的数据类型复杂，格式化程度低，并且包括大量历史数据和企业外部的数据。它要求信息存储的格式灵活，信息收集的范围更加广泛，因而，数据处理的难度也更大。

（2）对信息加工的要求比较复杂，并且具有很大的随机性。管理人员所需要的决策信息，特别是高层管理人员所需要的决策信息，往往不是用某个确定的数据模型加工就可以得到的。因此，在决策支持系统中必须有一个模型库系统。

（3）决策支持系统中的工作方式主要是人机对话方式，许多功能是从系统与用户之间的相互作用中衍生出来的。因此，在决策支持系统中要有一个对话子系统。

（4）与决策者的工作方式等设置因素关系密切。从客观上看，社会发展、环境变化、技术更新、政策修订、决策者的主观行为等会都对管理决策的方式产生影响。

**4. 决策支持系统的发展过程**

自从20世纪70年代决策支持系统概念提出以来，决策支持系统已经得到很大的发展。20世纪80年代末90年代初，决策支持系统开始朝着智能化方向发展，形成智能决策支持系统（Intelligent Decision Support System，IDSS），主要是在原有DSS上加进知识库和逻辑推理能力。IDSS既充分发挥出知识推理形式解决定性分析问题的特点，又发挥了决策支持系统以模型计算为核心的解决定量分析问题的特点，使解决问题的能力和范围得到了进一步提高和扩展。

新决策支持系统是决策支持系统发展的一个新阶段。20世纪90年代中期出现了数据仓库（Data warehouse，DW）、联机分析处理（On－Line analysis Processing，OLAP）和数据挖掘（data Mining，DM）新技术，DW＋OLAP＋DM逐渐形成了新决策支持系统的概念。新决策支持系统从数据中获取辅助决策信息和知识，完全不同于传统决策支持系统用模型和知识辅助决策。传统决策支持系统和新决策支持系统是两种不同的辅助决策方式，两者不能相互代替，而应该是相互结合。

把数据仓库、联机分析处理、数据挖掘、模型库、数据库、知识库结合起来形成的决策支持系统，即将传统决策支持系统和新决策支持系统结合起来的决策支持系统是更高形式的决策支持系统，称为综合决策支持系统（Synthetic Decision support system，SDSS）。综合决策支持系统发挥了传统决策支持系统和新决策支持系统的辅助决策优势，实现了更有效的辅助决策。综合决策支持系统还将以更新的结构形式出现。

综上所述，信息系统的主要发展历程如图8－5所示。

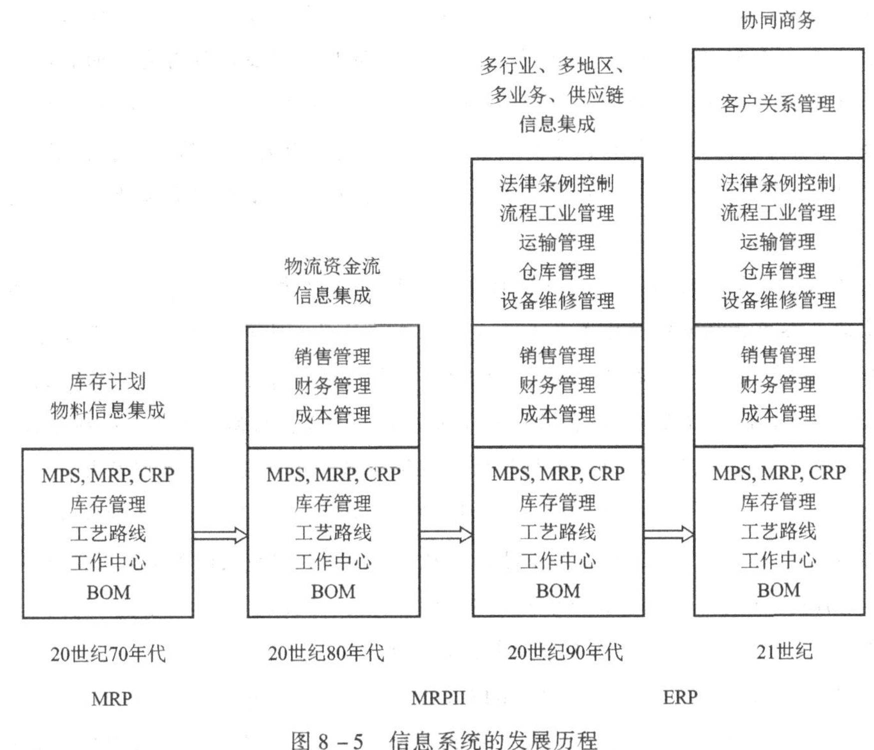


图8－5 信息系统的发展历程

## 案例8－1

### 某纺机公司的信息化发展战略

信息化是充分利用信息技术，开发利用信息资源，促进信息交流和知识共享，提高经济增长质量，推动经济社会发展转型的历史进程。20世纪90年代以来，伴随着信息技术的不断创新，信息产业获得了持续的发展，信息网络广泛普及，信息化已经成为全球经济社会发展的显著特征之一，并逐步向一场全方位的社会变革演进。进入21世纪以来，信息化对经济社会发展的影响更为深刻，广泛应用、高度渗透的信息技术正孕育着新的重大突破，加快信息化发展，已经成为世界各国企业所面临的共同选择。

我国政府高度重视信息化建设工作。20世纪90年代，相继启动了以金关、金卡和金税为代表的重大信息化应用工程；1997年，召开了全国信息化工作会议；党的十五届五中全会把信息化提到了国家战略的高度；党的十六大进一步做出了以信息化带动工业化、以工业化促进信息化、走新型工业化道路的战略部署；党的十七大赋予信息化新的历史使命，将信息化作为与工业化、城镇化、市场化、国际化并举的重大形势与任务；党的十八大把信息化作为全面建设小康社会的重要环节；党的十九大上，习近平总书记做出“没有信息化就没有现代化”的指示，把信息化放到推进全面深化改革的战略和全局高度对待，作为推动社会治理体系和治理能力现代化的重要手段，纳入全面深化改革顶层设计各方面。

在我国企业信息化建设的大潮中，某纺机股份有限公司的信息化建设也取得了显著的成效。该公司成立于1995年8月15日，为国家高新技术企业，注册于北京经济技术开发区，其前身是有着50余年历史的原国营经纬纺织机械厂。该公司拥有完善的科技开发、生产制造、经营销售和投资管理体系，下辖30多家子、分公司。目前主要生产经营棉纺机械、纺机专件、织造机械、经编机械、染整机械、捻线机械等六大单元的产品，技术工艺先进，制造质量可靠，性能价格优良，产品畅销全国各地及海外40多个国家和地区，在国内及国际上享有良好的信誉。

公司技术中心是我国棉纺织机械行业唯一的国家级技术中心，建有一流的产品制造工艺试验基地。公司建立有比较完善的产品开发、工艺技术、生产制造、市场营销等经营管理体系，具备铸造、冷作、机加工、电镀热处理、涂装、装配等全流程工艺手段，拥有各类先进加工设备4 000余台（套）。拥有国内一流的钣金柔性线、箱体柔性线、棉纺专件生产线、剑杆织机凸轮生产线、高速弹力丝机热箱生产线等流水线生产设备，建有国内第一条细纱机装配生产线，技术装备水平位居同行业前列。2011年，公司营业收入首次突破100亿元，利润总额首次突破15亿元，标志着公司的发展迈上了新台阶，2012年启动信息化升级战略。截至2016年12月31日，公司资产总额353亿元，营业收入104亿元，利润总额30亿元，拥有30多家子、分公司和三个事业部，员工1.4万多人。

该公司是“国家高技术发展计划CIMS（Computer/Contemporary Integrated Manufacturing Systems，计算机/现代集成制造系统）应用示范企业”，获得了包括两次国家科技进步奖、多次部级管理奖、部级科技奖以及1996年全国唯一的“CIMS应用企业领先奖”在内的一大批成果和荣誉。以JW－CIMS工程为代表的信息化应用取得了可观的社会效益和经济效益，对公司的经营管理产生了巨大的促进作用，信息化应用使得公司的产品开发设计、生产制造模式发生了由传统刚性向柔性化的转变。信息化技术已融入公司生产管理、设计、工艺、制造、采购、销售、财务、办公等整个生产经营过程，涵盖企业主要业务，包括MIS（Management Information System，管理信息系统）、CAD（Computer－Aided Design，计算机辅助设计）/CAPP（Computer Aided Process Planning，计算机辅助工艺过程设计）/CAM（Computer Aided Manufacturing，计算机辅助制造）、CAQ（Computer Aided Quality，计算机辅助质量管理）、OA（Office Automation，办公自动化）、MAS（Mobile Agent Serve，移动代理服务器）等系统在内的JW－CIMS系统已成为企业各类人员工作中不可或缺的得力工具，成为企业日常生产经营的神经中枢。

该公司经过多年的企业信息化建设，已经实现了以产品全生命周期为基础的工程、管理的数字化。未来公司将主要致力于如何利用这些数字化资产进行快速、科学、准确地决策，加快创新的步伐，引领我们由中国制造跨入中国智造。目前，该公司的信息大厦主体已经搭建，顶部较为薄弱，内部装修还不够理想。

公司信息化建设发展历程经历了以下几个阶段：

**第一阶段：初步探索**

从20世纪80年代初期就尝试应用计算机进行企业管理，并积极探讨、深入开展这方面的工作，是国内起步较早的一批企业之一。公司在1982—1984年，仅用一台8位微机，采用BASIC语言编程，就实现了企业的钢材库存管理、材料定额管理、采购合同管理与物资的综合平衡计算，用计算机替代了人工管理，促进了库存、材料和采购合同管理效率的提高。1985—1988年，应用当时16位高档微机ALTOS986，在XENIX操作系统INFORMIX数据库平台，开发了在制品管理系统，实现了一万六千个零件从毛坯出产—零件加工—产品装配的全部生产过程的信息跟踪，1987年实现了全部甩掉人工台账，真正依靠计算机进行管理，解决了企业几十年来的老大难问题，为提高企业的生产管理水平发挥了重要的作用。

**第二阶段：全面启动CIMS工程**

在计算机应用于企业管理的同时，公司在CIMS的其他分系统方面也逐渐开始应用计算机进行管理。1987年开始应用GT - CAD（Georgia Tech Computer - Aided Design，计算机辅助设计），1990年CAPP被企业引入，1992年公司制定了第一次CIMS总体规划，1994年CAQ分系统引入，到1994年公司在计算机网络与数据库两大系统的支撑下，已经拥有超级小型机2台，各类高、中、低档CAD工作站70台，各种档次的微机300台，计算机终端250台，打印机、绘图仪等各种输出设备近百台，这批现代化的工具在企业管理、产品设计、工艺制造、质量控制、柔性加工控制等方面发挥着前所未有的作用，改变着企业的内涵。1995年与CIMS开发实施的技术依托单位清华大学国家CIMS研究中心签订了第一期的合作协议，共同做出了公司1995—1996两年CIMS的总体设计与规划，合作开发了11个子项目，并于1996年底全部通过了验收；1997年初，又签订了第二期的合作协议，共同做出了公司1997—1999三年CIMS的总体设计与规划，合作开发了7个子项目，并于1999年底全部通过了验收。通过与清华大学国家CIMS研究中心的多年合作，使企业信息化建设有了一个新的飞跃。

**第三阶段：MRP II软件引进、消化与吸收**

1990年，公司自筹资金120万美元，引进了美国CDC公司CYBER932小型机一台、CAD工作站12台及全部网络配套外设，并同时从国外引进了先进的MRP II软件包中五个核心模块（产品数据管理、库存管理、MRP、车间控制、能力需求计划），作为MRP II高起点开发的基础与借鉴。经过三年多对软件的消化、调研，对企业的编码系统、期量标准、工作地的设置等关键课题的研究，到MRP II的总体设计、详细设计的完成，遵循了“符合国情、厂情、先进合理”的原则，较好地吸收了引进软件的精华，重新精心构造了数据库结构，完成了全部功能输入/输出设计。经验证明，对于引进软件，不能完全照搬，也不能一概否定，应该在认真分析、消化国外软件的基础上，根据我们的国情、厂情，开发了我们自己的MRP II产品。使得信息化建设一步一个台阶，获得了持续的提升。

**第四阶段：信息化的持续提升**

2001年公司股份进行了资产重组，增发上市成功，形成了以北京为中心、辐射郑州、天津、沈阳、郑州、青岛、榆次、宜昌、常德、咸阳等为核心企业的集团化股份公司，集团化、信息化建设主要围绕公司总部的“研发中心、营销中心、财务中心、管理中心、信息中心、决策中心”展开推进工作。

经过近30年的信息化建设，该公司一直是我国CIMS工程实施和应用较好的企业之一，公司始终把信息化建设作为支撑公司发展的重要战略之一。

总之，信息化对企业的管理变革、产品创新起了巨大的支持与推动作用。从此，该公司信息化建设开启了打造“数字化”，实现设计数字化、生产过程数字化、制造装备数字化、管理数字化的新阶段。信息化是该公司实现产品创新的源泉，特别是在金融危机环境下，需求减少，竞争加剧，靠什么赢得订单？要靠产品技术创新。一方面，在产品中融入信息技术，能够大大提高产品的机电一体化、数字化、智能化和网络化的程度；另一方面，通过CAD/ CAE/CAPP/PDM技术提高产品的设计水平、设计速度、设计质量，满足客户个性的需求，通过管理信息化系统，能够最大限度地降低生产成本，快速响应客户需求。因此，信息化是该公司在金融危机下获胜的一把有力武器。

## 三、 开发方法

在信息开发实践中，人们运用了多种系统分析设计方法。这些方法产生于不同时期，有其重要的研究和应用意义。运用系统工程的思想开发信息系统的方法主要有结构化系统开发方法、原型法、面向对象的方法和计算机辅助软件工程方法。

### （一）结构化系统开发方法

结构化系统开发方法（Structured System Analysis and Design，SSA&D）又称结构化生命周期法，是系统分析员、软件工程师、程序员以及最终用户按照用户至上的原则，自顶向下分析和自底向上逐步实施计算机信息系统的一个工程，是组织、管理和控制信息系统开发过程的一种基本框架。

具体来说，结构化系统开发方法就是首先将整个信息系统的开发过程按照生命周期划分为系统规划、系统分析、系统设计、系统实施、系统运行与维护等几个相对独立的开发阶段，如图8-6所示。其次，在系统规划、系统分析、系统设计等阶段中，自顶向下对系统进行结构划分。从顶层的管理业务入手，逐步深入至最基层；从系统的整体方案分析和设计出发，先考虑整体优化，再考虑局部的优化问题。最后，在系统实施阶段，坚持自底向上地逐步实施，从最底层的模块编程开始，逐步组合调式，由此完成整个系统。

#### 1. 结构化系统开发方法的步骤

结构化系统开发方法将信息系统的开发过程划分为系统规划、系统分析、系统设计、系统实施、系统运行与维护等阶段。如图8-6所示。

（1）系统规划阶段。系统规划阶段的主要任务是根据用户的系统开发请求进行初步调查，明确问题，确定系统目标和总体结构，确定分析阶段实施进度，进行可行性研究。

（2）系统分析阶段。系统分析阶段的主要任务包括分析业务流程、分析数据与数据流程、分析功能与数据之间的关系，最后提出分析处理方式和新系统逻辑方案。

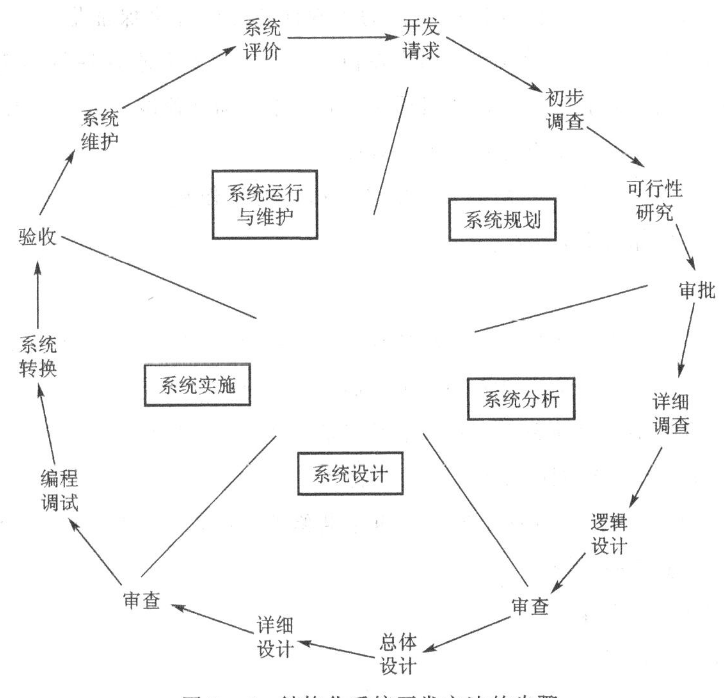


图 8－6　结构化系统开发方法的步骤

（3）系统设计阶段。系统设计阶段的主要任务是根据系统分析提出的逻辑模型，确定新系统的物理模型，即计算机化信息系统应用软件的总体结构和数据库设计，并提出系统配置方案，进行详细设计。其主要内容包括代码设计、用户界面设计、处理过程设计等。

（4）系统实施阶段。系统实施阶段是将新系统付诸实施的阶段。这一阶段的任务包括计算机系统等设备的购置、安装和调式，程序的编写和调式，人员培训，数据文件转换，系统高度与转换等。

（5）系统运行与维护阶段。系统投入运行后，需要进行系统评价，并经常进行维护，记录系统运行的情况，同时，按照一定的规格对系统进行必要的修改，以及评价系统的工作质量和经济效益。

**2. 结构化系统开发方法的优点**

结构化系统开发方法的主要优点是：整个开发过程严格区分开发阶段，每一阶段均有明确的目标和任务；并且它强调系统开发过程的整体性和全局性，强调在整体优化的前提下考虑具体的分析设计问题；阶段性成果以可行性分析报告、系统分析说明书、系统设计说明书等标准化的文档资料形式表现出来，便于系统开发人员和用户的交流。

**3. 结构化系统开发方法的缺点**

（1）开发周期过长，难以适应环境的变化。对于一个比较大的系统，开发工作可能需要 2 ～3 年，在此期间，用户的要求会越来越高，环境的变化可能使得原来提出的配置、设计方案需要重新考虑。

(2) 难以准确定义用户需求。系统的开发过程是一个线性发展的“瀑布模型”，各阶段须严格按顺序进行，并以各阶段提供的文档的正确性和完整性来保证最终应用软件产品的质量。这在许多情况下是难以做到的。用户在初始阶段提出的要求往往既不全面也不明确，而在设计过程中，用户可能感到最初的目标达不到要求，需要修改，这不仅给开发工作带来较大的工作量，而且使开发工作存在较大的难度。

(3) 开发成本高，效率低。系统开发的各个阶段的工作从系统分析、系统设计到系统实施，绝大部分工作靠人工完成。

## (二) 原型法

为了改进结构化方法周期长、成本高的缺点，1977 年，研究人员提出了原型法（Prototyping Approach)。它扬弃了结构化方法一步步周密调查分析、然后逐步整理出文字档案、最后才能让用户看到结果的烦琐做法。其基本思想是：开发者和用户在系统的主要需求上取得一致意见后，由开发者在短期内开发出一个功能不十分完善、实验性的、简易的应用软件的基本框架（称为原型)，先运行这个原型，再不断修改、改进、扩展原型，使之逐步完善，直至形成一个相对稳定的系统。

### 1. 原型法的工作流程

原型法的工作流程如图 8 - 7 所示。

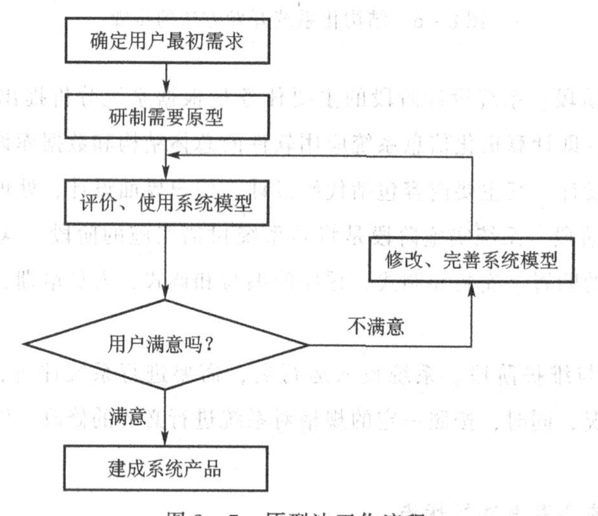


图 8 - 7 原型法工作流程

从原型法的工作流程图可以看出：首先由用户提出开发要求和系统的初步需求，开发人员识别和归纳用户要求，利用工具构造出一个系统原型；然后双方一起进行测试和评价，确定下一步处理方式。如果系统根本不可用，则抛弃该原型，返回上一步，重新构造；如果不满意，则修改原型，直到符合用户要求为止，从而构成最终系统。

### 2. 原型法的主要优点

(1) 原型法的开发过程是一个循环往复的反馈过程，符合用户对计算机应用的认识逐步发展、螺旋式上升的规律。开始时，用户和设计者对于系统的功能要求的认识是不完整的，通过建立模型、评价原型、修改原型的循环过程，设计者及时取得用户的反馈信息，反复修改、完善系统，确保用户要求得到较好满足。

(2) 原型法很具体，用户能很快接触和使用系统，容易为不熟悉计算机应用的用户所接受，可提高用户参与联系开发的积极性。

(3) 原型法充分利用新的软件工具，摆脱老一套的工作方法，使系统开发周期短，效率、技术等方面也会大大提高，灵活性高，对于管理体制和组织结构不稳定、有变化的系统比较适合，降低了信息系统的开发风险。

**3. 原型法的局限性**

(1) 对于大型系统或复杂性高的系统，如果不经过系统分析来进行整体性划分，很难构造出原型。

(2) 这种方法孤立采用“编码、实现、修复”的开发方式，有可能提高整个系统的生命周期的运行支持和维护成本。

### (三) 面向对象的方法

面向对象（Object－Oriented）的方法是从20世纪80年代各种面向对象的程序设计语言（如Smalltalk、C++等）逐步发展而来的。采用面向对象方法的目的是提高软件系统的可重复性、扩充性和维护性，使软件系统向通用性方向发展。

**1. 面向对象方法的基本思想**

(1) 客观世界中的任何事物都是对象。对象是由属性和操作方法组成的，其属性反映了对象的数据信息特征，而操作方法则定义改变属性状态的各种操作方式。对象作为一个整体，对外不必公开这些属性与操作，即对象的封装性（Encapsulation）。

(2) 对象之间有抽象和具体、一般与特殊、整体与部分等几种关系，这些关系构成对象的结构（Structure）。

(3) 把一组具有相同结构、操作和约束条件的对象称为“类”（Class）。对象可以按其属性归类，借助类的层次结构，子类可以通过继承机制获得父类的属性、操作和约束规则，这就是类的继承性（Inheritance）。

(4) 对象之间的联系是通过消息传递机制来实现的。消息就是向对象发出的服务请求，它应该含有提供服务对象标识、服务标识、输入信息和回答信息。消息的接收者是提供服务的对象。

**2. 面向对象方法的开发过程**

一般来说，面向对象方法的开发过程分为四个阶段：

(1) 系统调查和需求分析，即对系统将要面临的问题以及用户对系统开发的需求进行调查研究，确定系统开发的目标和任务，弄清问题是什么。

(2) 分析问题和求解问题，即从繁杂的问题域中抽象地识别出对象以及其行为、结构、属性、方法等。这一阶段一般被称为面向对象分析。

(3) 整理问题，即对分析的结果做进一步的抽象、归类、整理，并最终以范式的形式将它们确定下来。本阶段被称为面向对象的设计。

（4）程序实现，即用面向对象的程序设计语言将设计整理的范式直接映射（即直接用程序语言来取代）为应用软件，并调试之。这一阶段称为面向对象的程序设计。

**3. 面向对象方法的优点**

（1）采用全新的面向对象思想，以对象为基础，使系统的描述和信息模型的表示与客观实体相对应，符合人类思维习惯，有利于用户与开发人员的沟通，缩短开发周期，提高开发效率。

（2）面向对象技术中的各种概念和特性，如继承、封装、消息传递机制等，使软件的一致性、模块的独立性及程序的共享性大大提高，是一种很有发展前景的系统开发方法。

**4. 面向对象方法的不足**

面向对象的开发方法也存在明显的不足。首先，必须依靠一定的软件基础支持才可以应用；其次，在大型项目的开发上具有局限性，必须以结构化系统开发方法的自顶向下的整体系统调查和分析做基础，否则同样会造成系统结构不合理、各部分关系不协调的问题。

## （四）计算机辅助软件工程方法

计算机辅助软件工程方法（Computer Aided Software Engineering，CASE）原来指用来支持信息系统开发工作的、由计算机辅助软件和工具组成的综合性软件开发环境，但从它对系统开发过程所支持的程度来看，又不失为一种实用的系统开发方法。随着 CASE 的发展和完善，逐步由单纯的辅助开发工具环境转化为一种相对独立的方法论。

CASE 的主要目标是使结构化方法可以全面实施，使原型的建立有高效率的手段，加快系统的开发过程，使系统开发人员的精力集中于开创性工作，通过自动检查提高软件的质量，提高软件的可重复度，简化系统的维护工作。

CASE 的作用可概括为能实现一个具有快速响应、专用资源和早期查错功能的交互式开发环境，对系统的开发和维护过程中的各个环节实现自动化，通过一个有力的图形接口，实现直观的程序设计。

CASE 方法解决系统开发问题的基本思路是结合系统开发的各种具体方法，在完成对目标的规划和详细调查后，如果开发过程中的每一步都相对独立且一定程度上形成彼此对应的关系，则整个系统开发就可以应用专门的软件开发工具和集成开发环境来实现。一个完整的 CASE 应当具备以下机构或功能。

**1. 中心信息库**

中心信息库是存储和组织所有与应用软件系统有关信息的一种机构，包括系统的规划、分析、设计、实现和计划管理等信息，如结构化图形、屏幕与菜单的定义、报告的模式、记录说明、处理逻辑、数据模型、组织模型、处理模型、源代码、事务规划、项目管理形式、数据元素以及系统信息模型之间的关系等。

**2. 图形功能**

图形是软件模型化的语言，它为文件的描述提供简明的方法，是产生优秀的系统和程序文档的基础。清晰的图形在复杂系统的开发和编程的过程中起着关键性的作用，它能为开发人员提供清楚的思路，加快工作速度并提高产品的质量。

**3. 查错功能**

在系统开发中，尽早查出错误并排除错误是降低成本的一种行之有效的方法。CASE 提供了自动检查的功能，其思想是以规格说明（即系统说明书）为依据进行检测，达到系统的一致性和完整性。

**4. 支持建立系统的原型**

在 CASE 中为建立原型提供了各种工具，如屏幕绘图程序，报告生成程序，菜单模拟工具，系统开发人员可单建立程序，可执行的规格说明语言等。借助于 CASE 对原型进行模拟运行可以证实系统设计模型的正确性。

**5. 代码自动生成**

CASE 通过程序设计规格说明生成代码，实现编程阶段的自动化。这种自动生成可能是一个框架，也可能是一个完整的程序。其框架可以是数据库、文件、屏幕和报表描述的代码；其完整程序可以是可执行代码、需要访问的数据库/文件、屏幕求助信息、出错信息及程序文档等。这样大大地提高了系统开发的效率。

**6. 有利于应用结构化方法**

CASE 提供的若干工具，有利于结构化分析、结构化设计和结构化程序设计，从而使结构化方法实现自动化。CASE 工具为数据流图、E－R 图（实体联系图）等这类结构化图提供了图形支持，同时可自动生成诸如系统说明和伪码等形式的规格说明。CASE 指导用户正确使用结构化方法，要求用户按照一定的标准化次序进行系统分析与设计。

## 四、 信息系统的发展趋势

### （一）信息系统的集成化

信息系统是各种学科门类（如管理学、系统工程等）之间相互交叉渗透产生的，因此信息科学是多学科的高度综合体。信息系统蕴含了许多管理思想，如面向企业功能（如办公自动化 OA）、面向企业过程（如 MRP II）、面向产品生命周期（如 SCM）、面向客户（如 CRM）等。

充分吸收系统思想后的信息系统，将会发展成为一种融合各种管理思想的面向产品生命周期的集成系统。为了实现资源共享，适应网络经济的发展，柔性化企业管理信息系统在 ERP 的基础上，充分利用互联网技术，将供应链管理（SCM）、客户关系管理（CRM）、商业智能（Business Intelligence，BI）、电子商务（Electronic Commercial，EC）、决策支持系统（Decision Support System，DSS）等功能全面集成。

### （二）知识信息系统

目前信息处理技术已经进入知识处理的新阶段，在数值计算、信息处理阶段，计算机仅仅是代替人类完成繁杂的运算。随着信息技术的发展，计算机将逐步具有智能，即具备进行独立脑力劳动的条件。在这个阶段中，人工智能与信息技术结合将产生未来信息系统新的基础结构，若从工程角度看，将最终产生新一代信息系统——知识信息系统。知识是汇总加工后的信息，经过逻辑或非逻辑思维而形成的经验和理论。知识是知识经济的核心因子，以研究事物运动状态和变化规律为目的，通过现象、资料、数据等获得的规律性认识。知识信息系统是指对知识的获取、加工处理和延伸，是集体参与创新的人—机系统。所以，知识信息系统不仅具有管理信息系统的全部功能，更为重要的是要总结其规律。

#### （三）智能决策支持系统

20 世纪后期，决策支持系统的出现促使计算机在管理应用的重点上也发生了变化，由事务性处理转向企业管理的高层决策。将人工智能技术引入决策支持系统而形成一种新的信息系统，称之为智能化决策支持系统，它最初是由专家系统和决策支持系统结合而成。智能决策支持系统在结构上比原来的决策支持系统增加了知识库与推理机，如今已经在管理领域得到了充分的应用，如产品选择、定价、信贷风险顾问、作业计划、仓库管理、成品发运路线的确定等方面。

随着信息技术的发展，智能决策支持系统的功能有了新的方向：① 提供模型建造知识、模型操纵知识和领域知识。②具有智能的模型管理功能。模型管理是智能决策支持系统的核心部分，也是近年来系统智能化研究中十分活跃的领域。如模型自动选择、模型自动生成、模型复合以及模型的重复使用等。③系统自学习能力的提高。④人机接口具有自然语言理解能力，系统能够理解问题，并能解释运行结果。

## 第二节　企业信息系统工程——ERP、SCM、CRM 的集成

### 一、 SCM、 CRM 的概念与内容

#### （一）供应链管理（SCM）

##### 1. SCM 的思想

供应链管理（Supply Chain Management，SCM）的兴起源于企业试图消除因供应链上信息传递太慢或错误而导致的生产及存货计划不准确等问题。在新的市场环境下，企业与其供应商、销售代理、最终用户之间的关系已不再是单纯的业务往来关系，而是优势互补、利益共享的合作伙伴关系。从概念上来说，SCM 是指对相互关联的业务伙伴之间发生的信息流、物流、资金流、增值流、业务流及贸易伙伴等信息进行组织、协调和控制，并进行一体化管理的信息系统，即以“链”的形式将贸易伙伴中的制造商、零售商、客户和供应商的网络连接在一起，形成一条不可分割的能共享技术和资源的业务流程或供需信息网络系统。

在 SCM 中，每个贸易伙伴既是客户的供应商，又是其供应商的客户，既从上级贸易伙伴订购产品，又向下级贸易伙伴供应产品。每个企业都要从整体的框架中来考虑自身的定位，改善供应链的绩效，从而达到整体功能的提高。SCM 利用供给与需求的关系，清楚地表明资源的使用情况，并配合产品结构化的机制，得到即时答复可交货时间，进而提升客户

服务的效能。所以降低成本、即时满足需求、提升竞争优势、增加收益、有效利用资源、应付以外情况、增进存货周转等都是 SCM 系统所能带来的效益。

### 2. SCM 的内容和运作方式

(1) 供应链管理的内容。供应链管理主要涉及四个主要领域：供应 (Supply)、生产计划 (Schedule plan)、物流 (Logistics)、需求 (demand)，包括计划、合作、控制从供应商到用户的物料 (零部件和成品等) 和信息。

(2) SCM 的运作方式。供应链有两种不同性质的运作方式：一种称为推动式 (Push)，如图 8-8 (a) 所示；一种称为牵引式 (Pull)，也称拉动式，如图 8-8 (b) 所示。

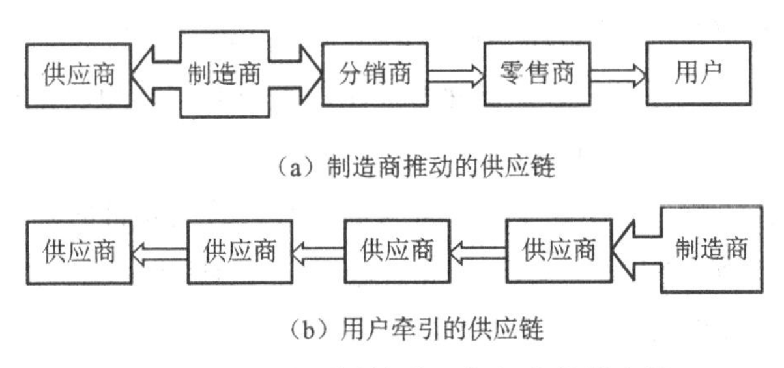


(a) 制造商推动的供应链

供应商 ⇐ 供应商 ⇐ 供应商 ⇐ 供应商 ⇐ 制造商

(b) 用户牵引的供应链

图 8-8 两种不同性质运作方式的供应链

推动式的运作方式是以制造商为核心，产品从分销商逐级推向用户，分销商和零售商处于被动接受的地位，各企业之间集成度较低，通常采取提高安全库存量的办法应付需求变动。因此，整个供应链上的库存量较高，对需求变动的响应能力差。牵引式供应链的驱动力产生于最终用户，整个供应链的集成度较高，信息交换迅速，可根据用户的需求实现定制化服务，降低供应链系统的库存量。

## (二) 客户关系管理 (CRM)

### 1. CRM 的内涵与思想

CRM 是近年来迅速发展起来的一套管理体系。它是企业总体战略的一种，是依靠信息技术实现的全新管理模式。关于 CRM 目前还没有统一的定义，但总的来说，CRM 实际上是一种以客户为中心的管理机制和经营战略。它以信息技术为手段，对业务功能进行重新设计，并且对工作流程进行重组，提高客户满意度，从而最终达到企业利润最大化。它所强调的是客户价值，要充分利用以客户为中心的各种资源，采用先进的数据库和其他信息技术来获取客户数据，从而有针对性地为顾客提供产品和服务。

由此可知，客户关系管理实际上包含两方面的含义。

(1) 从管理思想的角度看，CRM 首先是一种管理理念，其核心思想是将企业的客户作为最重要的企业资源，通过完善的客户服务和深入的客户分析来满足客户的需求。CRM 也是一种旨在改善企业和客户之间关系的新型管理机制，它实施于企业的市场营销、销售、客户与技术支持等同客户相关的领域，以使企业更好地围绕客户行为来有效地管理自己的经营活动。

(2) 从信息技术角度看，CRM 又是一种管理软件和技术。它将最佳的商业实践与数据挖掘、数据仓库、一对一营销、销售自动化以及其他信息技术紧密结合在一起，最大限度地支持 CRM 的经营理念在企业范围内的具体实践。

**2. CRM 的主要组成部分**

CRM 主要应包含如下功能模块：客户管理、产品管理、时间管理、联系人管理、营销管理、电话营销等，有时还涉及工作流管理、呼叫中心、合作伙伴关系管理、知识管理、商业智能等。功能组件主要关注营销自动化（Market Automation，MA）、销售功能自动化（Sale Function Automation，SFA）和客户服务（Customer Service，CS）三个方面，这三个方面对 CRM 的成功起了至关重要的作用。

（1）营销自动化。传统的数据库是静态的，做一次统计分析需要较长时间，许多商业机遇经常在此期间失去。MA 系统必须确保所产生的客户数据和相关支持资料对客户的活动及时做出反应，以更好地抓住各种机遇。

（2）销售自动化。SFA 是 CRM 中增长最快的过程，其主要目的是提高专业销售人员部分活动的自动化程度，它包含了一系列功能，包括领导/账户管理、合同管理、定额管理、销售预测、盈利/损失分析以及销售管理等。

（3）客户服务。客户服务主要集中在售后活动上，但有时也提供一些售前信息。客户服务最重要的功能一般是产品技术支持，为客户提供支持的服务需要与驻外的服务人员和销售力量进行操作集成，以保持较高的服务水平。

**3. 实现 CRM 的关键技术要求**

实现 CRM 的基本功能需要几个关键的技术要求。

（1）商业智能和分析能力。尽管 CRM 的主要目标是提高同客户打交道的自动化程度和改进商业流程，但强有力的商业智能和分析能力也是同样重要的。CRM 系统中包括大量有关客户的信息。决策者需要充分利用这些信息，从而及时做出更为明智的商业决策。需要重点说明的是一个优化的商业智能解决方案应跨越 CRM 和 ERP 两种系统，这样企业就能把成本与利润创造过程联系在一起。

（2）与客户交流的统一渠道。将 CRM 解决方案的各个组件集成起来与将多种渠道组件集成起来具有同样的重要性。客户可以通过 Web 或呼叫中心与企业沟通，但无论是通过哪种渠道，客户与企业的交流都必须是无缝的、连贯的、高效的。Web 在企业内部和外部交流及交易方面日益广泛的使用使得 Web 功能成为 Web 解决方案中的关键因素。

（3）支持网络应用的能力。Web 的功能对于诸如自助服务和自助销售等应用软件是不可或缺的前提条件。Web 不仅对于电子商务渠道是不可缺少的，它在基础框架方面也是十分重要的。为了使客户和企业雇员都能方便地应用 CRM 功能，需要提供标准化的 Web 浏览器，使得用户不需太多培训就能使用系统。另外，对商业流程和数据应采取集中管理的办法，可简化应用软件的部署、维护和升级工作。同样，通过部署基于 Web 或基于 Internet 技术应用软件可以有效地节约成本。

（4）客户信息的集中管理。CRM 解决方案采用集中化的信息库，以保证实时提供客户的信息，保证不同业务部门和不同应用软件功能模块之间数据的连贯性。

## 二、系统集成的方法

全球信息飞速发展尤其是Internet的推广应用，对企业的信息化提出了新的要求。企业之间的资源整合、信息共享以及电子商务发展成为企业发展的主流。随着供应链管理模式的发展，企业管理的重点从企业内部扩展到整个供应链上，实现了企业内部与外部的有效整合，因此，需要功能更加强大的集成化信息系统的支持。

### （一）集成化与系统化思想

集成化是指系统整体优化性能的获得。集成化综合体现了系统方法中整体性和最优化的基本原则。

整体性原则，就是把由各个组成部分构成的有机整体作为对象，研究整体的构成及其发展规律。整体性原则所要解决的是所谓“整体性悖论”，即系统的整体功能不等于各个组成部分功能的总和，它具有各个组成部分所没有的新功能。而系统的整体功能，则是由系统的结构即系统内部诸要素相互联系、相互作用的方式决定的。

最优化原则，就是从多种可能的途径中，选择出最优化的系统方案，使系统处于最优状态，达到最优效果。最优化是自然界物质系统发展的一种必然趋势，而实现系统整体功能最优化的关键是选择最佳的系统结构。

整体性原则是系统方法的根本和出发点，系统方法之所以成为一种独立的科学方法，主要就是由于它把对象作为整体来研究。离开了整体性原则也就谈不上系统方法。最优化原则是系统方法的基本目的，人们设计和运用系统的目的，总是为了实现最优化，以高质量、高效率地完成一定的工作任务。

由此可见，集成化性能是任何一般性系统根本的核心性能标志，没有它，该对象就不能成为真正意义上的系统。在信息系统领域，集成化性能实际上促进了信息系统开发技术研究从“事务中心论”向“系统中心论”的根本性转变。由于信息系统组成结构中数据处于核心地位，数据结构是稳定的，事务处理却是多变的，所以，这种“系统中心论”就实际上被“数据中心论”所代替。目前，在现有的信息系统开发方法学中，以“数据为中心”都是其根本的支柱性原则。在信息系统中，集成化性能的主要关键性标志就是“数据独立性”、“数据稳定性”和“数据共享性”。数据结构相对于处理程序的独立性，是数据稳定性的外在表现形式，数据稳定性是使数据具有相对于处理过程独立性的根本保证。数据共享性是建立在较高程度的数据独立性和数据稳定性基础之上的系统性能，它是系统集成化所追求的根本目标性能。

### （二）信息系统集成策略

#### 1. 组织重构

组织重构是信息系统集成的基础阶段，它为企业信息系统集成建立起支撑的“骨架”，提供组织和制度保障。组织架构反映了供应链上的权力关系和联系方式，同时也决定了信息的传递方式。

组织重构的好坏将影响到人的积极性和能力的最大限度发挥，它关系到信息系统集成实施的成败。组织重构要完成的工作包括职能机构的改造、人员重新分配、管理制度的健全、绩效的评价和考核、企业协同文化的培育等。这些工作是相辅相成的，机构建立后需要人员和制度来管理，每一个人员又都是处于一定的机构层次上，人员配置好后考核他们的工作绩效以期进行改善，一个协同组织必然存在企业协同文化，这种文化要适应供应链管理的需要。

组织重构还需要注意以下几方面。

（1）各节点企业职能机构向扁平化、网络化发展。传统的组织结构是金字塔形的垂直结构，包括决策层、职能层和执行层，指令和信息是逐级单向传递的，指令由上到下，原始信息由下到上。传统的组织结构具有很大的弊端，表现在决策速度慢、信息容易失真和供应链的反应灵敏度低，这种结构已经不能适应协同商务供应链的要求，所以在供应链重构中要用扁平化、网络化的组织结构来代替这种金字塔形结构。扁平化的组织要求减少管理层次，各级之间形成一种双向互动的关系，职能之间能进行网络化的连接，信息在组织中是网络化的传递，从信息源同时向其他各部分发散。在这样的组织中更多地采用项目团队和矩阵结构的组织方式。这种组织结构具有很大的柔性，可以适应电子商务快速响应的需要。

（2）分权。分权就是高级管理人员把部分决策权分给低级管理人员，或者说更多地让员工参与决策。分权能够最大限度地发挥员工的主动性和积极性，能够增加信息系统的灵活性和快速响应能力。在协同商务环境下，市场环境和顾客需求瞬息万变，信息系统需要对这种变化做出快速的响应，高度集权是不适应这种要求的，集权会导致供应链的决策速度变慢、应变能力变弱。所以说，在供应链的组织架构中应进行充分的分权。

分权的程度取决于两个方面。一是组织分权的偏好，一是员工对分权的接受程度与能力。组织分权的偏好高，分权程度就高，反之则低。员工对分权的接受程度与能力强，可以分权的程度就高，反之则低。这两者的交集就是组织分权度。

（3）缔造学习型组织。在知识经济的今天，供应链上的企业要跟上时代的变化，不断实现自我更新，就需要向学习型组织转变。学习型组织能够自我创新、自我提升，始终走在时代的前列，保持永远向上的活力。学习型组织具有如下特点：

①重视知识。学习型组织会建立各种机制，鼓励组织内知识的积累和传播，如开展各种研究活动、专题讨论、研讨讲座等。

②鼓励创新。创新是学习型组织的灵魂，学习型组织能够从已有的知识中提炼创造新的知识，永葆活力。

③开放思维。学习型组织是一种开放的组织，能够接受外界新兴事物，大量吸收外界的信息，能够保持对外界的敏锐性。

**2．流程重构**

流程重构就是要改变那些不合理的企业流程，以适应供应链协同管理的需要，从而提高信息系统的效率，以及降低运营成本。

流程重构的策略主要包括以下方面：

（1）消除非增值活动，即从系统的角度审视企业流程，对流程路线进行改进甚至重新设计，减少流程中的库存、运输转移、返回、检测等活动。

（2）工作整合。流程中许多工作是可以合而为一的。工作的整合，可以减少交接手续，大幅度提高效率水平。工作整合既可以采取几项作业交由某一方完成的形式，也可采取将完成几项作业的人组成小组或团队的工作方式。

（3）将连续和平行式流程改为同步流程。连续式流程是指将所有作业按先后顺序进行，其缺点是流程周期长。平行式流程中所有作业同时独立地进行，最后将各作业的半成品或部件进行汇总组装，它虽然在一定程度上缩短了流程周期，但由于各作业间缺少沟通，致使许多问题只有在最后才能发现，有些问题可能因为发现得太晚而不能挽救。同步流程是指作业在互动的情况下同时进行，它不仅能缩短周期，而且通过各作业的交流互相调整，及时发现问题，从而提高效率，减少浪费。

流程重构的策略非常多，企业应根据自身的具体问题，创造性地寻找适合自身的策略，从而加强信息系统的总体规划，使流程间彼此协调，降低内耗。

**3. 技术架构**

信息系统集成涉及不同硬件、网络、操作系统平台、应用系统、数据基础和业务流程等许多方面的内容。目前，有以下一些比较流行的解决方案。

（1）基于中间件的集成。中间件提供通用接口，所有集成应用可以通过中间件相互传递信息，它起到提供一个应用程序间协调点的作用。每个接口定义了一个由另一个应用程序提供的商业过程。

这种基于中间件的集成方案更易于支持众多的集成应用，并且只需要较少的维护。另外，中间件能够执行复杂的操作——交换、聚集、路由、分离和转换消息。

（2）基于 Web Services 的集成。Web Services 提供了一种分布式的计算技术，用于在 Internet或者 Intranet 上通过使用标准的 XML 协议和信息格式来展现商业应用服务。使用标准的 XML 协议使得 Web Services 平台、语言和发布者能够相互独立。基于 Web Services 的应用集成，通过分析遗留应用，可以将需要暴露出来的功能另外封装成 Web Services，这样，遗留应用既能被其他应用程序通过 Web Services 进行调用，又能保证原有应用的运行不会受到影响。

（3）理想的信息系统集成架构必须满足下列条件。

①柔性。在大多数设计中，一般都讲究子系统化设计，希望所有的资源子系统都能够实现“即插即用”。为了实现这种“即插即用”意义上的资源模型的建立，必须遵循两个统一的标准：功能标准和接口标准。但困难的是，要使各个企业在建立它们自己的数据库时满足这样的要求事实上是很难办到的。正是由于这个原因，企业信息系统集成应该具有柔性或者灵活性，对不同地域的不同类型的资源数据库以及数据库表格都能打开，以便获取所需的资源信息。

②开放性。全球性的网络系统的迅速发展为现代制造企业跨越地域限制、实现信息的实时传递提供了必要的条件。各种用户只要提供必要的用户名、网络地址、口令等信息进行系

统注册就可以通过网络进行工作。企业应用集成系统就是为决策者或用户服务的，它应该具有开放性，能让通过 Internet/Intranet 连接的、位于不同网址上的工程技术人员管理所需的企业数据。

③分布性与异构性。现在的企业资源一般都具有分布性，同时，企业应用集成系统的一个重要的内容是对全球各地的资源信息进行管理，资源集成系统必须以网络为基础，而计算机网络常常是异构体系，因此资源集成系统应具备在分布的环境中解决异构性的能力。

④自主性和自适应性。这是指当运行环境发生变化时，企业应用集成系统中的各职能子系统具有相对的独立性、功能上的自主性，能够调整其控制策略和控制逻辑以适应这一变化。因为资源集成系统在具体的运行过程中，如从任务的分解到资源的优化组合，以及到资源的使用，都可能遇到诸如资源共享冲突和资源能力由于不可抗拒因素而削弱等问题。

## 三、 ERP、 SCM、 CRM 集成中的应用举例

### （一）企业现状

某汽车制动器厂，始建于1970年，隶属于某工业公司，是国家定点生产某品牌中高档轿车、轻型车、皮卡车、SUV、MPV 车刹车真空助力器、制动主缸、比例阀产品的专业生产厂，同时也是行业标准制定单位。该企业 1996 年、1997 年、2003 年分别通过了 ISO 9001 质量体系认证、QS9000 和 VDA6.1 标准质量体系认证和 ISO/TS 16949 的质量体系认证。工厂职工总数 1 600 余人，有各种机械设备 1 198 套，其中，进口设备 21 套、生产设备 896 套、高精尖设备 49 套。现有资产总额 3.5 亿元。

目前该厂已具备年产真空助力器、制动主缸、比例阀 100 万套的能力。工厂制动主泵产品开发与国内多家主机厂引进开发新车型同步发展，生产的奥迪、红旗、捷达、富康、中华等车的制动总泵产品均达到国外同类产品的先进水平，替代了进口，使关键性能部件实现了国产化。随着企业的不断发展，现已形成了自主的开发系统，能够进行制动系统计算，按照用户要求进行样件测绘、设计、加工等，并对提供的整车参数进行制动系统的校核。尤其是中心阀式制动主缸的设计、试验达到国际先进水平。这类产品在国内同行业中处于领先的地位。

### （二）企业信息系统集成现状

建厂 40 多年来，为了提高企业的竞争力，该企业逐步实现了利用现代信息技术来加强企业管理。在技术信息化方面，1990 年开始应用二维 Autocad，并于 1999 年应用 UG，实现了产品设计的数字化。在管理信息化方面，该企业于 1999 年引入了金算盘财务软件。

20 世纪 80 年代中期，国内仅两家生产同类产品的企业，生产都处于满负荷状态。该企业引进了当是处于领先地位的德国的同类生产线，在主管部门的大力支持下，很快找到并生产出适销对路的民用产品。该企业在 20 世纪 90 年代生产经营状况良好，产品供不应求，这与当时国有企业纷纷倒闭濒临破产的现象形成极大的反差。由于该企业面向订单生产，基本没有现代营销理念，所以没有专门的营销部门。作为当时的销售部门仅是负责采购原材料、生产设备的配件等，同时也负责产品的售后服务。

20世纪90年代后期，由于该企业的生产管理落后，技术更新慢，加之竞争对手的不断出现，在2000年时经营状况出现了“反常”现象；企业每年约有两个月的时间处于停产状态，而另外九个月还会出现因原材料短缺等原因不能完成订单的情况。为了改善这些状况，企业一方面加强内部管理，提高产品质量，加速新产品的研发；另一方面充分利用现代先进技术手段进行企业信息化建设，提高企业竞争力。同年，企业自行设计网站，但仅仅起了对外宣传、对内公告信息的作用，没有与企业的其他系统进行信息集成。企业于2002年进行了ERP招标活动，2003年实施了神州数码“易飞ERP，8.0”系统。由于ERP系统中财务模块与金算盘财务软件功能冗余，所以，该企业已逐步放弃应用专业的财务软件。在自动化办公系统中，2003年实施ERP的同时购进神州数码的OA产品，并根据自身的特点，对OA系统进行了二次开发，实现了从ERP系统中获得大量的生产、经营信息的目标。该企业信息集成的状况如图8-9所示。

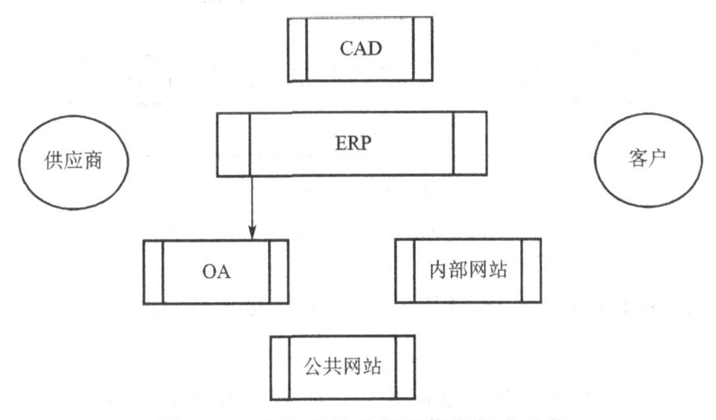


图8-9 某汽车制动器厂信息集成现状

### （三）企业信息系统集成提升方案

从该企业信息化现状可以看出，企业的信息化建设，还处在多个系统的分散、孤立应用阶段，在数据的交换和管理上存在很多问题，并且现有的信息系统不仅不能满足企业的主要需求，而且也发挥不出信息集成的综合效力。下面从该企业的实际需求出发，以ERP为核心，提出基于ERP的企业信息集成的方案。

第一步：在企业的ERP和OA间已经实现了部分信息集成的基础上，继续深入解决ERP和OA信息集成的问题。可根据该企业自身的特点和需求，充分利用OA强大的工作流审批功能，实现OA和ERP系统的人力资源模块和财务模块的信息集成。这些集成实现企业内部网站与OA的信息集成，以及内部网站和公共网站的信息集成。这些集成实现难度小，无须企业投入大量的人力和资金，企业可以自行开发建设。ERP和OA的信息集成模型如图8-10所示。

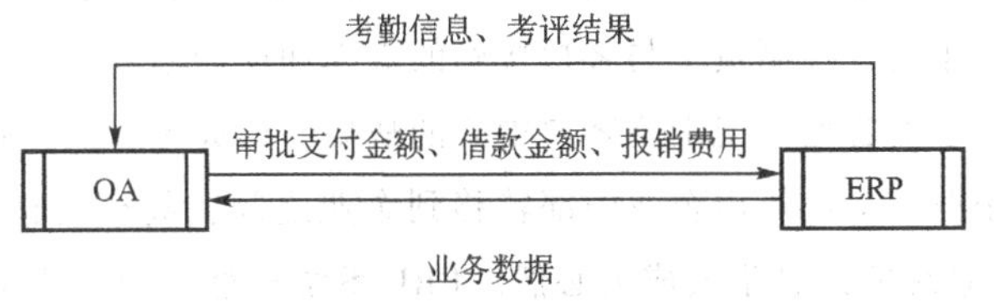


图8-10 ERP与OA信息集成模型

第二步：解决产品设计和产品制造上的信息集成。企业拥有多年应用二维 CAD（Computer Aided Design）的经验，企业可进行 CAD 的升级换代，在应用二维 CAD 的同时，解决好与 ERP 的信息集成。这就需要企业购买 PDM（Product Data Management）系统。PDM 是用来管理所有与产品相关的信息（包括零件信息、配置、文档、CAD 文件、结构、权限信息等）和所有与产品相关的过程（包括过程定义和管理）的技术。企业只有通过 PDM 强大的管理产品数据的功能，才能更好地解决 CAD 与 ERP 的信息集成问题。

尽管企业是面向订单生产，直接面对客户，但要应对越来越激烈的市场竞争，企业必须加强供应链和客户关系管理，减少甚至杜绝因原材料短缺和生产能力不足造成的失去订单的情况，加强对客户关系的维系，培养客户忠诚度。在实现内部信息集成的基础上，根据企业实际逐步实现外部信息集成。ERP 与 PDM 的信息集成模型如图 8 - 11 所示。

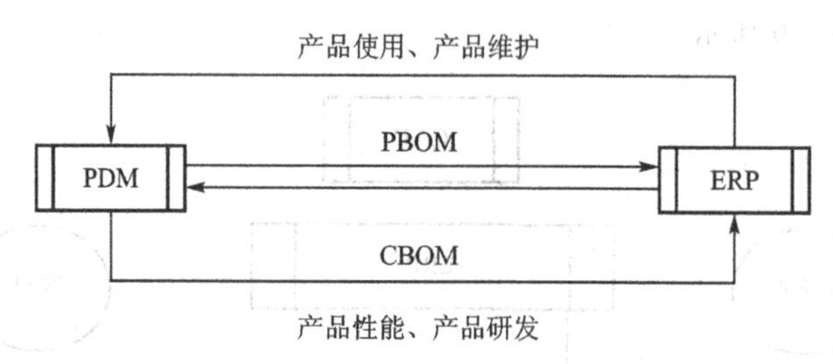


图 8 - 11　ERP 与 PDM 信息集成模型

第三步：引进 CRM 系统，实现 ERP 与 CRM 的信息集成，使企业在客户管理方面有所突破。

CRM 是前台应用，侧重于管理企业的客户；而 ERP 作为企业资源计划系统，是后台应用，也要对企业的客户做比较全面的梳理。因此，有理由将 CRM 作为 ERP 系统中的一个子系统，或者说 CRM 系统是 ERP 系统中的销售管理的延伸。ERP 与 CRM 的信息集成模型如图 8 - 12 所示。

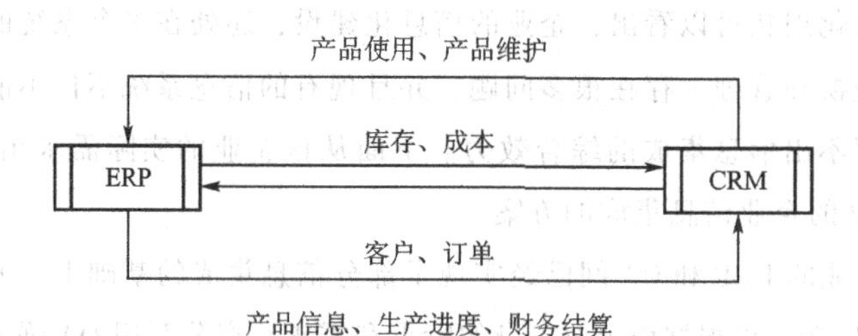


图 8 - 12　ERP 与 CRM 信息集成模型

一方面，CRM 可以看成是广义的 ERP 的一部分，价值在于突出销售管理、营销管理、客户服务与支持等方面的重要性；另一方面，CRM 要求企业完整地认识客户生命周期，提供与客户沟通的统一平台，提高员工与客户接触的效率和反馈率，实现前台业务与后台业务的整合，从而使企业级的管理系统围绕客户中心的战略，形成无缝的闭环系统。

第四步：随着企业竞争优势由企业内部转移到企业之间，甚至转移到整个供应链体系，使 ERP 系统与 SCM 系统的信息集成成为必然。ERP 系统虽然是面向供应链的，但其重心仍在企业内部，而 SCM 系统着眼于整个供应链网络的优化以及整个供应链计划的实现。ERP 与 SCM 的集成，可以有效利用供应商的资源，实现企业原材料及产品等物流系统的外包，加强和优化相似或相近部分的资源集成，以达到最大效益。同时，而 SCM 在需求、生产、分销的计划制定以及企业和供应链分析等方面的信息处理优势成为 ERP 的有益补充。综上所述，为了加强企业对供应商及供应链的管理，实现 ERP 与 SCM 的信息集成是很有必要的。ERP 与 SCM 的信息集成模型如图 8－13 所示。

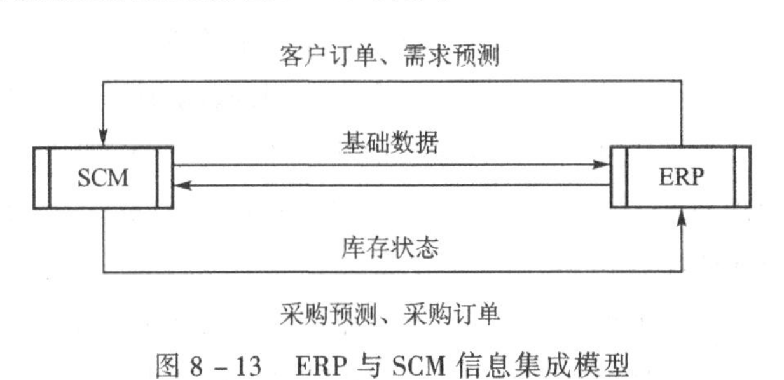


图 8－13 ERP 与 SCM 信息集成模型

## （四）企业信息系统集成的风险评估

企业信息系统集成不仅涉及技术方面，更涉及组织架构、管理和人的因素等，所以集成的过程中存在很大的风险。信息系统集成的主要风险如图 8－14 所示。

| | 一级风险 | 二级风险 |
|---|---|---|
| 信息系统集成风险 | 管理集成风险 | 业务流程调整 |
| | | 项目控制 |
| | | 组织及资源的协调 |
| | | 技术平台 |
| | 技术集成风险 | 开发工具 |
| | | 技术的成熟度 |
| | | 开发能力 |
| | 数据集成风险 | 数据丢失 |
| | | 数据准确性 |
| | | 数据完整性 |
| | | 数据冲突 |
| | | 数据安全 |
| | 人员集成风险 | 人事调动 |
| | | 人员沟通合作 |
| | 其他风险 | 政策变化 |
| | | 自然灾害 |

图 8－14 信息系统集成风险

### 1. 管理集成风险

在信息系统集成过程中，管理扮演着关键的角色。IT 集成的目的是为了解决信息孤岛的问题，支持企业的业务运营和辅助管理决策，而这必然会涉及不同的部门，可能需要调整组织架构、重新划分部门利益、分配资源、调整业务流程。

**2. 技术集成风险**

企业在各阶段的信息系统可能会采用不同的技术来开发，运行于不同的平台之上。而技术的复杂性日新月异，新旧技术之间、不同平台之间能否实现无缝集成，会影响到信息系统集成的最终成功。

**3. 数据集成风险**

企业越来越意识到信息的重要性，信息系统集成就是为了解决企业数据冗余和信息孤岛问题。但现状是企业里因为没有一个成熟的数据质量稽核机制，各部门之间信息封闭，不能共享，各信息系统之间存在不同的数据库平台和不同的数据库设计模式，所以在系统集成时，会出现数据丢失、数据不准确以及跨系统的数据冲突、冗余、不完整等风险。同时，由于没有建立完善的管理制度，系统集成也存在数据泄露和安全问题等隐患。

**4. 人员集成和其他风险**

信息系统集成会涉及企业的各个层面、各个部门之间资源的分配、专业技术人员与业务人员之间的交流沟通障碍、实施人员与开发人员的矛盾、顾客与开发方的目标不一致和项目过程中人事变动等潜在的风险。同时，系统集成往往周期过长，这期间国家、地方法律法规、行业政策的变化以及其他环境的变动都会带来各种风险。

风险评价的具体方法请读者参考本书第六章的系统综合评价部分。

## 第三节 知识管理

彼得·德鲁克曾说："我们已经进入一个知识社会，知识成为最重要的经济资源，知识工作者将扮演着核心角色……"（1993）。随着人类社会逐步进入"知识时代"，信息和知识正日益成为关键性生产要素，管理知识的能力已经成为企业成长、保持长期竞争优势、提高企业核心能力的重要资源。但企业早已充斥着因数量过大而难以处理的信息。为解决这一困扰和矛盾，知识管理势在必行。

### 一、知识管理的概念

#### （一）知识管理的定义和特点

对于知识管理的定义，目前还没有形成统一的认识和界定，学者们从各自研究的角度出发给出了不同的定义。具有代表性的定义有：Yogesh Malhotra 博士认为，知识管理是企业面对日益增长的非连续性的环境变化时，针对组织的适应性、组织的生存和竞争能力等重要方面的一种迎合性措施。本质上，它包含了组织发展的进程，并寻求将信息技术所提供的对数据和信息的处理能力以及人的发明创造能力这两方面进行有机的结合。巴斯（Bass）指出，知识管理是指为了增强组织的绩效而创造、获取和使用知识的过程。丹尼尔·E奥利里指出，知识管理是将组织可得到的各种来源的信息转化为知识，并将知识与人联系起来的过程。Paul Quintas 认为，以知识为核心的管理就是知识管理，也就是指对各种知识的连续管理的过程，以满足现有和未来的需要，利用已有的和获取的知识资产，开拓新的机会。

我国一些研究者对此也有一系列观点。乌家培从知识管理和信息管理的关系角度出发，认为，“信息管理是知识管理的基础，知识管理是信息管理的延伸和发展”。邱均平、段宇峰从知识活动的各个环节及相关因素出发，对知识管理进行定义：“对知识管理的概念可从狭义和广义角度理解：所谓狭义的知识管理主要针对知识本身进行管理，包括对知识的创新、获取、加工、存储、传播和应用的管理；广义上知识管理不仅是对知识进行管理，而且还包括对与知识有关的各种资源和无形资产的管理，涉及知识组织、知识设施、知识资产、知识活动、知识人员的全方位和全过程的管理。”

有关知识管理的定义中，Yogesh Malhotra 博士的观点被引用的较多，因为它比较完整地概括了知识管理的必要性、目的、内容和手段，解释了知识管理的实质。

总结知识管理的定义，可以发现如下特点：①知识管理是由多种企业活动组成的动态过程，是一种有组织的、为提高企业效益而进行的活动；②企业知识管理的目的是提升企业竞争力、创新能力和企业绩效；③企业知识管理不仅包括对知识本身的管理，还包括对与知识有关的各种资源和无形资产的管理，以期实现知识的共享、创新和增值。基于以上观点，本书认为知识管理是组织在相关方法和技术支持下对知识的创造、组织、转移和应用过程进行系统化管理，以发挥知识的杠杆作用来改善组织绩效并保持组织持续竞争优势的过程。

### （二）知识管理的内容和功能

知识管理的内容可以从广义和狭义两方面来认识。广义的知识管理内容包括对知识、知识设施、知识人员、知识活动等诸要素的管理；狭义的知识管理内容则指对知识本身的管理，所谓对知识本身的管理，包含三方面的含义：①对显性知识的管理，体现为对客观知识的组织管理活动；② 对隐性知识的管理，主要体现为对人的管理；③对显性知识和隐性知识之间相互作用的管理，即对知识变换的管理，体现为知识的应用或创新的过程。从企业知识管理的流程来看，知识管理的内容涉及知识的采集与编码、积累与存储、共享与交流、创新与增值。此外，企业知识管理还包括知识管理的环境、策略和评估等。

从知识管理对知识创新的促进作用来看，知识管理的功能体现为以下几个方面：知识管理帮助科技工作者获取最新科技信息，是启动知识创新的前提条件；知识管理直接参与研究过程，是知识创新的组成部分；知识管理促进知识传播，是培养具有创新能力的高素质人才的重要手段；知识管理关注知识的扩散和转换，是知识创新成果转化为生产力的桥梁。

总之，企业知识管理在本质上是对企业所拥有的知识资源进行系统地、有效地管理，知识管理的过程涉及知识的识别、清点、获取、存储、学习、整合、规划、流通、共享、创新、评估、监督、保护等，知识管理的主要功能是促进知识的采集、共享、创新和增值。

### （三）知识管理系统

知识管理系统是一种用于管理组织知识的特殊的信息系统，是基于信息技术开发的用来支持和促进组织知识的创造、存储/检索、转移和应用等过程的系统。知识管理系统的工作可借助于以下手段：文件管理、目录管理、协同共享、决策支持、数据挖掘、在线分析处理和业务流程设计等，整个系统以服务于用户为中心。

知识管理系统涉及众多的信息技术。总体看，知识管理系统的相关技术包括以下六类：基于知识的系统、数据挖掘、信息与通信技术、人工智能与专家系统、数据库技术、建模技术等。知识管理系统并不是对以上技术的简单合并，而是一种优化的组合。

知识管理系统的结构是可以分层次的，Tiwana 认为，知识管理系统包括七个层次，即界面层、访问与身份验证层、协同过滤与智能层、应用层、传输层、中间件和知识源集成层、知识存储层。有学者认为这七层结构可以简化成为四个层次，即接口层、沟通与协作层、应用层和存储层。另有学者提出知识管理软件可以分为四个基本层次：表示层、应用模块层、功能模块层和数据模块层。

总之，在相关信息通信技术的补充和配合下，专门的知识管理系统对知识管理过程及其包括的各种活动给予必要的支持，如商业智能、数据挖掘、客户管理系统、互联网、数据仓库都能和知识管理的储备库、决策知识工具、群件等有着密切的关系。因此，知识管理与信息技术之间存在着一种协同关系，而这种协同关系促进了企业改善绩效，提高竞争力。由知识管理系统和相关信息通信技术构成的知识管理系统在企业知识管理实施中起着重要的推动作用。

## 二、 当前知识管理研究的热点问题

随着知识管理研究的逐步深入，它已经被广泛应用在许多领域，如政府机构知识管理，研究院所知识管理、企业知识管理等。但目前应用与研究的热点仍然主要针对企业进行，因此，下面着重介绍企业的知识管理。

### （一）企业知识管理系统的结构

企业知识管理系统的结构研究已经成为近年来企业知识管理系统研究的热点。研究内容主要涉及系统的基本结构、基于 Web 环境下的企业知识管理系统框架、虚拟企业知识管理系统架构、面向客户企业的知识管理系统架构研究等。王悦提出，基于知识链的企业知识管理系统是由网络平台、知识流程、企业信息系统平台、CKO 管理体制、辅助环境及人际网络所组成的一个综合系统。季晓林提出，知识管理系统是由网络平台、知识流程、企业信息系统平台、管理体制及人际网络所组成的一个综合系统。在知识管理系统基本框架的基础上，构建了一个由知识收集子系统、知识组织子系统、知识传播子系统三部分组成的知识管理系统模型。整个系统以服务于人为中心，充分体现了“以人为本”的管理理念。其功能为整合知识资源、促进知识转化、扩大知识储备、实现知识与人的连接等。李勇等提出，企业知识管理系统是一个由计算机基础平台系统、企业 MIS 系统、知识库、知识库管理系统、知识库互动系统、知识管理人员和系统用户等组成的人机交互系统。刘秋等提出面向客户企业知识管理总体架构，由 CRM 业务应用系统、客户联盟界面、知识界面、知识库、知识集约模块、知识共享模块、知识应用模块与知识创新模块等八个关键模块组成。

### （二）企业知识管理系统的实施与集成

目前，愈来愈多的企业把知识管理系统作为提高企业管理水平和竞争力、保持企业持续发展的重要战略。因此，企业如何实施知识管理系统也成为目前企业知识管理系统研究的重要内容。李敏等提出，企业知识管理系统的实施是一项复杂的系统工程，除了需要建立现代企业制度、规范管理、对系统进行技术上的改进外，更重要的是应从管理上提供一种与现在系统建设特点相适应的规范，用系统有效、切实可行的理论与方法来指导企业知识管理系统建设，可以从以下三方面着手：开发和应用队伍中要更加重视管理专家的作用，要加大管理专家的比重；发展和应用知识管理系统战略管理的理论与方法，从规划、实施、评估、控制以及连续改进的整个过程对知识管理系统建设进行系统管理；选择合适的实施方式等。李贺等提出，企业知识管理系统的总体设计思路主要包括提高信息检索效率、关键词控制、多重分类、相关信息、知识地图、信息推送技术；企业知识管理系统构建所涉及的关键技术主要有网络技术、面向对象技术和数据库技术、软件开发语言、分布式数据库技术、协同工程技术、知识推送和代理技术、知识仓库和知识挖掘技术；企业知识管理系统构建步骤主要有知识管理认识和评估计划、规划计划、开发测试、系统实施和维护反馈等。

集成化和知识共享的企业知识管理系统也是目前学术界对企业知识管理系统进行研究的重要内容。张新斌等提出，集成化 EKMS 就是将这些各个层面的知识集成到以计算机组成的战略、管理、文化与技术组成的体系中，从而实现知识的共享与动态更新，EKMS 各个层次的不同特点导致各层对计算机组成的信息系统的要求也不同。集成化 EKMS 要求信息系统能将各个层次的知识整合，并能在知识的创建、传播、维护以及共享等方面提供柔性的手段（如动态更新、交互方式多样化、知识界面个性化及企业模型动态化等），以适应激变的环境要求。李富强等提出，知识共享的企业知识管理系统应该具有支持共享知识的技术、支持专家评价的技术、支持识别知识的技术、支持传送知识的技术和支持更新知识的技术。

### （三）企业知识管理系统的评价

知识的隐含性和复杂性意味着知识管理活动的开展和成效是难以评估的，因此，建立一个有效的、可靠的评价系统是促使知识管理战略进一步发展的有效途径。目前有关企业知识管理系统评价的研究内容主要涉及评价方法、综合评价模型、评价指标体系等。国外如日本、美国等国家的学者已经意识到其重要性，已经开展了一系列研究。而且，国外很多公司先后采取相应措施来测度企业知识管理状况，但目前国内这方面的定量研究还处于初始阶段。对知识管理实行有效的评价研究，可以使管理者及时了解管理中所存在的不足之处，了解影响组织发展的关键因素所在，为组织改进其规律提供理论依据。

### （四）知识管理与其他管理领域的结合

#### 1. 与供应链管理的结合

从供应链角度看，供应链知识管理是对供应链上知识资源的管理，通过对供应链中隐性知识和显性知识系统的开发和利用来改善和提高整个供应链的创新能力、反应能力、工作效率和技能素质，以加强供应链的核心竞争力。知识管理和供应链管理的结合是十分必要的，若供应链管理中缺乏实现供应链整体最优所需的知识和信息，便会导致供应链整体运转的次优。供应链中知识管理的必要性主要体现如下：第一，可以消除由信息不对称和牛鞭效应（Bullwhip Effect）引起的不确定性。第二，可以提升供应链的竞争力。在供应链中加强知识管理还可以提高供应链中知识的利用率，增强供应链节点企业间的透明度和知识共享的范围，并且可以提高供应链的整体协作程度和快速反应能力。

2. 与客户关系管理的结合

企业实施知识管理和客户关系管理的最终目标是一致的，如果将两者结合起来，就更能释放二者的潜能，从而更好地提升企业竞争力。二者的结合，有利于实现企业向以客户为中心的知识型企业转型；有利于实现与发展客户智能；可同时提升客户关系管理系统与知识管理系统的实施成效。客户知识管理系统的评价，知识管理基础设施和要素在企业客户关系管理应用实施过程中的关键作用和转化机制，以及应用数据仓库、数据挖掘、知识发现、知识地图等技术实现客户价值链最大化的实证与案例分析研究等将是知识管理和客户关系管理二者融合研究的热点。

3. 与电子商务的结合

目前，有关企业知识管理系统与电子商务也成为企业知识管理研究的重要内容，主要涉及两者的关系等问题。知识管理系统是企业电子商务的基础，面向企业电子商务的知识管理系统是一种集成企业信息系统，它的主要组成部分有客户关系管理系统、供应链管理系统、企业资源计划系统。同时，电子商务也是知识管理的价值实现。

以互联网为主要载体的电子商务凭借其无可比拟的优势，迅速地改变着传统商业的运作模式，已成为提升企业核心竞争力的决定性因素之一。近年来，关于知识管理和电子商务的融合已成为国内外研究的热点。电子商务企业导入知识管理能提高企业生产效率和响应能力，有利于实现企业电子商务的知识创新和组织创新以及企业资源的整合。在分析电子商务企业导入知识管理动因的基础上，一些学者还提出了构建知识管理型组织结构、构建企业知识网络、完善知识库建设和实现企业内部知识共享等在电子商务企业有效实施知识管理的措施。知识管理在电子商务实践中的应用也将越来越受到电子商务企业的重视，并将成为电子商务企业成功的关键因素之一。

4. 虚拟企业知识管理系统

虚拟企业是一种网络化的组织，知识在网络上的流动驱动网络组织的正常运作，基于虚拟企业知识管理平台思想建立知识管理系统的重点在于知识管理过程中知识的生产、分享、应用和创新，主要表现在以下几点：

（1）具有支持企业内部和外部信息知识获得的通道。

（2）具有存储知识的公共知识库。

（3）具有获取、提炼、存储、分发及呈现知识的工具。

（4）具有支持成员企业知识工作者进行知识分享、应用及创新的工具。

虚拟企业的分布性、动态性更是对知识管理提出了更高的要求，例如虚拟企业中的每个成员均是一个独立的知识管理子系统，它独立地对其他企业或个人提供知识服务。企业与企业之间是一种动态的服务与被服务的关系，网格计算正是这样一种将地理分布、异构的各种高性能计算机、数据服务器、大型检索存储系统和可视化、虚拟现实系统等通过高速互联网络连接并集成起来，共同解决某一问题的新兴技术框架。它不仅实现了对各种技术资源的访问，而且实现了对所有数据资源的统一访问。

虚拟企业是由具有开发某种新产品所需的不同知识和技术的不同企业组成的一个临时性的企业联盟，来共同应对市场的挑战、联合参与市场的竞争。企业的根本是虚拟，是信息化、知识化和数字化，所以信息和知识资源是虚拟企业运营的根本要素，对信息和知识的有效管理是虚拟企业管理的关键和必然选择。因此，应更加深入分析虚拟企业的知识流动和知识共享的特点以及目前存在的主要问题，并提出虚拟企业中实施知识管理的步骤和措施。

## 三、 知识管理的应用——知识发现在 CRM 中的应用

知识发现作为统计学、人工智能、模式识别、并行计算、机器学习、数据库等技术的交叉性研究领域，已成为当前数据库与人工智能研究的热点。自 1989 年 8 月，知识发现（KDD）在第十一届国际联合人工智能学术会议上被提出，迄今为止已在金融、客户关系管理、零售业和市场营销等环节广泛应用。知识发现的一个共识性的定义，就是从大量数据中提取出可信的、新颖的、潜在有用的并能被人理解的模式的高级处理过程。可信是指通过知识发现从当前数据所发现的模式必须有一定的正确程度，否则就无任何实际意义可言；新颖是指知识发现提取出的模式必须是以前所不知道的或未注意到的，是用户并没有期望得到的新的规则；潜在有用的是指发现的知识对于用户的决策等行为能够提供支持；能被人理解是指将数据库中的隐含模式和知识能以容易被人理解的形式表现出来，从而帮助人们更好地了解数据库中所包含的信息。

### （一）知识发现的过程

知识发现过程是多个步骤相互连接、反复进行人机交互的过程，通常包含数据预处理、数据挖掘、模式评估、知识表示等阶段。其中数据挖掘是知识发现的特定的模式抽取阶段，是知识发现最重要的一步。人们往往不加区分地使用数据挖掘和知识发现，通常在产业界、媒体和工程应用领域称为数据挖掘，在研究领域称为知识发现。

知识发现的基本步骤如图 8－15 所示。

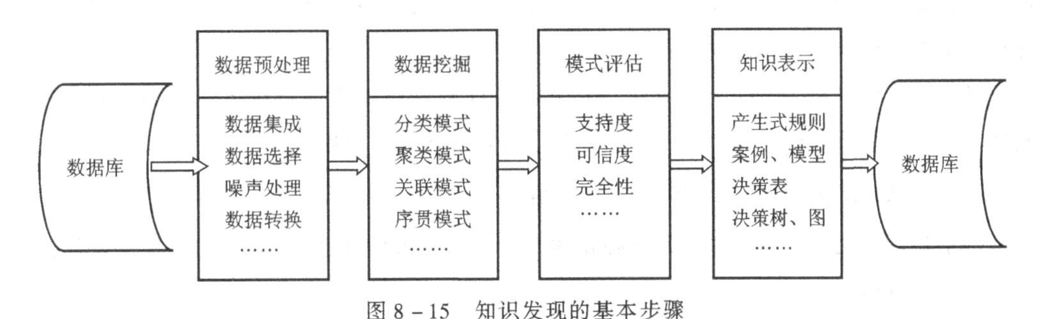

图 8－15 知识发现的基本步骤

### （二）数据挖掘的主要功能

从上述步骤可以看出，数据挖掘技术是知识发现的核心，可以有助于发现业务发展的趋势，揭示已知的事实，预测未知的结果，并帮助企业分析出完成任务所需的关键因素，以达到增加收入、降低成本，使企业处于更有利的竞争位置的目的。数据挖掘通过预测未来的趋

势及行为，可以让企业做出前摄的、基于知识的决策。数据挖掘的目标是从数据库中发现隐含的、有意义的知识，它的主要功能有以下五个方面：

**1. 预测行为和趋势**

预测一般指根据时间序列数据，由历史的和当前的数据去推测未来的数据，这时的预测分析又称为数据演化分析。预测也指非时间序列数据实例的类别归属，利用归类或聚类结果预测未知数据实例的归属类别，一般以有限的离散值表示。预测方法主要有经典的统计方法（如回归分析，包括线性回归、非线性回归、最小二乘回归等）、神经网络和机器学习等。

**2. 关联分析**

数据关联是数据库中存在的一类重要的可被发现的知识。若两个或多个变量的取值之间存在某种规律性，就称之为关联。关联可分为简单关联、时序关联和因果关联。如果两项或多项属性之间存在关联，那么其中一项的属性值就可以依据其他属性进行预测，这样可以帮助进行有关的商业决策。

**3. 聚类分析**

聚类分析就是将没有类别归属标志的数据进行分组，产生类标记。其基本原则是最大化类内对象的相似性，最小化类间对象的相似性。

**4. 概念描述**

概念描述是根据数据的微观特性发现其表征的、带有普遍性的、较高层次概念的、中观和宏观的知识，反映同类事物的共同性质，对含有大量数据的集合进行概括、精练和抽象。概念描述分为特征描述和区别性描述，前者描述某类对象的共同特征，后者描述不同类对象之间的区别。生成一个类的特征性描述只涉及该类对象中所有对象的共性，生成区别性描述的方法很多，如决策树方法、遗传算法等。

**5. 异类分析**

异类分析是对差异和极端特例的描述，揭示事物偏离事物常规的异常现象，如标准类外的特例、数据聚类外的离群值等。以前许多方法在数据挖掘前就将这些异类作为噪声或意外而将其排除在范围之外，但在一些场合如商业欺诈行为的自动检测中，小概率发生的事件往往比经常发生的事件更有价值。

异类分析可以利用数理统计方法分析获得，即利用已知数据所获得的概率分布模型或利用相似度计算所获得的相似数据对象分布，分析确认异类数据。

### （三）知识发现在CRM中的应用

基于知识发现的上述步骤与其核心技术——数据挖掘的功能，其在CRM中的应用主要有以下六个方面：

**1. 客户盈利能力分析**

客户盈利能力是指客户为企业提供净利润的能力，它是衡量客户价值的标准之一。不同的客户对于企业来说，其价值也是不同的。数据挖掘技术可以用来分析和预测不同市场活动的情况下客户盈利能力的变化，以帮助企业制定合适的市场策略。企业可以利用数据挖掘工具进行客户分析。发现哪些客户是真正创造利润的客户，哪些客户是低利润甚至是无利润的，能否通过交叉销售或其他方法将盈利能力低的客户提升为盈利高的客户。利用数据挖掘还可以从客户信息和历史交易记录中发现一些行为模式，利用这些行为模式，一方面，可以预测客户盈利能力，这样就可以指导企业在市场营销过程中留住有价值的客户，并为最有可能创利的客户及时提供个性化的产品或服务，避免花费过多精力和财力去无目标地开发新客户，从而使企业有效地降低成本，提高收益。另一方面，企业可以分析出盈利能力的影响指标，采取一系列措施来改善客户的盈利能力。

**2. 客户信用分析**

客户信用分析就是通过调查、分析、预测等方法与手段，对客户的信用状况及信用风险做出客观、公正、准确地评价。同时，根据历史数据划分客户的信用等级，利用数据挖掘分析客户欺诈的原因、可能性，以及对不同信用的赊销方案和销售策略，避免因发生信用风险和欺诈行为导致企业营销活动的失败。

**3. 客户流失与忠诚度分析**

客户流失是指客户终止与本公司的服务合同或转向其他公司提供的服务。现在，各行业的竞争越来越激烈，企业获得新的客户的成本正在不断地上升，常用分析方法有统计分析法、主观概率法、指标分析法等。建立客户流失模型的常用方法主要有决策树、神经网络等。

客户忠诚度是指客户长期锁定于某企业，重复购买该企业的产品，并可能向其他顾客积极推荐该企业的产品。客户忠诚包含态度上和行为上两方面的忠诚。客户忠诚是企业的无形资产，是企业进行客户关系管理的最理想阶段。知识发现有助于分析影响客户忠诚度的因素，提升客户忠诚度，降低开发成本，提高企业利润。

**4. 客户满意度分析**

客户满意度是对某项产品或服务的消费经验的总体评价，是客户通过对一个产品或服务的感知与之前的期望值相比较后，所形成的愉悦或失望的感觉状态。利用知识发现技术和企业的数据库中关于客户购买、反馈意见、投诉等信息，可以对客户的满意度进行分析，找出客户不满意的原因并制定有针对性的策略，提高客户忠诚度，增加企业的利润。目前满意度测量模型主要有：四分图法、卡诺顾客满意度模型、层次分析法、美国顾客满意度指数（ACSI）模型。

**5. 客户购买相关性分析**

客户购买相关性分析就是客户购买行为，找出客户的购买模式，帮助企业建立最优的销售匹配方式，从而实现交叉销售，向现有的客户销售新的产品和服务，以达到增加利润、培育客户忠诚度的目的。同时，相关性分析还能够发现客户购买商品之间的关联性，这样当客户购买其中的某种商品时，企业就可以向客户推荐相关的产品，有利于开拓新产品或新服务的销售市场。

**6. 客户群分类**

客户群分类是按照不同的标准将客户分为不同层次上的群体，同一群体间的客户在特征上具有较大的相似性，不同群体间差异较大。这样企业可以为客户提供针对性的服务或产品，提高客户对企业和产品的满意度，以获取更大的利润。客户群分类的标准有两种：一是依据客户的特征属性和消费属性进行细分，如客户的性别、收入、家庭住址、购买量、购买率等；二是依据客户的终身价值，考虑客户的当前价值和潜在价值进行分类。不同的客户给企业带来的价值是不同的，这是较高层次上的分类。

从上面的分析中可以看出，知识发现被广泛地应用于CRM的众多领域。对于企业而言，知识发现有助于发现业务发展的趋势、揭示已知的事实、预测未知的结果，并帮助企业分析出完成任务所需的关键因素，以达到增加收入、降低成本的目的，从而使企业处于更有利的竞争地位。

## 小　结

信息是信息科学的基础，是社会经济发展的重要资源，信息系统是对企业各类信息组织与管理的人工系统，可以帮助企业高效率地完成其管理职能。正确掌握信息系统的基本概念、基本功能、特点和类型，了解信息系统工程的发展历史，掌握信息系统开发的技术方法，把握信息系统发展趋势，有助于更好地理解信息系统对提升企业管理的意义所在；了解企业信息系统工程集成化的概念和内容，熟悉和掌握系统集成的方法，有助于更好地构建和实施企业信息管理系统，提升企业信息化管理水平。

## 习　题

1. 简述信息系统的概念、基本功能、特点及其类型，试结合一个企业实例讨论以下问题：

(1) 系统的基本功能及要素。

(2) 系统的特点。

(3) 系统的结构（尽可能具体化，最好能用框图表达）。

(4) 系统的类型。

2. 试述信息系统工程的发展历史。对当今企业管理有何启发？

3. 试述信息系统的开发方法。

4. 试论信息系统的发展趋势及其对企业管理的启示。

5. 简述知识管理的概念、内容和功能。

6. 深入一家企业了解该企业知识管理的过程及其存在的问题。针对问题给出相应的解决方案。

# 第九章 质量管理系统工程

【学习目标】

- 了解现代质量的观点、面临的环境。
- 了解质量管理基本原理。
- 把握 ISO 9000 质量管理体系。
- 掌握6σ管理方法。

随着市场经济的深入发展，传统的质量观也不断得到扩展，人们越来越认识到质量不仅要符合实用性的标准，还应该包括可靠性、安全性、维修性、便利性等质量特征，这反映了人们价值观的变化。本章主要对现代质量观、企业质量管理面临的环境、质量管理的系统化方法等问题进行阐述，并结合企业实例对整合型管理体系的建立和实施进行探讨，为建立符合现代市场经济环境中的质量保障体系奠定理论和方法基础。

## 第一节 质量管理系统化背景

进入 21 世纪以来，随着企业应用新技术能力的不断提高，提供的新产品和新服务的数量越来越多，质量管理就成为企业经营管理的核心问题。质量管理体系是组织内部建立的、为实现质量目标所必需的、系统的质量管理模式，是组织的一项战略决策。它将资源与过程结合，以过程管理方法进行系统管理，是根据企业特点选用若干体系要素加以组合，一般由与管理活动、资源提供、产品实现以及测量、分析与改进活动相关的过程所组成，也可以理解为从确定顾客需求、设计研制、生产、检验、销售、交付之前全过程的策划、实施、监控、纠正与改进活动的要求，通常以文件化的方式，作为组织内部质量管理工作的具体化要求。

### 一、 现代质量观

传统的质量概念，是界定在以产品生产为基础的经济方法之上，即质量被认为是产品和服务的某种特征。从制造技术发展的过程看，这种观念是伴随着大自动化生产，为社会提供大批量、同质化的产品过程同步形成的。

在市场机制下，传统的质量观念也得到了不断扩展，人们逐渐认为，质量不仅要符合耐用性标准，而且还要包括可靠性、安全性、维修性等质量特征，这反映了价值观念的变化。应该说，对可靠性、安全性、维修性特征的要求，是质量特征在时间维度的扩展。

20 世纪后期，随着世界经济的发展和人民生活水平的提高，市场环境呈现出快速变动，消费者需求日趋主体化、个性化和多样化，传统的大量生产制造模式对此的响应越来越慢。先进制造模式在对大量生产制造模式的质疑和扬弃中应运而生。强烈的市场竞争，使质量的定向发生了根本的变化，从生产质量标准变为以用户的满意度来度量质量。

国际标准化组织颁布 ISO 9000 族质量管理与质量保证标准（2000），在 ISO 8402 质量管理术语标准中，定义质量为“满足明确和隐含需要的能力的固有特性总合”。戴明博士认为质量是一种以最经济的手段，制造出市场上最有用的产品。这种观点把质量和成本联系起来，即一定的质量要与相应的成本相适应。科斯比将质量定义为符合用户需求，这是质量管理历史中“符合标准”时期所提倡的观念。朱兰认为质量是一种适用性，而所谓适用性是指使产品在试用期间能满足使用者需要。田口玄一认为质量是产品出厂后，用户在使用过程中对社会造成的损失大小，包括由于产品性能变异对顾客造成的损失以及对社会造成的损害。后两者都是从用户出发，是以“用户第一”为指导的。显然比“符合规格”的要求要高。日本的“质量管理之父”石川馨认为产品的质量是“最经济的、最有用，并且始终满足顾客，而不是国家标准或技术标准”。美国著名质量管理专家费根鲍姆也指出：“质量的主导地位基于这样一个事实：是用户决定质量，而不是推销员、工程师、公司经理决定质量。要承认：对质量的评价取决于用户使用产品时在客观和主观上的感受。”美国施乐公司把质量定义为能为内部及外部的顾客提供创新而又充分满足需要的产品和服务。美国运通公司认为质量是第一次及每一次都能达到或超越顾客的期望。尽管每一种质量定义都有所不同，但是它们都有一个共同点：即质量是由顾客定义的，质量优劣的评判权掌握在顾客手中。

事实上就目前消费者需求的日趋主体化、个性化和多样化而言，质量问题是多元化的，甚至是国际化的问题，质量观也是全新多维度的，即全面质量满意、适度质量以及质量的时间性。

### （一）全面质量满意

全面质量满意首先应体现在产品整个生命周期中用户的满意程度，即通过对产品的全生命周期质量的管理，达到顾客在产品整个生命周期中的满意。由于用户立场不同，服务需求度也不一样，用户有不同的满意感。但用户有共同的基本需要，包括产品功能、价格、服务、产品责任、可靠性、价值观等。

其次，全面质量满意应包括企业本身的满意。没有企业的满意是制造不出好的质量产品的，尤其是对虚拟企业这点更为重要。企业的满意主要指一般员工、管理者以及老板或股东三种人的满意。就基本满意而言，三种人的满意均与个人的幸福感有密切关系。

第三，全面质量满意应与自然、社会环境相适应，达到社会、国家的满意。因为质量不只是企业与消费者之间的问题，还应包括非消费者在内的大多数人的问题。质量如果不能与自然、社会环境相适应，不能满足社会和国家的需要，企业最终仍会走向结束之路。

第四，全面质量满意应达到国际的满意。若仅自己的国家满足人民的需要而无法使国际认同或满意，还是不行的。

总之，全面质量满意的意义不应该只是指用户的满意、企业的满意，更要使自己的国家也能满意，进而达到国际的满意。这一切都与人的素质有关，要通过提高人的素质来达到全面质量满意的结果。

### （二）适度质量

适度质量也是质量的经济性问题。先进生产制造模式可以快速有效地集成资源。过高的质量则人为造成资源的浪费。而过低则达不到全面质量满意。因此，在解决了全面质量满意的测度之后，如何运用经济学原理确定适度的质量水平，也是一个十分有意义的问题。

### （三）质量的时间性

质量的时间性是质量维的第三个维度。自然环境、社会环境随时间而变，市场瞬息万变。消费者的价值观也随之变化，故质量具有一定的时间性。目前时间点上是适度质量的产品，若干年后则可能是不符合质量的产品。质量这一概念的历史发展完全证实了质量的时间性。

质量观念的变化带来众多新的问题，诸如：如何度量用户对质量的满意度、实物度量与消费者感知度量的差异如何趋同等。另一方面，新的质量观又促进了“顾客需求”的研究。例如日本学者提出了三类顾客需求，即顾客道明的需求、顾客期待的需求、刺激性需求（指引起消费增长的一些资料特征）。结合制造业，这种顾客需求的质量研究有很强的应用背景。

## 二、制造和服务系统的质量

### （一）生产系统的构成

生产是指组织把资源转化为产品（包括有形的商品和服务）的过程。组织生产产品和服务所包括的一系列过程总称为生产系统。在20世纪80年代以前，管理专家认为生产系统主要包括以下三方面：

（1）输入，即组织为了生产出产品或服务，在前期要投入原材料、资金、人员、设备等。

（2）输出，即组织生产出来的产品或服务。

（3）过程，是指组织将输入转化为输出的活动，如加工、组装、检验、包装等生产产品或服务的活动都属于过程。

20世纪80年代以后，随着世界经济形势的不断变化，管理理念日益更新，管理学者们认为生产系统除了包括以上三方面以外，供应商和顾客也应该是生产系统的组成部分。因此，生产过程中的质量控制也不应该只局限于材料检验、过程控制和成品检验，还要扩展到分析顾客需求、了解供应商的保证能力等领域。

戴明观点中的生产系统构成图如图 9-1 所示。

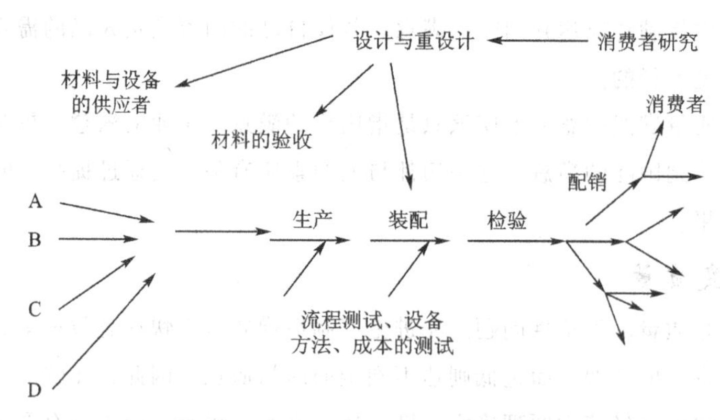


图 9-1 戴明观点中的生产系统构成图

### （二）制造系统中的质量

根据产品质量形成过程的原理将制造系统中的关键职能环节逐个分解，研究质量在每一个环节中关注的焦点，可为有效的质量管理提供信息。

#### 1. 营销和市场调研

与以往相比，今天的营销人员要承担更多的质量责任。他们不只是要努力宣传自己的产品，收集和分析消费者的需求与期望也是他们的职责。他们需要及时了解顾客期望的产品以及愿意为此支付的价格。如果企业产品不符合顾客要求，销售人员应通过收集顾客反馈来使设计和技术人员意识到这些问题。这些信息将有助于企业在其内部资金与技术的约束条件下，对哪些是其应满足的顾客需求做出决策。并且，在一切可能的条件下，销售人员应向顾客提供所需的帮助，以保证顾客满意。

#### 2. 产品设计与开发

制造产品有如下一些质量属性：性能、特征、可靠性、一致性，可维修性、美观性、感知质量。这些属性大多以产品设计为中心。这一环节的主要职能是为产品和生产过程开发出技术规格与参数，以满足在营销职能中所确定的顾客需求。由于设计环节中出现问题，而导致企业失败的事例屡见不鲜。过于简单的产品由于满足不了消费者的需求范围，处于曲高和寡的尴尬市场地位。这都说明了设计环节在获取制造业质量中的重要性。良好的设计环节将有助于预防制造环节和服务中的缺陷，并且降低了生产系统对于不产生附加值的检验环节的需求。

#### 3. 采购和接收

质量合格的原材料的采购以及保证及时交付，对企业来说是相当关键的。采购部门承担着相当重要的质量职责：选择可靠的供应商；确保采购合同符合设计开发部门确定的原材料质量要求；与供应商建立基于信任的长期关系，并保持密切沟通以应对各种设计与生产的变化；向供应商提供持续质量改进培训。高质量的原材料采购还可以减少对接收检验的需求，而原材料的接收则要求确保接收材料是合格的。特别是对于现今多变的生产系统，许多企业也减少了库存，对原材料的质量提出了更高的要求。

**4. 生产计划与调度**

为了满足顾客订单要求以及预期需要，企业要规划短期和长期的生产计划调度，必须保证企业的生产流程可以连续顺利地进行，在合适的时间地点配备合适的人选、设备与原材料等。我们经常可以看到由于拙劣的生产安排而导致工期紧迫产生的质量问题。同样，我们也发现，在生产计划调度方面的技术工具和方法的改进，譬如准时生产（JIT），有效地提高了产品质量，节约了成本。

**5. 制造与装配**

这一环节的主要任务是生产出合格的产品。作为设计与工艺部门的下一流程，一旦进入生产环节，任何缺陷都是不可接受的。因为事后的检验和纠正措施都是要花费成本的。如果出现问题，都要通过检测来发现并消除产生问题的原因。为了保证生产系统的稳定，精确的测量设备与熟练掌握测量技术工具的员工都是不可缺少的。在每一个生产环节，无论是操作人员还是专门检验人员都要尽力收集和分析生产系统的信息，以便及时做出必要的调整。

**6. 设备检修与校准**

在生产与检验中使用的设备与工具，必须得到适当的维修与校准。失修的机器可能生产出不合格的产品，而未得到校正的检验设备提供的是不正确的系统信息。这些都导致了产品质量问题。

**7. 工业工程与流程设计**

生产系统必须能够持续生产出符合规格的产品来。而工业工程的设计者们要与产品设计者们一起开发出实际的生产规格参数。除此之外，他们还要选择合适的工艺流程、生产设备和技术方法，以及将这些要素合理地组织起来形成顺畅的生产流程，将可能产生质量问题的风险降至最低。

**8. 成品检验**

成品检验可以获得生产系统的信息，去发现和消除系统中可能存在的问题，还可以避免不合格产品进入市场。如果可以保证产品的质量是合格的，这种检验的必要性将大打折扣。要记住，无论在什么情况下，成品检验都应该被视作是一种收集有助于质量改进信息的手段，它的目的不仅仅只是去检验出不合格的产品。

**9. 包装、运输和存储**

在产品离开生产线后，如何在包装、运输、存储中保护产品的质量，就是这一环节应该承担的质量职责。由于包装错误、运输损坏以及存储而导致的产品质量问题并不少见。

**10. 安装运行和服务**

顾客在获取商品后，为了正确地使用，必须得到相应的指导，这需要安装人员的帮助。而一旦发生问题，良好的售后服务是必不可少的。事实上，顾客对产品质量的感知与顾客忠诚度的建立在很大程度上依赖于售后的服务和质量。正是因为如此，许多企业在售后服务方面建立起了和产品质量要求一样严格的标准。

**11. 其他的生产辅助职能**

除了与生产制造直接相关的环节，还有其他一些生产辅助职能也对质量有着重要的意义，从综合管理、财务会计到人力资源管理、法律服务等。

显而易见，质量是系统中每一个人的职责，制造系统可以看作是一系列服务的集合，或者是一条顾客链。每一个环节都是下一个环节的服务提供者。以顾客为中心的质量哲学说明，企业不仅要关心注意它们的制造质量水平，更要密切关注组织中所有可以满足顾客期望的行为。组织中的所有人、所有环节都必须加入对提高质量的行动中来。

### （三）服务业的质量

制造企业中的质量管理，经过长期的研究与实践，通过控制生产流程和标准化作业，已经形成了较为成熟的控制体系。出于竞争和生存的需要，服务业要适应不断变化的市场环境和变化迅速的顾客需求，必须把服务质量的管理作为企业经营的核心和重点。但由于服务和服务质量的一些特殊性，服务质量的控制相对制造业要困难得多。

**1. 服务质量最重要的属性**

（1）时间性：服务提供的时间长短。

（2）时效性：需要时能否提供服务。

（3）完整性：订单中的所有项目是否都包括在内。

（4）礼节性：员工服务顾客的态度。

（5）一致性：每次向不同顾客提供同等的服务。

（6）可达与便利程度：服务易于获得。

（7）准确度：服务和服务提供的准确性。

（8）响应性：员工对意外问题快速反应并迅速解决。

顾客对服务的感知质量正是来源于对这些属性的不同感受。

**2. 质量管理方面服务业与制造业的不同之处**

（1）顾客需求与服务标准是难以界定和测量的。这些因素之所以难以确定，是由于在服务业中，服务产品的合格标准是由顾客决定的，而每个顾客的标准又是各不相同的。很明显，不同的顾客在服务质量属性上的感知程度是不可能完全一致的。这也造成了对服务产品合格与否度量的困难。

（2）个性化的服务。制造行业除了顾客专门的定制要求，其制造产品一般来说都是完全相同的。而顾客对服务产品的定制化要求明显要高得多。例如，医生、律师、保险代理人等，面对不同的顾客，必然要采取不同的服务方式，提供个性化的服务产品。因此，用统一的技术参数来衡量这些服务是不适当的。

（3）无形的服务产品。与制造产品相比，许多服务产品都是无形的。制造产品可以依据设计参数来进行评估，而服务产品的评估只能依据过去的经验与尚不清楚的顾客需求来进行。消费者对购买的制造产品是“看得见摸得着”，而服务产品留给顾客的可能只是一段回忆。当产品出现问题时，制造企业可以召回产品或为顾客修理，而服务行业只能对自己糟糕的服务向顾客道歉或是赔偿。

（4）质量事前控制的重要性。制造产品的生产与消费是截然分开的，产品在交付顾客之前可以进行质量检验与控制，防止不合格产品落入消费者手中。而服务产品的生产与消费是同时进行的，一旦服务质量出现问题，对顾客造成的损害是无法挽回的。因此，对服务产品的质量控制，更应集中于事前的控制，加强对服务人员的培训与服务设备的改进等。

（5）人际交往的重要性。与制造行业的资金密集相比，服务行业明显是劳动密集型的。人际交往关系的质量极大地影响着服务产品的质量。顾客与服务人员之间互动的质量决定着交易的走向。例如，一位顾客之所以愿意经常光顾同一家饭店，也许只是喜欢这里服务人员的亲切的微笑。很明显，服务人员的行为与魅力是服务质量的关键。

（6）出错概率更大。许多服务组织每天都必须处理数目庞大的顾客事务，而且这些事务要求很少是完全相同的。与制造行业每天程序化的生产方式相比，服务组织出现服务质量问题的风险更大。

尽管服务业产品存在着与制造业以上不同的特性，但质量管理的很多理论同样适用于服务业。与制造业非常注重产品质量一样，服务业同样要重视自己的服务质量。服务产品同制造产品一样，也必须“符合与超过消费者的需求”。这意味着服务业也要进行消费者需求的调查研究，和制造业要为产品设立规格标准一样，服务行业也需要将顾客期望转化为服务产品的标准。例如，一家快餐店承诺顾客等待时间将不超过 15 分钟，这是它为自己设立的标准，以满足顾客的要求。

戴明的生产系统观同样适合于服务业。输入、输出、转换过程三个要素在服务系统中一样都不可缺少，尽管在识别什么是输入、输出、顾客需求是什么这些问题上，服务业的回答要困难得多。但是它们同样需要做这些工作。图 9－2 是一个高等教育的服务提供过程。

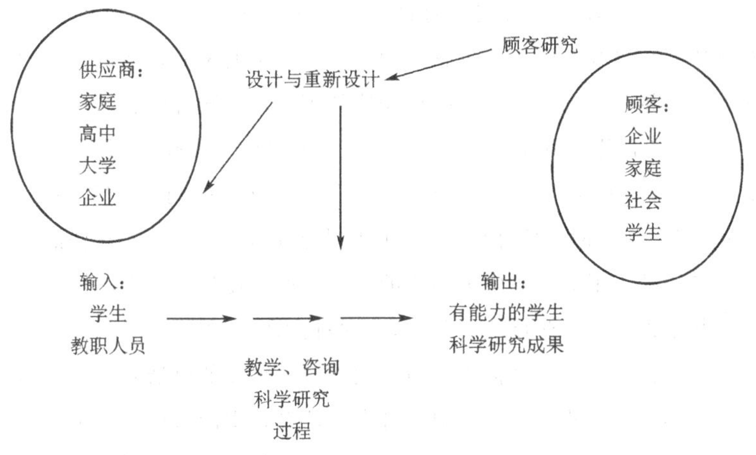


图 9－2 高等教育的服务系统提供过程

服务系统与制造系统的差异，对主要以制造业为研究对象的质量管理理论提出了挑战。许多服务企业，例如银行业、航空业、餐饮业等目前都已经建立起了较为完善的质量管理体系。但是它们大多是以制造业为样本建立起来的，更趋向于产品导向而非服务导向。例如，一家航空公司可能在客机机舱温度的控制上十分严格，但这并不能保证顾客满意。对于服务企业来说，硬件设施的技术参数的重要性远远不如对无形的服务质量参数的设定更为重要。

3. 对服务产品质量起关键作用的因素

通过以上对制造业与服务业质量管理的特点的比较，可以发现，两个要素对于服务产品的质量起着关键作用，即员工与信息技术，它们有着更为特殊的意义。

(1) 员工。制造业与服务业里能让企业继续生存的都是顾客，服务业中顾客与服务人员有着大量的直接接触。对于服务业，行为是质量的特征之一。在人与人之间接触产生的每项交易中，人与人之间的相互交流非常重要。服务人员与顾客良好的交往，是服务组织保留顾客的重要条件。但是却很少有人认识到这种接触的重要性，包括服务人员自己。我们在很多服务场所都可以发现，服务人员只有在没有顾客来打扰他们的时候感觉最愉快，忘记了取悦顾客是他们最重要的职责。

很多研究者已经多次证明，服务人员的工作满意度与顾客满意度成正比关系。有一句商业谚语更为直接地说出了事实，“如果我们关心自己的员工，他们将会关心我们的顾客”。很多服务企业在这方面已经做得很好。美国的联邦快递公司将“人、服务、利润”作为自己的经营信条，一切决策都要以这三条为基础进行评估，其中的“人”就是指员工。公司制定了一系列的计划来激励员工，取得了相当高的顾客满意水平与销售收入增长。在1990年，联邦快递成为第一家获得美国国家质量奖的服务业组织。要想获得高质量的服务员工，管理者需要对服务人员进行恰当的激励，有效地识别出顾客满意程度与服务人员努力之间的关系。管理人员还应该向服务人员进行分权与职责的分配，使他们有更多的职权和更大的责任感为顾客服务。另外，培训也特别重要，必须使服务人员具有足够的能力和技巧来与顾客进行有效沟通，处理好顾客事务。

(2) 信息技术。信息技术包括数据的收集、计算、处理以及其他将数据转化为有效信息的手段。服务速度是顾客对服务质量感知的另外一个重要来源。随着竞争的加剧，顾客对服务产品的速度要求越来越高。服务组织还需要处理大量的顾客信息和事务，比如银行业等金融机构。信息技术的合理使用就变得对服务组织特别重要。沃尔玛、阿里巴巴、京东等凭借其先进的信息网络使得其在零售行业中表现突出就是一个很好的例子。当信息技术可以为顾客提供更快捷和更准确的服务时，信息技术就可以成为服务企业获取竞争优势的一种利器。

信息技术的使用减少了服务业中劳动力的密集程度。比如银行中的自动柜台机、电话自动服务系统等，甚至顶替了一些传统的职位。这些技术的应用降低了服务出错的概率，并会提高服务速度。但是也有一些顾客抱怨，当他们面对冷冰冰的机器时，没有享受到乐趣。专门的调查也已经证实，在一些服务行业中，过多的信息技术的采用导致了人际交往的减少确实会降低顾客满意度。这也使我们更加明白服务行业中顾客需求的多样性和互斥性。因此，当一个服务企业在谋求采用先进的计算机网络作为自己的竞争优势时，必须权衡它的利弊。

### (四) 制造与服务质量的融合

客户满意度、客户保持和客户忠诚度都与产品和服务的质量紧密相关。质量成为制造业、服务业成功的决定性因素。随着全球竞争和服务经济的不断增长，以及制造与服务的融合，服务业、制造业越来越关注服务质量特别是客户服务质量。由于服务中的顾客参与特征，客户服务成为大多数服务业（甚至包含制造业）的一个关键功能和必要组成。制造质量与服务质量紧密结合，图 9－3 描述了目前制造与服务质量的融合发展。

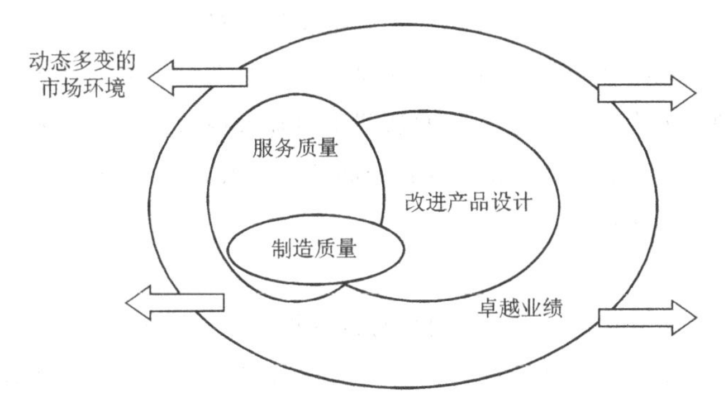


图 9－3 目前制造与服务质量的融合发展

## 三、 现代质量管理面临的环境

综观质量管理理论的每一次创新与发展，无不是质量先驱们对新事物或者新现象的研究认识的结果。工业革命的成功，使得大规模的工厂机器生产取代了小作坊式的手工制造，生产规模的扩大促使专职检验人员的出现来替代生产工人的自检职责。在第二次世界大战中，由于对军工产品提出了更高的质量要求，数理统计技术被应用到了质量管理领域，产品的质量管理系统也由单纯的事后检验扩展到生产制造的全过程，进一步丰富了质量管理理论。而随着生产力的进一步发展以及市场竞争的加剧，顾客对产品的要求日益苛刻，迫使企业开始主动了解顾客需求，并在全公司范围内使每一个人都投入到对产品和服务的质量改进中来，开启了全面质量管理的时代。随着时代的变迁和社会的发展，人们对质量概念的理解在逐步地发生着变化，质量管理的理论也在不断充实和发展过程中。可以预想到的是，现今的质量理论远远没有达到完美的地步，面对日新月异的质量管理现象，新的观点、理论与思想必将不断涌现，来完善现代质量管理理论的内容。

### （一）快速多变的市场环境

所谓快速多变的市场环境，着重描述的是当前企业外部环境的不确定性这一特征。企业面对的顾客、供应商、政府、公共组织、竞争者等各方相关者，构成了企业的外部环境。当前，企业领导者发现他们正处于一个瞬息万变的市场环境中。这些与以往迥异的环境变化，向现代质量管理理论提出了挑战。

#### 1. 顾客需求呈现多样化、个性化

随着市场竞争的日益激烈，企业面对来自顾客的压力越来越大。并且由于生活水平的提高，消费者对产品的需求也开始以满足自我需要为中心，呈现出个性化与多样化的特点。整个社会文化也都在鼓励这种尊重个人的价值取向。如果企业不能够及时调整以主动适应顾客的这种需求变化，将很难在竞争激烈的市场中取得一席之地。

但是消费者的需求本来就是捉摸不定和快速变化着的，当企业根据顾客的需求变化对生产系统进行不断调整以响应这种变化的时候，如何在这样的需求变化的系统中保证产品

的质量便成了一个问题。众所周知，传统经典的质量管理理论一直都在强调生产系统的“稳定”。消除变异与波动，保持这种稳定是质量管理人员一直在努力追求的目标。当企业为了适应顾客需求变化必须快捷地对质量管理系统进行调整，当变化成为必须面对的频繁现象，质量管理理论因为对于“稳定”的强调正面临着尴尬。在新形势下如何使质量工作可以紧随市场的变化，在为顾客提供个性化产品的同时又保持企业质量工作整体上的稳定，是我们将要长期面对的两难选择。

**2. 政府、社会的压力**

随着人们环境保护意识的增强，对健康标准的提高，社会道德的压力，许多今天看起来令人满意的产品将变得让人无法接受。同时政府出台了更多的法律法规对产品的生产过程及性能质量进行约束；公共组织的舆论压力，也不断在对一些原本被认为无伤大雅的生产环节做出挑剔。同时，出于保护本国产品的需要，一些贸易壁垒也在此基础上被建立起来。

现今的企业要面对的质量管理压力远比原来大得多。企业的领导者需要不断审时度势，来进行本企业质量管理系统的调整。例如，随着 ISO 14000 标准的颁布，企业的竞争不仅是产品性能、质量等方面的竞争，也是绿色产品、绿色制造与环境保护水平之间的竞争，以此来赢得政府与顾客的青睐。这就要求企业把环境因素纳入企业的质量管理之中来，在产品、生产、服务、活动各个环节建立完善的环境管理体系，对环境因素进行控制。只有当企业的质量管理体系、环境管理体系都健全有效并追求相同的目标时，才能够持续提供高质量的产品和服务。

### （二）先进制造模式的普及

面对市场环境和顾客需求的快速变化，传统的大量生产制造模式对此的响应越来越缓慢。企业不得不对其生产制造过程采取一些创新模式。所谓先进制造系统，是为了增强企业的应变能力，在对传统生产模式进行扬弃的基础上，利用现代信息技术和管理理论而发展起来的制造模式。西方工业国家较早地开展了对先进制造模式的尝试，在实践中取得成效的有柔性生产、精益生产、敏捷制造和并行工程等，以及提出了可重构制造系统这样一些概念。而为了适应新的制造模式，企业的组织结构也会发生相应的变化，比如虚拟企业等。

生产模式的变革向原有的质量管理方法提出了一些新的问题和新的挑战。例如，在敏捷企业中，其核心能力是“精于变化的能力”。作为敏捷企业，为了适应市场环境不断变化的需求，必须不断重组其经营过程，而重组就是要不断地根据实际需求，采取灵活多变的组织结构、柔性的生产过程等达到敏捷性的基本要求。敏捷企业中的质量管理具有很强的动态性、离散性和实时性的特征。而作为国际通行的 ISO 9000 质量标准体系，从其本质来说，是一个相对稳定的质量管理体系，它虽然为敏捷企业提供了标准的程序化管理，但是它忽视了敏捷企业特别看重的人的因素与团队协作精神，并且很难适应敏捷竞争快速多变的市场需求。因此仅依靠 ISO 9000 体系的建立来进行敏捷企业的质量管理是不够的，必须结合企业自身特点，将 TQM 和 ISO 9000 体系进行有机融合，来解决质量管理工作中出现的新问题。

由上可知，随着各种先进制造模式在企业中的出现和应用，企业的质量管理工作也必须做出相应的调整。无论在理论上还是实践中，这样的探索都是刚刚起步。

### （三）质量管理范围的拓展

现代质量管理理论起源于对制造业产品生产过程的研究，也是应制造业的迅猛发展需要而逐步成熟完善起来的。但是发展到今天，质量管理理论的研究与应用范围早已冲出了制造业的桎梏。在服务业、信息产业、公共事务管理中都可以见到质量管理技术在大显身手。整个社会都已经意识到了质量管理的重要性，质量的概念早已超出了固有的含义。人们对质量的追求扩展到了前所未有的程度。

教育业、政府工作、公共事业，这些近半个世纪以来进入质量管理视野的行业，由于存在与制造业太大的差异，对它们的质量规律的研究工作一直处于艰难的探索中。进入21世纪以后，信息化成为社会发展的一个方向，软件业作为知识经济中起决定作用的支柱产业，成为当前质量管理工作中新的研究焦点。由于软件产品与软件生产过程的特殊性，其质量管理较实物产品的管理困难得多。并且在信息技术迅猛发展的今天，以信息技术为技术支持，出现了供应链、动态企业联盟、电子商务等新的概念。当市场的竞争从单个企业间的竞争发展为供应链间的竞争，质量需要由整条供应链来共同保证，如何进行供应链内的质量管理？当网络成为企业与顾客之间的商业平台，如何在虚渺的互联网上对电子商务活动进行质量管理，这都是必须面对的新问题。

### （四）网络时代的质量管理

信息技术的高速发展是当今时代的重要特点。企业内部由于信息系统的应用实现了内部信息高度集成，计算机与网络技术使得质量管理系统可以实现自动化与智能化，进一步提高了产品的质量水平，产品的质量控制正一步步向零缺陷的方向前进。质量管理的水平正依赖于技术工具的更新向前所未有的高度进发。利用网络技术，企业可以更迅速地获得更多的顾客信息，更好地满足顾客个性化的需求。而网络环境下，市场竞争进一步加剧，顾客可以更加方便、快捷地选择个性化的产品和服务。以顾客满意为标准，就意味着企业的运作、经营、战略都将围绕着质量来展开，网络时代使得质量管理工作在企业中的地位进一步提升。

网络时代为质量管理带来了空前的机遇，信息质量和数据质量成为热点问题。在实施质量管理软件或数据和流程的质检时，必须真正了解质量的含义及必备的条件。信息质量管理的目标并不是改善数据仓库或数据库中的内容，而应该是通过去掉非质量信息的成本来提高业务效率，以及增加高质量信息资产的价值。不仅要测量数据的合法性，而且要测量数据的精确性。精确性、及时性、可访问性和直观表达性是知识工作者所需要的质量特性，这些特性却不能被评估软件测量。

为此，应确立现代质量管理的系统思维，逐步完善质量管理的系统化方法，建立起质量管理系统工程体系。

**案例9－1**

**幕墙工程中质量管理**

“百年大计，质量第一”，确保工程质量，是工程项目建设管理永恒的主题。工程质量是决定工程建设成败的关键，工程建设质量的好坏影响着建设、施工单位的信誉、效益。控制工程建设质量是参建各方工作的重点，也是参建各方共同的职责。工程质量管理可以为全面提高建设工程质量安全水平、杜绝质量安全事故发生、促进建筑业健康有序发展做出积极的贡献。质量管理作为工程项目管理的重要组成部分之一，是特别需要管理者给予足够重视的部分。

我国建筑幕墙行业是从1983年开始起步的，是中国经济体制改革的产物，与其他传统行业相比，年轻的幕墙行业受计划经济体制的影响相对较小。发展至今已经逐渐形成了民营企业集团、中外合资、股份制、有限责任公司等多种企业组织形式；以非公有制经济为主体的竞争格局已逐渐形成。近年来，随着建筑幕墙行业竞争的不断加剧，大型建筑幕墙企业间并购整合与资本运作日趋频繁，国内优秀的建筑幕墙生产企业愈来愈重视幕墙项目的质量管理，质量管理成为其成败的关键内容之一。

中部某省一家房地产公司也涉足幕墙工程项目，并承接和完成了该省省会城市中一些核心地段的幕墙项目工程，取得了良好的口碑。

2016年，该公司承接了某建材装饰博览中心基础建材B、C馆项目的幕墙工程，该幕墙工程质量管理主要包括前期的招标、决策、勘察和设计，以及后期的验收等环节。为了按时按质完成项目，公司严格按照业主的要求，从项目生命周期出发，对该项目分别在决策阶段、招标阶段、施工前阶段、施工中阶段、施工阶段和完工阶段6个环节进行质量管理和把控。

具体做法如下：

1. 决策阶段的质量管理

在前期调查研究与系统分析的基础上，决策阶段是确定幕墙工程项目是否承接的关键环节，此阶段质量管理的主要内容是在广泛搜集资料、调查研究的基础上研究、分析、比较，决定项目的可行性和最佳方案。该阶段的质量管理直接决定着公司在目标市场上的地位和行业内的口碑和品牌。为此，该公司通过多次召开管理层会议，为确定该工程项目是否应该承接进行质量决策。

2. 招标阶段的质量管理

为了确保幕墙工程项目的质量，该公司经过前期深入细致的调查研究，根据自身实际情况和结合行业惯例设计了招标文件。投标文件由资格标、商务标和技术标组成。资格标中详细规定了投标人的资质，以往类似工程的业绩，技术负责人、主要施工管理人员的情况，主要施工设备情况以及业界的口碑证明。商务标中规定了投标函、投标报价表、分部分项工程与单价措施项目清单与计价表（含分部分项综合单价分析表）、投标保证金缴纳证明和法定代表人身份证明。技术标中规定了工程概况，计划开、竣工日期和施工进度网络，确保工期的技术组织措施，确保工程质量的技术组织措施。专项施工方案及技术措施，组织架构及人力计划，确保安全生产的技术组织措施，对其他专业承包人配合的内容、措施以及其他合理化建议。为了确保合适的投标人中标，还通过举办招标答疑等活动，为候选投标人答疑释义，为确保该工程的质量管理提供了前期保障。

3．施工前阶段的质量管理

按照招标文件中约定，该公司的工程质量要求如下：

（1）乙方必须严格按国家、行业和地方现行的质量标准及规范组织施工及验收（以现行最高标准、最新规范为准），并保证承包范围内的工程质量达到上述标准及规范规定的工程质量合格标准。

（2）乙方对本工程的质量向甲方负责，其职责包括但不限于：

①编制施工技术方案，确定施工技术措施。

②提供和组织足够的工程技术人员，检查和控制工程施工质量。

③控制施工所用的材料和工程设备，使其符合标准与规范、设计要求及合同约定的标准。

④负责施工中出现质量问题或竣工验收不合格的返修工作。

⑤参加工程的所有验收工作，包括隐蔽验收、中间验收、竣工验收。

⑥承担质量保修期的工程保修责任。

⑦其他工程质量责任。

（3）因工程质量发生争议的，甲乙双方可有权单方委托第三方有资质的工程质量检测机构进行鉴定，工程质量鉴定合格的，鉴定费用由甲方承担；工程质量鉴定不合格的，鉴定费用由乙方承担。

（4）甲方和甲方委托的监理单位有权对工程质量进行检查和检验，但不免除乙方按本合同约定应负的责任。

为了很好地履行合同，达到上述过程质量要求，施工前的质量管理的主要内容是：

（1）对施工队伍的资质进行重新审查，包括各个分包商的资质的审查。如果发现施工单位与投标时的情况不符，必须采取有效措施予以纠正。

（2）对所有的合同和技术文件、报告进行详细的审阅，如图纸是否完备，有无错漏空缺，各个设计文件之间有无矛盾之处，技术标准是否齐全等。应该重点审查的技术文件除合同以外，主要包括：

①审核有关单位的技术资质证明文件。

②审核开工报告，并经现场核实。

③审核施工方案、施工组织设计和技术措施。

④审核有关材料、半成品的质量检验报告。

⑤审核反映工序质量的统计资料。

⑥审核设计变更、图纸修改和技术核定书。

⑦审核有关质量问题的处理报告。

⑧审核有关应用新工艺、新材料、新技术、新结构的技术鉴定书。

⑨审核有关工序交接检查，分项、分部工程质量检查报告。

⑩审核并签署现场有关技术签证、文件等。

（3）配备检测实验手段、设备和仪器，审查合同中关于检验的方法、标准、次数和取样的规定。

(4) 审阅进度计划和施工方案。

(5) 对施工中将要采取的新技术、新材料、新工艺进行审核，核查鉴定书和实验报告。

(6) 对材料和工程设备的采购进行检查，检查采购是否符合规定的要求。

(7) 协助完善质量保证体系。

(8) 对工地各方面负责人和主要的施工机械进行进一步的审核。

(9) 做好设计技术交底，明确工程各个部分的质量要求。

(10) 准备好简历、质量管理表格。

(11) 准备好担保和保险工作。

(12) 签发动员预付款支付证书。

(13) 全面检查开工条件。

4. 施工中阶段的质量管理

按照建设工程质量管理条例的规定，工程质量管理施工过程中的质量管理主要包括以下内容：

(1) 工序质量控制。包括施工操作质量和施工技术管理质量。

①确定工程质量控制的流程。

②主动控制工序活动条件，主要指影响工序质量的因素。

③及时检查工序质量，提出对后续工作的要求和措施。

④设置工序质量的控制点。

(2) 设置质量控制点。对技术要求高。施工难度大的某个工序或环节，设置技术和监理的重点，重点控制操作人员、材料、设备、施工工艺等；针对质量通病或容易产生不合格产品的工序，提前制定有效的措施，重点控制；对于新工艺、新材料、新技术也需要特别引起重视。

(3) 工程质量的预控。

(4) 质量检查。包括操作者的自检，班组内互检，各个工序之间的交接检查，施工员的检查和质检员的巡视检查，监理和政府质检部门的检查。具体包括：

①装饰材料、半成品、构配件、设备的质量检查，并检查相应的合格证、质量保证书和实验报告。

②分项工程施工前的预检。

③施工操作质量检查，隐蔽工程的质量检查。

④分项分部工程的质检验收。

⑤单位工程的质检验收。

⑥成品保护质量检查。

(5) 成品保护。

①合理安排施工顺序，避免破坏已有产品。

②采用适当的保护措施。

③加强成品保护的检查工作。

(6) 交工技术资料。主要包括以下的文件：材料和产品出厂合格证或者检验证明，设备维修证明；施工记录；隐蔽工程验收记录；设计变更，技术核定，技术洽商；水、暖、电、声讯、设备的安装记录；质检报告；竣工图，竣工验收表等。

(7) 质量事故处理。一般质量事故由总监理工程师组织进行事故分析，并责成有关单位提出解决办法。重大质量事故，须报告业主、监理主管部门和有关单位，由各方共同解决。

5. 施工阶段的质量管理（略）

6. 完工阶段的质量管理

工程质量管理工程完成后的质量管理主要是按照合同的要求进行竣工检验，检查未完成的工作和缺陷，及时解决质量问题。制作竣工图和竣工资料。维修期内负责相应的维修责任。

该公司在幕墙项目的质量管理中树立了系统化的思维理念，并逐步引进和完善质量管理的系统化方法，为该项目的顺利完工以及建立工程项目的质量管理系统工程体系奠定了基础。

# 第二节　质量管理的系统化方法

## 一、现代质量观的基本原理

### (一) 质量管理的八项基本原则

ISO 9000族国际标准在总结各国质量管理和质量保证经验的基础上，在2000版ISO 9000标准中提出了质量管理的八项原则。这八项原则反映了质量管理的基本思想，其中管理的系统方法是八项质量管理原则之一。

**1. 以顾客为关注焦点**

组织依存于顾客，因此组织应当理解顾客当前和未来的需求，满足顾客要求并争取超越顾客期望。任何一个组织都应该把争取顾客、使顾客满意作为首要工作来考虑，依此安排所有活动。超越顾客的期望，将为组织带来更大的效益。

**2. 领导作用**

领导者确立组织统一的宗旨及方向，他们应当创造并保持使员工能充分参与实现组织目标的内部环境。组织的最高管理者（层）的高度重视和强有力的领导是组织质量管理取得成功的关键。组织的最高管理者（层）要想指挥、控制好一个组织，必须做好确定方向、策划未来、激励员工、协调活动和营造一个良好的内部环境等工作。

3. 全员参与

各级人员都是组织之本，只有他们的充分参与，才能使他们的才干为组织带来收益。全员参与能使组织达到较高的管理水平境界，所以要对员工进行质量意识、职业道德、以顾客为关注焦点的意识和敬业精神的教育，还要激发他们的积极性和责任感。此外，员工还应具备足够的知识、技能和经验，才能胜任工作，实现充分参与。

4. 过程方法

在2000版ISO 9000：标准的3.4.1条款中，过程的定义为：一组输入转化为输出的相互关联或相互作用的活动。2.4条款中，系统地识别和管理组织所应用的过程，特别是这些过程之间的相互作用，成为“过程方法”。将活动和相关的资源作为过程进行管理，可以更高效地得到期望的结果。

5. 管理的系统方法

系统的特点之一就是通过各分系统协同作用、相互促进，使总体的作用往往大于各分系统作用之和。所谓系统方法，包括系统分析、系统工程和系统管理三大环节。在质量管理中采用系统方法，就是要把质量管理体系作为一个大系统，对组成质量管理体系的各个过程加以识别、理解和管理，有助于组织提高实现目标的有效性和效率，以达到实现质量方针和质量目标的目的。

6. 持续改进

持续改进总体业绩应当是组织一个永恒的目标。为了改进组织的整体业绩，组织应不断改进其产品质量，提高质量管理体系及过程的有效性和效率，以满足顾客和其他相关方日益增长和不断变化的需要和期望。持续改进的关键是改进的循环和改进的持续，一个改进过程（PDCA循环）的结束往往是一个新的改进过程的开始。

7. 基于事实的决策方法

有效决策是建立在数据和信息分析的基础上的。正确的决策需要领导用科学的态度，以事实或正确的信息为基础，通过合乎逻辑的分析，做出正确的决断。盲目的决策或只凭个人的主观意愿的决策是绝对不可取的。

8. 与供方互利的关系

供方是组织利益的相关方，也是组织所拥有的资源的一部分。组织与供方是相互依存的关系，因此，对供方既要控制又要互利，特别对关键供方更要建立互利关系。互利的关系可以增强双方创造价值的能力，从而实现双赢的局面。

## （二）质量管理的基本原理

1. 体系管理原理

任何一个组织，只有依据其实际环境条件和情况，策划、建立和实施质量管理体系，实现体系管理原理时，才能实现其质量方针和质量目标。这就是质量管理的体系管理原理。

建立质量体系是开展质量管理工作的一种最有效的方法与手段。质量管理是企业管理的中心环节，其职能是质量方针、质量目标和质量职责的制定和实施，是对所有质量职能和活动的管理。质量体系是组织为实现质量方针、质量目标在开展质量活动时的一种特定系统。全面质量管理的一切活动，都是以体系化的方式来运行的。质量体系使质量管理的组织、程序、资源等实现了系统化、标准化和规范化，它为质量管理活动提供了一种方法，是质量管理活动的核心和载体。质量体系既要保证组织内部管理的需要，又要充分考虑提供外部质量保证的要求。ISO 9000 族标准就是国际通用的一个质量管理体系要求。通过对企业产品或服务质量的体系化管理，可以使企业的质量控制和保证活动更加有效。

**2. 过程监控原理**

所有质量工作都是通过过程完成的，质量管理要通过对过程的监控来实现。任何一个组织都应该识别、组织、建立和管理质量活动过程网络及其接口，才能创造、改进和提供持续稳定的质量。这就是质量管理的过程监控原理。

按照全面质量管理的要求，对产品质量的控制要通过对组织中各个过程的控制来实现。对企业的各个组成部分进行过程监控。可以有效识别企业的冗余环节，保证了企业产品的质量，还可以预防质量问题的产生。对过程的监控，通常应从以下三个基本方面提出问题。

（1）过程是否被确定？控制过程的程序是否形成了文件？

（2）过程是否充分展开并按要求贯彻实施？

（3）过程是否受控？在提供预期的结果方面，过程是否有效？

**3. 人本原理**

质量管理，应以人为本，只有不断提高人的质量，才能不断提高活动或过程质量、产品质量、组织质量、体系质量及其组合的实体质量。这就是质量管理的人本原理。

人是质量管理要素中的第一要素。全面质量管理作为一门现代管理理论，它强调以人为本的自主管理。在影响产品质量的诸多要素中，对人这个因素的控制应该是最重要的，也是最见效的。人的质量决定了产品的质量：组织管理人员管理水平高、工人技能好、全体人员质量意识强，则工作质量高，组织的产品质量也高。国内外无数企业的实践充分证明了这一点。

质量人才的培训与教育是贯穿质量管理的重要基础工作。提高人的质量，才能提高产品的质量。质量人才的形成绝不是天生的，也不是自然形成的，而是要靠坚持不懈的质量培训与教育。从最高管理者到基层员工，都要进行质量观念与质量技术的教育，这才是提高企业质量水平的根本。

## 二、 ISO 9000 质量管理体系

在国际标准化组织（ISO）颁布的 13 000 多个标准中，从来没有任何一个标准像 ISO 9000 那样产生如此强烈、广泛和持久的影响。ISO 9000 是为了帮助各种类型和规模组织实施并运行有效的质量管理体系，通过持续改进的手段满足顾客的质量要求，提高顾客满意度，从而实现更高的绩效。

### （一）ISO 9000 族标准的构成及特点

2000 版 ISO 9000 族标准的结构由五项标准和一些技术报告组成。

**1. 五项标准**

它们分别是：ISO 9000《质量管理体系基础和术语》；ISO 9001《质量管理体系要求》；ISO 9004《质量管理体系业绩改进指南》；ISO 19011《质量和环境管理体系审核指南》；ISO 10012《测量控制体系》。其中 ISO 9000、ISO 9001、ISO 9004 和 ISO 19011 共同构成了一组密切相关的质量管理体系标准。一般称之为 ISO 9000 族的核心标准。

**2. 技术报告**

正在制定和修订的技术报告或技术规范有：ISO/TS 10006《项目管理质量指南》；ISO/TS 10007《技术状态管理指南》；ISO/TR 10013《质量管理体系文件指南》；ISO/TR 10014《质量经济性管理指南》；ISO/TR 10017《统计技术在 ISO 9001：2000 中的应用指南》；ISO/TR 10018《顾客投诉处理指南》；ISO/TR 21095《质量管理体系咨询师选择指南》。此外，《质量管理》、《选择和使用指南》和《小型企业的应用》等将以小册子形式出现。

**3. 2000 版质量管理体系标准的特点**

从结构和内容上看，2000 版了管理体系标准具有以下特点：

（1）标准的结构与内容更好地适用于所有产品类别、不同规模和各种类型组织。

（2）强调质量管理体系的有效性与效率，引导组织关注顾客和其他相关方、产品与过程，而不仅仅是程序文件与记录。

（3）对标准要求的适用性进行了更加科学与明确的规定，在满足标准要求的途径与方法方面，提倡组织在确保有效性的前提下，可以根据自身经营管理的特点做出不同的选择，给予组织更多的灵活度。

（4）质量管理八项原则在标准中得到充分的体现，便于从理念和思路上理解标准的要求。

（5）采用“过程方法”的结构，同时体现了组织管理的一般原理，有助于组织结合自身的生产和经营活动采用标准来建立质量管理体系，并重视有效性的改进与效率的提高。

（6）更加强调最高管理者的作用，包括对建立和持续改进质量管理体系的承诺，确保顾客的需求和期望得到满足，制定质量方针和质量目标并确保得到落实，确保所需的资源，制定管理者代表和主持管理评审等。

（7）将顾客和其他相关方满意或不满意信息的监视作为评价质量管理体系业绩的一种重要手段。

（8）突出了“持续改进”是提高了管理体系有效性和效率的重要手段。

（9）概念明确，语言通俗，易于理解、翻译和使用，术语用概念图形式表达术语间的逻辑关系。

（10）对文件化的要求更加灵活，强调文件应能够为过程带来增值，记录只是证据的一种形式。

（11）强调了 ISO 9001 作为要求性的标准和 ISO 9004 作为指南性的标准的协调一致性，

有利于组织业绩的持续改进。

（12）提高了与环境管理体系标准等其他管理体系标准的相容性。

## （二）2000 版 ISO 9001 质量管理体系模式及意义

### 1. 质量管理体系模式

图 9－4 是 ISO 9001 标准所表述的以过程为基础的质量管理体系模式。建立质量管理体系首先应识别体系的四个主要过程，包括管理职责，资源管理，产品实现，测量、分析和改进，然后对各个过程的输入、输出和活动实行控制。图 9－4 表明在向组织提供输入方面，相关方起到了重要作用。监视相关方满意程度需要评价相关方感受的信息，这种信息可以表明其需求和期望已得到满足的程度。运用过程的方法，来为持续改进这一目标所服务。

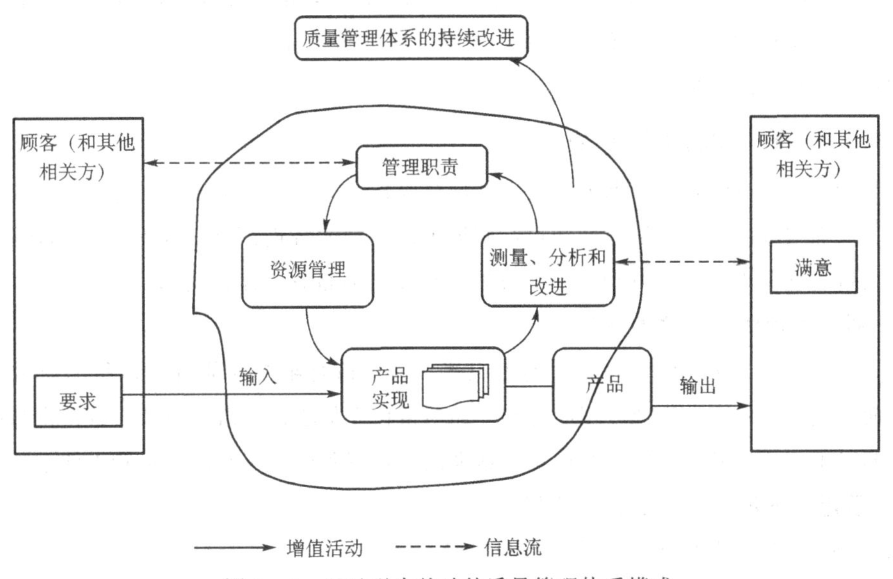


图 9－4　以过程为基础的质量管理体系模式

### 2. 质量管理体系的意义

（1）识别顾客需求，通过各过程的应用提供产品给顾客可视为一个大的过程。在对该过程向组织提供输入方面，顾客起着重要的作用。

（2）图 9－4 中圆内部分的过程构成一个质量管理体系，ISO 9001：2000 标准就是按照图 9－4 对组成提出的控制要求。

（3）基于过程方法，为满足顾客的需求提供产品并使其满足的组织活动可能由四个过程构成：产品实现过程，管理活动过程，资源管理过程，测量、分析和改进过程，即图中圆内所包括的过程。

（4）这四个过程存在着相互作用。以产品实现过程为主过程；对过程的管理构成管理活动过程，即管理职责；实现过程所需资源的提供构成资源管理过程；对实现过程的测量、分析和改进构成支持过程。

（5）这四个过程分别可以依据实际情况分为更详细的过程。如在图 9－4 中产品实现方框中重叠的三个图形表明产品实现过程是由一系列过程构成的。

（6）监视相关方满意程度需要评价有关相关方感受的信息。这可通过测量、分析和改进过程实现。

（7）PDCA 循环方法适合组织的质量管理体系的持续改进，持续改进使质量管理体系螺旋式提升。图 9－4 中已表明这一点。PDCA 循环方法也适合于每一个过程的持续改进。

2000 版 ISO 9001 标准为需要证实其有能力稳定地提供满足顾客要求、法律法规要求的产品和通过体系的有效应用以增强顾客满意的组织，规定了质量管理体系的要求。标准的第 0、1、2、3 部分分别是引言、范围、应用标准、术语和定义，进行了总则上的说明和基础术语的定义。重点内容体现在第 4、5、6、7、8 部分。其中第 4 部分“质量管理体系”规定了体系的总要求和文件要求；第 5 部分“管理职责”规定了管理的基本职能；第 6 部分“资源管理”为实施质量管理体系确定并提供适当的资源；第 7 部分“产品实现”表述的过程是质量策划结果的一部分；第 8 部分“测量、分析和改进”规定了策划和实施所需的监视、测量、分析和改进过程。

### （三）质量管理体系方法

质量管理体系方法是为帮助组织致力于质量管理，建立一个协调的、有效运行的质量管理体系，从而实现组织的质量方针和目标而提出的一套系统而严谨的逻辑步骤和运作程序。它是将质量管理原则——“管理的系统方法”应用于质量管理体系的结果。

#### 1. 质量管理体系方法的作用

质量管理体系方法的作用是：帮助组织建立一个适合组织并能有效运行的质量管理体系，从而可使组织对产品实现过程能力和产品质量树立信心；为组织持续改进提供基础；增进顾客和其他相关方满意并使组织成功；帮助组织保持和改进现有的质量管理体系。

#### 2. 质量管理体系方法的逻辑步骤

（1）确定顾客和其他相关方的需求和期望。

（2）建立组织的质量方针和质量目标。

（3）确定实现质量目标必需的过程和职责。

（4）确定和提供实现质量目标必需的资源。

（5）规定测量每个过程的有效性和效率的方法。

（6）应用这些测量方法确定每个过程的有效性和效率。

（7）确定防止不合格并消除产生原因的措施。

（8）建立和应用持续改进质量管理体系的过程。

质量管理体系方法是“管理的系统方法”原则在质量管理体系中的具体应用，它为质量管理体系标准的制定提供了总体框架。PDCA 循环方法在质量管理体系方法中也得以体现。

### （四）质量管理体系过程的评价

由于体系是由许多相互关联和相互作用的过程构成的，所以对各个过程的评价是体系评价的基础。在评价质量管理体系时，应对每一个被评价的过程，以提问的形式找出答案，如问：过程是否已被识别并确定相互关系？职责是否已被分配？程序是否得到实施和保持？在实现所要求的结果方面，过程是否有效？对前两个问题，一般可以通过文件审核得到答案。对后两个问题则必须通过现场审核和综合评价才能得到结论。对上述四个问题的综合回答可以确定评价的结果。

**1. 质量管理体系审核**

质量管理体系审核用于确定符合质量管理体系要求的程度和满足质量方针和目标方面的有效性。这种审核的结果可用于组织识别改进的机会。根据审核的实施者和目的的不同，质量管理体系审核可分为第一方审核、第二方审核和第三方审核。第一方审核又称为内部审核，由组织自己或以组织的名义进行；第二方审核由组织的相关方或由其他人员以相关方名义进行；第三方审核由外部独立的组织进行，这类组织提供符合要求的认证或注册，第二方审核与第三方审核通常又称为外部审核。

**2. 管理评审**

最高管理者的一项重要任务就是主持、组织质量管理评审，就质量方针和质量目标对质量管理体系的适宜性、充分性、有效性和效率进行定期的、系统的评价。这种评审可包括考虑修改质量方针和质量目标的需求以响应相关方的需求和期望的变化。从这个意义上来说，管理评审的依据是相关方的需求和期望。管理评审也是一个过程，有输入和输出。其中，审核报告与其他信息可作为输入；而评审结论，即确定需采取的措施则是评审的输出。管理评审的输出应给出质量方针和质量目标实现的效果，同时为进一步改进提供支持，最终为组织和相关方增值。质量管理体系评审是一种第一方的自我评价。

**3. 自我评定**

组织的自我评定是一种参照质量管理体系或优秀模式对组织的活动和结果所进行的全面和系统的评审，也是一种第一方评价。自我评定可以对组织业绩及体系成熟程度提供一个总看法，它还有助于识别需改进的领域及需优先开展的活动。自我评定是 ISO 9004：2000 标准建议的一项活动。自我评定方法与质量审核是两种不同的方法，它不能代替内部或外部质量审核。它是一种使组织的质量管理体系更加完善的评审方法，它只能用于组织内部的业绩的自我评审，不能将其作为质量审核来使用。

## 三、 卓越质量模型

卓越质量经营模式，是基于以质量为中心的经营理念，有效地运营组织所有部门，及时地、以合适的价格提供顾客满意的产品和服务，通过让顾客满意和本组织所有成员及社会受益而达到组织的长期成功的一种管理模式。最具有代表性的奖项是美国马可姆·波里奇国家质量奖、日本戴明质量奖和欧洲质量奖。在这三大质量奖中，影响最大的当属美国马可姆·波里奇国家质量奖，不少国家和地区的质量管理奖都不同程度参考了马可姆·波里奇奖的标准和评分方法。

2001 年中国质量协会启动“全国质量奖”评审。为引导更多企业追求卓越，提升我国企业的国际竞争力，2003 年国家质检总局质量管理司提出制定卓越绩效模式国家标准，在参考了美国马可姆·波里奇奖的标准和评分方法基础上，《GB/T 19580—2004 卓越绩效评价准则》和《GB/Z 19579—2004 卓越绩效评价准则实施指南》于 2004 年 8 月 30 日发布，并于2005年1月1日起实施。

卓越绩效模式是全面质量管理的标准化、条理化、具体化（实施框架）；是经营管理的成功途径，事实上的企业管理国际标准；它以结果为导向，使TQM的每一项努力都被输送到最需要的地方；它始终力图体现被证明行之有效的那些前沿管理实践，它是一种卓越经营的哲学和方法论，为五大相关方创造平衡的价值，使五大相关方综合满意。

整套卓越绩效评价标准是一个完整的框架结构，其各评审项目相互关联和集成。如图9－5所示，它是一个系统的视图。

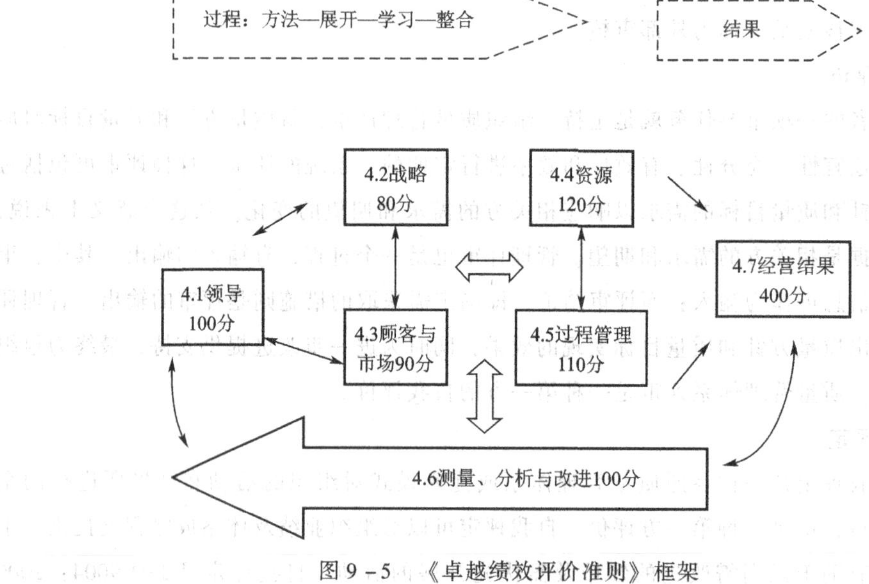


图9－5 《卓越绩效评价准则》框架

《卓越绩效评价标准》包括了六个评审项目：4.1领导、4.2战略，4.3顾客与市场三者构成了“领导作用”三角关系，认为领导力是组织的主要驱动力，在制定目标、价值观、系统时具有重大作用。4.4资源、4.5过程管理、4.7经营结果三者构成了“绩效表现”三角关系，绩效是企业最主要的目标之一，也是质量管理的重要组成。水平宽箭头连接了这两个三角关系，确保了组织的成功。由于箭头是双向的，表明在一个有效的业绩管理系统中反馈的重要性。4.6测量、分析与改进作为系统基础，制定了基于事实和分析与改进驱动有效管理提升组织的标准。

表9－1为《卓越绩效评价标准》的主要项目及分值分布。

《卓越绩效评价标准》的核心价值观和其相关的概念贯穿在标准的各项要求之中，其内容充分体现了现代质量经营的理论和方法，是组织追求卓越取得成功的经验总结。它主要体现在：远见卓识的领导，顾客驱动的卓越，培育学习型组织和个人，尊重员工和合作伙伴，快速反应和灵活性，关注未来，促进创新的管理，基于事实的管理，社会责任和公民义务，重在结果和创造价值。

表 9-1　《卓越绩效评价标准》的主要项目及分值分布

| 项目 | 分值 | 总分值 |
| --- | --- | --- |
| 领导 | | 100 |
| 组织的领导 | 60 | |
| 社会责任 | 40 | |
| 战略 | | 80 |
| 战略制定 | 40 | |
| 战略部署 | 40 | |
| 顾客和市场 | | 90 |
| 顾客和市场的了解 | 40 | |
| 顾客关系与顾客满意 | 50 | |
| 资源 | | 120 |
| 人力资源 | 40 | |
| 财务资源 | 10 | |
| 基础设施 | 20 | |
| 信息 | 20 | |
| 技术 | 20 | |
| 相关方关系 | 10 | |
| 过程管理 | | 110 |
| 创造价值的过程 | 70 | |
| 支持过程 | 40 | |
| 测量、分析与改进 | | 100 |
| 测量与分析 | 40 | |
| 信息和知识的管理 | 30 | |
| 改进 | 30 | |
| 经营结果 | | 400 |
| 顾客和市场的结果 | 120 | |
| 财务结果 | 80 | |
| 资源结果 | 80 | |
| 过程有效性结果 | 70 | |
| 组织的治理和社会责任结果 | 50 | |
| 总分 | | 1000 |

## 四、6σ 质量法

6σ 管理是由美国摩托罗拉公司在 1987 年创立的。它是一种提升客户忠诚度并持续降低经营成本的综合管理体系、发展战略和管理方法，并借助于统计、IT、流程等技术与工具来实现其发展战略。

到底什么是6σ 方法呢？σ 在数理统计学里的含义为“标准偏差”。6σ 意为“6 倍标准差”，在质量管理上代表着品质合格率达 99.9997% 以上，或者可以表示为每百万个产品或操作中失误少于3.4 次。但是 6σ 模式的含义并不简单地是指上述统计上的要求，而是一整套系统的理论和实施方法。6σ 质量管理方法其实是一项以顾客为中心、以统计数据为基础、以追求几乎完美无瑕的质量为目标的质量理念和方法。它的核心过程是通过一套以统计科学为依据的数据分析，测量问题、分析原因、改进优化以及控制产品和过程质量，使企业的运作能力达到最佳。6σ 质量要求产品质量特性满足顾客的需求，并在此基础上尽可能避免任何缺陷，实现顾客的完全满意（Total Customer Satisfaction）。

6σ 管理常用百万机会缺陷数（Defect Per Million Opportunities，DPMO）度量质量水平，是对具有不同复杂程度过程的输出进行公平度量的通用尺度。无论在生产部门、服务部门或一般办公室都可以采用百万机会缺陷数（DPMO）度量质量水平。σ 质量水平与不合格品率的对应关系如表 9－2 所示。

**表 9－2　σ 质量水平与不合格品率的对应关系**

| σ 质量水平 | 1σ | 2σ | 3σ | 4σ | 5σ | 6σ |
|---|---|---|---|---|---|---|
| 不合格品率（ppm） | 697 700 | 308 733 | 66 803 | 6210 | 233 | 3.4 |

### （一）6σ 管理的基本原则

#### 1. 对顾客真正的关注

在 6σ 管理中，以关注顾客最为重要。例如，对 6σ 管理绩效的评估首先就从顾客开始，6σ 改进的程度是用其对顾客满意所产生的影响来确定的，如果企业不是真正地关注顾客，就无法推行 6σ 管理。

#### 2. 基于事实的管理

6σ 管理从识别影响经营业绩的关键指标开始，收集数据并分析关键变量，可以更加有效地发现、分析和解决问题，使基于事实的管理更具可操作性。

#### 3. 对流程的关注、管理和改进

无论是产品和服务的设计、业绩的测量、效率和顾客满意度的提高，还是在业务经营上，6σ 管理都把业务流程作为成功的关键载体。6σ 活动的最显著突破之一是使领导们和管理者确信“过程是构建向顾客传递价值的途径”。

#### 4. 主动管理

在 6σ 管理中，主动性的管理意味着制定明确的目标，并经常进行评审，设定明确的优先次序，重视问题的预防而非事后补救，探求做事的理由而不是因为惯例就盲目地遵循。

6σ 管理将综合利用一系列工具和实践经验，以动态、积极、主动的管理方式取代被动应付的管理习惯。

### 5. 无边界合作

推行 6σ 管理，需要组织内部横向和纵向的合作，并与供应商、顾客密切合作，达到共同为顾客创造价值的目的。这就要求组织打破部门间的界限甚至组织间的界限，实现无边界合作，避免由于组织内部彼此间的隔阂和部门间的竞争而造成的损失。

### 6. 追求完美、容忍失败

任何将 6σ 管理法作为目标的组织都要向着更好的方向持续努力，同时也要愿意接受并控制偶然发生的挫折。组织不断追求卓越的业绩，勇于设定 6σ 的质量目标，并在运营中全力实践。但在追求完美的过程中，难免有失败，这就要求组织有鼓励创新、容忍失败的氛围。

## （二）6σ 管理的项目实施

### 1. 过程改进模式（DMAIC）

实施 6σ 质量管理首先要根据一定的原则选择改进项目，组建涉及组织业务过程各方面人员的改进团队。团队要让不同的成员在一起合作完成项目使命，关键是要有一个共同的方法和程序。这个共同的程序用 6σ 语言来描述就是 DMAIC 解决问题模型：界定（Define）、测量（Measure）、分析（Analysis）、改进（Improvement）和控制（Control）。DMAIC 基于戴明环拓展而来，它的每一个阶段都包括了许多活动和一系列解决问题的工具和技术，如表 9－3所示。

表 9－3 DMAIC 阶段工程主要工作及常用工具

| 阶　段 | 主要工作 | 常用的工具和技术 |
| --- | --- | --- |
| 界定阶段（D） | 确定顾客的关键质量特性（CTQ），并在此基础上识别需要改进的产品或过程 $y$；将改进项目界定在合理的范围内 | 头脑风暴法、亲和图、树图、流程图、配列图、QFD、FMEA、CT 分解 |
| 测量阶段（M） | 通过对现有过程的测量，确定过程的基线以及期望的改进效果；确定影响该过程输出的因素 $x's$，并对过程测量的有效性做出评价 | 运行图、分层法、散布图、直方图、过程能力分析、FMEA、标杆分析法 |
| 分析阶段（A） | 通过数据分析，找到影响过程输出 $y$ 的关键影响因素 $x's$ | 因果图、回归分析、方差分析、帕累托图 |
| 改进阶段（I） | 寻找优化过程输出 $y's$ 的途径，开发消除或减少影响 $y$ 的关键的 $x's$，使过程的变异情况和缺陷降低 | 试验设计、过程能力分析、田口方法、响应面法、过程仿真 |
| 控制阶段（C） | 使改进后的程序程序化，建立有效的监控措施，保持过程改进的效果 | SPC 控制图等 |

（1）界定阶段（Define）。项目的界定阶段首先要确定进行改进的项目范围，一般需要考虑以下几方面内容：

①需要获取顾客的心声（Voice Of Customer，VOC），发掘顾客认定的关键质量特性（Critical To Quality，CTQ）。6σ 质量管理是一种以客户要求为驱动的决策方法，满足顾客的需求是组织所有过程的根本目标。组织要明确识别组织的所有顾客，包括内部顾客和外部顾

客。这些顾客对产品和过程的性能、外观、操作等方面的要求或潜在要求就是顾客的心声。顾客认定的对其满意度存在关键影响的产品或过程增量特性称为关键质量特性，识别这些关键质量是改进过程满足顾客需求的基础，一般用关键质量要求的选择矩阵（CTQs Selection Matrix）等方法得到。在6σ的定量分析中，经常需要将上述概念进行量化度量。顾客只有证明他们的需求得到了充分的理解并在产品或过程中得以体现之后，才会形成满意和忠诚。

②参考过程能力指标。在确定顾客心声、关键质量特性和核心过程时，经常使用的工具是SIPOC（供应商—输入—过程—输出—顾客）分析图。SIPOC是高层级的流程图，不仅可以描述当前的流程，而且可以确定过程改进的思路和方向，并可以为测量阶段的数据采集指明方向。确定过程的关键输入变量（KPIV）和关键输出变量（KPOV），这些变量指标可以比较不同的过程。

③考虑质量成本指标。劣质质量浪费成本（Cost Of Poor Quality，COPQ）是6σ使用财务的语言来描述过程现状和改进后绩效的一种有效方法。将过程业绩转化为财务指标来表示有助于改进项目的选择。

④考虑过程的增值能力指标。在生产或服务过程的最终检验之前，都会存在返工情况，但是最终的合格率并不能反映出这种返工情况。因此，这些返工是“隐蔽的工厂”。通过流通合格率（Rolled Throughput Yield，RTY）的计算可以找出过程中返工的地点和数量，为改进的过程是否增值作出判断。若过程有 $n$ 个子过程，而子过程的合格率分别是 $y_1$，$y_2$，…，$y_n$，则：

$$\mathrm{RTY} = y_1 \cdot y_2 \cdot \cdots \cdot y_n = \prod_{i=1}^{n} y_i, \quad i = 1, \cdots, n$$

根据上述分析，理想的改进项目应该是顾客非常关心、涉及关键过程输出变量的改进、在浪费成本削减和过程增值能力方面比较显著的项目。

在选定改进项目后，要编写项目任务书申述来界定项目的范围和改进内容，组建专业的6σ团队开展工作。项目任务书是关于项目或问题的书面文件，一般包括改进项目的理由、目标、计划、团队的职责和配置的资源情况等。由于6σ方法本身的特点，如以顾客为导向、项目制、专业的统计技术应用等，对推行组织的要求更为严格和专业化，常见的组织结构如图9－6所示。

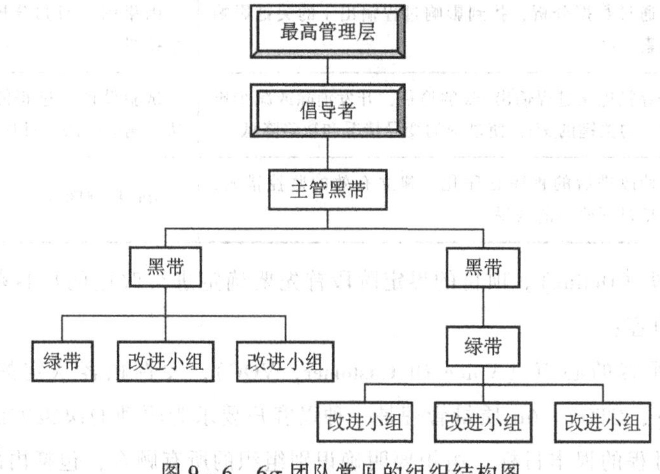


图9－6 6σ团队常见的组织结构图

图9－6中的绿带人员是组织中接收了基础的6σ知识培训，可以完成相关任务的基层骨干人员。这些人员一般都有自己的本职工作，兼职6σ项目的管理人员；黑带人员一般从中层管理和技术人员中挑选出来，接受过系统专业培训的6σ专职人员，负责组织、管理、激励、指导特定的6σ项目团队开展工作；主管黑带是6σ专家，一般具有相当扎实的知识背景，其职责是为参加项目的黑带提供指导和咨询；倡导者是6σ项目推进的关键人员，他是一个高层管理人员，由他发起某个改进项目并对此项目负责。6σ的具体实施方法是成立项目小组，由黑带或绿带担任项目经理，准备用2～4个月时间通过人员的培训和咨询师面对面指导完成改善项目以获得最优化的效果。而精益方法是在较短时间内通过人员培训，以短期培训的形式用一周左右时间快速达到改善目标。

（2）测量阶段（Measure）。测量阶段的主要任务是测量和分析目标过程的输出现状（$y's$），得到初始的“σ”测量值作为改进的基准线。这主要有两方面的工作要做：

一是针对目标过程收集数据，在此基础上分析问题症状，并进行量化度量。6σ是基于数据驱动的管理方法，它是通过数据的收集和分析来识别所选定过程的运行现状，再通过分析得到过程的能力值，在此基础上进行计算得出过程目前的σ质量水平。为了认识选定过程的实际运作状况，也需要对正在产生问题的过程进行大致的描述。在这里，症状就是质量问题表现出来的可以观测到的质量特性。测量工作主要从过程的三个方面展开；

①过程输出$y's$：包括测量过程的直接输出结果（产品性能、缺陷、顾客抱怨等）和长期后果（顾客满意、收益等）。

②过程中可以控制、测量的因素：这些测量通常有助于团队监控工作流程，并且精确地查找问题原因。

③输入：测量进入流程并转化为输入的因素，这将有助于确认问题可能的原因。

明确了数据来源，项目团队还要掌握科学的数据收集方法，以及如何对数据进行分析等方法。通过计算过程能力指数确定过程的现状以及存在的问题，这些指数包括过程能力指数$C_P$和$C_{PK}$、过程性能指数$P_P$和$P_{PK}$，计算出过程流通合格率PTY和百万机会缺陷数DPMO，通过查阅DPMO与σ质量水平对应表可以确定过程目前的σ质量值。

二是整理数据，为下阶段查找问题原因提供线索。

（3）分析阶段（Analysis）。一旦测定了项目绩效基线并确定真正存在一个改进机会后，团队就应该对目标过程进行分析了。在本阶段，6σ团队通过研究测量阶段得到的相关数据，加强对目标过程和症状的理解，在此基础上寻找问题的根本原因。在上面提到的过程函数$y=f(x_1+x_2+\cdots+x_n)$中，本阶段的过程就是确定各种可能的$=x's$。有些情况下，团队对目标过程的各种影响因素和过程的运作非常清楚，在相关数据的支持下，可以迅速找到产生问题的关键原因；但是大多数情况下，团队按照习惯的传统思路来审视过程，却无法发现所期望的有价值的观点。这时，团队应该采用各种不同的观点分析，并努力使用可行的各种分析工具来得到正确的分析结果。

分析问题时除了要考虑传统的人、机、料、法、环等方面的因素外，采用合适的分析方法很重要。团队一般采取循环的分析方法对原因进行分析，在上阶段测量的基础上，结合过程分析，形成对原因的初始推测或者只是根据经验提出假设，然后关注更多的数据和其他数据来验证这些推测的正确性。6σ 改进团队一般用以下两种关键的分析方法来研究问题的根源：一是利用数据分析方法。利用过程特性的测量值来分析问题的模式、趋势或其他影响因素，包括那些推测出来的因素。二是深入研究并分析过程是如何运行的，从而发现可能产生问题的新领域，判断验证假设又需要哪些数据以及从哪里获得这些数据。经过这样的循环分析，不断地提出推测并验证，将所有影响过程输出的 $y's$ 的 $x's$ 都列举出来。根据帕累托原理可以知道，少数关键的原因是造成问题产生的主要原因。如果对于所有原因都不加区别地区去分析研究，不但会消耗团队的大多精力和资源，而且也会因为没有把握住重要的影响因素而效果不佳。因此在分析阶段必须要做的还包括确定这些“关键的少数”输入变量（KPIV），调查并证实根本原因假设，确信团队没有发现额外的新问题，以及没有遗漏关键的输入变量，为下一步的改进阶段做好准备。

（4）改进阶段（Improvement）。改进阶段提出和实施措施以前，首先需要对分析阶段得到的少数关键因素做进一步研究，验证它们是否对过程输出 $y$ 确实有影响。如果影响关系确实存在，则分析这些输入变量取什么值可以使 y 得以改善，并达到预想的改进效果。对 KPIV 与 $y$ 关系的验证主要采取正交试验和回归设计的方法，得到的数据一般用方差分析和回归法来分析。

在确定这些关键的输入变量（KPIV）和 $y=f$（KPIV）的对应关系的基础上，团队可以设计质量改进措施，改变输入变量的状态以实现过程输入的改善。在推行改善方案时必须要谨慎进行，应先在小规模范围内试行该方案，以判断可能会出现何种错误并加以预防。试行阶段注意收集数据，以验证获得了期望的结果。根据方案的试行结果，修正改进方案，使之程序化、文件化，以便于实际实施。

（5）控制阶段（Control）。在为项目的改进做出不懈努力并取得相应的效果以后，团队的每一位成员都希望能将改进的结果保持下来，使产品或过程的性能得到彻底的改善。但是许多改进工作往往因为没有很好地保持控制措施，而重新返回原来的状态，使 6σ 团队的改进工作付之东流。所以控制阶段是一个非常重要的阶段。当然，6σ 团队不能一直围绕一个改进项目而工作。在 DAMIC 流程结束后，团队和成员即将开始其他工作。因此，在改进团队将改进的成果移交给日常工作人员前，要在控制阶段制定好严格的控制计划帮助他们保持住成果。

首先，6σ 团队要提出对改进成果进行测量的方法，以便确认和监控改进成果。6σ 团队要能持续地测量过程输出结果（$y's$），来表明改进计划是否已经取得了预期的效果，是否已经完成了项目任务书中规定的目标；而日常工作人员需要这些数据用控制图等方法来监控过程。同时，过程的其他性能指标也会有助于过程的管理和监控，包括改进的 SIPOC 图、关键过程输出变量（KPOV）、关键过程输入变量等。

其次，建立过程控制计划和应急处理计划。上述的监控和测量措施是实际控制过程的基础。项目改进团队要根据改进后过程的实际情况建立新的控制标准，并确定如何将实际测得的过程特性值与控制标准进行比较。当实际质量状况超出标准规定时，团队需要设计出合理的控制计划使过程回到规定的界限内。将新的控制计划作为新的过程标准，6σ 的一个管理主题就是预防性管理。减少损失最好的方法就是预防错误的发生。所以应当详细研究改进后的过程，针对各种可能的情况提出应急方案，确保过程失控时及时得到纠正，防止改进成果的“突然”崩溃。

最后，要完成项目报告和项目移交工作。在项目改进结束并制定相应的控制计划后，改进团队要总结完成 DMAIC 过程报告，以备通过相应的审核。同时，完整的过程报告也可以作为组织的改进经验来共享学习。改进团队还需要与过程的日常负责人或团队进行充分的沟通，将项目移交给他们负责。

需要再次强调的是，6σ 项目的范围并不局限在制造领域。也不仅是对产品来说的，它还包括了服务以及工作工程。如果是对现有的过程进行改进，都可以使用 DMAIC 方法来进行质量水平改进，只要对具体的分析方法进行选择即可。

**2. 质量设计**（Design For Six Sigma，DFSS）

相对于6σ 改进的“救火”功能，6σ 设计则是完美的预防机制。它通常是组织专业设计团队作为开端，运用科学的方法、按照合理的流程来准确理解和评估顾客需求；再进行机能分析、概念发展，并逐步开发出详细的产品或流程设计方案，以及配套的生产和控制计划。在上述步骤中，所有可能发生的问题或破绽都被预先考虑进去，对新产品或新流程进行健壮性设计，使产品或流程本身具有抵抗各种干扰的能力。6σ 设计可以使组织能够在开始阶段便瞄准 6σ 质量水平，开发出满足顾客需求的产品或服务；6σ 设计有助于在提高产品质量和可靠性的同时降低成本和缩短研制周期，具有很高的实用价值。

为了与6σ 改进（IFSS）配合更加紧密，很多组织采用了一种类似的6σ 设计（DFSS）方法——DMADV，即定义（Define）、测量（Measure）、分析（Analysis）、设计（Design）、验证（Verify）。DMADV 过程可以将产品和过程设计中的方法、工具和程序进行系统化的整合，在顾客的需求和期望的基础上重新设计产品或过程。这种方法保留了 DMAIC 模型的部分内容，但是实践结果表明，这种方法除了在已经成功实施 DMAIC 的组织外并没有得到推广。除此之外，6σ 设计还有其他多种实施模式，其中应用较多的包括 PIDOV，即策划（Plan）、识别（Identify）、设计（Design）、优化（Optimize）、验证（Verify）等步骤。这两种主要的6σ 设计模式对比如表 9－4 所示。

**表 9－4　6σ 设计的 DMADV 和 PIDOV 模式内容对比**

| DMADV | PIDOV |
|---|---|
| 定义阶段（Define）： | 策划阶段（Plan）： |
| 清晰界定项目范围；<br>制定项目设计的相关计划 | 制定项目特许任务书；<br>设立项目目标 |
| 测量阶段（Measure）：<br>获取顾客需求；<br>将顾客之声（VOC）转化为关键质量特性（CTQs）；<br>识别少数重要的 CTQs | 识别阶段（Identify）：<br>选择最佳的产品和服务概念；<br>识别顾客认为重要的关键质量要素；<br>分析实现关键质量要素对过程和技术性能指标的要求 |

续表

| DMADV | PIDOV |
|---|---|
| 分析阶段（Analyze）：<br>在相关约束条件下选择最合适的 CTQs | 设计阶段（Design）：<br>形成设计概念；<br>识别作用和处理关键质量要素 |
| 设计阶段（Design）：<br>制定详细设计方案；<br>对设计方案进行测试；<br>对实施进行准备 | 优化阶段（Optimize）：<br>在质量、成本和其他约束条件中寻找平衡点；<br>实施优化 |
| 验证阶段（Verify）：<br>验证设计性能、实施试点测试；<br>根据试点测试结果修正设计方案；<br>实施设计方案 | 验证阶段（Verify）：<br>进行设计有效性验证，证明该产品或过程的确可以满足顾客需求；<br>计算过程能力，评估过程可靠性；<br>实施设计方案 |

具体选择何种模式予以实施，要视组织的质量现状即相应的资源配置情况而定。但是实施 6σ 质量管理方法对于组织有一定的能力要求，例如，组织的数据收集分析能力、现有的质量管理水平、员工的质量文化意识等。根据美国质量协会（ASQ）研究结果，6σ 要求质量管理运作达到一个相当高的层次，假如一个产品质量合格率只有 85%，就不必用 6σ 管理。此时可用比 6σ 管理更简单的办法，将 85% 提高到 95% 即可。例如推行 ISO 9000 质量体系认证、顾客满意度、零缺陷管理等。另外，改进和控制的各种项目，要自我管理而不像 ISO 9000 那样需要有人督促。如果组织和员工的质量管理能力和意识已经到一定的高度，质量水平达到 3σ、4σ 水平，这时采用 6σ 质量管理方法会比较顺利，也相对容易取得成功。

## 第三节　应用实例

### 一、企业 QEOHS 整合型管理体系建立与实施

#### （一）案例背景简介

随着 ISO 9000 质量管理体系认证与 ISO 14000 环境管理体系认证的深入发展，以及 OHSAS18000 职业健康安全管理体系认证的逐步开展，一些卓越企业已开始关注将 ISO 9000 质量管理体系、ISO 14000 环境管理体系和 OHSAS 18000 职业健康安全管理体系结合起来，建立一体化的 QEOHS 整合型管理体系，同时向第三方认证机构提出实施一体化审核的要求，即通过一个综合审核组的一次现场审核，企业同时可以获得或保持 ISO 9000、ISO 14000、OHSAS 18000 认证证书。企业可以将几个管理体系整合成一个整体。由此可以减少重复的体系策划，减少编制文件数量、运行控制、内审及管理评审等活动，从而提高工作效率，降低企业的管理成本，更有效地合理配置资源。

目前企业贯标认证的三大体系是 ISO 9000 质量管理体系、ISO 14000 环境管理体系和

OHSAS 18000 职业健康安全管理体系，从标准发布的时间来看，ISO 9000 标准最早发布，ISO 14000 标准居中，而 OHSAS 18000 标准最后。从三个标准的内容来看，质量管理体系的建立实施最终要使顾客满意；环境质量管理体系建立实施则使社会满意；职业健康安全管理体系的建立实施要使员工满意。企业在提供一流产品、使顾客满意的同时，还要考虑到对环境的影响，以及关爱员工职业健康安全，即组织追求的目标已不单纯定位在满足于外部顾客的要求。因为企业还要考虑到社会责任以及本企业的行为，对社会造成的各种影响将直接关系到是否让顾客完全满意。为了在市场上占有一席之地，增强组织的竞争力，使相关方满意，提升公众形象，就必须考虑不同相关方的需求和期望，并把这些要求纳入企业 QEOHS 整合型管理体系中。来实现组织的全面管理。把质量、环境、职业健康安全三个体系合三为一，来满足顾客、社会、员工的期望和要求。

### （二）某企业整合型管理体系的建立程序

企业建立整合型管理体系，以实现对质量、环境、职业健康安全一体化管理，目的是消除三个体系在实施时的重复、冲突和不相容的问题，求得相互之间的条理性、功能和效率。该企业确立了贯标认证目标后，按策划、设计、培训、编制文件、运行、评估、改进各阶段，制定出时间维工作程序，并根据每一阶段工作遵循的逻辑程序，将时间维中各阶段工作分解为明确目标、确立方案、了解标准、系统分析、系统决策、实施、检查等几个步骤，建立相应的逻辑维程序，如图 9－7 所示。企业决策层应了解认证过程的任务及工作安排，以便及时在时间、人员、财力等各方面提供相应的资源，协调各部门工作，考核各部门的工作完成情况，确保认证工作顺利开展，实现目标。对于贯标的主管部门——总工程师办公室，则可根据时间维、逻辑维程序，有计划、有步骤地实现各阶段的目标，从而确保实现总目标。

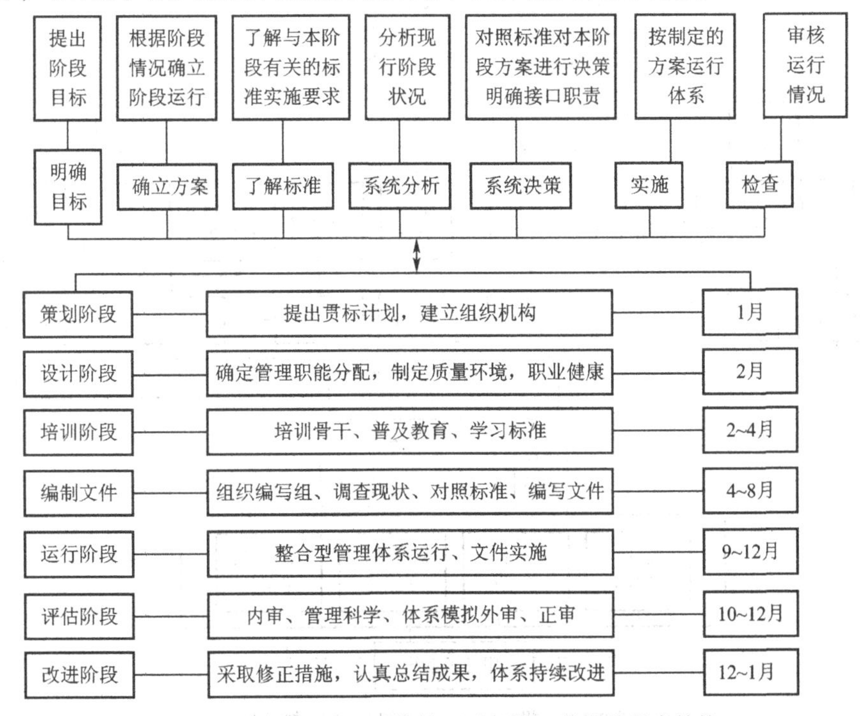


图 9－7　贯标、认证系统管理时间维、逻辑维程序结构

### （三）企业贯标认证顺利进行的组织保证控制体系

为了建立有效的整合型管理体系，企业成立了管理委员会，任命副总工程师为管理者代表，确定贯标认证工作的主管职能部门为总工程师办公室，并明确组织内各职能部门在整合型管理体系内的职责分工，将组织结构图、整合型管理体系要素及部门职能以分配表的形式予以展示，并依据管理功能，将目标的制定、计划、组织、人员的调整配备和生产的指挥、监督、运转、控制等有机地组织起来，建立企业贯标、认证组织保证控制系统，如图9－8所示。在运作中企业应重点强化计划职能和调控职能，由总工程师办公室在管理者代表的领导下负责计划管理调节系统的日常运作，将信息等有限资源合理组织起来，并有效地加以利用，确保整合型管理体系认证工作顺利完成，实现对顾客及相关方的承诺。

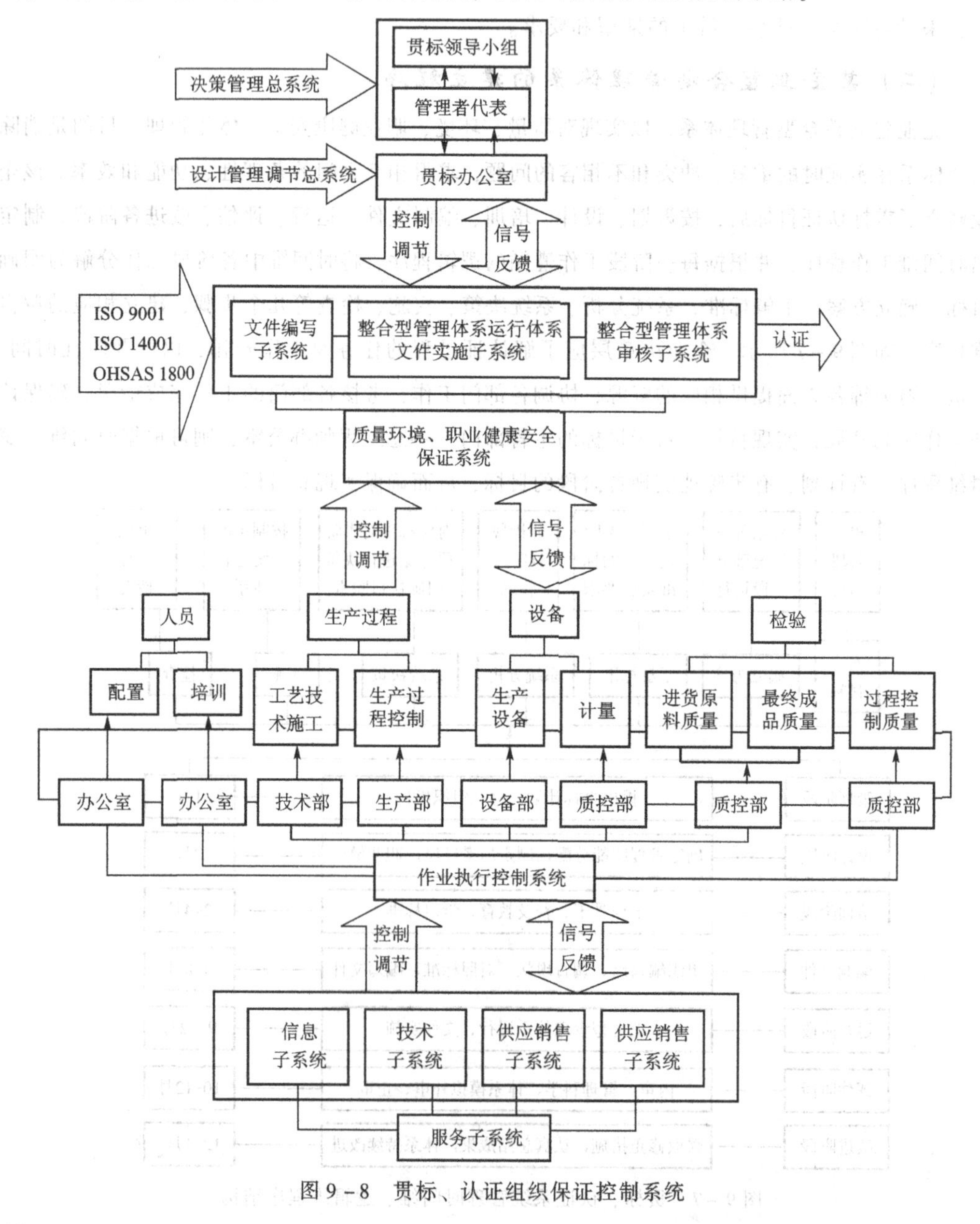


图9－8　贯标、认证组织保证控制系统

管理“始于教育，终于教育”，对企业的员工，上到总经理，下到基层员工，要进行GB/T 19001、GB/T 24001和GB/T 28001标准的培训和整合型管理体系文件操作运行的专门培训。在具体实施过程中，企业可以采用分层培训法，针对不同的培训对象，培训内容及侧重点应有所不同。

对公司总经理、最高管理层及中层部门经理培训，重点放在质量环境、职业健康安全意识、三个标准的管理思路与传统管理区别、标准的核心内容以及贯标的重要性上；对贯标骨干人员则要深入了解掌握三个标准的条款、内涵；对基层员工重点要进行岗位职责培训，操作指导、培训等，培训要求要采取“走出去，请进来”的方法。

通过培训，使企业的员工掌握三个标准、整合型管理体系文件等内容，培训的有效性要通过员工在各自的工作岗位上体现出来，从他们的业绩评价中可以衡量培训的有效性。

### （四）整合型管理体系文件编制的滚动计划

企业整合型管理体系的建立标志之一，就是要建立文件化的整合型管理，即编制好管理手册以指导本企业的管理活动。程序文件是支撑文件，表示企业综合管理活动如何开展、何时做、由谁做、做什么、在哪里做等活动程序。操作指导书直接指导具体工作岗位，包括特殊工作岗位。员工工作守则、整合管理体系文件的编写原则是“写我们所做的，做我们所写的”。

为使综合管理活动有章可循，整合型管理体系文件可以作为综合管理活动开展的依据，又因为整合型管理体系文件的编制进程是一个多变的过程，可以由下而上，或自上而下相结合，因此，为确保整合型管理体系文件编写工作，应将其纳入贯标认证正常工作的计划中，在实际编写时，可以采取滚动计划法，通过对实施中存在偏差的分析，调整、修正、严格控制编写工作计划的安排，使编写程序文件、综合管理手册等工作始终处于受控状态，如图9－9所示。

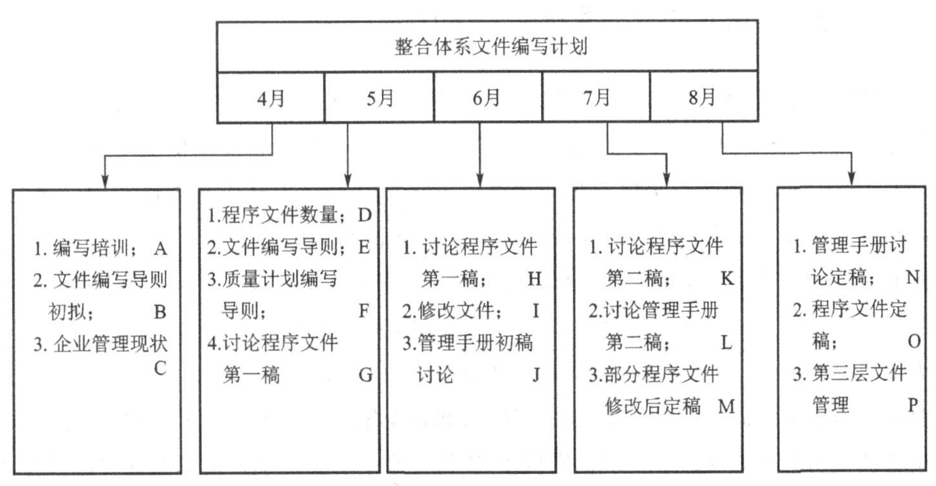


图9－9　整合型体系文件编写滚动计划

### （五）整合型管理体系的有效实施

整合型管理体系文件一经编制完成，只能说明建立了文件化的整合型管理体系，重要的是要进行运作，包括实施过程、文件的培训、内审员的培训、文件的运作、文件的修改、内审的准备、内审的实施及实施后的整改、管理评审的开展等。为控制贯标工作的进度，可以编制贯标认证的进度网格图，确定关键路线，对整个工作进程实施有效的控制，保证贯标任务的如期完成。

企业针对几次内容内审后发现的不合格项，采取纠正、预防措施，并实施跟踪、验证方法，最后进行管理评审，对企业整合型管理体系的有效性、适宜性、充分性进行评价。在适当的时机，企业也可以向经国家认可的第三方认证机构申请，进行第三方认证。由于各企业规模不一样，产品的复杂程度不一样，人力资源也不一样，所以整合型管理体系的具体实施还要根据每个企业的实际情况而定。

### （六）实施整合型管理体系要点的探讨

根据 GB/T 19001 标准，GB/T 24001 标准和 GB/T 28001 标准，组织在实施整合型管理体系时，应关注质量、环境、职业健康安全在整合型管理体系中的实施与运行。以 GB/T19001、GB/T24001 和 GB/T28001 标准要求组合而成的整合型管理体系要求，可以以文件形式作为实施整合型管理体系的要点。以 GB/T19001 质量管理体系要求为主线，把 GB/T24001 标准、GB/T28001 标准要求融入进去，采用过程方法、系统地识别组织整合型管理体系的各个过程，满足所确定过程和整合型管理体系的要求，可以从增值的角度分析和考虑过程，合理地删除某些过程，突出对整合型管理体系有效性有重要影响的过程，剔除或兼并没有增值意义的过程，最大限度地优化过程。在结构编排上按照 GB/T19001 标准格式，整合型管理体系要求可以为企业贯彻质量、环境、职业健康安全管理体系等标准提供实施要点。

## 二、 TQM 与企业绩效的系统动力学分析

TQM 的一个很重要的概念就是持续改进，而持续改进的思想与系统的动态性和环境的适应性思想具有相通之处。从企业角度看，TQM 的原则是促进企业价值的增加，而从系统观点来看，TQM 的原则就是实现系统的增值。王众托（2004）认为从理论基础、研究内容等方面来看，全面质量管理和一般系统理论具有很大的相似之处，应当把 TQM 作为一个系统来研究。系统动力学（SD）方法能捕捉到系统变量间的相互关系，同时能够在一定时期内预测每个变量的发展趋势，为研究复杂的、动态的系统提供了支持。

为了明确 TQM 和企业绩效间的关系，了解 TQM 的执行水平及 TQM 执行中的组织背景对企业绩效的影响，需要在分析 TQM 关键因素和企业绩效关系的基础上，建立 TQM 关键因素和企业绩效间的系统动力学模型，模拟 TQM 执行水平对企业绩效的影响规律以及 TQM 执行过程中组织背景对企业绩效的影响规律。

### （一）TQM 与企业绩效的系统动力学模型

在使用 SD 方法过程中，需要解决下列问题：系统边界的确定及问题的界定；系统结构

的确定，包括系统层次的划分、系统变量的定义及变量关系的确定；建立规范的数学模型，包括仿真方程的确定及参数的估计。

戴明的生产系统观强调顾客和供应商对生产系统的重要性，认为一个生产系统的效果受供应商、企业和顾客3个因素的共同影响，从供应商、企业和顾客3个方面构建如图9-10所示的系统模型结构。

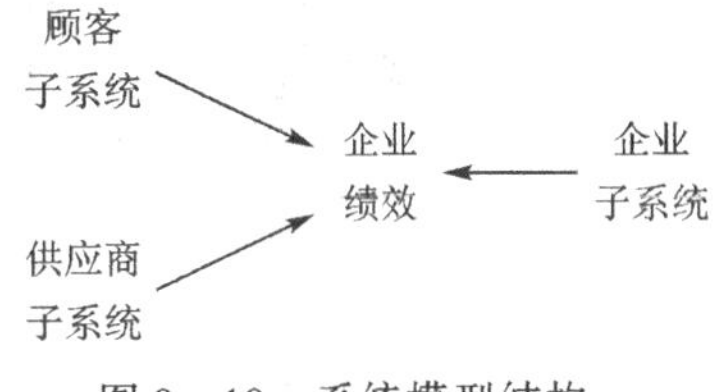

图9-10 系统模型结构

中国质量奖标准是在借鉴美国国家质量奖，充分考虑中国质量管理实践的基础上而建立的。它包括7个评审项目，分别为：领导、战略、以顾客和市场为中心、测量分析和知识管理、以人为本、过程管理、经营结果，这里分别用领导能力、战略规划、顾客和市场关注、信息分析、人力资源管理、过程管理、财务绩效和市场绩效表示中国质量奖中的7个评审项目，用财务绩效和市场绩效来代表企业绩效。

在构造模型和利用模型进行仿真模拟时，假定产品和服务的绩效、供应商质量和顾客满意与企业财务绩效和市场绩效正相关。Curkovic等人（2000）的研究支持了该假设，他们的研究结果表明企业所提供的产品和服务质量正向影响企业财务绩效和市场绩效；供应商质量和顾客满意通过关系质量正向影响企业财务绩效和市场绩效（Hassan，2001）。同时假定企业在实施TQM管理过程中所面临的外部市场条件（消费者偏好、市场竞争、行业发展政策等）不变。

### （二）流程图

通过分析TQM与企业绩效的互动关系，确定SD模型所需的各种变量，建立TQM与企业绩效的SD流程图，如图9-11所示。

这里把模型变量分为三类：速率变量、状态变量和辅助变量。

速率变量——供应商关注（suf）、顾客和市场关注（cmf）、战略规划（stp）、信息分析（ina）、人力资源关注（hrf）、财务和市场绩效增加（fmp增加）、团队协作（tew）、过程管理（prm）、领导能力（lds）。

状态变量——实际的供应商质量（asuq）、实际的顾客满意（acus）、企业战略规划和执行（stpi）、信息分析结果（rina）、员工满意（ems）、产品和服务的绩效（psp）、实际的财务和市场绩效（afmp）、领导效果（lde）。

辅助变量和常量——期望的供应商质量（dsuq）、期望的顾客满意（dcus）、期望的财务和市场绩效（dfmp）、供应商质量的差距（gsuq）、顾客满意的差距（qcus）、财务和市场绩效的差距（gfmp）、供应商关注的初始值（suf）、顾客和市场关注的初始值（cmf的初始值）、人力资源关注的初始值（hrf）、团队协作的初始值（tew初值）、过程管理的初始值（prm初值）、信息分析的初始值初值（ina）、领导能力的初始值（lds初值）、供应商关注的效率（suf效率）、顾客和市场关注的效率（cmf的效率）、人力资源关注的效率（hrf效率）、团队协作的效率（tew效率）、过程管理的效率（prm效率）、信息分析的效率（ina效率）、领导能力的效率（lds效率）。

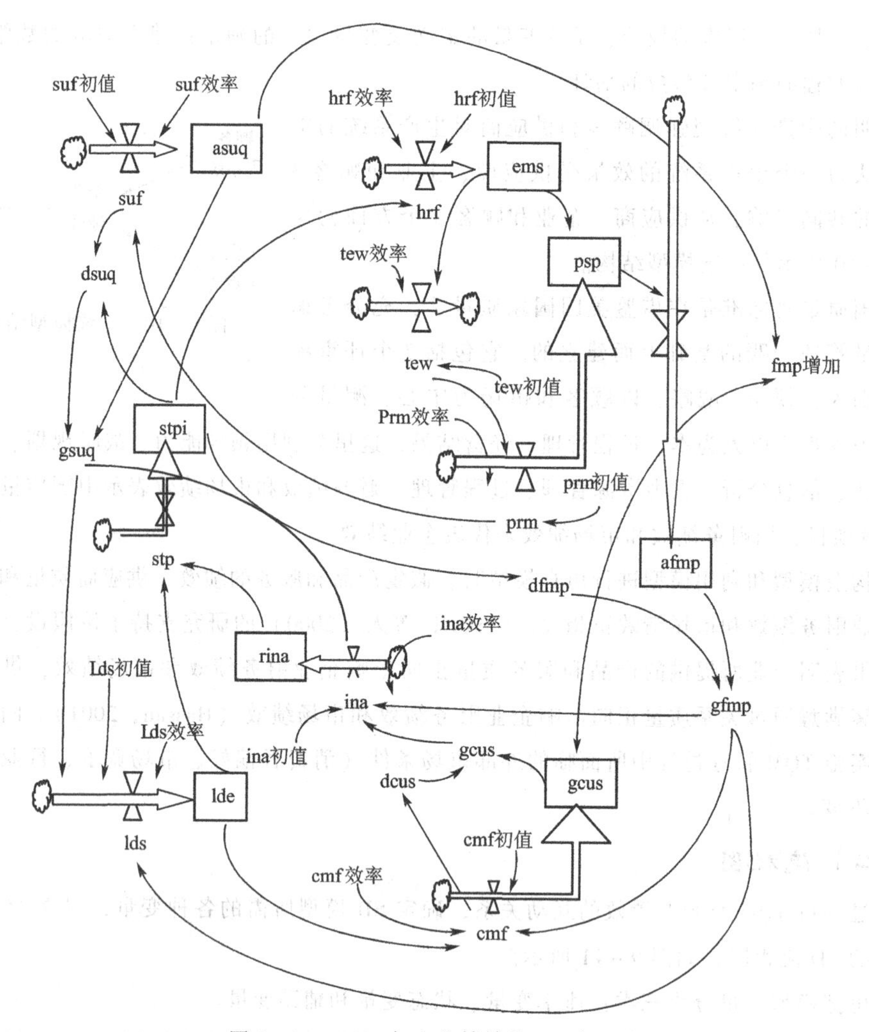


图 9－11　TQM 与企业绩效的 SD 流程图

其中，各因素的效率表示企业在 TQM 实施过程中对这些因素的执行水平，反映了企业的 TQM 水平，因素效率越大，说明对该因素的执行水平越高；各因素的初值反映了企业目前的管理水平，初值越大，说明企业的管理水平越高。

## （三）模型方程的构造

根据模型系统流程图构建 SD 方程：

（1）顾客和市场关注 = cmf 初值 + cmf 效率 × 财务和市场绩效的差距 + cmf 效率 × 领导效果；

（2）财务和市场绩效增加 = 实际的顾客满意 + 实际的供应商质量 + 产品和服务质量；

（3）人力资源关注 = hrf 初值 + hrf 效率 × 企业战略规划和执行；

（4）信息分析 = ina 初值 − ina 效率 ×（顾客满意的差距 + 财务和市场绩效的差距 + 供应商质量的差距）；

（5）领导能力 = lds 初值 + lds 效率 ×（财务和市场绩效的差距 + 供应商质量的差距）；

（6）过程管理 = prm 初值 + prm 效率 ×（信息分析的成果 + 团队协作）；

(7) 战略规划 = 领导效果 + 信息分析的成果；

(8) 供应商关注 = suf 初值 + suf 效率 × 过程管理；

(9) 团队协作 = tew 初值 + tew 效率 × 员工满意；

(10) 实际的顾客满意 = INTEG (顾客和市场关注，初始值)；

(11) 实际的财务绩效和市场绩效 = INTEG (财务和市场绩效额增加，初始值)；

(12) 实际的供应商质量 = INTEG (供应商关注，初始值)；

(13) 员工满意 = INTEG (人力资源关注，初始值)；

(14) 领导效果 = INTEG (领导能力，初始值)；

(15) 产品和服务绩效 = INTEG (过程管理 + 员工满意，初始值)；

(16) 信息分析的成果 = INTEG (信息分析，初始值)；

(17) 战略规划和执行 = INTEG (战略规划，初始值)；

(18) 期望的顾客满意 = 顾客和市场关注；

(19) 期望的财务和市场绩效 = 企业战略规划和执行；

(20) 期望的供应商质量 = 供应商关注 + 企业战略规划和执行；

(21) 顾客满意的差距 = 期望的顾客满意 - 实际的顾客满意；

(22) 财务和市场绩效的差距 = 期望的财务和市场绩效 - 实际的财务和市场绩效；

(23) 供应商质量的差距 = 期望的供应商质量 - 实际的供应商质量；

(24) FINAL TIME = 6；Unit；Year；

(25) INITIAL TIME = 0；Unit；Year；

(26) SAVEPER = TIME STEP；Unit；Year；

(27) TIME STEP = 0.25；Unit；Year。

### (四) 模型模拟与结果分析

#### 1. 计算机仿真模拟

采用系统动力学仿真软件 Vensim PLE (Ventana Simulation Environment Personal Learning Edition)，通过计算机对所建立的 SD 模型进行仿真模拟，仿真时间为 6 年。

(1) TQM 执行水平对企业绩效的影响。这里根据所建立的系统动力学模型，设定不同的 TQM 执行水平，探讨 TQM 的实施对企业绩效的影响规律，如图 9 - 12 所示。

为了更明显地观察 TQM 的实施对企业绩效的影响，在仿真过程中我们设定所有 TQM 措施的初值均为 0。需要注意的是，图 9 - 12 中垂直刻度 0、200 和 400 表示因素效率为 0 时企业财务绩效和市场绩效的刻度。垂直刻度 0、1 000 和 2 000 表示因素效率为 50% 时企业财务绩效和市场绩效的刻度，垂直刻度 0、4 000 和 8 000 表示因素效率为 100% 时企业财务绩效和市场绩效的刻度；水平刻度表示仿真时间。

(2) 管理水平对企业绩效的影响。在实施 TQM 过程中，组织背景和环境因素可能会对企业绩效产生一定的影响，Sina 和 Ebrahimpour (2002) 认为对 TQM 和企业绩效的研究应该考虑组织背景、环境因素对企业绩效的影响，并认为这些因素可能是导致目前研究产生不同的结果的潜在原因。设定 TQM 执行水平一定 (即设定因素效率为 0.5)，然后设定不同的管理水平，探寻 TQM 实施过程中管理水平这一组织背景对企业绩效的影响规律，如图 9－13 所示。图 9－13 中刻度的意义与图 9－12 相同。

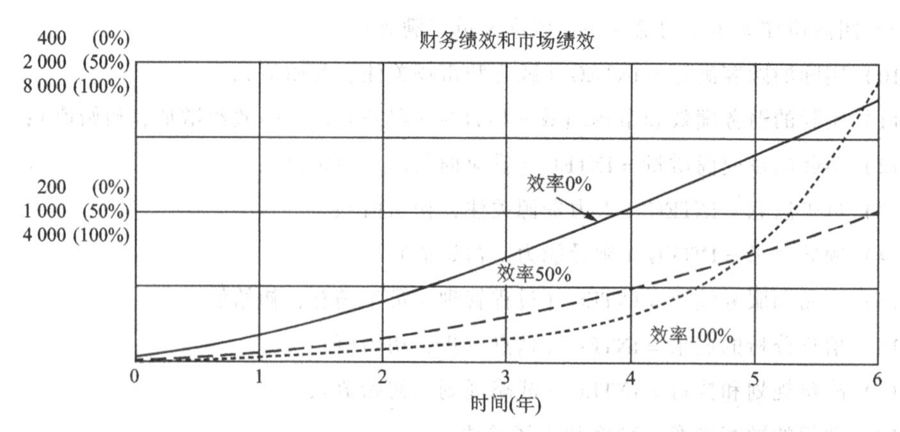


图 9－12 不同因素效率水平下企业的绩效水平

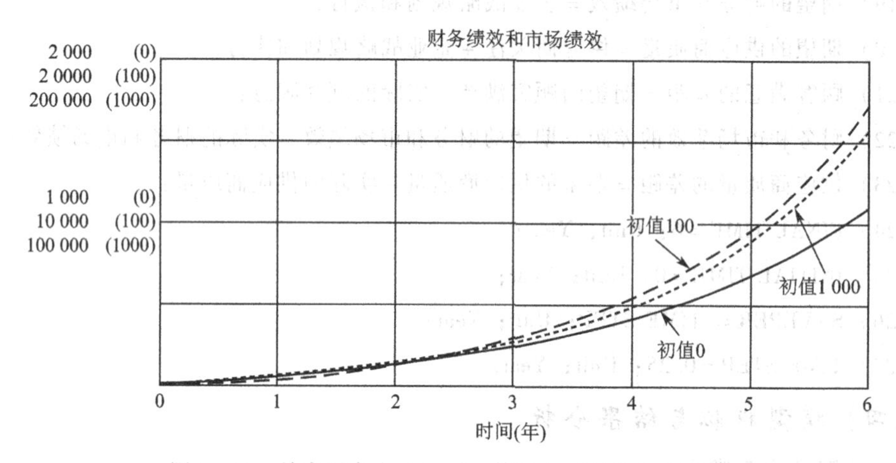


图 9－13 效率因素为 50% 时，管理水平对绩效的影响

**2. 仿真结果分析**

从模拟结果曲线 9－12 可以看出（效率为 50% 的曲线和效率为 100% 的曲线），企业实施 TQM 后，财务绩效和市场绩效持续增加。在实施 TQM 的前 3～4 年内，企业绩效增长幅度比较小，后期增长幅度逐渐增加。这是因为，TQM 的实施必然要耗费企业有限的资源，一系列质量保证措施的执行都需要财物资源和人力资源的支持，并且 TQM 的实施是一个长期的过程，实施效果具有一定的滞后性。Powell（1995）也认为，通常企业在实施 TQM 三年后才会体现其绩效优势。

企业 TQM 水平越高，企业绩效的增加也越明显（图 9－12 中的效率为 50% 的曲线和效率为 100% 的曲线）。因素效率分别为 50% 和 100%，6 年后企业绩效分别为 1 122.32 和 7 615.17，而实施 TQM 时，6 年后企业绩效为 362.5。同时可以看出，在实施 TQM 的前两年内，质量保证措施的执行水平对企业绩效的促进作用并不明显，而从第 3 年到第 4 年开始，质量保证措施的执行水平对企业绩效的影响程度越来越大。这是因为，质量保证措施的执行水平越高，对企业资源投入的需求也越多，在短期内对绩效的促进作用必然不明显，在后期，这种优势表现得会很明显。

由图9-13可以看出，在企业实施TQM过程中，企业的管理水平这一组织背景对企业绩效有明显的正向影响，初期管理水平越高，TQM的实施对企业绩效的促进作用越大。同时比较三条曲线可以看出，从第3年开始，管理水平对企业绩效的影响程度越来越大，因此，企业要想获得长期持续增加的绩效，就必须提高自身的管理水平。

从构建的全面质量管理和企业绩效之间的系统动力学模型的仿真结果可以看出，实施TQM对企业绩效有明显的促进作用；企业基础管理水平对TQM实施效果有重要的影响，企业基础管理水平越高，TQM的执行水平越高，对企业绩效的促进作用也越明显。因此，企业在实施TQM管理时，应该首先提高自身的基础管理水平，这样才有利于TQM的推广，同时对提高TQM实施效果具有促进作用。

## 小　结

进入21世纪以来，随着信息技术、网络技术的广泛应用，市场环境发生了快速的变化，消费者需求呈现出越来越多元化、个性化的趋势，促使传统的质量观也在发生着改变。树立系统观，了解质量管理的系统化背景，理解制造和服务系统的质量的内涵以及现代质量管理所面临的环境是本章的基本出发点；掌握质量管理的系统化方法，了解质量管理的基本原理，ISO 9000质量管理体系的内容，把握卓越质量模型和6σ管理法是本章的核心，对于质量管理系统工程内容的了解和学习，有利于从一个全新的、整体的高度来看待企业质量管理工作，促进企业质量管理工作效率的提升。

## 习　题

1. 现代质量观的含义是什么？与传统质量观有何区别与联系？
2. 制造系统中的质量环节分别有哪些？它们在企业质量管理有何功能？
3. 服务系统中的质量环节分别有哪些？它们在企业质量管理有何功能？
4. 试述现代质量管理面临的环境及其对企业质量管理的影响。
5. 试述质量管理的基本原理及其对企业质量管理工作的作用。
6. 简述ISO 9000质量管理体系。
7. 卓越质量模型的基本内容是什么？试举例说明。
8. 结合一个实际的质量管理项目，讨论以下问题：

（1）6σ管理法的定义、基本原则。

（2）6σ管理在项目中的实施。

（3）6σ管理项目效果评价。

# 第十章 系统工程管理

【学习目标】

- 了解系统工程与系统化管理之间的关系。
- 掌握创新管理的系统化方法。
- 熟悉和把握系统工程中的管理技术。

系统工程是为解决社会经济系统中复杂多变的问题而出现的一门应用性交叉学科。当今社会，随着科学技术的迅猛发展，国家、地区以及组织之间的竞争更为激烈，社会经济发展面临人口、资源、环境等条件制约的问题越来越突出，如何科学合理地安排人类的生产和消费活动，实现社会、经济、环境的全面协调与可持续发展，就成为系统科学和系统工程工作者必须关注的重大现实问题。本章就系统工程与系统化管理的关系、创新管理系统化方法以及系统工程中常用管理技术进行介绍，为解决社会经济系统中的实际问题提供实用化方法和决策工具。

## 第一节　系统工程与系统化管理

### 一、 管理科学的发展与系统化管理

人类对于管理的思考，可以追溯到极其遥远的古代，但是完整形态的管理科学的兴起，则是产业革命后逐步发展起来的。同时，由于西方近代工厂制的出现，大规模协作劳动成为基本的劳动形态，迫切需要科学的管理。因此，科学管理思想的产生首先是在产业革命集中的地区呈现出繁荣景象，后来从英国传到美国及其他西方国家。但在20世纪以前，这些思想只是个别存在的，没有形成对管理系统的整体性研究，直到19世纪末，由于经济科学、自然科学以及工程技术的发展，才为系统地研究管理问题提供了可能性。1911年，美国管理科学家泰罗（F. Taylor）在他所著的《科学管理原理》一书中提出了科学管理的概念，并在该书的导言中提到了“系统管理”这一名词。另一位管理理论的代表性人物是法国的法约尔（H. Fayol），他是组织理论的创立者，在他提出的十四项管理原则中，如命令统一、指挥统一、集中等原则，都是从系统整体性出发的，而等级链的原则，正是与系统的层次性相

一致的。因此，法约尔的管理理论的系统性和理论性更强，他第一次把企业作为一个有机整体，对企业的全部活动进行考察和分析，也是第一次将各类行为中的要素和原则加以系统地概括和总结。因此，可以说科学管理的发展是和系统概念的运用分不开的。

到了20世纪30年代，管理的现代化向管理科学和行为科学两个方向发展。管理科学的发展主要受到了现代自然科学和技术科学发展的影响。它把现代自然科学和技术科学的最新成果应用于管理研究，制定管理决策的数学和统计模式，采用系统论、信息论、控制论等技术，通过电子计算机等现代科技的评估与优化决策，推动了管理的科学化及应用领域的广泛化。从泰罗的科学管理发展到管理科学，其主要特征在于要求进行整体性、系统性、全面性的研究。概括起来说，就是应用系统的观点、数学的方法、电子计算机的技术，来达到科学管理及决策的目的。这里之所以强调决策，是因为企业内外环境不断发生着新的变化，本身的规模日益扩大，内部分工更加精细，管理任务日益复杂，工作更加繁忙。尤其重要的是企业面临着国内外政治、经济、技术条件、市场状况的快速变化。企业的存亡盛衰，不仅取决于生产效率的高低，更决定于方针政策的正确与否。在企业管理中做出正确的决策，比以往更加重要，而决策过程也更加复杂。通过自觉或简单的观察，凭借经验来进行决策已经远远不能满足现实的需要，必须以事实为依据，采取逻辑的思考方法，迅速取得大量资料、数据，按照系统的内在联系进行分析计算，选择最优方案，才能做出正确的决策。因此，从系统的观点来考察和管理企业，有助于提高企业的效率，使各个系统和有关部门的相互联系的网络更加清晰，更好地实现企业的总体目标。所以。管理科学化进程与系统理论、系统工程是紧密联系着的。

20世纪50年代以后，资本主义经济发生了相当大的变化，企业组织规模日益扩大，企业内部的组织结构也更加复杂，从而提出了一个重要的管理课题，即如何从企业整体的要求出发，处理好企业组织内部各个单位或部门之间的相互关系，保证组织整体的有效运转。以往的管理理论都只侧重于管理的某一个方面，如管理科学学派侧重于“技术”和“组织”，行为学派侧重于“心理”，都具有片面化和简单化的倾向。它们大多是把企业看作封闭的系统，较少考虑外界各种复杂的影响，已不能解决面临的问题，因此为了解决组织整体的效率问题，系统管理学派应运而生。

20世纪60年代后，系统管理学派开始盛行，系统管理学派是指将企业作为一个有机整体，把各项管理业务看成相互联系的网络的一种管理学派。这种管理理论侧重于对企业组织结构和模式进行分析，并从系统概念和特征（整体性、层次性、关联性、目的性等）出发来考察计划、组织、控制等管理职能。它强调应用系统理论的范畴、原理，全面分析和研究企业和其他组织的管理活动与过程，并建立起系统模型以便于分析，这一学派的主要人物是约翰逊、卡斯特和罗森茨韦克。1963年他们三人共同出版了《系统理论和管理》一书，从系统概念出发，建立了企业管理的新模式，成为系统管理的代表作。该理论特别强调开放性、整体性和层次性的观念。其创始人卡斯特认为，企业是相对开放的系统，边界是可渗透的。可以有选择地输入和有选择地输出，不仅要适应环境，还要影响环境。更为重要的是，企业应有意识地去改造环境。该理论后来发展成为系统管理学派。系统管理具有四个特点：一是以目标为中心，始终强调系统的客观成就和客观效果；二是以整个系统为中心，强调整个系统的最优化而不是子系统的最优化；第三，以责任为中心，分配给每个管理人员一定的任务，而且要能衡量其投入和产出；第四，以人为中心，每个员工都被安排做具有挑战性的工作，并根据其业绩支付报酬。同时，在子系统管理中，有四个紧密联系的阶段：创建系统的决策、系统的设计、系统的运转和控制，以及系统运转结果的检查和评价。

系统理论通过对组织的研究来分析管理行为，它使人们从整体的观点出发，对组织的各个子系统的地位和作用，以及它们之间的相互关系有了更清楚地了解。同时，它也使人们注意到任何社会组织都具有开放系统的性质，从而引起管理者分析组织的内部因素，解决组织内部因素的相互关系问题，为人们处理和解决各种复杂组织的管理问题提供了一种十分有用的思路和方法。另外，从系统的观点来考察和管理企业，有助于提高企业的整体能力。企业领导人有了系统观点，就更易于在企业各部门的需求和企业整体的需要之间保持适当的平衡，使得企业的管理人员不至于因为只注意一些专门领域的特殊职能而忽略了企业的总目标。

20 世纪 70 年代，管理学中数量分析方法盛行，把数学模型与电子计算机应用于管理之中，以经济效果作为评价依据，着重作业管理和操作方法的研究，不怎么注意人在管理中的作用。一度把管理学变成了系统工程、运筹学的同义语，且与经济学中的数量经济学相类似。同时，在 70 年代，第一次世界性石油危机爆发，使得国际环境问题变得十分突出。

20 世纪 80 年代以来，由于在管理实践中日益重视社会、经济与文化等因素和人与组织的作用，以及信息技术的迅速发展，促使管理科学研究的重点转向组织行为与权变理论，更加重视战略管理，从而使管理科学由运筹学等狭义的范畴扩大至广义的范畴，即以数学、经济学和行为科学等为基础，可以分为基础管理、职能管理和战略管理，为各种类型和不同层次的决策提供支持。

20 世纪 90 年代以后，全球经济进入一个重大转折时期，表现在：①全球经济一体化的趋势日趋明显，科学技术突飞猛进，科技与经济互动作用日益强大，推动全球经济大发展，各国都致力于提高综合国力；②人类进入信息化社会，全球经济已经由 20 世纪的资源经济时代迈向了 21 世纪的知识经济时代；③消费者导向时代已经到来，消费趋向多样化、个性化，逐渐由卖方市场转向买方市场，市场竞争日益激烈，瞬息万变，许多国家和企业都致力于提高国际竞争力；④环境变化要求企业的发展以市场为导向、利益驱动，并具有灵活、快速的反变能力；⑤市场环境的变化和人们生活质量的提高，对企业的生产与服务提出了更高的要求，导致新时代出现了许多新的生产模式；⑥“以人为本”的管理哲学深得人心，尽管计算机、自动化、现代通信技术等广泛进入了管理领域，但是“以人为本”的中国古代管理思想不仅在日本受到重视，而且在欧美各国也得到了认同，人力资源开发日益显得重要。充分发挥人的潜力，不断提高人的创新能力，是提高竞争力的根本。由此可知，管理科学的发展，对全球社会经济的发展发挥了重要作用。此时管理学的发展更加活跃，影响较大的有学习型组织理论和企业再造理论等。

进入 21 世纪以来，随着互联网技术的迅猛发展，全球经济一体化趋势的不断深化，企业管理也呈现出多元化、网络化、虚拟化的态势，知识管理在企业管理中的作用开始显现，由多样化、个性化消费趋向所导致的市场竞争的激烈化，促进了企业技术创新步伐的加快，促使企业必须从系统整体角度去组织生产经营活动，才能应对来自市场竞争的风险和压力。

从上面的历史发展过程来看，关于管理的研究一直是和系统的分析与研究相联系的，因此采用系统化方法来研究和实现管理的科学化和现代化，是必由之路。现代系统管理也被认为是管理科学发展的最新阶段或“制高点”。

## 二、 系统工程管理的意义及功能

系统工程管理就是运用系统工程的原理和方法，对系统整体工作采取各种管理活动，并为这些管理活动提供最优规划和计划，进行有效地协调和控制，确保系统能够高效、顺利地完成目标。因此，系统工程管理主要是为确保方案的有效实施而对已存在的系统的管理活动，它与系统工程的区别在于系统工程不仅包括系统管理，而且包括对系统的组成要素、组织结构、信息流动和控制机构等进行的系统分析，系统分析和系统管理活动综合而成为系统工程。通过系统分析所确定出的系统方案的组织、实施、调控等活动就需要系统管理来实现，它是完成系统改进、实现系统目标不可缺失的环节，也是通过最优的途径实现最合理、最经济、最有效的管理工作。由于管理工作的复杂性、综合性和多变性，对系统化工程的科学、有效管理就需要运用基于定性和定量相结合的科学管理，即系统工程管理来实现。

### （一）规划功能

这是系统工程管理的基本功能，规划工作的实质在于安排复杂系统未来活动的程序，使各种有限的资源得到最合理的配置。

### （二）组织功能

组织功能是指在系统管理目标已经确定的情况下，将各类活动所必需的职权授予各层次、各部门的管理人员，规定这些层次和部门间的相互配合关系。通过建立一个适于组织成员相互合作、发挥各自才能的良好环境，消除由于工作或职责方面所引起的各种冲突，使组织成员都能在各自的岗位上为组织目标的实现发挥应有的贡献。

### （三）调控功能

调控功能在于保证系统与环境、系统内部子系统保持合理的相互关系，或者提供调整，使之达到综合平衡。系统越复杂，就越需要有相应的机构进行协调，做到以最合理的人力、物力、财力的耗费，使被管系统中的各个部分要素得到协调发展，实现系统的整体目标。

### （四）监督功能

监督功能用于监视被管理系统的发展过程，揭示其与规划脱节的现象以及脱节的部位、性质和原因，并力图消除这些现象。

以企业经营管理活动为例，它的系统工程管理活动矩阵可以表示如图 10－1 所示。

| 活动项目＼逻辑步骤＼工作过程 | 问题现状说明 | 关联要素分析 | 方向目标及指标设计 | 对象系统的再认识 | 变革途径探索 | 比较、分析、权衡、评价 | 组织行为分析 | 实施与改进 |
|---|---|---|---|---|---|---|---|---|
| 1. 企业诊断与环境分析 | | | | | | | | |
| 2. 企业发展战略与规划 | | | | | | | | |
| 3. 产品研究与开发管理 | | | | | | | | |
| 4. 企业经营决策与计划 | | | | | | | | |
| 5. 市场要素的准备即投入管理 | | | | | | | | |
| 6. 生产过程的组织与控制 | | | | | | | | |
| 7. 销售服务于资金回收管理 | | | | | | | | |
| 8. 企业管理系统更新和企业经营环境改善 | | | | | | | | |

图 10－1　企业系统工程管理活动矩阵

在这个活动矩阵中，每一个方框表示一个活动，各活动的时间序列就是各阶段，而步骤就是活动的逻辑顺序。图 10－1 中有 64 个活动，各项活动是相互影响、紧密联系的，并且每个活动需要选择和使用合适的方法和工具来完成。利用活动矩阵可以起到总览全局的作用，对工作进行到哪个阶段，哪个步骤以及该进行怎样的活动都做到心中有数。

**案例 10－1**

## 幕墙工程的系统管理

建筑装饰幕墙早在 150 年前（19 世纪中叶）就已在建筑工程中使用，由于受到当时材料和加工工艺的局限，幕墙达不到绝对水密性、气密性、抵抗各种自然外力的侵袭（如风、地震、气温）、热物理因素（热辐射、结露）以及隔音、防火等要求，一直未到很好地发展及推广。自 20 世纪 50 年代以来，由于建筑材料及加工工艺的迅速发展，各种类型的建筑材料研制成功，如各种密封胶的发明及其他隔声、防火填充材料的出现，很好地解决了建筑外围对幕墙的指标要求，并逐渐成为当代外墙建筑装饰新潮流。

随着我国城镇化建设步伐的不断加快，幕墙作为城市建筑物的外墙护围，不仅广泛用于各种建筑物的外墙，还应用于各种功能的建筑内墙，如通信机房、电视演播室、航空港（机场）、大车站、体育馆、博物馆、文化中心、大酒店、大型商场等。由于幕墙工艺与科技的结合，响应全球节能减排的号召，涌现了智能型幕墙，如太阳能光伏幕墙、通风道呼吸幕墙、感应风雨智能幕墙等，因此对于提升城市整体形象、展示城市的独特魅力日益发挥着越来越重要的作用。

某建材装饰博览中心基础建材B、C馆项目的幕墙工程位于中部某市的郑新大道和107连接线交叉口，工程为框架结构，幕墙建设面积为9 000 $m^2$，建筑层数共分四层，建筑总高度（外装饰）约23 m，外装饰部分约17 m；工程内容：图纸所包含的某建材B、C馆幕墙工程。该工程通过邀请招标的方式招到承标人，承标人具有建筑幕墙专项工程设计乙级及以上资质，建筑幕墙工程施工一级资质，具有良好的信誉、技术过硬的专业建设队伍和先进的施工设备，建筑内容包含玻璃幕墙、铝板幕墙、穿孔铝板幕墙、玻璃采光顶棚及玻璃雨棚、幕墙防雷系统、幕墙防火层、幕墙埋件，以及LED大屏幕、广告位等安装设备必要的开槽、开孔、收边、收口、加固、雨棚不锈钢排水沟、入口钢梁及其埋件等施工工作及幕墙二次深化设计（如有）等设计、幕墙保洁等设计图纸包括的全部内容。原材料主要采用钢化透明玻璃为主，钢管、铝板材为辅，建设周期为6个月。

该工程的包括以下几项管理活动：

1. 规划管理

安排幕墙工程活动包括决策、招标、施工前、施工中到验收的程序，使公司有限的资源得到最合理的配置。具体包括以下几项任务安排：①决策阶段的任务安排，通过充分的调查研究与系统分析，确定幕墙工程项目可行性和最佳方案。②招标阶段的任务安排，设计招标文件，明确投标人资质、技术及施工等情况说明；规定投标函、投标报价表、项目清单与计价表及投标保证金缴纳证明和法定代表人身份证明；规定工程概况，确保工期、工程质量、安全生产等技术组织措施以及其他合理化建议。③施工前阶段的任务安排，按照招标文件中的约定，明确甲乙双方的责任和权限。④施工中阶段的任务安排，按照建设工程质量管理条例的规定，明确施工过程中的关键环节，确保工作质量。⑤完工阶段的任务安排，主要是按照合同的要求进行竣工检验，检查未完成的工作和缺陷，及时解决质量问题，准备竣工，确定维修责任等事宜。

2. 组织管理

组织管理是给不同阶段、不同管理人员充分授权，规定不同层级和部门间的相互配合关系，以便于各个层级和部门成员相互合作、发挥各自的才能，消除由于工作或职责不分明所可能引起的各类冲突，使公司成员都能在各自岗位上为该工程项目的顺利完工发挥各自的才能的过程。具体包括以下几个环节的组织活动：①决策阶段的组织，围绕幕墙工程项目可行性分析和最佳方案的确定，从筛选投标人，明确建材——B馆、C馆幕墙工程施工承包合同内容方面进行了全面而详细的规定和组织实施，以确保B幕墙工程的顺利实施和完工。②招标阶段的组织，主要是审核投标人资质，确定招标方式，明确招标文件、付款方式、结算及约定的其他事宜。③施工前阶段的组织，施工前的组织工作主要是按照招标文件中的约定，对投标人的工程质量进行有效管理。包括：督促投标人按标准及规范组织施工及验收，履行施工职责，承担质量责任，明确纠纷解决方案，规定工程监理的权限和职责等。④施工中阶段的组织，主要是督促投标人按照建设工程质量管理条例的规定，对施工过程中的工序质量关键控制点包括施工操作和施工技术管理环节进行有效管理，确保工程按时按质完工。⑤完工阶段的组织，主要是督促投标人按照合同的要求进行竣工检验，检查未完成的工作和缺陷，及时解决工程质量中存在的问题，明确维修责任等。

3. 调控管理

调控管理的功能在于保证系统与环境、系统内部子系统保持合理的相互关系，或者通过调整，使之达到综合平衡。一般而言，系统越复杂，就越需要有相应的机构进行协调，做到最合理的人力、物力、财力的耗费，使被管理的系统中各个部分要素得到协调管理，从而实现系统的整体目标。

根据这一原理，该幕墙工程在不同的阶段调控的重点也有所不同。

调控管理的功能在于保证系统与环境、系统内部子系统保持合理的相互关系，或者通过调整，使之达到综合平衡。具体包括以下几个环节：①决策阶段的调控，重点是项目的可行性分析和项目方案的制定，为确保工程质量和效益提供依据。②招标阶段的调控，重点招标文件的设计，这设计也是优质的投标人的选择过程，包括投标人资质、施工技术、施工设备、施工的组织管理等比较判断的过程。③施工前阶段的调控，重点主要是如何确保投标人的工程质量问题。从施工技术方案、措施、规范、组织施工、技术、人员、材料到工程设备及验收等环节都要进行有效调节和控制，以确保工程顺利进行。④施工中阶段的调控，重点放在工序质量控制、质量控制点、工程质量的预控、质量检查、成品保护、交工技术资料和质量事故的处理等。⑤完工阶段的调控，重点是竣工检验，确保工程顺利收尾，便于工程款项的顺利支付。

4. 监督管理

监督管理的功能在于监督被管理系统的发展过程，揭示其与规划脱节的现象以及脱节的部位、性质和原因，并力图消除这些现象。

幕墙工程的管理活动主要由决策阶段的管理、招标阶段的管理、施工前阶段的管理、施工中阶段管理和完工阶段的管理等活动组成，各个阶段由于任务安排的不同，规划、组织、调控和监督的职能也有所不同。监督管理的功能就是对上述不同阶段的管理活动及其重点进行有效监督和管理，以确保该幕墙工程的顺利实施和按时完工，并交付使用。具体的监督功能可以由图 10－2 表示。

在这个活动矩阵中，每一个方框表示一个活动，各活动的时间序列就是各阶段，而步骤就是活动的逻辑顺序。图中有 40 个活动，各项活动是相互影响、紧密联系的，并且每个活动需要选择和使用合适的方法和工具来完成。总之，利用活动矩阵可以起到总览全局的作用，对工作进行到哪个阶段、哪个步骤以及该进行怎样的活动都能够做到心中有数。

从系统工程管理的角度，该幕墙工程是典型的系统工程，可以运用系统工程的原理和方法，对该工程整体工作采用各种管理活动，并为这些管理活动提供最优规划和计划，进行有效地协调和控制，确保该工程能够高效、顺利地完成施工目标。

| 逻辑步骤 / 活动项目 / 工作过程 | 问题现状说明 | 关联要素分析 | 方向目标及指标设计 | 对象系统的再认识 | 变革途径探索 | 比较、分析、权衡、评价 | 组织行为分析 | 实施与改进 |
|---|---|---|---|---|---|---|---|---|
| 1. 决策阶段可行分析 | | | | | | | | |
| 2. 招标阶段文件设计 | | | | | | | | |
| 3. 施工前阶段质量确认 | | | | | | | | |
| 4. 施工中阶段质量把控 | | | | | | | | |
| 5. 完工阶段质量保证 | | | | | | | | |

图 10-2　幕墙工程管理活动矩阵

同样，在我国航天事业的发展中，系统工程管理也起到很重要的作用。从 20 世纪 50 年代末开始，以钱学森为代表的一批科学家领导航天系统推行和实践系统工程的理论与方法。钱学森 1978 年在《文汇报》上发表的文章《组织管理的技术——系统工程》一文中指出："把极其复杂的研制对象称为系统……系统工程学则是组织管理这种系统的规划、研究、设计、制造、试验和使用的科学方法，是一种对所有系统都具有普遍意义的科学方法。"钱学森在总结我国导弹与航天工程研制实践的工作经验时指出："这样复杂的总体协调任务不可能靠几个人来完成，因为他们不可能精通整个系统所涉及的全部专业知识，他们也不可能有足够的时间来完成数量惊人的技术协调工作。这就要求以一种组织、一个集体来代替先前的单个指挥者，对这种大规模的社会化劳动进行协调指挥。"

航天系统工程管理的主要内容是对在论证、方案、初样、试样、设计定型、生产等各个环节的包括人、财、物、技术、信息与知识等所有资源实行全过程、多方位的综合管理，包括研制管理、组织管理、质量管理、工艺管理、计划管理、风险管理、文化管理、进度管理、知识管理、人力资源管理、财务管理等，以达到系统既定的目标，实现整体最优化。航天系统工程管理的结构体系如图 10-3 所示。

从这个体系结构可以看出，航天系统工程管理的内容已从通常的人、财、物三要素扩大到包括技术、信息及知识等更多要素。结构体系中的时间维最基本的表现形式是分阶段管理，每个阶段都有自己特定的质和量的要求。同时，每个阶段的工作都是按照一定的逻辑顺序进行的，并且在每个阶段之间，设有里程碑决策点，对前一阶段所做工作进行全面审查，达不到要求的不能进入下一阶段，以保证研制工作按程序顺利进行。

正是由于采用了系统工程的思想、方法，才使得能对这一由不同属性特征、相互关联、相互依存的子系统组成的复杂大型系统进行有效管理，并取得令人瞩目的一系列成就。

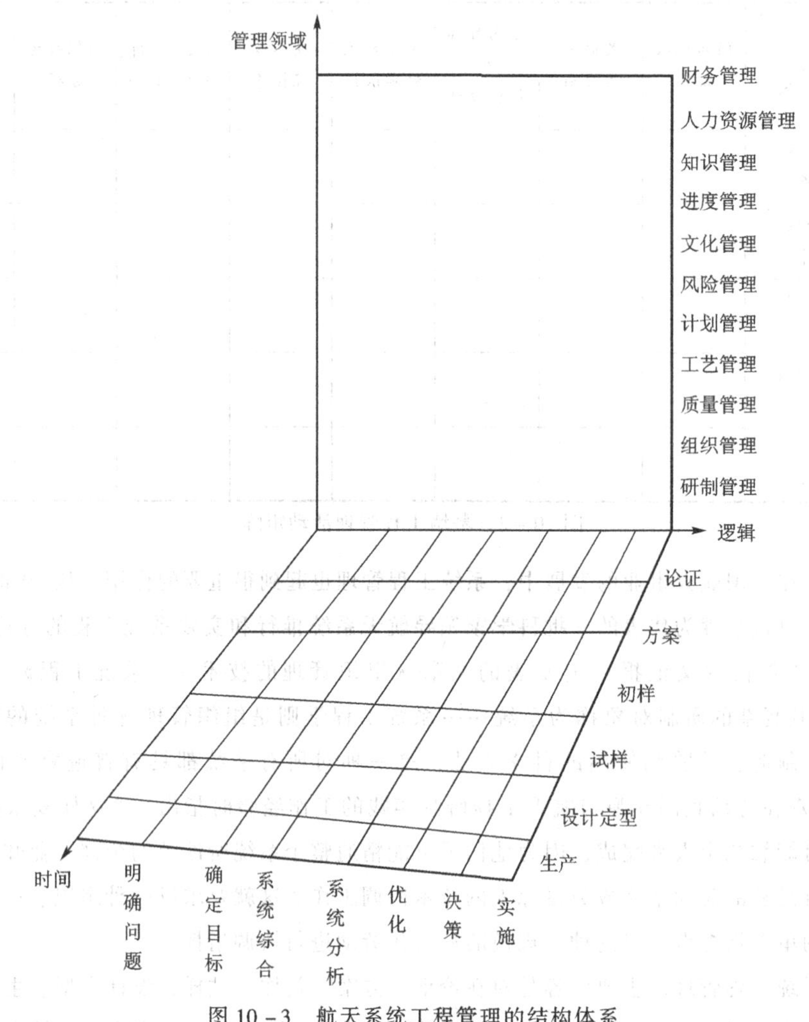


图 10-3 航天系统工程管理的结构体系

## 三、组织、技术、人、信息等一体化

系统工程管理着眼于整个系统功能的实现，而其特征就是实现系统中组织、技术、人以及信息等的一体化。系统工程的研究对象是大规模的复杂系统，而这些系统都是由许多不同的特殊功能部分组成，它们之间又有相互的联系和影响，而采取系统工程管理就是为了更好地达到系统目标，对系统的组成要素、系统的组织结构、整个系统的技术支持、人员设置以及信息的沟通、传递等进行分析和设计，因此需要组织、技术、人员和信息的一体化的有效实施才能够保障系统工程管理的进行。组织是由各种专门知识水平的个人组成的群体，它具有明确的目标、有序的结构、有意识协调的活动并同外部环境保持密切的联系，以完成一种或多种职能。系统工程管理需要通过组织结构等设计来促进人员的有效沟通，借助技术能力和信息反馈来实现系统的功能。

例如对于工业企业来讲，它的生产经营活动就具有很多系统特征，整个生产经营过程就是一个人、财、物、信息等基本要素构成的整体系统，系统的投入包括技术、人力等，系统的转换过程需要生产组织与控制，系统的产出包括财、人、物和信息等，只有这一过程协调有序地进行才能保持企业外部环境、内部条件和经营目标之间的动态平衡，最大限度地发挥上述资源的作用。因此，可以说，企业系统是通过人、物资、设备、资金和信息等要素的合理组合来实现一定目标的系统。

在这个系统中，组织和人员因素是极其重要的，并且已有研究证明组织结构的转变对企业的生产有较大影响。因此，对组织的设计会涉及企业内、外部环境等诸多因素，应使企业组织结构适应外部环境，谋求企业内外部资源的优化配置。

技术要素指企业完成“投入—转换—产出”任务所需的技术知识和技术装备，是企业系统生产过程的物质基础，它对企业系统的复杂程度、转化的效率等产生直接影响，同时它也受到企业系统的其他要素的影响。

人的要素是系统的主体，即必须能够胜任企业的组织、规划、设计、控制、指导、评价、决策等管理与技术任务。随着环境的变化以及企业规模的发展壮大，系统对人的要求也越来越高。

信息这一要素包括指令、计划、报表、票据、记录、文件等。对信息的要求是要及时、准确、畅通和经济。只有对信息做到及时准确地记录、搜集、综合、分析和交流，才能对企业系统进行合理地管理和控制。因此，信息可以说是企业系统的中枢。

对于企业来说，组织、技术、人员和信息四种要素有机联系，各个要素相互作用、相互依赖，并且这些主要要素构成的企业系统又可以看作是由物流、信息流、人流和资金流或价值流等组成的。因此，还可以将企业系统分解为物流系统、信息流系统、人流系统、资金流系统等。从企业系统运行的角度看，物流、信息流、人流和资金流都是为顾客提供价值增值的。为此，要提高整个企业系统的运行效率，必须提高物流系统、信息流系统、人流系统、资金流系统的运行效率，要有效实现“四流合一”，任何一个流系统的迟滞都将带来整个企业系统效率的低下。

因此，对于企业的管理系统，对其管理就是要把握和处理好各个子系统管理的动态平衡问题，其包括人、物资、资金、设备、任务和信息等子系统，只有使各个子系统管理趋于等同水准，才能提升企业整体管理平台。而从管理活动要素来看，每项管理都存在着管理硬要素和软要素，硬要素更侧重于制度的刚性，软要素更侧重于文化价值取向，如人、财、物等属于软要素。在实际管理活动中，如果过分强调硬要素而忽视软要素，或过分强调软要素而忽视硬要素，都将影响管理绩效。只有使管理硬要素和软要素达到动态平衡点，才会促进企业管理水平的提升。实践证明，无论是企业系统管理的动态平衡，还是管理硬软要素的动态平衡，都是相对的动态平衡，不存在绝对的管理平衡。

## 第二节 创新管理的系统化方法

### 一、 创新是一项系统性工作

创新这一概念最早是由奥地利经济学家熊彼特1912年在其出版的《经济发展理论》一书中提出的概念。他认为，“创新”就是生产要素和生产条件的新组合，即“建立一种新的生产函数”，其目的是为了获取潜在的利润。他还指出，这种“创新”包括以下五种情况：

一是产品创新，即引进新的产出，制造一种消费者还不熟悉的产品，或一种与过去产品有本质区别的新产品。

二是工艺创新或生产技术创新，即采用一种产业部门从未使用过的新的方法进行生产和经营。

三是市场创新，即开辟一个有关国家或某一特定产业部门以前尚未进入的市场。

四是开发新的资源，即获得的一种原料或半成品的新供给来源。

五是组织创新，即实行一种新的企业组织形式。

熊彼特的创新是把技术等要素引入经济范畴，也涉及了管理创新、组织创新等，但他强调的是一个经济学的概念，是指经济上引入某种“新”的东西，不能等同于技术发明，他明确指出创新与发明的区别：“创新”不等于技术发明，只有当技术发明被应用到经济活动中才成为“创新”。而“创新者”专指那些首先把技术发明引入社会经济活动产生影响的人，这些创新的倡导者和实行者就是企业家。因此，“企业家”既不同于发明家，也不同于一般的企业经营管理者，他们是富有冒险精神的创新者，“创新”是企业家的天职。熊彼特所论及的创新，其最终检验标准只有一个，那就是随后广为市场接受、具有独占或优先获取权的超额利润。

美国管理学家德鲁克在其1985年出版的《创新与企业家精神》一书中指出，企业家就是创新家，所谓的企业家精神也就是创新精神。他将实践创新与企业家精神视为所有企业和机构有组织有目的、系统化的工作。无论是社会还是经济，无论是公共服务机构还是商业机构，都需要创新与企业家精神。创新与企业家精神能让任何社会、经济、产业、公共服务机构和商业机构保持高度的灵活性与自我更新能力。

管理的本质是改善与创新，现代创新管理需要采用系统化方法。多年来，人们总结创造实践的规律，提出了关于创造活动程序的各种模式，其中与现代创造性思维活动相适应、主要适用于工程技术及系统管理方面的创造过程占有重要地位。该过程一般由明确问题、确定目标、探寻方案、系统综合、验证和实施等六个阶段构成。这一过程涉及创新的环境、创新的需求、约束条件等各种要素的相互影响，并通过这些要素的协调和配合完成创新的目标。其中对系统目标的认定和对系统方案的探寻与综合是现代创造性思维及活动的重要基础，创造性思维及活动的过程就是系统分析的过程。在创新的全过程中体现出其管理的系统性。

例如，企业的创新需要各部门（生产部门、技术部门、营销部门等）的相关配合，同时这也离不开企业的经营战略、发展规划的要求。

创新作为一项系统性的工作，具有明显的系统特征，其主要表现在以下几个方面：

一是整体性。这是创新系统的最基本的特征。首先，创新受到政策、经济以及社会、自然资源、组织和人员等多种因素的影响，因此需要从整体的角度出发来考虑问题。其次，创新不是个人行为，它是整个国家或企业自上而下的过程；创新不仅仅与技术相关，它是组织行为，是一个组织的整体能力，而非个人的“灵光乍现”，或者仅仅来源于某个特定的职能部门。

二是关联性。持续创新能力包括技术创新能力、管理创新能力和制度创新能力等不同类型的能力要素，还包括创新项目管理能力、项目集群动态集成系统管理能力和企业持续创新战略管理能力等不同层次。这些不同类型及不同层次的能力要素及彼此间的相互联系和耦合作用，形成了一个综合性的、具有强大而持续功能的持续创新能力系统。

三是层次性。创新受到各种因素的影响，这些因素间具有一定的层次结构。如作为最下层的技术、市场、社会经济文化等外部组成因素会影响到创新意识、创新精神、利益驱动、创新团队和创新文化等上一层次的内部因素，而内部因素这一层次又影响到创新目标，最终影响创新结果。但各要素之间、层次之间充满双向的相互作用和密切联系。这同时也表示创新是一个有机的整体系统。

因此，创新需要从系统的观点出发，以系统的眼光将研究对象、研究过程、研究方法和手段看成一个整体，通过对创新全过程不断地优化，最终实现整个创新功能的最大化。

对于创新这一系统性工作，需要有全局意识，因为创新往往涉及“人—事—物”，若对各部分单独优化，所定目标往往具有局限性，再加上其他约束等不确定性信息，会导致各部分优化达不到系统的最优解，使得创新从局部看来是最优化的，而从全局看却可能是较差的。

除了全局意识外，还需要具有动态意识。创新这一工作追求的是全局的最优，但是这个“最优”是在一定时间条件和范围下的。随着时间的推移、环境的变化，“最优”往往不再是“最优”了。因此，需要意识到创新是个永无止境的工作，通过不断地循环创新，创新的工作才能不断提高整体的功能。

创新还需要开放意识。创新工作是一项需要多学科、多专业的交叉、融合，需要较宽的知识背景。它需要运用各学科、各领域所获得的成就和方法，从创新的总目标出发，将这些相关方法协调配合、相互融合而综合运用。因此，需要有开放的意识，不断学习、吸收和融合各种知识，找到创新的特色之路。

## 二、 技术创新管理

在市场经济条件下，竞争、发展与创新的密切关系和技术创新在企业发展与社会进步中的重要作用已日益被人们所确认。技术创新的系统观也已逐渐被学术界和产业界所接受。技术创新是一项技术和经济的活动。

技术创新是指采用一项直接以自然科学技术知识为基础的关于新的产品、材料、工艺或其他系统，以及对已有的上述系统进行实质性改进的设想或方案的决策开始而进行的（应用）研究、开发、设计、制造生产样机、试生产、生产准备直到正式投产的一系列活动。这一定义说明了以下几种关系和特征：

（1）技术创新与非技术创新。定义从两个方面排除了非技术创新：一是将创新限定在以科学技术知识为基础的范围之内；二是将创新过程终止在正式生产的开始，这样在其后可能出现的市场、广告、组织、管理方面的创新就排除在技术创新过程之外。

（2）成功的技术创新与失败的技术创新。许多技术创新的定义只包括了成功的创新，并将创新过程延至创新取得利润或成功地进入市场。而本书的定义显然既包括成功的技术创新，也包括失败的技术创新，并把技术创新过程限制在进入市场之前。之所以这样定义是基于这样的考虑：企业的创新动机、行为和环境是体制和政府政策影响的核心，而创新的成功与否，不仅受到技术的不确定性、市场的变化和政治、社会、经济环境的影响，也受到企业利益、经营管理水平等方面的约束。任何企业在决策和实施技术创新时都不能保证100%的成功。事实上，“创新中有赢家必有输家，即使所有的厂商都采用最好的方法，仍旧会有输家”。

此外的两条原因是：技术创新的成功与否只能在事后评价，而政策制定者和管理者不可能事前完全确定；对成功的技术创新进行分析能取得经验，对失败的技术创新进行分析将吸取教训，对此我们很难说哪一个更为重要。技术创新管理即伴随着技术创新引进、扩散以及技术创新全过程的管理活动，其针对科学技术知识（成果）向生产转化的全过程，即从新构思、新发明的产生到技术创新决策，若决策被采用则进入应用与开发研究阶段，研究成功即可起草产品说明书，再经过试样与中试就进入生产准备阶段，最后启动批量生产，经过市场的开拓和销售即可确定出技术创新的成功与失败，技术创新管理即是涉及这一全过程，从组织、人员、技术到信息等的各种管理活动。技术创新管理过程如图10－4所示。

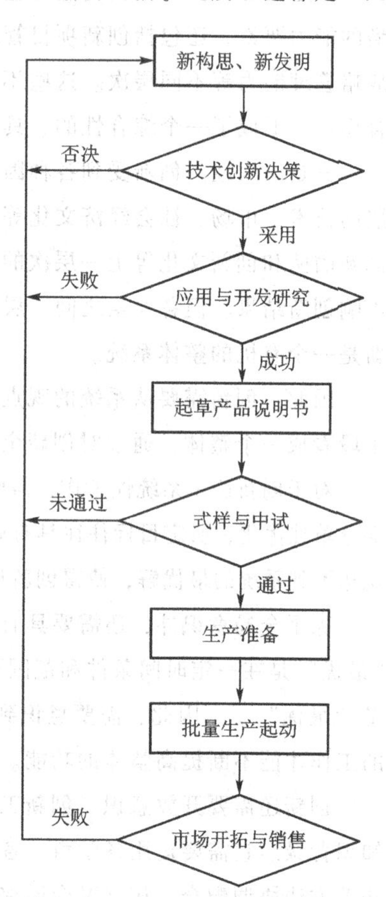

图10－4　技术创新管理全过程

技术创新的管理问题是研究的一个热点，也是解决我国企业技术创新中诸多问题和真正实现生产方式转变过程中的关键环节之一，关于技术创新的现代管理思想主要包括以下几个方面：

## （一）技术创新的人本观

不断进行技术创新的目的在于实现人与技术的更好配合，而成功的技术创新不仅需要懂得机器和技术方法，更重要的是理解人。从系统的观点及其功能与结构的层次性来看，任何技术都是作为功能单元（形成技术元系统）存在并发挥其作用的，获得创新能力是掌握技术的根本标志。构成技术元系统的元素或其载体有人、信息、物、社会等四类，其中以人为核心的人、信息、社会在技术元系统中相对积极与活跃，是技术创新功能的根本决定因素。技术创新的人本观要求人们以全新的方式或从人与社会的角度来看待技术和技术创新，充分认识无形技术及创新环境（尤其是社会环境）的重要作用。如在技术创新的管理上，要特别警惕和反对仍用老办法来使用新技术（不想在其他方面有所改变）的做法和对新技术的误解和误用（由于知识欠缺或考虑其他因素等）。

### （二）技术创新的效率观

进入21世纪以来，企业竞争的基本手段主要是依靠快速推出高性能、高可靠性、低成本、能最大限度满足用户需求的产品、新的商业模式。许多技术的变化、商业模式推出的周期已经不是十几年、几年，而是几个月甚至几周。为适应这种快速变化的市场环境，企业必须高效地进行技术创新。并行工程是实现技术创新高效化的一种新的管理思想与方法，该思想强调对技术创新所涉及的研究、设计、产品研制和工艺开发、销售等进行非线性的、相互联系的发展，企业的创新科研从任何一个环节开始，一旦哪里提出一个新的思想，其他部分便立即响应、相互配合，尽快拿出新产品、推出新模式去赢得市场、占领市场。由此可见，并行工程不单纯是一个技术问题，它更是一个组织管理和思想方法的问题。

### （三）技术创新的变化观

技术创新对产品、生产或组织系统及商业模式的改进方式有两种，即渐进性的变化（持续提高）和革命性的变化，其代表方式分别为准时制（Just In Times，JIT）的思想和再造过程（Reengineering）或经营过程再造（Business Process Reengineering，BPR）的模式。从技术发展的规律与趋势和当今创新的特点来看，JIT更适合于狭义的、具体的技术创新和对生产技术系统的不断改进；再造工程比较适合于广义的、重大的技术创新或过程和组织创新，新商业模式的推出，为技术进步和系统发展创造适宜的组织环境。

### （四）技术创新的集成观

技术创新及组织改善和企业发展都需要从整体上（系统内部）和总体上（系统外部）来综合考虑各种需要，发挥系统的集成效应和整体观念，走一体化的道路。如竞争性的一体化企业（Competing Intergrated Enterprise，CIE）作为各种系统内部先进生产技术要素有机整合的结果，得到了北美和西欧许多发达国家工业界和学术界的重视和应用，而供应链及供应链管理（Supply Chain Management，SCM）是创新活动从总体上（企业内外部）进行集成的重要结果和典型代表，顾客及供应商等直接进入企业技术创新过程，是供应链及其管理思想、模式的体现，具有重要意义和作用。

技术创新的人本观、效率观、变化观和集成观均体现了技术创新的系统性特征。人本管理、JIT、再造工程、CIE、SCM等新的管理思想和方法与技术创新有着“天然的”联系，它们既是创新的结果，又为技术创新的有效实施和系统推进提供了多方面的保障条件。时至今日，创新已不仅仅是产品的改造和对新技术、新工艺、新设备、新方法的采用，而是一项系统性的工作，人、系统、环境及其管理应成为现代技术创新的核心要素。技术创新既要对物、更要见人；技术创新也已不仅仅是一项纯粹的技术性活动和技术专家行为，更是一项综合管理活动和企业家行为；技术创新不能仅仅被看作是企业所面临的一项具体工作，并按照项目或工程管理的办法去实施，而应将其真正当成一种企业赢得市场、效益和持续发展或革命性变化的战略与文化，变成企业的一种精神。技术创新的系统观和对各种新的管理思想与方法的呼唤已是一种世界潮流，并将对我国经济增长方式的转变和社会经济的高效发展产生重大而深远的影响。

## 三、 创新及其管理的系统化

创新从层次上看，可以分为国家层次的创新、区域层次的创新、产业层次的创新以及企业层次的创新，但无论哪一个层次上的创新，都可以看作是一个由多种要素及其相互关系组成的一个系统，即创新系统。可以说，创新系统是在企业内外部环境的影响下，以企业的管理目标为指导，以满足顾客需求和适应失常变化为目的，通过捕捉企业内外部的技术机会对企业资源进行利用和重新整合的企业管理控制系统之一。

创新系统包括的要素众多，其管理试图将众多对创新产生重要影响的因素都考虑进去，因此必须采取注重整体的研究方法，从系统的角度出发，坚持系统化管理，把创新系统看作多参与者（企业、政府、科研机构）的相互影响和作用，并且这种影响和作用会决定创新的结果。创新系统的管理还需要注重系统和外部的交流，因为创新系统也是个开放的系统，通过与系统外的资源的交流，从而获得持续发展的创新能力。

而创新管理的系统化是指创新系统的基本要素在非线性机制和整合机制的推动下生成创新系统的过程，如企业通过开展创新活动来有意识地推动创新系统形成的过程。可以认为，创新管理的系统化不仅包括创新系统的生成，也包括创新系统的运行，现有一切创新活动的开展都属于创新系统化的过程。

创新管理的系统化工程是在各基本要素的复杂性和不确定性基础上，有取舍、有消长、有间断、有突变的一个不断融合生成的动态发展过程。非线性机制使创新要素彼此之间产生错综复杂的横向联系，产生分叉与突变。整合机制则在非线性机制作用的基础上，通过创新主体的实践活动，将创新系统化要素以及分叉出来的关系要素之间的行为、功能由高到低地进行整合，最终形成创新活动的系统性质与功能。

创新管理的系统化具体来说包括创新问题情境描述、创新需求系统分析、问题模型构建和创新性解决方案的获取，最后对所得解决方案进行客观合理评价，最终形成创新成果。

其中，创新问题情境描述是指对创新所处的各种环境和条件进行资料的收集，从中发现潜在的问题，并将其当作创新活动的机遇来对待。创新需求系统分析是指采用系统化的分析方法，对创新过程的各种需求（包括创新目标）的确定等。只有明确了需求，才能影响最终的创新方案的评定，并直接影响到创新成果。问题模型构建和创新性解决方案的获取是通过建模的方式描述出创新过程的各种解决方案，这些方案可用来实现之前确立的创新目标，这种建模的方式可以采用形象化或数学化的方式来表述，也可进行实验操作。而对这些方案的选择则需要根据满足创新系统目标的程度进行客观的评价，一旦决定出创新方案，那么就应按照选定的方案采取行动，并采取积极措施对策略进行检验。同时，不断地创新需要不断地重复这一过程。整个创新系统化过程就是科学有效地解决创新问题的流程，过程中需要各种先进创新理论和方法的综合应用，以及强大的创新工具的支持，也需要创新主体激发创新能力，以更好地完成创新目标。

# 第三节 系统工程中的管理技术

## 一、投入产出分析

投入产出分析是由俄裔美国经济学家里昂惕夫（Wassily W. Leontief）1936 年创立的，他将数学方法与经济学理论相结合，研究作为生产单位或消费单位个体（部门、行业或产品）之间投入与产出的相互依存关系，其中，投入是指产品生产或服务所需原材料、能源动力、固定资产折旧和劳动力的投入；产出是指产品生产或服务提供的总量及其在再生产、消费、积累和净出口间的分配使用。

投入产出分析是一种应用广泛且经受住了实践检验的经济数量分析方法。投入产出分析（投入产出法）是反映经济系统各部门（如各行业、产品）之间的投入与产出间的数量依存关系，并用于经济分析、政策模拟、经济预测、计划制定和经济控制等的数量分析方法。它通过采用棋盘式平衡表形式和线性方程组模型，充分体现了系统论的整体思想，揭示出经济系统复杂的技术经济联系和相互依存关系。因此，它广泛用于经济体系（国民经济、地区经济、部门经济、公司企业等）的系统分析，研究系统的结构，以及各个部门之间错综复杂的技术经济联系和依存关系。

### （一）投入产出技术的起源与发展

#### 1. 投入产出的理论来源

西方经济学家认为，投入产出技术的思想渊源，最早可以追溯到 18 世纪法国重农学派魁奈（F. Quesnay）的《经济表》，魁奈从他的重农主义理论出发，用简明的图式描绘了社会再生产过程的全貌。但是，里昂惕夫研究和提出投入产出技术时受到的直接启发，主要是 19 世纪下半期的数理经济学家里昂·瓦尔拉斯（Leon Walras）提出的一般均衡分析（General Equilibrium Ananlysis）和联计划平衡方法以及马克思再生产理论。

（1）里昂·瓦尔拉斯的一般均衡理论。一般均衡理论是里昂·瓦尔拉斯在其名著《纯粹经济学要义》中提出的从所有商品和服务市场的相互依存性出发，研究全部均衡价格实现的可能性和条件，其整体结构包括消费财货市场均衡、生产劳务市场均衡、资本财货市场均衡和流动资本市场均衡四个层次。这四个市场是相互依存、彼此影响的，只有当它们同时达到均衡时，整个经济才会出现均衡。一般均衡论的基本命题是，各个特殊市场是相互联系的，也就是说各种价格是相互联系的，不仅各种消费品价格之间和各种生产要素价格之间是相互联系的，而且消费品价格与生产要素价格之间也是彼此影响的。因此，不能撇开别的价格，单独地来讨论某一种消费品或生产要素的均衡价格，而必须研究整个经济，即整个总市场上所有的价格如何相互作用最终同时达到均衡的。为证明其理论的正确性，里昂·瓦尔拉斯用数学联立方程形式构建了一般均衡模型。瓦尔拉斯的一般均衡理论对现代西方经济学特别是数理经济学的发展产生了重大的影响。在西方经济学中，一般均衡理论是与马歇尔的局部均衡理论相对而言的。

里昂惕夫从一般均衡理论揭示经济相互依存性中得到启示，他认为一般均衡优点在于能够使人们考察经济中复杂交错的相互影响关系，这种关系贯穿于经济的各个领域。因此，里昂惕夫认为：瓦尔拉斯的一般均衡论包罗万象，尽管从理论上看是严密的，但它太复杂，无法用来解释实际的经济问题。投入产出是将瓦尔拉斯一般均衡模型中不可胜数的方程式和变量简化，将成千上万的产品和服务归并为有限数量的部门或行业，从而转化成投入产出技术中几十个方程。但是投入产出技术也并不等同于一般均衡理论，它省略了生产资源供给和价格的影响，并引进消耗系数等一系列系数概念，使投入产出技术不仅使用数学形式，同时也使用棋盘表格式。这样，里昂惕夫以国民经济均衡为对象的模型就成了可以计算的实用模型。

(2) 苏联计划平衡法。里昂惕夫提出投入产出分析的另一个理论来源，是以马克思再生产理论为依据的苏联计划平衡方法。1921—1925 年，里昂惕夫在苏联列宁格勒大学学习，并发表了《俄国经济的平衡——一个方法的研究》。1924 年，苏联中央统计局编制 1923—1924 年国民经济平衡表，包括各种产品生产与消耗棋盘式平衡表，以经济指标的形式标出整个再生产过程的一般面貌，这对里昂惕夫有很大的影响。但苏联国民经济平衡表未利用数学方法，也没有计算直接和完全消耗系数。进一步来看，投入产出分析主要使用经济变量反映社会再生产过程，这些经济变量直接来源于马克思再生产理论，如：总产出/总产品、中间投入/中间产品、最终使用/最终产品、最初投入/增加值/ $(c+v+m)$ 等。而这些概念，也是投入产出区别于一般均衡理论的重要特征。

从投入产出技术的两个理论来源可以看出，投入产出技术是对错综复杂的经济联系做出比较明确反映的一种经济分析方法，具有较强的实践性。

**2. 投入产出技术的发展**

随着投入产出技术应用的进一步发展，投入产出模型演绎出很多新的形式。按分析的时期可以分为静态模型和动态模型，按模型计量单位可以分为价值型、实物型和能量型；按研究对象范围可以分为世界模型、全国模型、地区模型、地区间及国家间模型、部门模型和企业模型；按分析时间可分为计划期投入产出模型和报告期投入产出模型；按照投入产出最终需求是否为外生变量可以分为开模型、闭模型和局部闭模型；按照所研究的系统与外部环境（输入、输出）的处理方式可分为 A、B、C、D 四种模型。具体分类与相关定义如表 10 - 1 所示。

表 10-1 投入产出的分类

| 分类标准 | 种类 | 备注 |
| --- | --- | --- |
| 分析时间 | 静态 IO 模型 | 只研究单期（比如一年） |
| | 动态 IO 模型 | 研究多期变动 |
| 计量单位 | 价值型 | 以货币为计量单位 |
| | 实物型 | 以产品数量为计量单位 |
| | 劳动型 | 以劳动力人数为计量单位 |
| | 实物价值型 | 以价值和产品数量为计量单位 |
| | 能量型 | 以能量单位（焦耳）为计量单位 |
| 研究对象范围 | 世界 IO 模型 | 将全世界各国作为整体，进行部门分类编制 IO 表 |
| | 全国 IO 模型 | 将某国家作为整体，进行部门分类编制 IO 表 |
| | 地区间 IO 模型 | 将在某区域内的国家（或省份）作为整体，与另一区域的国家（或省份）整体的贸易往来进行部门分类编制 IO 表 |
| | 部门 IO 模型 | 将某部门按研究问题进行产品细分编制 IO 表 |
| | 企业 IO 模型 | 将企业作为整体对产品进行分类编制 IO 表 |
| 分析时间 | 报告期 IO 模型 | 事后分析 |
| | 计划期（预测期）IO 模型 | 事前预测 |
| 外生变量 | 开模型 | 所有最终需求都为外生变量 |
| | 闭模型 | 所有最终需求都为内生变量 |
| | 局部闭模型 | 部分最终需求（比如居民）都为内生变量 |
| 外部环境 | A 型（竞争性输入投入产出模型） | 输入、输出全部在第二象限中反映出来 |
| | B 型 | 在 A 型表中（中间投入部分）设置专门的一行，即系统外输入，相应地取消第二象限的输入一列 |
| | C 型（非竞争性输入投入产出模型） | 在 B 型表基础上把输入产品分部门详细列出来 |
| | D 型 | 输入产品分为两类：竞争性输入产品（本系统也生产，但还需从外部输入的产品）和非竞争性输入产品（本系统不生产） |

### （二）投入产出模型

本节主要讨论静态投入产出模型、动态投入产出模型的演化和投入占用产出技术。

#### 1. 静态投入产出模型

静态投入产出模型是最基本的投入产出模型，也是其他各种模型的基础，它反映了投入产出技术的基本原理。静态模型是研究描述对象的某一特定时间内各产品或部门间的投入产出关系。主要有投入产出表和投入产出数学模型两种表现形式。里昂惕夫最早提出的模型就是静态投入产出模型。静态投入产出模型的简易表结构如表 10-2 所示。

**表 10－2　静态投入产出简易表**

<table>
<tr><td colspan="2" rowspan="2">产出<br>投入</td><td colspan="4">中间需求</td><td rowspan="2">最终需求</td><td rowspan="2">总产出</td></tr>
<tr><td>1</td><td>2</td><td>…</td><td>$n$</td></tr>
<tr><td rowspan="4">中间投入</td><td>1</td><td colspan="4" rowspan="4">$X_{ij}$</td><td rowspan="6">$Y_i$</td><td rowspan="6">$X_i$</td></tr>
<tr><td>2</td></tr>
<tr><td>…</td></tr>
<tr><td>$n$</td></tr>
<tr><td colspan="2">最初投入</td><td colspan="4">$V_j$</td></tr>
<tr><td colspan="2">总投入</td><td colspan="4">$X_j$</td></tr>
</table>

表 10－2 中，$X_{ij}$ 为当期第 $i$ 部门对第 $j$ 部门生产产品的投入量，$Y_i$ 为当期第 $i$ 部门提供的最终需求，$V_j$ 为当期第 $j$ 部门生产的最初投入，$X_j$ 为当期第 $i$ 部门的总产出。

表 10－2 水平方向表示各部门产品的使用情况。其中中间需要（Intermediate Demands）又称为中间使用或中间产品，是指当期在系统内还需进行进一步加工的产品；最终需求（Final Demands）又称为最终消费产品或最终使用，是指当期系统内已经最终加工完毕的产品，包括消费、资本形成和进出口等。水平方向有关系式如下：

$$\sum_{j=1}^{n} X_{ij} + Y_i = X_i \quad (i = 1,2,\cdots,n) \qquad (10-1)$$

表 10－2 垂直方向表示各部门产值的构成，或各部门生产过程中的消耗，即投入。其中中间投入（Intermediate Input）是当期系统内消耗的产品。最初投入（Primary Input）又称为增加值（Value Added），是当期进行生产前需投入的产品，包括固定资产折旧、劳动者报酬、税收和利润等。垂直方向有关系式如下：

$$\sum_{j=1}^{n} X_{ij} + V_i = X_i \quad (j = 1,2,\cdots,n) \qquad (10-2)$$

根据投入产出表，可以给出直接消耗系数（Direct Input Coefficient）和产出（分配）系数（Output Coefficient），据此推出完全消耗系数、完全分配系数和完全需要系数。其中完全需要系数矩阵又称为里昂惕夫互逆矩阵。

基于静态投入产出模型可以进行前向联系和后向联系的产业关联分析。所谓前向联系是指某部门与它的下游部门（使用其产品的部门）的联系；所谓后向联系是指某部门与它的上游部门（提供投入品的部门）的联系。目前投入产出分析中利用完全需要系数矩阵计算后向联系系数（影响力系数），利用完全分配系数矩阵计算前向联系系数（感应度系数）的计算公式为：

影响力系数：
$$\delta_j = \frac{\sum_i \bar{b}_{ij}}{\left(\frac{1}{n}\right)\sum_i \sum_j \bar{b}_{ij}} \qquad (10-3)$$

感应度系数：
$$\varepsilon_j = \frac{\sum_i h_{ij}}{\left(\frac{1}{n}\right)\sum_i \sum_j h_{ij}} \qquad (10-4)$$

式中：$\dot{b}_{ij}$——完全需要系数；

$h^{ij}$——完全分配系数。

**2. 动态投入产出模型**

1995 年，刘建新总结了动态投入产出技术的发展历史，将其分成四个阶段分述如下：

第一阶段是微分形式或称连续时间过程模型阶段。有一种意见认为，最早的微分模型是由霍金斯（David Hawkins）于 1946 年提出的，另一种意见认为是里昂惕夫于 1949 年提出，1953 年发表。这种模型的数学性质后来被许多人详细地研究过，但一般只限于理论上的研究，实际应用的不多。模型基本公式为：

$$X(t)-AX(t)-CX'(t)=\overline{Y}(t) \tag{10-5}$$

式中：$C$——增量资本矩阵；

$\overline{Y}(t)$——不包括投资的最终需求列向量；

$X'(t)$——$X(t)$的一阶导数。

第二阶段是差分形式或称离散时间过程模型阶段。这一阶段的最早模型普遍认为是里昂惕夫于 1978 年提出的。这个模型提出以后得到了广泛的研究，涉及有意义解的存在性、稳定性、解法以及建模等一系列的问题。这种模型目前已有一些应用。模型基本公式为：

$$X(t)-AX(t)-C[X(t+1)-X(t)]=\overline{Y}(t) \tag{10-6}$$

第三阶段是模型中考虑投资时滞的阶段。里昂惕夫提出的差分模型假定投资时滞为一年，Johnson 于 1978 年引入了不同资本货物具有不同投资时滞的数学表示，1981 年 Aberg 和 Person 等做了进一步的研究。但由于这种模型的复杂结构，难以讨论其有关数学性质，后来很少有人研究。

第四阶段可以称为动态投入占用产出分析阶段，目前已经有了一定的发展。这一阶段开始有关人力资源的动态投入产出技术研究，正式分界标志是 1987 年芬兰学者 Pirkko - Aulin - Ahmavaara（PAA）的博士学位论文。中国科学院陈锡康教授于 1988 年提出一般投入占用产出分析的思想，基于系统的角度，用投入产出技术全面分析解决系统中各种生产要素和各种产出的相互联系与作用。在考虑动态模型中要素占用问题时，将里昂惕夫动态投入产出模型做修改如下：

连续性动态投入产出模型：$X(t)-AX(t)-MC^{*}X'(t)=\overline{Y}(t)$ (10-7)

离散型动态投入产出模型：$X(t)-AX(t)-MC^{*}[X(t+1)-X(t)]=\overline{Y}(t)$ (10-8)

$M$ 为补偿系数阵，表示为使下一期占用品增加所应增加当期产出的比例；$C^{*}$ 为增加占用系数阵，表示为使下一期产出增加所需增加当期占用品的数量。

**3. 投入占用产出技术**

20 世纪 80 年代初，中国科学院陈锡康教授在粮食产量预测研究中发现耕地和水在粮食生产中起重要作用，但是耕地和水等自然资源在传统的投入产出模型中没有得到体现，进而发现固定资产、劳动力等在投入产出分析中也基本上没有得到反映。由此在投入产出分析中引入“占用”，提出研究投入占用产出模型。1988 年陈锡康教授首次在国际上提出投入占用产出模型。

占用是指在进行生产前所必须具有掌握相应科学技术和管理知识的劳动力、固定资产、流动资金以及相应自然资源等。生产的规模和效益很大程度上是由占用情况所决定的，也就是说，占用是生产过程的前提和基础。投入占用产出技术是对投入产出技术的完善和发展，得到了许多经济学家的好评。其特点是不仅研究部门间产品的投入与产出等关系，而且研究占用与产出、占用与投入之间的数量关系。考虑占用后投入产出静态结构如表 10－3 所示。

**表 10－3　静态投入占用产出简易表**

<table>
<tr><td colspan="2" rowspan="2">产出 / 投入</td><td colspan="4">中间需求</td><td rowspan="2">最终需求</td><td rowspan="2">总产出</td></tr>
<tr><td>1</td><td>2</td><td>…</td><td>$n$</td></tr>
<tr><td rowspan="4">中间投入</td><td>1</td><td colspan="4" rowspan="4">$X_{ij}$</td><td rowspan="6">$Y_i$</td><td rowspan="6">$X_i$</td></tr>
<tr><td>2</td></tr>
<tr><td>…</td></tr>
<tr><td>$n$</td></tr>
<tr><td colspan="2">最初投入</td><td colspan="4">$V_j$</td></tr>
<tr><td colspan="2">总投入</td><td colspan="4">$X_j$</td></tr>
<tr><td rowspan="4">占用部分</td><td>1</td><td colspan="4" rowspan="4">$H_{ij}$</td><td rowspan="4">$Y_k^H$</td><td rowspan="4">$H_k$</td></tr>
<tr><td>2</td></tr>
<tr><td>…</td></tr>
<tr><td>$n$</td></tr>
</table>

表 10－3 中，$H_{ij}$表示第 $j$ 部门对第 $k$ 种占用品的占用数量。占用部分存在等式如下：

$$\sum_{j=1}^{n} X_{ij}H + Y_k^H = H_k \quad (k = 1,2,\cdots,n) \tag{10-9}$$

式中：$Y_k^H$——第 $k$ 种占用品的最终需求量；

$H_k$——第 $k$ 种占用品的总量。

引用占用（固定资产占用）后，投入产出分析中的相关系数（完全消耗系数阵和里昂惕夫逆矩阵）测算公式具体变化如下：

完全消耗系数阵：
$$\boldsymbol{B}^* = (\boldsymbol{I} - \boldsymbol{A} - \boldsymbol{\alpha D})^{-1} - \boldsymbol{I} \tag{10-10}$$

里昂惕夫逆矩阵：
$$\overline{\boldsymbol{B}}^* = (\boldsymbol{I} - \boldsymbol{A} - \boldsymbol{\alpha D})^{-1} \tag{10-11}$$

式中：$\boldsymbol{\alpha}$、$\boldsymbol{D}$ 分别为固定资产折旧率对角阵和占用资产的直接占用系数矩阵。

在动态占用研究方面，刘建新、陈锡康等分析了动态投入产出分析模型存在的问题，提出了资本补偿的机制问题。纠正了原有动态投入产出分析中的基本缺陷，从一般概念角度指出了宏观经济投入产出分析与微观企业投入产出分析的差异，从而在实质上确立了占用因素在动态投入产出模型的基本地位。黄银忠、陈锡康等在斯通的人口投入产出模型基础上提出了教育部门的投入占用产出模型。中国人民大学刘起运教授研究了固定资产占用，对土地、水、矿产资源的占用问题提出了存量投入占用产出模型。

## 二、价值工程

价值工程又叫价值分析，是第二次世界大战以后工业管理领域中发展起来的一种技术与经济相结合的系统管理新技术。该技术是根据系统总体最优的思想，对影响产品功能的结构、工艺、原材料等有关因素与成本之间的依存关系进行定量分析，为产品开发提供依据。由于价值工程是一种花钱少、见效快、收益大的科学方法，因此不仅在发源地美国，而且在世界各国都得到了广泛的应用。

### （一）基本概念

#### 1. 价值工程

价值工程是用最低的产品寿命周期总成本来实现必要功能的一项涉及研究、分析和设计的系统管理技术和有组织的活动。它有三个要点：①价值工程的目标是以最低成本获得产品的必要功能；②价值工程的核心是对功能进行分析，通过功能分析，确定必要功能，剔除多余功能，提高产品价值；③价值工程是一种有组织的努力。

任何现代产品的设计、制造都是相当复杂的，从研究、设计、销售、服务涉及许多部门和人员；采用什么样的材料、工艺又有多种方案可供选择；产品设计的目标是产品的价值最大化，是总体最优化而不是单项优化。因此，只有充分调动各部门、各类人员的聪明才智，发挥他们的专业特长，集思广益，通力合作，有计划、有组织地开展价值工程才能取得良好的效果。

#### 2. 价值工程中的价值

价值工程中的价值是正常品或劳务的功能与成本的比值，可表达为：

$$价值 = 功能 \div 成本$$

价值反映出用户在选择购买商品时要求功能和成本相匹配的购买心理。因此研究产品的价值不是为了片面地追求高功能或低成本，而是要用最低成本设计制造出满足用户需求的功能，或者说用一定的成本为用户提供尽可能完善的功能，使产品的价值达到最佳状态。

#### 3. 价值工程的功能及其意义

功能是指产品的使用价值。它是产品最本质的属性，是一个物品区别于另一个物品的重要标志。功能所要回答的问题是“这个产品是干什么用的?”如：“表是干什么用的?”回答：“表是指示时间的。”指示时间就是表的功能，而它之所以称之为表而不是指南针或其他物品，也正是因为它是指示时间的而不是指示方向的或有其他用途的。

在价值工程中研究产品的功能具有多方面的意义，主要有：

（1）人们需要产品，实质上是需要它的功能而不是产品本身。因此，在进行新产品开发和老产品改造时，要把分析的重点放在功能分析上，分析用户的需求，分析现有的同类产品的功能极其不完善之处，发现能够刺激需求的潜在功能，以确定究竟提供什么样的功能，才能最大限度地满足社会的需求。

（2）无论是产品还是零部件都有自己的功能。产品的功能是用户需要的功能，是用户购买产品的目的，而零部件的功能则是为了实现产品的功能，是达到目的的手段，手表的功能是指示时间，发条的功能是驱动表针，表把的功能是上紧发条、拨动表针，不论是驱动表针还是拨动指针都是实现“指示时间”这一目的的手段功能。因此，在研究功能时，并不是要使某个单项功能最优，而是要使各个零部件功能之和的总效应最优化。

(3) 产品和零部件不仅具有功能，而且可能有多功能。如表把就有两种功能：“上紧发条”和“拨动指针”，在日历手表中它还具有第三个功能“调整日历”，表把的功能就是这三项功能之和。在一个产品中，如果每一个零部件都可以提供多功能，那么总零件数就会大大减少，带来产品结构的简单化和产品制造、装配简单化，使产品成本降低。反之，如果每一个功能都由多个零部件来实现，那么零部件数量多，使成本上升。因此，我们在产品设计时应尽量减少零部件的数量，而提高每个零部件的功能数。

(4) 产品的功能按其对实现产品效用所起作用分为基本功能和辅助功能。基本功能指为了达到使用目的和满足用户要求必不可少的功能。它是产品存在的条件，失去了它产品就失去了存在的意义。基本功能发生变化，则产品的结构乃至整个产品都要发生变化，产品的实际效用也要发生变化。如气压式热水瓶如果去掉“气压出水”这项基本功能，那就与普通热水瓶毫无区别了。辅助功能指为了实现基本功能而添加的功能。它是实现基本功能的手段，对产品的实际效用起辅助作用。在一个产品中基本功能的数量是有限的，辅助功能占功能总数的 80% 左右，所以价值工程的主要对象是辅助功能。

(5) 产品的功能是由产品设计决定的。如产品功能的多少、功能的高低、功能的完善程度等均是由产品设计决定的。因此，研究功能就是要从用户需要的功能出发去设计产品，避免产品的先天不足。

**4. 价值工程中的成本**

一般产品成本概念是指那些消耗在产品设计、制造、销售过程中的费用，称之为产品的制造成本。

价值工程中的成本是指产品生命周期成本，是为实现和使用产品的功能所支付的全部费用。假如我们用 $C_1$ 来表示为实现产品功能而支付的制造费用，用 $C_2$ 表示为使用产品功能而支付的费用，则产品的生命周期成本 $C$ 就是二者之和。

$$C = C_1 + C_2$$

$C_1$ 和 $C_2$ 之间有着密切的关系。制造时，若结构合理，使用方便，就会使 $C_1$ 增加而 $C_2$ 下降；若结构不合理，功能不完善，则会使 $C_1$ 下降而 $C_2$ 增加。任何一个企业的任何一种产品都是从为社会提供某种具体功能的角度出发的，企业如果仅仅从自身的利益出发而不考虑用户的利益，就不能在竞争中取胜。

### (二) 提高产品价值的途径

价值工程的出发点，在于设法提高产品的价值。价值工程活动中提高产品价值的途径主要有四条，它们是：

**1. 功能不变，成本降低**

如产品的功能不变，价格也不改变，但企业采用保修保换、免费上门维修等措施使用户的维修费下降，产品价值提高。

**2．成本不变，功能提高**

如把同一型号的汽车漆成不同颜色，改善产品的美观功能，满足不同审美观点的用户要求，这并不增加产品成本，却使产品价值有所提高。

**3．功能提高，成本降低**

这一途径一般都必须通过开发、研究和运用新技术、新材料、新工艺才能实现。如在电视机生产中用晶体管取代电子管，又用集成电路取代晶体管，进而又用大规模集成电路取代集成电路，不仅使功能提高而且使成本大幅度降低，使产品价值大大提高。这一途径往往带来产品设计上的重大突破，使产品更新换代。

**4．功能提高大于成本提高**

这是提高产品价值的重要途径。如缝纫机增加绣花功能，自行车增加变速装置，手表增加日历、星期指示功能等都属于这种途径。但在使用时要注意把握功能的增加要大于成本的增加这样一条原则。

## （三）价值工程活动的一般程序和具体内容

价值工程活动的过程是不断地提出问题和解决问题的过程。它的工作内容和活动程序如图 10－5 所示。

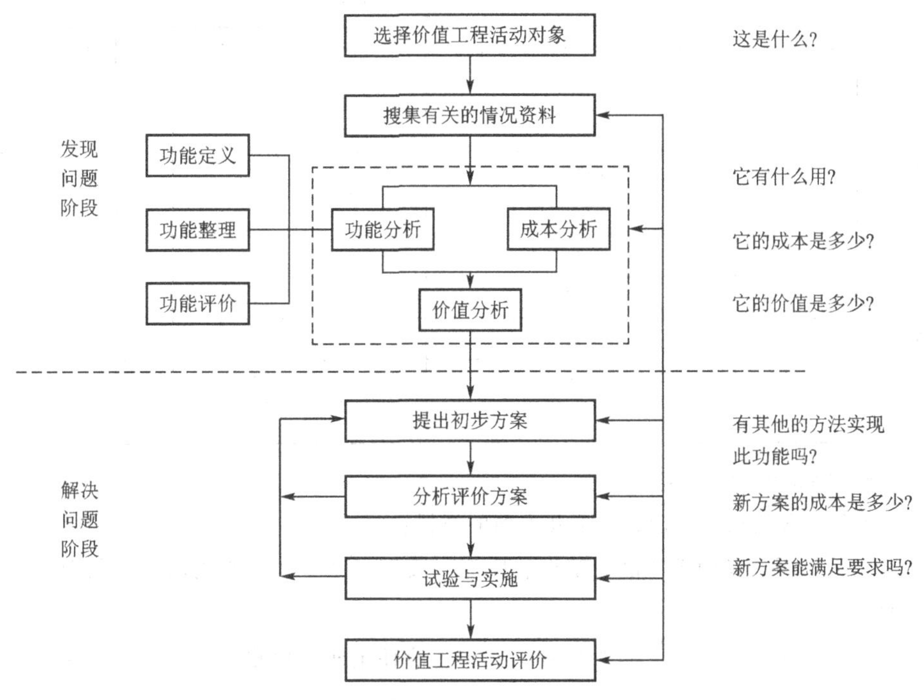


图 10－5　价值工程工作程序及内容示意图

**1．选择价值工程活动的对象**

（1）选择价值工程活动对象的原则。选择价值工程活动对象的原则是使活动的效果显著，产品价值提高的幅度大。具体细则见表 10－4。

表 10－4　选择价值工程活动对象细则一览表

| 考虑因素 | 产品的特性 |
| --- | --- |
| 设计方面 | 结构复杂。零部件或组件数量过多；设计水平落后，体积大，重量大，用料多，维护使用不便 |
| 制造工艺方面 | 工艺复杂，工序繁多，制造工作量，废品率高，质量差 |
| 成本方面 | 产品生命周期成本高于同类产品，原材料消耗量大，品种过多 |
| 销售方面 | 市场需求量大，竞争激烈，利润偏低，用户有减价要求或同类产品已经减价 |
| 必要性 | 对国民经济和国防建设有重大影响，正在研制即将投放市场的新产品 |

（2）选择价值工程活动对象的方法。选择价值工程活动对象的方法有几种，这里介绍费用比重分析方法。费用比重分析方法是从产品成本的组成项目出发，以降低某项费用的总额为目标，根据某产品（零部件）所花费的某项费用占该企业（产品）该项费用总额的比重大小来确定价值工程活动对象的方法。费用项目可以是原材料消耗、能源消耗、总工时消耗、总设备台数消耗等。

【例 10－1】　某厂产品成本的主要部分是原材料费用，将各产品的原材料消耗进行分析，从中选出费用比重最大的 D 产品作为价值工程活动对象，计算过程如表 10－5 所示。

表 10－5　费用币种分析例表

| 序　号 | 产品代号 | 原材料消耗费用（百元/台） | 占原材料消耗总数的百分比（%） | 按百分比排队 |
| --- | --- | --- | --- | --- |
| 1 | A | 1 500 | 15 | 3 |
| 2 | B | 900 | 9 | 5 |
| 3 | C | 1 000 | 10 | 4 |
| 4 | D | 3 000 | 30 | 1 |
| 5 | E | 500 | 5 | 7 |
| 6 | F | 700 | 7 | 6 |
| 7 | G | 2 000 | 20 | 2 |
| 8 | H | 400 | 4 | 8 |
| 合　计 | | 10 000 | 100 | |

### 2. 搜集情报资料

开展价值工程活动需要搜集以下几方面的情报：

（1）技术情报，指同类产品的结构、性能、质量、可靠性、使用的原材料及工艺方法以及新的科研成果。

（2）经济情报，指同类产品的投资、成本、消耗定额、价格、利润等，用于确定目标成本。

（3）生产情报，指同类产品生产企业的生产能力、产量及产品的发展方向，生产中所使用的设备的种类、数量及利用率等。

（4）销售情报，指产量和销售量的变化、销售趋势预测、产品的更新换代、用户的要求等。

销售资料的搜集是一项繁杂而又重要的工作，要预先拟定调查大纲，明确各小组乃至每个人的任务，力求可靠、准确、全面、及时。

### 3. 功能分析

功能分析是指通过对产品或零部件功能的科学分析，确定其功能和成本，进而决定产品的价值。

（1）功能分析的目的在于：①明确你所需要的功能是什么。因为只有真正明确了所需要的功能才能突破原设计的束缚，大胆进行改革，降低成本。②明确你所设计的功能是否都是必要的。因为有时产品所具有的功能是虚设的或过剩的，这样势必造成成本过高，价值过低。③明确功能的类别。区分出基本功能和辅助功能，以便于用不同的方法处理不同类别的功能。因此，功能分析是价值工程的核心。

（2）功能分析的内容包括：①功能定义。功能定义是用简明确切的词汇来表述产品或零部件的功能，对产品的功能有确切的了解，并为选择方案提供依据。功能定义是要确定功能的概念，明确反映该功能与其他功能的不同之处。一般用一个动词和一个名词所组成的动宾词组来定义某项功能。如可将手表功能定义为指示（动词）时间（名词）。②功能整理。功能整理是把定义过的功能加以系统化，确定功能范围，明确功能之间的目的与手段的关系，形成功能系统图。功能整理的方法是功能分析系统技术（Function Anlysis System Technique，FAST）。它是通过对已定义过的功能进行逐项分析，首先找出产品最基本的功能 $F_0$ 作为上位功能，表示目的，把实现 $F_0$ 功能的功能 $F_i$ 作为下位功能，表示手段；然后再以 $F_i$ 作为上位功能，表示目的，把实现 $F_i$ 功能的功能 $F_j$ 作为下位功能，表示手段，如此，不断地寻找手段功能，直至所有的功能都与其他功能相联系为止。这样使功能之间上下位关系明确，组成功能系统图。

**【例 10－2】** 液化气灶的最基本功能是提供热源，要实现这一功能，就要有燃烧发热和供给气能两项手段功能，没有这两项功能，提供热源的功能就无从谈起；而要实现燃烧发热，就要有支撑容器、燃烧均匀和点燃液化气三项功能作为手段功能；而喷气均匀和调节火焰两项功能又是实现燃烧均匀功能所必不可少的。这样，我们就可以绘出液化气灶的功能系统图，如图 10－6 所示。为了进一步说明功能整理与功能定义之间的关系，将液化气灶各功能与零部件之间一一对应的关系绘制成图，如图 10－7 所示。

功能整理可以检查功能定义正确与否，并且能发现功能定义时遗漏的或多余的功能。

（3）功能评价。功能评价是经过分析、计算评价的方法来完成此项工作。

① 确定功能评价系数（功能重要性系数）。确定功能评价系数多采用评分法。最常用的是强制确定法，简称 FD 法（Forced Decision Method）。该方法类似于关联矩阵法中的逐对比较法。首先把所有的功能进行一一对比，重要的给 1 分，不重要的给 0 分，求得每个功能和全部功能的得分数，然后用每个功能的得分数与全部功能的得分数的比值表示功能的评级系数。即：

$$\text{计时功能的评价系数} = \frac{\text{该功能的得分数}}{\text{全部功能的得分总数}}$$

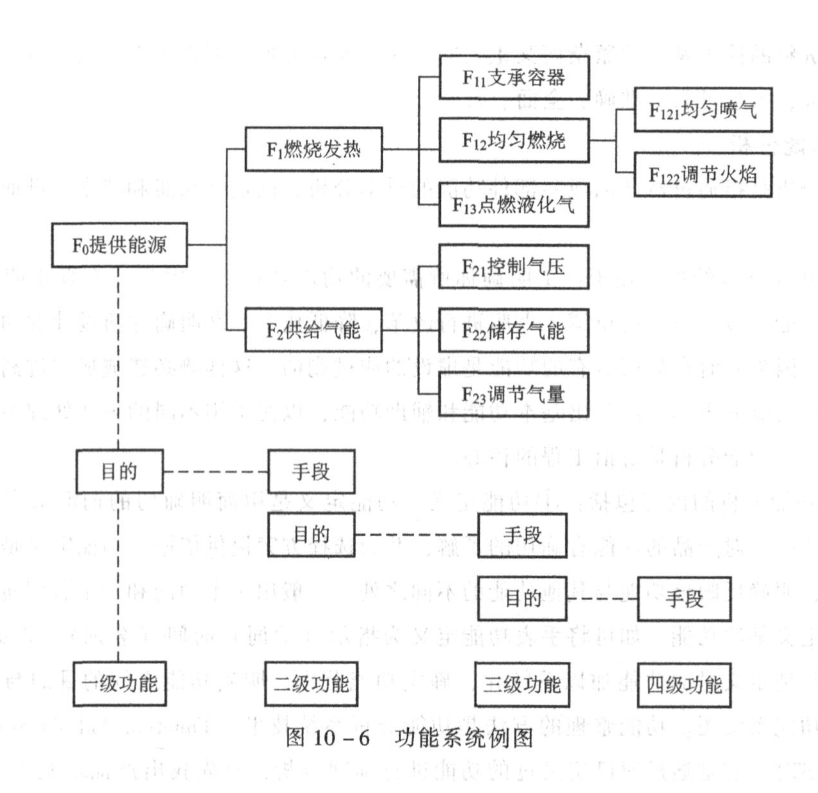


图 10－6　功能系统例图

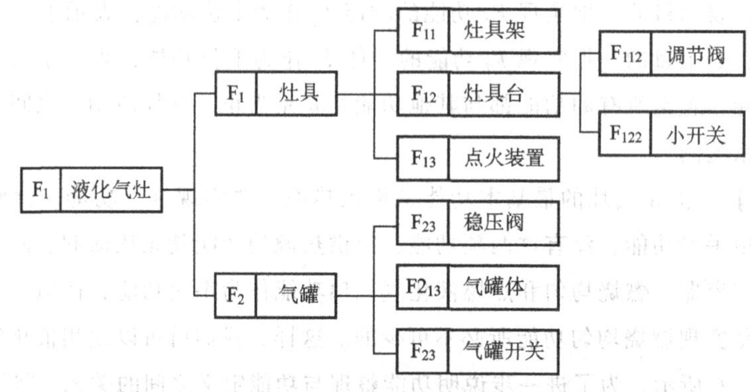


图 10－7　功能与零部件关系例图

**【例 10－3】**　对手表的五项基本概念用 FD 法确定功能评价系数。其过程和结果如表 10－6所示。其中：

$$计时功能的功能评价系数 = \frac{5}{15} = 0.33$$

$$美观功能的功能评价系数 = \frac{2}{15} = 0.13$$

在进行比较时，对角线上的元素，当此项功能为必不可少时给 1 分，当此项功能为不必要时给 0 分，这五项功能都是基本功能，对角线元素均给 1 分。

FD 法的对象既可以是功能也可以是零部件。

表 10－6 FD 法例表

| 序 号 | 计时 A | 放水 B | 防震 C | 防磁 D | 美观 E | 得分 | 功能评价系数 |
|---|---|---|---|---|---|---|---|
| 计时 A | 1 | 1 | 1 | 1 | 1 | 5 | 0.33 |
| 放水 B | 0 | 1 | 1 | 1 | 1 | 4 | 0.27 |
| 防震 C | 0 | 0 | 1 | 1 | 1 | 3 | 0.20 |
| 防磁 D | 0 | 0 | 0 | 1 | 0 | 1 | 0.07 |
| 美观 E | 0 | 0 | 0 | 1 | 1 | 2 | 0.13 |
| 合 计 | | | | | | 15 | 1.00 |

② 确定目标成本。目标成本一般是指企业在某一时期经营活动中要求实现的成本目标。而在价值工程活动中的目标成本，则是指实现产品必要功能的最低成本。

目标成本的确定有多种方法，最常用的是目标利润法，即：

目标成本＝销售收入－应纳税金－目标利润

或：单位产品目标成本＝单位产品售价×（1－产品税率）－单位产品目标利润

还可以将同类产品成本的最低值作为目标成本。

目标成本确定之后，按各功能或各零部件的功能评价系数，将产品的目标成本分配到各功能或各零部件上去，这种按功能评价系数分配目标成本是和功能重要性相匹配的，故又称为功能评价值。

计算出来的功能评价值如果是以功能为对象的，还应折合成零部件的功能评价值。这是因为，改进设计虽然要从功能出发，但却只能从零部件着手，计算成本应降低的幅度也只能从零部件开始。这种折算是以矩阵形式进行的。

**【例 10－4】** 已知某产品由 A、B、C、D、E 五中零部件（$i=1, \cdots, 5$）组成，共有甲、乙、丙、丁四种功能（$j=1, \cdots, 4$），且各功能的功能系数评价系数（$a_{ij}$）分别为 0.286，0.214，0.357，0.143。其中甲功能由 A、C、D 三种零件实现，经评定其重要程度分别为 0.5，0.25，0.25；乙功能由 A、B、C 三种零件实现，且具有相同的贡献程度；丙功能由 A、D、E 三种零件实现，它们的重要程度分别为 0.4，0.2，0.4；丁功能也由 A、B、C 三种零件实现，重要程度分别为 0.5，0.25，0.25，该产品的目标成本为 700 元。

据此，首先可求出各功能的功能评价值（功能成本 $c_j$）分别为 200 元、150 元、250 元和 100 元（如甲功能的功能评价值为：700×0.286＝200（元））。

然后，根据各功能的功能评价值（$c_j$）和各有关零件对该功能的重要程度，可分别求出各零件对相应功能的功能成本（$c_{ij}$），具体结果见表 10－7。如对甲功能（$j=1$）来说，其功能成本为 200 元，根据重要程度，A、C、D 三种零件应分别占有 50%、25% 和 25%，故有：$c_{11}=0.5\times200=100$（元）；$c_{12}=0.25\times200=50$（元）。最后，通过对所有功能求和，即得到各零件的功能评价值（功能成本）$c_1$。如零件 A 的功能评价值为：

$$c_1 = \sum_{j=1}^{4} c_{1j} = 100 + 50 + 100 + 50 = 300(\text{元})$$

再通过对 $c_1$ 的归一化处理，即可求得各零件的功能评价系数 $a_1$，其结果见表 10－7。

可将上面分析计算的过程及结果整理成表 10－7 所示。

表 10－7　零部件目标成本计算例表

| 功能 $j$ / 成本 $c_j$ / 零部件 $i$ | | 甲 1 | 乙 2 | 丙 3 | 丁 4 | $i$ 零件成本 $c_i$ | $i$ 零件功能评价系数 $a_i$ |
|---|---|---|---|---|---|---|---|
| A | 1 | 100 | 50 | 100 | 150 | 300 | 0.43 |
| B | 2 | | 50 | | 25 | 75 | 0.11 |
| C | 3 | 50 | 50 | | 25 | 125 | 0.18 |
| D | 4 | 50 | | 50 | | 100 | 0.14 |
| E | 5 | | | 100 | | 100 | 0.14 |
| $j$ 功能成本 $c_j$ | | 200 | 150 | 250 | 100 | 700 | |
| $j$ 功能功能评价系数 $a_j$ | | 0.29 | 0.21 | 0.36 | 0.14 | | 1.00 |

由该例所示的分析过程可知，通过功能的功能评价系数和功能评价值可以折算出零部件的功能评价值和功能评价系数，反之亦然。

③计算产品的现状成本和成本系数。产品的现状成本是指价值工程活动前的产品的成本。成本系数是指零部件的现状成本占产品现状成本的比重。

$$某零件的成本系数=\frac{某零件的现状成本}{产品的现状成本}$$

根据零部件的现状成本和目标成本可以计算出通过价值工程活动零部件成本应降低的幅度。即：

某零部件的成本降低额＝零件的现状成本－零件的目标成本

根据零部件的成本系数和功能评价系数可以求出零部件的价值系数。即

$$某零件的价值系数=\frac{某零件的功能评价系数}{零件的成本系数}$$

若以 $a_i$ 表示 $i$ 零件的功能评价系数，$\beta_i$ 表示 $i$ 零件的成本系数，$\lambda_i$ 表示 $i$ 零件的价值系数，则有：

$$\lambda_i=\frac{\alpha_i}{\beta_i}$$

由此可以通过价值分析得到产品的功能评价结果。

**【例 10－5】**　在表 10－7 所示分析过程及结果的基础上，若已知该产品的现状成本为 900 元，各零件的现状成本分别为 360 元、261 元、180 元、45 元和 54 元。则对该产品及其零部件进行价值分析的过程及结果如表 10－8 所示。

④确定价值工程活动的重点。从表 10－8 可以看出零部件的价值系数可以出现三种情况：

Ⅰ. $\lambda=1$，即 $\beta=\alpha$，说明功能与成本相当，不需进行改进。

Ⅱ. $\lambda>1$，即 $\beta<\alpha$，说明功能高而成本低，这是我们所希望的。因此，这种零件除个别情况下是由于功能多余或虚设功能造成偏高需要剔除多余功能外，一般不用改进。

Ⅲ. $\lambda<1$，即 $\beta>\alpha$，说明成本高而功能低，这种零件要么功能过低，要么成本过高，都

应列入价值工程重点，认真加以改进。

表 10－8 价值分析例表

| 功能或零部件名称 | 功能评价系数（$a_i$） | 现状成本（元） | 成本系数（$\beta$） | 价值系数（$\lambda_i$） | 功能评价值（$c_i$，元） | 应降低成本（元） |
|---|---|---|---|---|---|---|
| ① | ② | ③ | ④＝③/Σ③ | ⑤＝②/④ | ⑥＝②·Σ⑥（已知） | ⑦＝③－⑥ |
| A | 0.43 | 360 | 0.40 | 1.08 | 301 | 59 |
| B | 0.11 | 261 | 0.29 | 0.38 | 77 | 184 |
| C | 0.18 | 180 | 0.20 | 0.90 | 126 | 54 |
| D | 0.14 | 45 | 0.05 | 2.80 | 98 | －53 |
| E | 0.14 | 54 | 0.06 | 2.33 | 98 | －44 |
| 合计 | 1.00 | 900 | 1.00 |  | 700 |  |

以上只是一种概括的分析，实际上 $\lambda=1$ 的情况极少存在。要么 $\lambda>1$，要么 $\lambda<1$，都存在不同程度的偏差。而要改进的零部件又不宜过多，那么偏离程度多大才应列入改进重点呢？这还可以采用最合适区域等方法来较为严格的确定。最适合区域实质上是以二条渐近于 $\lambda=1$ 的曲线所包容的区域，凡是远离该区域的均作为价值工程活动重点。

按照表 10－8 的分析结果，应首先将零件 B 作为价值工程活动的重点。

### 4. 提出初步方案

功能分析确定了价值工程的改进重点以后，要提出初步的改进方案。这是一个创造性思维过程，要召集有关的专家、技术人员、管理人员，从材料、工艺、制造方法等各个方面想办法，具体情况具体分析，总能找出在目标成本内实现必要功能的方案。

### 5. 分析评价方案

分析评价所提出的改进方案，应当用系统评价的原理和定量分析与定性分析相结合的评价方法。

（1）定量分析的主要方法——评分法。

**【例 10－6】** 现提出了制造机械表、石英表和电子表三种方案。其相对成本分别为 1.0、0.8、和 0.5，先将各方案的功能用 FD 法进行评价，得到功能评价系数 $a_i$，如表 10－9 所示；然后确定各方案的功能满足系数，这可在 0 ～1 间取值；最后，通过求加权和（权重为 $a_i$），计算各方案得分总数，根据各方案得分与各方案相对成本比值的大小来选取方案。如表 10－9 所示的分析结果表明，应选取成本效益最高的电子表方案。

（2）定性分析的主要方法——优缺点法。这种方法的基本做法是，列出各方案的优缺点，一一进行评定，把不满足功能要求的方案加以否定，从中选择最优方案。该法类似于创造性技术中的列举法。

表 10-9 价值分析例表

| 功能（$j$） | A | B | C | D | E | $i$ 方案得分总计 | $i$ 方案的相对成本 | $i$ 方案成本收益 $F$ |
|---|---|---|---|---|---|---|---|---|
| 功能评价系数（$a_i$） | 0.33 | 0.27 | 0.20 | 0.07 | 0.13 | | | |
| 方案（i） | 方案功能满足系数 $S_{ij}$ | | | | | $\sum_{j=1}^{5} a_i S_{ij}$ | $\bar{c}_i$ | $F = \frac{\sum a_i S_{ij}}{\bar{c}_i}$ |
| 机械 | 0.9 | 0.8 | 0.9 | 0.5 | 1.0 | 0.86 | 1.0 | 0.86 |
| 石英 | 1.0 | 0.7 | 0.6 | 1.0 | 0.98 | 0.81 | 0.8 | 1.01 |
| 电子 | 1.0 | 0.6 | 0.5 | 1. | 0.6 | 0.74 | 0.5 | 1.48 |

**【例 10-7】** 气压式热水瓶的吸水管原设计为进口的不锈钢管，造价很高，价值系数很小。现提出尼龙管、铝质管和玻璃管三种替代方案，各列出优缺点如图 10-8 所示。经过分析，尼龙管和铝质管均不满足吸水管保持水质的基本功能，唯有玻璃管可保证此项功能。玻璃虽在使用中可能破损，但这可采取配件备用和修配等方法来解决。

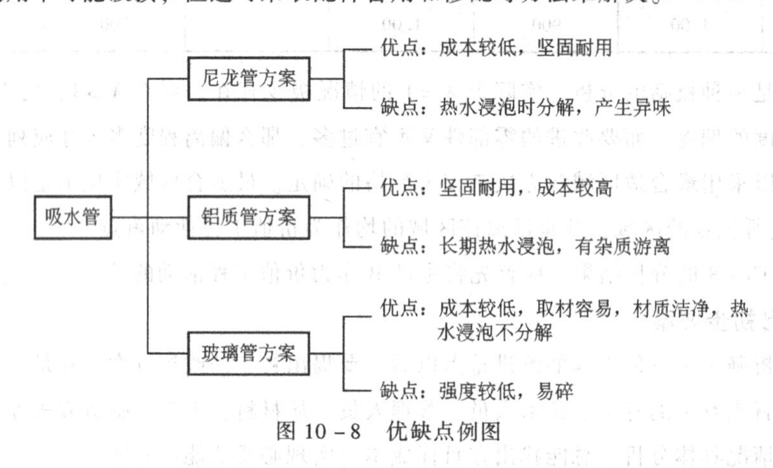


图 10-8 优缺点例图

在评价具体方案时，可以用评分法先评定各方案成本效益的高低，再用优缺点法进行定性评价，这样可以在保证产品主要功能的前提下，使成本最低，效益最高。

### 6. 方案实施与价值工程效果评价

方案的实施过程实际上是目标成本的实现过程，要严格地将产品设计、制造过程的费用控制在目标成本以内，达不到要求的设计要推倒重来。

对方案实施后的经济效果评价有以下评价指标及其计算公式：

全年节约额 =（改进前的单位产品成本 - 改进后的单位产品成本）× 全年产品量 - 价值工程活动费用

$$\text{成本降低百分比} = \frac{\text{改进前的单位产品成本} - \text{改进后的单位产品成本}}{\text{改进前的单位产品成本}}$$

$$\text{节约倍数} = \frac{\text{全年节约额}}{\text{价值工程活动费用}}$$

## 三、网络优化技术

较长时期以来，在企业生产组织与计划时，特别是在安排工程进度计划方面，广泛应用着甘特图（又称线条图）的计划方法，这种计划方法是由科学管理创导者之一，美国的甘特所绘制。甘特图是在专门设计的表格上列出生产或工程计划的每个作业或活动后，用长短不等的线条来表明各个作业的进度，以此来控制和协调计划的执行。甘特图的优点是比较形象和直观，能够在图表上看出每个作业的所需时间、起讫日期，以及各项作业在日期上的衔接关系。但是，它不能充分反映出各项作业间相互协作和相互制约的生产关系，也反映不出计划中哪些是关键的、主导的作业等。因此，也就无法据此进行最优的组织和控制。

早在20世纪50年代后半期，随着科学技术的迅速发展，国外一些工业先进国家，开始对一些规模较大的生产、工程项目进行了研究和开发。由于这些生产、工程项目技术比较复杂，参加研制的单位和人员众多，研制周期较长，所占用的资金量大，而且在研制过程中经常受到各种随机因素的影响，因此，用原有的甘特图来组织和计划的管理方法已经不能适应。如何制订合理的研制计划并进行有效的组织和控制，以缩短研制周期，降低研制费用，排除研制过程中随时可能出现的干扰等，已成为能否顺利完成研制任务的关键所在。在这种背景下，一些新的、更有效的计划管理方法就应运而生了，其中尤以PERT（Program Evaluation and Review Technique，计划协调技术）和CPM（Critical Path Method，关键路线法）在后来获得了广泛的应用。

20世纪50年代中期，美国海军军械部特种计划室着手研制“北极星导弹潜艇”时，承担这项任务的公司、企业、学校和科研单位多达11 000余家，这么多的单位及其人员如何密切配合并协调工作是一个复杂的组织管理问题。为此，专门组织了一个研究班子以数学和统计学等为工具，来研究大规模工程建设的有关计划和组织的方法，结果开发了PERT。1958年12月，PERT借助了电子计算机，第一次投入使用并获得了成功，据称，“北极星”计划之所以能提前两年多时间完成任务，主要应归功于PERT的采用。

在此之前，美国杜邦公司在1957年开始研究计划和组织管理的新方法，借以协调庞大企业内部众多不同部门之间的工作，不久提出了CPM，CPM在实践中也取得了显著的成效。

PERT是以缩短计划周期、提高投资效果作为直接目的，而CPM则能指出缩短周期、节约费用的关键所在。因此，两种方法的有机结合，可以获得更显著的效果。1965年，我国著名数学家华罗庚教授开始在国内推广应用PERT和CPM，并称之为“统筹法”。自20世纪70年代后期以来，在全国许多部门和企业都得到了广泛的应用，并取得了良好的效果。

PERT和CPM都是以网络图形式来制定计划的，且两者结合使用，故一般称之为“网络计划技术。”

### （一）网络计划技术的功能

网络计划技术作为一种先进的计划和组织管理技术，其功能可以归纳如下：

（1）对于任何生产、工程项目如何进行计划和组织，均可以预先规划，并根据需要可以制定若干计划方案进行比较，以便从中选出最优计划方案付诸执行。

(2) 在计划制定阶段，即可预测执行计划所必需的时间和起讫日期。

(3) 在计划执行过程中，可以及时地获得有关计划执行进度的信息，并能预测执行过程中的主要矛盾所在，以便采取相应的措施，保证计划顺利执行直至完成。

(4) 当环境发生变化需要调整计划时，只需进行局部调整即可，从而使因条件变化而遭受的损失为最小。

### (二) 网络计划的制定步骤

制定 PERT - CPM 网络计划的步骤一般可以归纳如下：

(1) 分解组成生产、工程项目的所有作业，通过分析，确定各项作业之间的逻辑关系(如先后关系、平行关系等)，并据此制定作业明细表。

(2) 根据作业明细表，按规定符号及要求绘制网络图。

(3) 确定或估算各项作业所需时间，并将其标注在网络图各相应作业的边上。

(4) 计算网络计划的有关参数，包括：计算各项作业始点和终点的最早开始时刻 (Earliest Starting Time) 和最迟完成时刻 (Latest Finishing Time)，计算各项作业中的宽裕时间 (Total Float Time)。

(5) 找出该生产、工程计划的关键路线，关键路线上各项作业即为今后管理的重点对象。

(6) 网络计划日程的调整和资源的合理安排等。

### (三) 网络计划的优化

通过绘制网络图，确定和估算各项作业所需时间以及计算网络计划的各种参数，并找出关键路线后，就可以得到一个网络计划方案。而应用网络计划技术制定计划的优点还在于能够对已经制定的计划方案，根据实际情况和需要进行调整和改善，直至得到满意的计划方案为止。所谓最满意的计划方案，一般是综合地考虑如下问题：如何缩短计划日程 (周期)，如何降低费用和充分利用资源等。下面分别就上述一些问题进行简要地讨论。

#### 1. 缩短计划日程问题

一般来说，在资源允许的条件下，应尽可能地缩短计划日程 (周期)，其主要途径有：

(1) 采取有效的技术措施来压缩关键路线上有关的关键作业所需时间。例如，采取改进工艺方案，合理地确定切削用量，改善工艺装备等，以减少机动时间和辅助时间，从而为降低作业所需时间提供可能。

(2) 采取组织措施。如在工艺上允许的条件下，对关键路线上的某些关键作业组织平行作业，或适当增加人力或机时，以缩短关键作业所需时间。

另外，利用作业的宽裕时间，可以从非关键作业上抽调部分人力、物力集中用于关键作业，以缩短关键作业所需时间，从而为缩短计划总周期创造条件。

兹举例介绍计划日程缩短的步骤和方法如下。

**【例 10 - 8】** 有某工程项目的 PERT - CPM 网络图如图 10 - 9 所示，图 10 - 9 中用粗线表示的是关键作业。

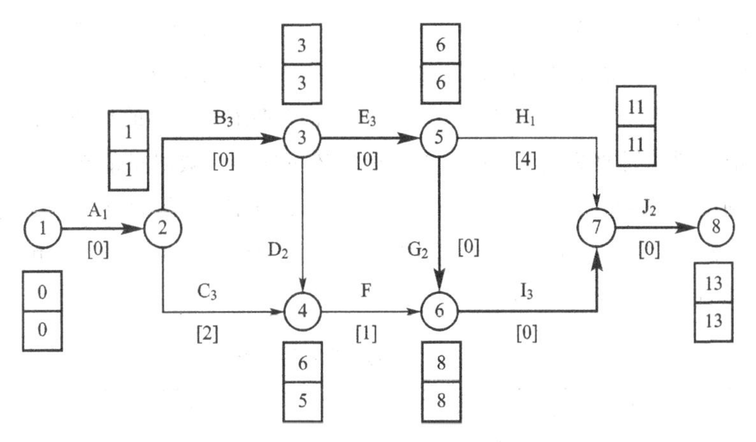


图 10－9　PERT－CRM 网络图

从图 10－8 中可以看出，该项工程计划的总周期为 13（周）。现在若要求提前到 10 周内完成该项工程计划，则要求缩短 3 周。

如何缩短计划日程呢？具体来说，首先是从各项作业中的宽裕时间中减短的日程数，例 10－8 的计算结果如图 10－10 所示。

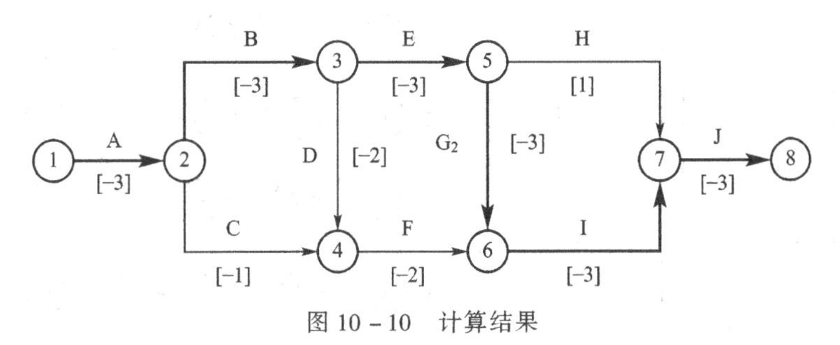


图 10－10　计算结果

其次，根据图 10－9 所示结果可知，必须从下列（1）～（3）条路线上分别缩短一定周数后，才能达到总周期缩短 3 周的目的，这 3 条路线如图 10－11 所示。

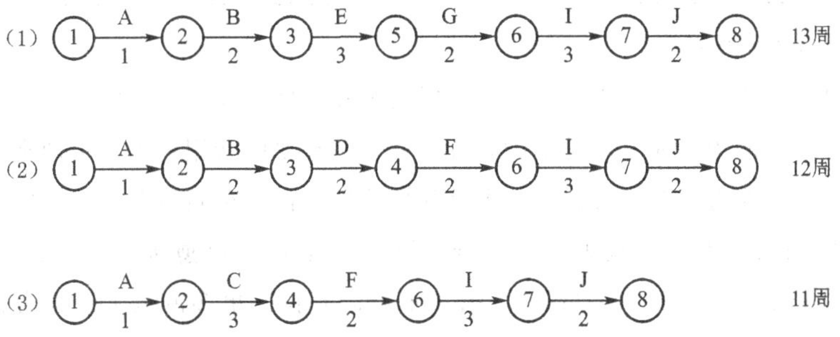

（1）① —A 1→ ② —B 2→ ③ —E 3→ ⑤ —G 2→ ⑥ —I 3→ ⑦ —J 2→ ⑧　13周

（2）① —A 1→ ② —B 2→ ③ —D 2→ ④ —F 2→ ⑥ —I 3→ ⑦ —J 2→ ⑧　12周

（3）① —A 1→ ② —C 3→ ④ —F 2→ ⑥ —I 3→ ⑦ —J 2→ ⑧　11周

图 10－11　路线

从图 10－11 所示可知，当通过路线（1）时，由于该路线是关键路线，因此，必须从各关键作业上总共缩短 3 周，才能达到总周期缩短 3 周的目的。当通过路线（2）和（3）时，则只需分别缩短 2 周和 1 周即可。

因此，可以从上述各条路线上的各项作业中来寻找缩短总周期的方案。

表 10－10 所示为计划日程缩短 3 周的三个方案。比较表中方案 1、方案 2 和方案 3 可知，前者总共要在各项作业上缩短 5 周，才能达到总周期缩短 3 周的目的，而后者只需缩短 4 周和 3 周就能达到总周期缩短 3 周的目的。由上述可知，一般尽可能在各条路线都要经过的那些共有作业上来缩短所需时间。例如表 10－8 中的方案 3，作业（2，3）为需要缩短的路线（1）和（2）所共有，作业（6，7）为需要缩短的路线（1）、（2）和（3）所共有，因此，总共需要缩短的周数就可以减少。

**表 10－10　计划日程缩短方案**

| 方　案 | 缩短作业及周数 | 缩短周数总计 | 费用总计（元） |
|---|---|---|---|
| 1 | 作业（2，3）—1<br>作业（3，5）—2<br>作业（3，4）—1<br>作业（2，4）—1 | 5 | (1) 1 —1→ 2 —1→ 3 —1→ 5 —2→ 6 —3→ 7 —2→ 8<br>(2) 1 —1→ 2 —1→ 3 —1→ 4 —2→ 6 —3→ 7 —2→ 8<br>(3) 1 —1→ 2 —2→ 4 —2→ 6 —3→ 7 —2→ 8 |
| 2 | 作业（3，5）—1<br>作业（3，4）—1<br>作业（5，6）—1<br>作业（6，7）—1 | 4 | (1) 1 —1→ 2 —2→ 3 —2→ 5 —1→ 6 —2→ 7 —2→ 8<br>(2) 1 —1→ 2 —2→ 3 —1→ 4 —2→ 6 —2→ 7 —2→ 8<br>(3) 1 —1→ 2 —3→ 4 —2→ 6 —2→ 7 —2→ 8 |
| 3 | 作业（2，3）—1<br>作业（3，5）—1<br>作业（6，7）—1 | 3 | (1) 1 —1→ 2 —1→ 3 —2→ 5 —2→ 6 —2→ 7 —2→ 8<br>(2) 1 —1→ 2 —1→ 3 —2→ 4 —2→ 6 —2→ 7 —2→ 8<br>(3) 1 —1→ 2 —3→ 4 —2→ 6 —2→ 7 —2→ 8 |

### 2. 时间—费用优化

在缩短计划日程时，除了考虑如何减少需要缩短时间的作业外，还需要考虑缩短单位时间的费用问题。一般为完成一项计划的各种作业，所需要的费用可以分为两类：一类是直接费用，如原材料、动力、工资等；另一类是间接费用，包括车间经费、折旧费等。一般间接费用与计划周期长短有关，周期愈长，分摊到的间接费用也愈大，因此，缩短计划日程（周期）可以降低间接费用。但是缩短日程一般都需要投入更多的人力或物力，故需要增加直接费用。而缩短作业时间所需直接费用又因不同作业而差异较大，人们当然希望增加较少的费用，就涉及时间—费用的优化问题。

时间—费用优化过程的步骤如下：

（1）先确定每一作业可行的最短作业时间。一般在制定网络计划时都已计算出每个作业在一定条件下作业所需时间，但通过各种技术、组织措施后，能使作业时间缩短，前者称

“正常作业时间”，后者称“最短作业时间”，两者之差就是作业可能压缩的时间。

（2）计算每个作业压缩单位时间所需要的费用。设作业（$i$，$j$）在正常作业时间 $T_{ij}$完工的总费用为 $C_{ij}$，而在最短作业时间 $T'_{ij}$，完工的总费用为 $C'_{ij}$。设费用对时间的增加率是线性的，则对于作业（$i$，$j$）就有压缩时间的费用增加率 $\Delta C_{ij}$（简称费用率）为

$$\Delta C_{ij}=\frac{C'_{ij}-C_{ij}}{T_{ij}-T'_{ij}}$$

例如，作业（$i$，$j$）的正常作业时间 $T_{ij}=5$（周），其最短作业时间 $T'_{ij}=3$（周），而正常总费用 $C_{ij}=8\ 000$（元），最短总费用 $C'_{ij}$为 8 600（元），则对于作业（$i$，$j$）就有费用率为

$$\Delta C_{ij}=\frac{8\ 600-8\ 000}{5-3}=300\ （元/周）$$

（3）确定准备压缩的作业及压缩时间。前已所述，一般应尽可能压缩各条路线都要经过的那些共有作业的时间，这样可以减少总的压缩时间，从而有可能减少费用，如例 10－8 的方案 3，总共只需在各作业上压缩 3 周，即可达到总周期缩短 3 周的目的。在确定准备压缩的作业时，还要充分考虑压缩作业在技术上和组织上的可能性及费用问题。

（4）评价压缩结果。以压缩作业时间所需费用大小为准则来评价方案。在很多情况下，压缩作业的总的时间少，其发费用一般也少，但也有不少例外情况，因此，必须计算各方案压缩费用的大小，选择费用小的方案为最优方案。将例 10－8 的各项作业的费用率（元/周）列表如表 10－11 所示。

**表 10－11　各项作业费用率**

| 作业（$i$，$j$） | 正常作业时间（周） | 最短作业时间（周） | 可能作业时间（周） | 费用率（元/周） |
|---|---|---|---|---|
| （1，2） | 1 | 1 | 0 | — |
| （2，3） | 2 | 1 | 1 | 400 |
| （2，4） | 3 | 2 | 1 | 250 |
| （3，4） | 2 | 1 | 1 | 100 |
| （3，5） | 3 | 1 | 2 | 300 |
| （4，6） | 2 | 1 | 1 | 200 |
| （5，6） | 2 | 1 | 1 | 250 |
| （5，7） | 1 | 1 | 0 | — |
| （6，7） | 3 | 2 | 1 | 200 |
| （7，8） | 2 | 2 | 0 | — |

根据例 10－8 的方案 1、方案 2 和方案 3，从表 10－11 所示费用率可以计算所得，分别为 1 350（元）、850（元）、900（元）（详见表 10－12），因此，方案 2 虽比方案 3 总的压缩时间多了 1 周，而其费用却少了 50 元，因此，方案 2 为最优方案。

表 10－12 各方案的费用比较

| 方案 | 缩短作业及周数 | 费用率（元/周） | 费用累计（元） | 费用总计（元） |
|---|---|---|---|---|
| 1 | 作业（2，3）—1<br>作业（3，5）—2<br>作业（3，4）—1<br>作业（2，4）—1 | 400<br>300<br>100<br>250 | 400<br>600<br>100<br>250 | 1 350 |
| 2 | 作业（3，5）—1<br>作业（3，4）—1<br>作业（5，6）—1<br>作业（6，7）—1 | 300<br>100<br>250<br>200 | 300<br>100<br>250<br>200 | 850 |
| 3 | 作业（2，3）—1<br>作业（3，5）—1<br>作业（6，7）—1 | 400<br>300<br>200 | 400<br>300<br>200 | 900 |

### 3. 资源的合理安排

在制定了网络计划以后，进一步就是为执行网络计划做好各项作业所需资源——人力、材料、设备及能源等的准备工作，并采取一定的措施，使资源供应量和需求量保持平衡，这就是资源的合理安排问题。

一般来说，当某种资源的供应量没有任何限制时，则问题就容易解决。但事实上往往会经常出现这种情况，即某种资源的供需总量是平衡的，而每天的供需量则不平衡，这主要是由每天需求量不平衡引起的。为此，必须通过供应和需求的分析，对网络计划中各项作业的具体进度按供需平衡原则重新进行安排，以达到使总的计划周期不变或较少延长的情况下，来平衡供需之间的矛盾。

资源的合理安排问题一般要解决如下有关问题：

（1）按计划规定要求，合理安排各项作业的日程进度，保证资源每天的需求量能在供应量的范围内，并尽可能提高资源的利用率。

（2）当某种资源每天供应量不能满足每天需求量时，则尽可能在使总周期不变或少变的前提下，统筹各项作业，使资源需求负荷均衡，并在供应量范围内。

（3）当资源供应量不足，而与规定的总周期出现矛盾时，通过对两者的权衡，以决定是设法增加资源供应，还是适当延长总周期来缓解资源的供需矛盾，等等。

对资源的合理安排一般是在已制定的网络计划基础上，对各项作业每天所需的资源量用甘特图反映出来，为了便于反映和计算，一般一种资源需求量就用一张甘特图来反映。

合理安排资源的步骤可分为两步进行。

第一步，根据网络图，用甘特图的形式来掌握需求情况，以便确定供应与需求是否平衡。若需求超过供应限额，为此必须进行统筹平衡。

第二步，进行统筹平衡，其基本思路是在尽量不增加计划总周期的条件下，将需要资源较多的时间段在不影响作业连续性和计划进度要求的前提下，调整到需要资源较少的时间段来进行作业。具体做法是：首先保证关键路线上的关键作业的资源需求量，其次，充分利用各非关键作业总的宽裕时间，以错开作业开始时间，或推迟总的宽裕时间多的作业的开始时刻，或在技术上、工艺上允许条件下延长作业完成时间以减少每天的资源需求量。

调整工作可以直接在甘特图上进行，有时需要反复多次调整，以最终求得在不影响总周期的情况下，获得较为合理的计划进度。

当然，有时为了节约某种资源的目的，也可采取适当延长总周期的办法，以取得对于全局来说较为合理的计划方案。

## 四、冲突分析

冲突是一种社会现象，普遍地存在于现代生活的各个方面。它可以小到个人之间的分歧和矛盾，大到社会集团乃至国家、地区之间在经济或政治利益上的争端和冲突，冲突发生时，它至少会涉及两个或更多的冲突方面，参与冲突的各方具有不同的利益和目的，都想通过一定的策略选择来达到自己的目的。但是冲突的结果往往要取决于冲突各方的策略选择，而不能由某一方单独决定。

例如，经济领域里，各国之间的贸易谈判，各企业之间的加工或订货谈判，各企业之间在国际、国内市场的竞争，企业对新产品和新技术的开发和利用等，都是冲突现象。在这些冲突中，所涉及的企业都具有不同的利益，都希望通过一定的策略选择，来达到对自己有利的结果。而同时，又没有任何一方能够单独决定谈判的结果或有能力垄断市场。因此在这些冲突中，决策者需要根据冲突各方的利益和可能采取的行动来决定自己应该采取的策略。

在政治方面，国际上各国政府之间的外交谈判，各方都想在谈判中处于有利地位，争取到对自己有利的结果。当矛盾不能得到妥善解决时，冲突就可能激化，甚至导致战争，这时冲突就会变成你死我活的斗争。由于冲突现象与经济、政治、社会、文化和环境等密切相关，对冲突现象的研究已日益引起广泛的注意。

冲突分析是研究冲突现象的数学理论和方法，它运用数学模型来描述冲突现象，提取冲突过程的本质和特点，分析各种可能和必然的冲突结果，并为决策者提供有力的决策依据。

因此，冲突分析研究的是如何在冲突状态下做出决策的问题，它是决策论的一个分支。

### （一）冲突分析的程序与要素

#### 1. 冲突分析的一般过程

冲突分析的一般过程或程序如图 10－12 所示。

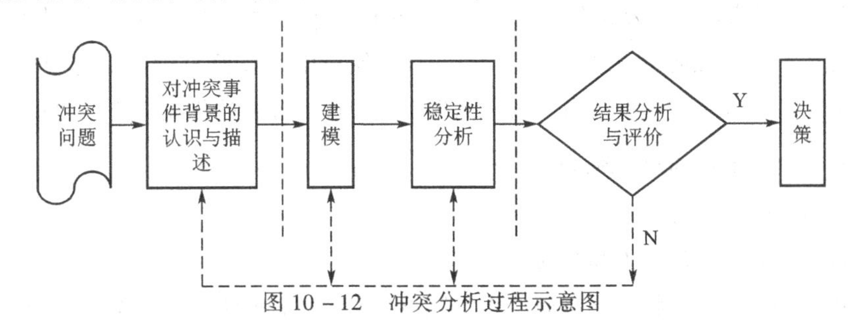


图 10－12 冲突分析过程示意图

(1) 对冲突事件背景的认识与描述。以对事件有关背景材料的收集和整理为基本内容。整理和恰当地描述是分析人员的主要工作，主要包括：①冲突发生的原因（起因）及事件的主要发展过程；②争论的问题及其焦点；③可能的利益和行为主体及其在事件中的地位及相互关系；④有关各方参与冲突的动机、目的和基本的价值判断；⑤各方在冲突事态中可能独立采取的行动。对背景的深刻了解和恰当描述是对复杂的冲突问题进行正规分析的基础。

(2) 冲突分析模型（建模）。它是初步信息处理之后，对冲突事态进行稳定性分析用的冲突事件或冲突分析要素间相互关系及其变化情况的模拟模型，一般用表格形式比较方便。

(3) 稳定性分析。它是冲突问题得以“圆满”解决的关键，其目的是求得冲突的平稳结局（局势）。所谓平稳局势，是指对所有局中人都可接受的局势（结果），也即对任何一局中人 $i$，更换其策略后得到新局势，而新局势的效用值（赢得）或偏好度都较原局势小，则称原来的局势为平稳局势。因在平稳状态下，没有一个局中人愿意离开他已经选定的策略，故平稳结局亦为最优结局（最优解）。稳定性分析必须考虑有关各方的优先选择和相互制衡。

(4) 结构分析与评价。它主要是对稳定性分析的结果（即各平稳局势）作进一步的逻辑分析和系统评价，以便向决策者提供有使用价值的决策参考信息。

**2. 冲突分析的基本要素**

冲突分析的要素（也叫冲突事件的要素）是使现实冲突问题模型化、分析正规化所需的基本信息，也是对冲突事件原始资料处理的结果。其主要要素有：

(1) 时间点。它是说明“冲突”开始发生时刻的标示；对于建模而言，则是能够得到有用信息的终点。冲突总是一个动态的过程，各种要素都在变化，这样很容易使人认识不清，所以需要确定一个瞬间时刻，使问题明朗化。但时间点不直接进入分析模型。

(2) 局中人（Players）。局中人是指参与冲突的集团或个人（利益主体），他们必须有部分或完全的独立决策权（行为主体）。冲突分析要求局中人至少有两个或两个以上。局中人集合记作 $N$，$|N| = n \geqslant 2$。

(3) 选择或行动（Options）。它是各局中人在冲突事态中可能采取的行为动作。冲突局势正是由各方局中人各自采取某些行动而形成的。

每个局中人一组行动的某种组合称为该局中人的一个策略（Strategy）。

第 $i$ 个局中人的行动集合记作 $O_i$，$|O_i| = k_i$

(4) 结局（Outcomes）。各局中人冲突策略的组合共同形成冲突事态的结局。全体策略的组合（笛卡儿乘积或直积）为基本结局集合，记作 $T$，$|T| = 2^{\sum_{i=1}^{n} k_i}$，结局是冲突分析问题的解。

(5) 优先序或优先向量（Preference Vector）。各局中人按照自己的目标要求及好恶标准，对可能出现的结局（可行结局）排出优劣次序，形成各自的优先序或（向量）。

## （二）冲突分析的一般方法

**1. 冲突分析建模程序**

(1) 确定时间点、局中人和行动。

(2) 用二进制数组合将全部结局“表出”，得到冲突分析的基本结局，其全体为基本结局集合，记为 $T$。必要时用十进制数表示结局。

(3) 删除各种不可行结局，得到可行结局，其全体为可行结局集合，记为 $S \subseteq T$。

（4）在可行结局中，按照对结局偏好程度的高低，从左至右排出各局中人的优先序。

（5）建立可供稳定性分析用的表格模型。

**2. 不可行结局的类型及其删除方法**

有时对基本结局集 $T$ 中的某些结局，从逻辑推理和偏好选择等方面来看是不可能出现或采用的，这样的结局称为不可行结局，各类不可行结局需要从基本结局集合中予以剔除。

**3. n 人冲突中第 i 局中人稳定性分析的程序**

以两个局中人（分别称为局中人 1 和局中人 2）为例，说明其分析程序，见图 10－13。

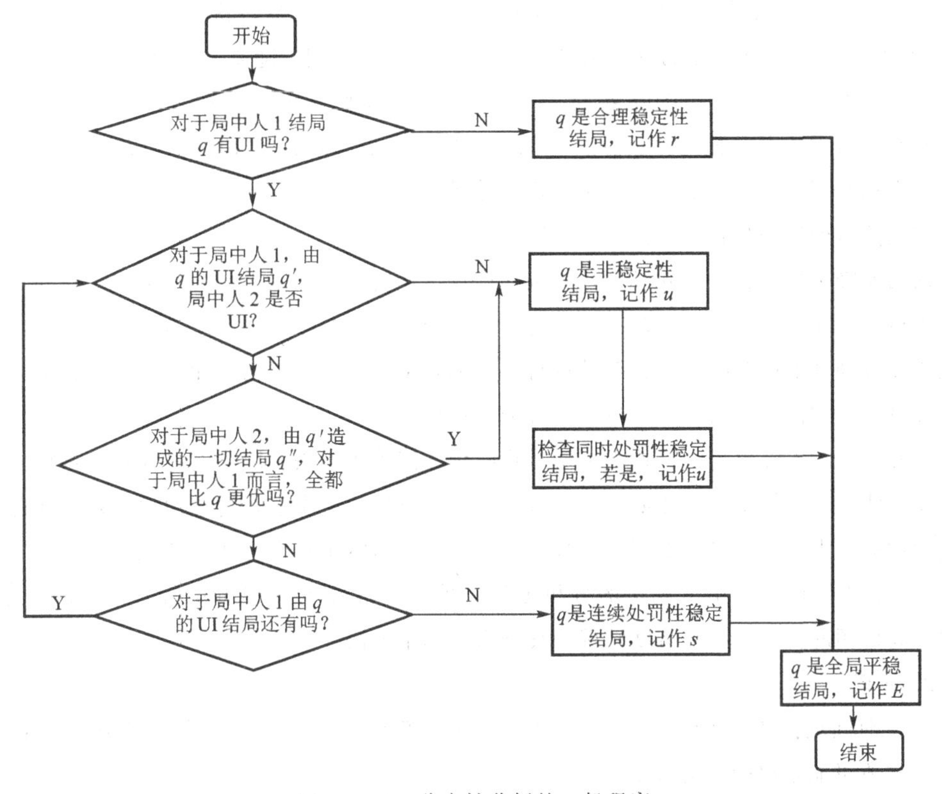


图 10－13　稳定性分析的一般程序

## （三）冲突分析的基本方法举例——彩电价格之战

**1. 背景**

1996 年之前，我国彩电生产经历了从无到有、从少量到过剩的发展历程。以 1995 年为例，1995 年已经形成彩电生产能力 4 467 万台，而当年的实际产量只有 2 058 万台，市场销售量不足 2 000 万台，1995 年的生产能力的利用率为 46. 1%，个别厂家生产能力的利用率只有 0. 8%。同时，这一年还有 14 个新投资项目上马，其设计生产能力为 541. 5 万台。生产能力过剩导致产品供过于求。于是引发了彩电业一轮又一轮的降价风。

1996 年 3 月 26 日，长虹率先刮起降价风，宣布降低彩电价格。康佳、TCL、熊猫等紧随其后竞相降价，降幅为 50 ～200 元。

1998 年 4 月，价格大战狼烟再起，康佳、TCL 和创维领头降价，此时的长虹保持沉默。

1998年11月之后，长虹突然宣布：已经垄断下半年国内彩管市场。但是由于各方面原因，长虹整体囤积计划落空，承受着彩管大量积压的痛苦。

1999年4月，长虹再一次宣布全面降低彩电价格，降价范围涉及所有的产品规格，但是这次降价长虹抢占市场份额的目的并没有实现。

2000年5月，长虹CEO变更，倪润峰不再担任CEO一职，赵勇走马上任并进行管理战略的调整，开始强化研发力度。随后，长虹又宣布全面大幅度降低价格，最大降幅达20%，但是此次价格战的目的是清理库存。

2001年2月，倪润峰又以CEO身份重掌大权。同年，长虹再次掀起降价狂潮。此后，TCL、厦华等开始跟进，然而这次降价并没有引起购买热潮。随着彩电行业微利时代的来临，全行业的平均利润率已经降至2%～3%，彩电业面临着整体亏损。

2003年4月，长虹掀起背投普及计划，背投电视最高降幅达40%，但是，此时的国内竞争对手们却用等离子彩电与之抗衡，进行差异化竞争。

多轮降价的结局是：一统江湖梦难圆。

前两轮降价之后，长虹并没有达到抢夺市场份额的目的。因为，当时电视行业属于政府大力支持的产业，各厂家都有政策的扶持，在全国进行布局，特别是许多地方政府都希望以电视机业带动其他产业的发展，对其进行一定的政策扶持。所以第一轮降价后，各个电视机厂家并没有被淘汰，反而开始反攻，长虹的市场份额出现了回落。

当开始第二轮降价时，长虹必须通过再降价才能销售出去，因为经过几年的价格战，一些企业无法立足也倒闭了，比如西湖被海尔收购。价格战的本意是清理门户，最终却造成了全行业利润的大幅度下滑，没有资金投入技术研发，影响了整个行业的长远发展。

本分析的目的在于用正规化的分析方法检验长虹等彩电厂家当年所采取的降价销售、获得市场份额的合理性，并帮助掌握冲突分析的基本方法。

**2. 建模**

（1）时间点：选在1996年3月，此时冲突局势已基本明朗，且有关各方（各彩电厂家）要对所可能采取的行动做出决定。

（2）局中人：在价格战中，虽然实际的参与者（利益主体）有多个，如长虹、康佳和TCL等，但是实际上可以分为两类：发起者和跟进者，因此，为了分析的便利，我们把局中人分为：发起者和跟进者。

（3）选择（行动）：发起者（长虹）为改变现状有两个可能的行动，即降低价格和维持现状；跟进者（康佳、TCL等）也只有两个新的行动，即维持现状和降低价格。

（4）结局的表达：为了分析的方便，按照Howard的约定，结局采用二进制数组表征，分别用“1”和“0”表示某行动的“取”和“舍”。

在人工分析时，将结局用一个十进制数表达比较方便，转换公式为：

$$q = x_0 \cdot 2^2 + x_1 \cdot 2^1 + \cdots + x_L \cdot 2^L \qquad (10-12)$$

式中：$L = \sum_{i-1}^{n} K_i - 1 \quad x_i = 1,0$（基本结局表中对应于第 $i+1$ 个行动的元素。）

据此，可得到价格战的16（$2^{2+2}=2^4$）个基本结局，如表10-13所示。

**表 10-13 价格战中局中人及行动和基本结局**

| | 局中人及行动基本结局 | | | | | | | | | | | | | | | |
|---|---|---|---|---|---|---|---|---|---|---|---|---|---|---|---|---|
| 发起者 | | | | | | | | | | | | | | | | |
| 1. 降价（D） | 0 | 1 | 0 | 1 | 0 | 1 | 0 | 1 | 0 | 1 | 0 | 1 | 0 | 1 | 0 | 1 |
| 2. 维持（M） | 0 | 0 | 1 | 1 | 0 | 0 | 1 | 1 | 0 | 0 | 1 | 1 | 0 | 0 | 1 | 1 |
| 跟进者 | | | | | | | | | | | | | | | | |
| 3. 维持（M） | 0 | 0 | 0 | 0 | 1 | 1 | 1 | 1 | 0 | 0 | 0 | 0 | 1 | 1 | 1 | 1 |
| 4. 降价（D） | 0 | 0 | 0 | 0 | 0 | 0 | 0 | 0 | 1 | 1 | 1 | 1 | 1 | 1 | 1 | 1 |
| 十进制数 | 0 | 1 | 2 | 3 | 4 | 5 | 6 | 7 | 8 | 9 | 10 | 11 | 12 | 13 | 14 | 15 |

值得注意的是，在这 16 个基本结局中，由于跟进者的行动一般不可能是既降低价格又维持现状两种行动同时发生，因此表 10-13 中最后四个结局（12～15）从逻辑上是不可行的，应该删除。剩下的 12 个结局均认为是可行结局，见表 10-14。不可行结局的删除是冲突分析模型化过程中的一步重要工作。

**表 10-14 价格战中可行结局**

| 局中人行动 | 可行结局 | | | | | | | | | | | |
|---|---|---|---|---|---|---|---|---|---|---|---|---|
| 发起者 | | | | | | | | | | | | |
| 1. 降价（D） | 0 | 1 | 0 | 1 | 0 | 1 | 0 | 1 | 0 | 1 | 0 | 1 |
| 2. 维持（M） | 0 | 0 | 1 | 1 | 0 | 0 | 1 | 1 | 0 | 0 | 1 | 1 |
| 跟进者 | | | | | | | | | | | | |
| 3. 维持（M） | 0 | 0 | 0 | 0 | 1 | 1 | 1 | 1 | 0 | 0 | 0 | 0 |
| 4. 降价（D） | 0 | 0 | 0 | 0 | 0 | 0 | 0 | 0 | 1 | 1 | 1 | 1 |
| 十进制数 | 0 | 1 | 2 | 3 | 4 | 5 | 6 | 7 | 8 | 9 | 10 | 11 |

（5）优先序的确定。这一步通常需要经过大量而细致的研究。在优先序（向量）中，最有利的结局排在左边，最不利的结局排在右边。经过对价格战多方的反复研究，确定出各自的优先序，如表 10-15 和表 10-16 所示的结果。估计出对手（如康佳、TCL 等）的优先序有一定的不确定及不确切性，而这又正是确定优先序的难点和重点。

**表 10-15 发起者价格战中的优先序**（向量）

| 局中人行动 | 优　先　序 | | | | | | | | | | | | 说明 |
|---|---|---|---|---|---|---|---|---|---|---|---|---|---|
| 发起者 | | | | | | | | | | | | | 发起者的期望：<br>①获得更多市场份额<br>②逼退竞争对手 |
| 1. 降价（D） | 0 | 0 | 1 | 1 | 0 | 1 | 1 | 0 | 1 | 1 | 0 | 0 | |
| 2. 维持（M） | 0 | 1 | 0 | 1 | 1 | 0 | 1 | 0 | 1 | 0 | 1 | 0 | |
| 跟进者 | | | | | | | | | | | | | |
| 3. 维持（M） | 1 | 1 | 1 | 1 | 0 | 0 | 0 | 0 | 0 | 0 | 0 | 0 | |
| 4. 降价（D） | 0 | 0 | 0 | 0 | 0 | 0 | 0 | 0 | 1 | 1 | 1 | 1 | |
| 十进制数 | 4 | 6 | 5 | 7 | 2 | 1 | 3 | 0 | 11 | 9 | 10 | 8 | |

**表 10－16　跟进者价格战中的优先序（向量）**

| 局中人行动 | 优先序 | | | | | | | | | | | | 说明 |
|---|---|---|---|---|---|---|---|---|---|---|---|---|---|
| 发起者 | | | | | | | | | | | | | 跟进者的期望：①不希望被对手吞并，不愿退出市场，不希望对手降价 ②维持现状 |
| 1. 降价（D） | 0 | 0 | 0 | 0 | 1 | 1 | 1 | 1 | 1 | 1 | 0 | 0 | |
| 2. 维持（M） | 0 | 0 | 1 | 1 | 0 | 0 | 1 | 1 | 1 | 0 | 1 | 0 | |
| 跟进者 | | | | | | | | | | | | | |
| 3. 维持（M） | 0 | 1 | 1 | 0 | 1 | 0 | 1 | 0 | 0 | 0 | 0 | 0 | |
| 4. 降价（D） | 0 | 0 | 0 | 0 | 0 | 0 | 0 | 0 | 1 | 1 | 1 | 1 | |
| 十进制数 | 0 | 4 | 6 | 2 | 5 | 1 | 7 | 3 | 11 | 9 | 10 | 8 | |

### 3. 稳定性分析

稳定性分析解决从所有可行结局中求得平衡结局的问题。在这个过程中，基本的事实（三个先决条件）是：①每个局中人都将不断朝着对自己最有利的方向改变其策略；②局中人在决定自己的选择时都会考虑到其他局中人可能的反应及对本人的影响；③平衡结局必须是能被所有局中人共同接受的结局。

（1）确定单方面改进（UI）。假定某一局中人不改变其策略，而另一局中人单方面改变其策略使自己的处境更好则形成单方面改进（Unilateral Improvement，UI），即：对于局中人 $A$ 而言，考虑结局 $q$，如果 $A$ 可以通过改变自己的策略使 $q$ 变到 $q'$，记作 UI。

$$q \xrightarrow{A} q',\text{且 } q' > q(A),\text{则 } q' - \text{UI}(A)\text{。}$$

单方面改进（UI）是稳定性分析的基础状态。对 UI 的分析是稳定性分析的第一步。每个可行结局的 UI 均列在优先序号与之对应的结局 $q$ 的下面，并按照优先序程度的高低从上到下依次排列，见表 10－17。

**表 10－17　价格战的稳定性分析**

| 全局平稳 | $E$　$E$ | | | | | | | | | | | |
|---|---|---|---|---|---|---|---|---|---|---|---|---|
| 个体稳定 | $r$ | $s$ | $u$ | $u$ | $r$ | $u$ | $u$ | $u$ | $r$ | $u$ | $u$ | $u$ |
| 发起者 | 4 | 6 | 5 | 7 | 2 | 1 | 3 | 0 | 11 | 9 | 10 | 8 |
| UI | | 4 | 4 | 4 | | 2 | 2 | 2 | | 11 | 11 | 11 |
| | | | 6 | 6 | | | 1 | 1 | | | 9 | 9 |
| | | | | 5 | | | | 3 | | | | 10 |
| 个体稳定 | $r$ | $s$ | $r$ | $u$ | $r$ | $u$ | $r$ | $u$ | $u$ | $u$ | $u$ | $u$ |
| 跟进者 | 0 | 4 | 6 | 2 | 5 | 1 | 7 | 3 | 11 | 9 | 10 | 8 |
| UI | | 0 | | 6 | | 5 | | 7 | 7 | 5 | 6 | 0 |
| | | | | | | | | | 3 | 1 | 2 | 4 |

（2）确定基本的个体稳定状态。以 UI 为基础，可得到三种基本的个体稳定状态，它们是：

①合理性稳定（Rational Stable）结局。对于局中人 $A$ 而言，考虑结局 $q$，如果不存在单方面改进，即无 UI，则称对于 $A$，$q$ 是合理稳定结局，记作 $r$。也就是在局中人 $B$ 不改变其

策略时，对于局中人 $A$，结局 $q$ 是最优的。

②连续处罚性稳定（Sequentially Sanctioned Stable）结局。对于局中人 $A$，考虑结局 $q$，如果存在 UI 结局 $q'$，而结局 $q'$对于局中人 $B$，也存在 UI 结局 $q''$，但结局 $q''$对于局中人 $A$ 不比 $q$ 更优，则称结局 $q$ 的 UI 结局 $q'$存在着一个连续性处罚。

对于局中人 $A$ 的结局 $q$ 的全部 UI 结局都存在连续性处罚，则称对于局中人 $A$，结局 $q$ 为连续性处罚稳定结局，记作 $s$。

$\forall q \xrightarrow{A} q' \xrightarrow{B} q''$，而 $q'' \not> q(A)$，则 $q - s(A)$。

③非稳定（Unstable）结局。对于局中人 $A$，考虑结局 $q$，如果存在 UI，但又不是 $s$，则称对于 $A$，$q$ 是非稳定结局，记作 $u$。有以下两种情况：

$q \xrightarrow{A} q' \xrightarrow{B} r$

$q \xrightarrow{A} q' \xrightarrow{B} q''$且 $q'' > q(A)$

三种基本的个体稳定状态分析及其结果见表 10－17。需要注意的是，表中对应于长虹的结局 6 和 7 不是 s。

（3）分析同时处罚性稳定。同时处罚性稳定（Simultaneously Sanctioned Stable）结局：

对于局中人 $A$,考虑非稳定结局 $q$,如果另一局中人 $B$,对于结局 $q$ 也是非稳定的,那么结局 $q$ 的 UI 结局$\{a_i\}$(对于局中人 $A$)、$\{b_j\}$(对于局中人 $B$)、同时 UI(合成)产生的结局$\{p_k\}$中,存在一个 $p_0$,对于局中人 $A$ 而言,不比 $q$ 更优,则称对于局中人 $A$,结局 $q$ 的 UI 结局 $a_i$ 存在一个同时性处罚。若对于局中人 $A$,结局 $q$ 的全部 UI 结局($\forall a_i$)都存在同时性处罚,则称对于局中人 $A$,结局 $q$ 为同时处罚性稳定结局,记作 $\mu$。

同时处罚性稳定分析是在前面三种基本个体稳定性确定之后进行的。两个局中人($A$ 和 $B$)同时 UI 产生的结局 $p$ 的计算公式为：

$$p = (a + b) - q$$

说明:设初始结局 $q$ 到 $a$、$b$ 的变化量分别为 $e_A$、$e_B$ 则有：

$$q + e_A = a \rightarrow e_A = a - q$$

$$q + e_B = b \rightarrow e_B = b - q(e_A、e_B \text{ 又可能为负值})$$

则因：　$p = q + e_A + e_B$(同时变化,即变化量叠加)

故：　$p = q + (a - q) + (b - q) = (a + b) - q$

因此,价格战稳定性分析中的同时处罚稳定性计算的中间结果如表 10 － 18 所示。

**表 10 － 18　同时处罚稳定性计算的中间结果**

| q | 1 | 3 | 9 | 10 | 8 |
|---|---|---|---|---|---|
| p | 6 | 6,5 | 7,3 | 7,3,5,1 | 2,1,3,6,5,7 |

通过比较可以看出,$q = 1,3,8,9,10$ 对发起者、跟进者双方皆不稳定,即均未构成同时性处罚。

(4) 确定全局平稳结局。如果结局 $q$ 对于每个局中人都属于$(r,s,\mu)$则称结局 $q$ 为全局平稳(Equilibrium)结局,记作 $E$,这是稳定性分析的结果。在价格战中,$E = \{4,6\}$,详见表10-17。

**4. 结果分析**

(1) 全局平稳结局有两个,即 4 和 6,到底哪一个是真正的结果呢?需进一步作如下分析:

在 2003 年 5 月,价格战的发起者(长虹) 在海外被以倾销罪名起诉,低价策略在国际上受到了质疑。2004 年 4 月,美国宣布反倾销裁定,美国向几乎所有的中国彩电生产厂商关上了大门。

价格战各方偃旗息鼓,即结局处于"0" 的情况。由表 10 - 17 得知,结局"0" 对于跟进者是合理稳定的,但对于发起者是非稳定的,即存在 UI,且最希望改进到结局"2" 。这样,结局"2" 对于发起者是稳定的,但对于跟进者是非稳定的,可以 UI 到结局"6" 。结局"6" 对于发起者和跟进者都是稳定的。所以价格战的最终结果是结局"6",即发起者不断降价,跟进者持续跟进。

通过分析,可以得出整个事态发展的过程:发起者掀起降价风潮(0 → 2),跟进者持续跟进(2 → 6)。这个变化的过程正是当年事态发展的过程。

(2) 当跟进者不断跟进后,发起者又将开始降价,即:6 → 4。但表 10 - 17 中,对于发起者的 6 → 4,存在一个来自跟进者们的连续性处罚,使得发起者不能由 6 → 4。这正是静态分析中瞬时性和现实世界中的动态性、连续性之间矛盾的体现。

(3) 平稳结局"4" 是否没有任何意义呢?回答是否定的。一方面,局中人的实际行动不一定和正规分析所证明的结果正好相一致。若局中人双方知己知彼,则会先下手为强,从而获得对自己更为有利的结果。比如,跟进者若发现4 比6 来得好,则也可以简单地不跟进降价而直接造成结局 4 的发生。另一方面,随着冲突事态的发展,当时的平稳结局可能由于局中人优先许多变化而变得不稳定,于是冲突局势会朝着另外的稳定结局发展。因此,所有的平稳结局迟早都有可能发生,都是有意义的。

回到本案例,我们发现经历了价格战之后的各大彩电厂家,开始进行了技术改造和升级,加大了对彩电技术的研发力度,特别是随着互联网技术的快速发展,彩电上游市场产能正在不断优化,下游市场正在转型升级,行业发展进入了新的阶段。根据数据统计显示,近年来,彩电行业缓慢增长。2017 全年中国彩色电视机产量达到 17 233. 1 万台,同比增长 1. 6% ,2018 年全年中国彩色电视机产量达到 20 381. 5 万台,同比增长 14. 6% 。

## 小　　结

现代系统管理是管理科学发展的新阶段,需要运用系统工程的理论和方法才能实现系统管理的科学化、现代化。深入了解管理科学的发展与系统化管理,把握系统工程管理的意义及功能,理解组织、技术、人、信息等一体化的作用是做好系统管理的重要基础;创新工作是一项系统性工作,技术创新管理是技术和经济系统的活动,从系统的角度认识和重视创新工作,才能激发创新主体的创新热情,提升创新能力;掌握投入产出分析、价值工程、网络化技术和冲突分析等具体的系统工程中的管理技术,有利于更好地做好系统管理工作,促进创新管理水平的提高。

## 习　　题

1. 简述系统工程管理的意义及其功能。
2. 什么是技术创新？包含有哪些现代管理思想？
3. 投入产出模型的定义、类型。
4. 什么是价值工程？提升产品价值的途径有哪些？
5. 简述价值工程活动的一般程序和具体内容。
6. 网络优化技术的功能、步骤是什么？主要解决哪些问题？
7. 简述冲突分析的程序和要素、一般方法。

# 参 考 文 献

[1] 汪应洛. 系统工程 [M]. 3 版. 北京: 机械工业出版社, 2003.
[2] 汪应洛. 系统工程简明教程 [M]. 3 版. 北京: 高等教育出版社, 2009.
[3] 陈宏民. 系统工程导论 [M]. 北京: 高等教育出版社, 2006.
[4] 王新平. 管理统工程方法论及建模 [M]. 北京: 机械工业出版社, 2011.
[5] 周德群, 章玲, 张力菠, 等. 系统工程概论 [M]. 北京: 科学出版社, 2012.
[6] 汪应洛. 系统工程 [M]. 4 版. 西安: 西安交通大学出版社, 2010.
[7] 孙东川, 林福永, 孙凯. 系统工程引论 [M]. 北京: 清华大学出版社, 2009.
[8] 万威武, 刘新梅, 孙卫. 可行性研究与项目评价 [M]. 2 版. 西安: 西安交通大学出版社, 2008.
[9] 胡茂生. 技术经济分析理论与方法 [M]. 北京: 冶金工业出版社, 2009.
[10] 董承章. 投入产出分析 [M]. 北京: 中国财政经济出版社, 2000.
[11] 肖艳玲. 系统工程理论与方法: 修订版 [M]. 北京: 石油工业出版社, 2002.
[12] 戈登. 系统仿真 [M]. 杨金标, 译. 北京: 冶金工业出版社, 1982.
[13] 李宝山, 王水莲. 管理系统工程 [M]. 北京: 清华大学出版社, 2010.
[14] 梁军, 赵勇. 系统工程引论 [M]. 北京: 化学工业出版社, 2005.
[15] 汪应洛. 系统工程理论、方法与应用 [M]. 北京: 高等教育出版社, 2002.
[16] 齐欢. 系统建模与仿真 [M]. 北京: 清华大学出版社, 2004.
[17] 刘瑞叶. 计算机仿真技术基础. [M]. 北京: 电子工业出版社, 2004.
[18] 余雪杰. 管理系统工程. [M]. 北京: 人民邮电出版社, 2009.
[19] 汪应洛. 系统工程学 [M]. 3 版. 北京: 高等教育出版社, 2007.
[20] 苏秦. 质量管理与可靠性 [M]. 北京: 机械工业出版社, 2006.
[21] 韩福荣. 现代质量管理 [M]. 北京: 机械工业出版社, 2004.
[22] 李为柱, 李学方, 周韵笙. 2000 版 ISO 9000 族标准理解与应用 [M]. 北京: 企业管理出版社, 2001.
[23] 薛华成. 管理信息系统 [M]. 3 版. 北京: 清华大学出版社, 2003.
[24] 黄梯云. 管理信息系统导论 [M]. 北京: 机械工业出版社, 2002.
[25] 张涛等. 企业资源计划原理与实践 [M]. 北京: 机械工业出版社, 2012.
[26] 王众托. 知识系统工程 [M]. 北京: 科学出版社, 2004.
[27] 何荣勤. CRM 原理·设计·实现 [M]. 北京: 电子工业出版社, 2003.

［28］王其藩．系统动力学：修订版［M］．北京：清华大学出版社，1994．
［29］王佩玲．系统动力学：社会系统的计算机仿真方法［M］．北京：冶金工业出版社，1994．
［30］张雷，雷雳，郭伯良．多层线性模型应用［M］．北京：教育科学出版社，2005．
［31］徐涛．天然气分布式能源项目投资决策分析：以某医院项目为例［D］．天津：天津工业大学，2017．
［32］张宏景．关于我国房地产企业内部控制的现状及其必要性分析［J］．财经界：学术版，2016．
［33］鲁媛媛．经纬榆次：信息化纵横经纬［J］．中国制造业信息化，2009．
［34］林绍政．加强建筑施工技术管理改进施工质量措施［J］．建筑工程技术与设计，2016．
［35］章斌，宋海山．建筑施工技术管理及施工质量改进措施［J］．房地产导刊，2013．
［36］周超．加强房屋建筑施工技术质量管理的几点措施探究［J］．江西建材，2015．
［37］谢波．加强建筑工程施工技术管理的相关措施分析［J］．建筑工程技术与设计，2015．
［38］万正素．建筑施工技术和管理措施的研究［J］．房地产导刊，2015．
［39］余仁勇．试论提高建筑施工技术管理的措施［J］．商品与质量：房地产研究，2014．
［40］章一峰，张光智，袁俊．再论幕墙设计院的管理与运营［J］．门窗，2015．
［41］黄蓓新．论幕墙设计行业的发展［J］．建筑工程技术与设计，2016．
［42］刘俊鹏，初广生，佟疆．试论幕墙设计与节能相结合［J］．农家科技旬刊，2012．
［43］刘威．论现代高层建筑：幕墙施工设计存在的问题和发展方向［J］．科技资讯，2013，
［44］龙文志．超高层（上海中心）幕墙设计分析与讨论［J］．门窗，2012．
［45］颜宏亮，龚娅．论玻璃幕墙遮阳设计的作用及效果［J］．建筑科学，2004．
［46］苏涛．论幕墙设计实践研究：特立尼达和多巴哥国国家表演艺术中心幕墙［J］．建筑知识：学术刊，2011．
［47］陈劲．管理学［M］．3版．北京：高等教育出版社，2012．